长江中下游河势调整传递及阻隔机理

由星莹 张小峰 唐金武 杨云平 著

国家自然科学基金面上项目（51379155）资助

科 学 出 版 社

北 京

内 容 简 介

近年来，长江中下游河势虽然总体稳定，但局部河势仍发生剧烈调整。如何因地制宜、事半功倍地提出河势控导举措，确保河势长期稳定的同时，满足航运、岸线利用、水生态水环境安全等多方面要求，是长江中下游河道治理亟须解决的关键问题。本书基于以往研究成果，对长江中下游长河段、长时段河势演变规律进行系统总结，分析长江中下游河势调整的传导规律，提出能阻隔河势调整向上、下游传递的阻隔性河段，并明确这类特殊河段的分布位置、控制要素、判别指标等特征，从而揭示阻隔性河段成因及作用机理。通过科学界定和划分河段受阻传导属性，深入探究河势调整的受阻传导机制，将其运用在长江中下游河势控制工程中，对丰富完善河流地貌动力调整理论、合理预测河势调整趋势、确保河道整治工程达到预期效果，均极具理论及实践意义。

本书可供从事河道演变及河势控导、防洪治理、航道整治等方面规划、设计、研究的科技工作者以及水力学、河流动力学等高校师生阅读参考。

图书在版编目(CIP)数据

长江中下游河势调整传递及阻隔机理/由星莹等著. —北京：科学出版社，2019.3

ISBN 978-7-03-058532-5

I. ①长… II. ①由… III. ①长江中下游-河势调整 IV. ①TV882.2

中国版本图书馆 CIP 数据核字（2018）第 188666 号

责任编辑：杨光华 郑佩佩 / 责任校对：董艳辉
责任印制：彭 超 / 封面设计：耕者设计工作室

科 学 出 版 社 出版
北京东黄城根北街 16 号
邮政编码：100717
http://www.sciencep.com

武汉精一佳印刷有限公司 印刷
科学出版社发行 各地新华书店经销
*
2019 年 3 月第 一 版 开本：787×1092 1/16
2019 年 3 月第一次印刷 印张：14 1/4
字数：340 000
定价：96.00 元
（如有印装质量问题，我社负责调换）

前　　言

　　长江是我国第一、世界第三大河，流域内气候温和湿润，水资源充沛，交通便利，工农业经济基础雄厚，长江经济带已成为中国经济发展的新引擎。稳定的河势条件将为长江"黄金河段"建设及长江生态环境的保护奠定良好基础。没有稳定优良的河势，不仅防洪、通航安全得不到保障，长江经济带的绿色健康发展也将受到严重掣肘。近年来，随着两岸国民经济设施密度的加大，其安全运行对河势稳定提出了更高的要求；船舶大型化发展趋势也对航道尺度提出了新要求。然而，三峡水库蓄水后护岸工程坡脚处被大幅度冲刷，崩岸频度和强度加大；河床冲刷导致枯水位下降，沿岸取水工程运行困难；浅滩冲淤多变，部分原本不碍航的河段演变为碍航河段。这些棘手问题与沿江地区经济社会的持续稳定发展形成突出矛盾。如何因地制宜控导河势条件，管护河道并引导其向优良河势方向发展，转化不利河势防止其对防洪、航运、生态安全造成损害，已成为河道治理与保护工作中亟须解决的关键科学问题。

　　随着河流系统理论体系的逐步完善，越来越多的学者认识到上、下游河道的河势调整存在关联性。干扰作用于河流系统后，河流地貌是否发生调整，调整形式及程度如何，是否会向上、下游方向传播，不同河段区别较大。长江中下游河道地貌形态多种多样，主流摆动频繁，局部江岸坍塌剧烈，河势调整规律相对复杂；上、下游、左右岸、部分与整体、单个河段与全流域之间也存在相互影响、相互制衡的多重关系。有时，上、下游河势条件对某些河段的河势演变趋势影响更大，甚至起主要作用。明确上、下游河势调整是否会影响本河段河势演变，以及是否会通过本河段继续向上、下游传递，使多长范围内的河道受其影响，对制定河势控导方案是至关重要的。这就要求能够明确阻隔这种河势调整传递效应的阻隔性河段的位置。两个阻隔性河段之间的长河段，由于河势调整具有传递效应，上游或下游河势调整会传递直至本长河段的尾端或首端。

　　作者基于长江中下游大量实测河道演变、水文泥沙及地质地形等资料，深入总结归纳长江中下游横向、纵向河势调整的传递及阻隔现象，通过系统提炼河势调整的传递要素及阻隔要素，明确阻隔性河段的定义，发现横向河势调整传递的主要途径是通过主流或深泓的平面摆动，其主要传递方向为上游→下游，纵向河势调整传递的主要途径是通过河床的下切、水位的降落，其主要传递方向为下游→上游。同时，从平面、横断面、纵剖面、河岸稳定性、河床抗冲性等方面剖析阻隔性河段特征；基于丁坝头部的分离漩涡机理及其诱导流速计算方法，分析节点挑流对断流流速分布的影响；基于数理统计方法，分析河相系数沿程变化规律对阻隔性的影响；基于福冈（Fukuoka）方法分析两岸岸坡稳定性对阻隔性的影响。

　　河段具有横向阻隔性主要原因在于：当上游河势调整、主流大幅度摆动后，由于河岸抗冲能力较强，保证河段岸坡稳定；能够形成窄深型断面，有效限制主流摆动空间，约束主流横向摆动；河道平面具有一定曲率，有利于归顺不同流量级下的主流，使其能够维持自身主流平面位置及滩槽形态的稳定；不同流量级下，阻隔性河段的河道边界约束力始终大于水流动力轴线摆动力，当上游河势调整后，对本河段及其下游的河道演变基本没有影响，从而阻隔上游横向河势调整向下游的传递。

河段具有纵向阻隔性主要原因在于：当下游河势调整导致河床纵剖面下切进而造成进口局部水位下跌、纵比降骤增，或发生裁弯、主支汊易位、撇弯切滩等时，主流流路长度缩短，使进口处不同河床部位的纵比降的大小关系发生转变，进一步导致相应河段出口侵蚀基面条件发生变化，但由于该河段河床物质组成较粗，形成纵向卡口限制河床下切或河段尾部存在对峙或单侧节点，形成狭窄的平面卡口，壅高水位，抑制相应河段水位下跌，使本河段纵比降没有显著增加，从而阻隔下游纵向河势调整向上游的传递。

另外，本书还将主流平面摆动模式分为二线型和三线型，采用小波分析方法研究特征流量区间持续天数系列的时序特征，发现非阻隔性河段主流摆动的主周期较短，且有信号强烈的多个次周期，河势调整频率较高，阻隔性河段的主周期较长，次周期信号振荡并不强烈，河势调整频率较低。通过建立主流摆型波传播过程中河床动力响应模型发现：当上游河势调整后，非阻隔性河段主流摆型波加速度的振荡幅度呈由上游至下游逐渐增大的趋势；阻隔性河段则呈由上游至下游逐渐衰减的趋势，且主流摆型波可能在传播过程中发生停滞。

最后，对长江中下游单一河段的阻隔性程度进行分类，并针对不同阻隔性程度的河段因地制宜地提出治理措施，并对进一步优化和完善河势调整的受阻传导理论提出展望和建议。

本书是在武汉大学水利水电学院张小峰教授的悉心指导下完成的，受到国家自然科学基金面上项目（51379155）资助，特此感谢！由星莹撰写第 3～5 章；唐金武撰写第 1～2 章；杨云平撰写第 3 章、第 6 章部分内容。在项目研究过程中，得到武汉大学水利水电学院李义天、邓金运、孙昭华、张为、卢新华、郑珊、岳遥等老师，以及长江航道规划设计研究院李明、江凌等博士的大力支持，在此一并感谢！

限于作者的学识水平，本书在编写过程中可能存在不足、疏漏之处，敬请读者批评指正。

作 者

2018 年 12 月

目　　录

第1章 概　　论

1.1　长江中下游河道概述

1.1.1　长江中下游河道概况

　　长江是我国第一、世界第三大河，发源于素有"世界屋脊"之称的青藏高原，之后蜿蜒东流，出长江三峡峡谷后，进入中下游平原地区，干流河道全长 6 397 km，其中宜昌以上为上游河段，长约 4504 km，宜昌至湖口为中游河段，长约 955 km，湖口至长江河口原 50 号灯标为下游河段，长约 938 km。长江是世界第三大河，仅次于非洲的尼罗河和南美洲的亚马孙河。长江流域总面积 180 余万平方千米，约占我国总面积的五分之一。长江中下游干流河道流经湖北、湖南、江西、安徽、江苏、上海等 6 省（直辖市），共涉及 1 个直辖市（上海）、2 个副省级市（武汉、南京）、20 个地级市，面积约 20.03×10^4 km^2，此区域内气候温和湿润，水资源充沛，交通便利，工农业经济基础厚，是长江流域的精华地带，也是当前我国经济社会发展最快的区域之一。区域内 23 个城市面积占 6 省（直辖市）总面积的 24.7%；2016 年长江经济带生产总值（GDP）达 33.3 万亿元，较 2012 年增加了 9.7 万亿元；经济总量占全国经济总量的 43.1%，较 2012 年提高 2.2%。长江经济带地区以全国约 1/5 的土地面积，贡献了全国 2/5 以上的经济总量，成为我国经济发展全局中的重要支撑带。

　　长江中下游两岸支流、湖泊众多，江湖关系复杂。枝城以上清江自右岸汇入，荆江右岸有松滋、太平、藕池、调弦四口（调弦已于 1959 年封堵，故又称三口）分荆江水沙入洞庭湖，洞庭湖区西南有湘、资、沅、澧四水，三口和四水水沙经洞庭湖调蓄后，于城陵矶汇入长江。城陵矶至湖口左岸主要有汉江汇入，鄱阳湖水系的赣、抚、信、修、饶五河经鄱阳湖调蓄后从右岸湖口汇入；下游左岸主要支流有皖河、滁河和巢湖水系，右岸有青弋江、水阳江和太湖等水系汇入。

　　1949 年前，长江中下游河道基本处于天然状态，主流摆动频繁，河势多变，江岸坍塌十分剧烈，中下游两岸约有三分之一的岸线崩退。1949 年后，为稳定河势并保障防洪安全，国家及各级政府不间断地开展了长江中下游河道治理工作，20 世纪 50～60 年代开展了荆江大堤和无为大堤护岸加固工程，武汉市龙王庙等险工加固工程，南京市下关、浦口护岸工程，同马大堤、黄广大堤、九江江堤、临湘江堤护岸工程，60～70 年代实施了下荆江裁弯工程及中下游汊道堵汊工程，80～90 年代中期，开展了界牌、马鞍山、南京、镇扬等河段的系统治理。1998 年大洪水后，长江中下游进行了系统的堤防达标建设工程。据不完全统计，中华人民共和国成立以来，长江中下游护岸抛石总量达 $9\,150 \times 10^4$ m^3，柴排 408.9×10^4 m^2，混凝土铰链排 117.1×10^4 m^2，护岸总长达 1 600 余 km[1-2]。经过近几十年的整治，长江中下游的河势总体得到控制，堤防工程进行了全面加高加固，为保障沿江两岸人民生命财产安全做出了巨大贡献。然而，长江中下游河道局部河段河势变化较为剧烈，崩岸时有发生，尤其是三峡水库蓄水后，中下游河道崩岸频次明显增加，局部河势向不稳定方向发展。因此，进一步稳定河势，保障防洪安全，是长江中下游亟须解决的重大问题。

长江中下游地区通江达海，交通便捷，素有"黄金河段"之美誉。然而，直至 20世纪 90 年代，长江中下游航道一直处于自然状态，河道主流摆动，岸滩崩退频繁，河槽宽浅，汛后浅滩得不到有效冲刷，1800 余千米河段内分布有主要碍航浅滩 38 处[3]，极大影响了"黄金河段"航运功能的发挥，1985 年长江干线货运量仅 0.3 亿吨左右。自 1994年在界牌河段实施了第一个航道整治工程以来，长江中下游相继开展了多个航道整治工程，尤其是 2003 年三峡水库蓄水后，整治工程如雨后春笋。据不完全统计，截至 2010年长江中下游在建、已建航道整治工程达 20 余处[4]。此外，长江南京以下还开展了 12.5 m深水航道整治工程。随着航道条件的好转，长江干线货运量持续快速增长，2005 年为7.95×10^8 t，2010 年达到 15.02×10^8 t，2016 年为 23.1×10^8 t，超过美国密西西比河的三倍、欧洲莱茵河的 5 倍，稳居世界第一。

根据 2018 年长江航道局发布的长江航道维护水深计划，长江干流宜昌（下临江坪）—大埠街河段的最小航道维护水深为 3.5 m，大埠街—荆州河段的最小航道维护水深为 3.5 m，荆州—城陵矶河段的最小航道维护水深为 3.8 m，城陵矶—武汉长江大桥河段的最小航道维护水深为 4.0 m，武汉长江大桥—黄石上巢湖河段的最小航道维护水深为 4.5 m，黄石上巢湖—安庆（吉阳矶）河段的最小航道维护水深为 5.0 m，安庆（吉阳矶）—安庆皖河口的最小航道维护水深为 6.0 m，安庆皖河口—芜湖长江大桥河段的最小航道维护水深为 6.0 m。

长江中下游两岸地质组成主要为二元结构，且建有堤防及护岸工程。近年来水利及航道部门实施了大量河道治理及航道整治工程，一些高大江心洲滩也已通过护岸或民堤方式进行守护，整体来看，长江中下游河道边界条件日趋稳定。

1.1.2　长江中下游河段划分

长江中下游河道主要由单一河型、分汊河型等河型组成，单一河型又分为单一顺直型和单一弯曲型。不同河型在应对外部或上游干扰及水沙条件变化时，表现出的动力调整机制差别较大。通常而言，分汊型河道河型主支汊频繁易位，导致河道稳定性较差；顺直型河道河岸抗冲性差，河道展宽，主流线过渡段频繁上提下移，稳定性也较差；限制性弯曲型受到边界约束，弯曲度难以继续增加，水流富余能量深切河槽，主流线摆幅较小，稳定性较高。考虑到长江中下游河道具有单一河型与分汊河型河道河交错分布的特点，本书对单一河段与分汊河型进行了较为密集的划分，使每个较短河段保持其固有的水流地貌动力特性。共选取松滋口以下的长江中下游 34 个单一河段，将其作为研究对象，位置示意图如图 1.1 所示，单一河型与分汊型河道河型的河道长度分别占总长的50.9%和 49.1%。数百年来，由于长江主槽的活动范围与总体河势没有发生多大变化，单一河型与分汊河型相间分布的河道形势始终没有改变，且互相衔接的部位比较固定[1]。

(a) 沙市—城陵矶

(b) 城陵矶—汉口

(c) 汉口—湖口

(d) 湖口—大通

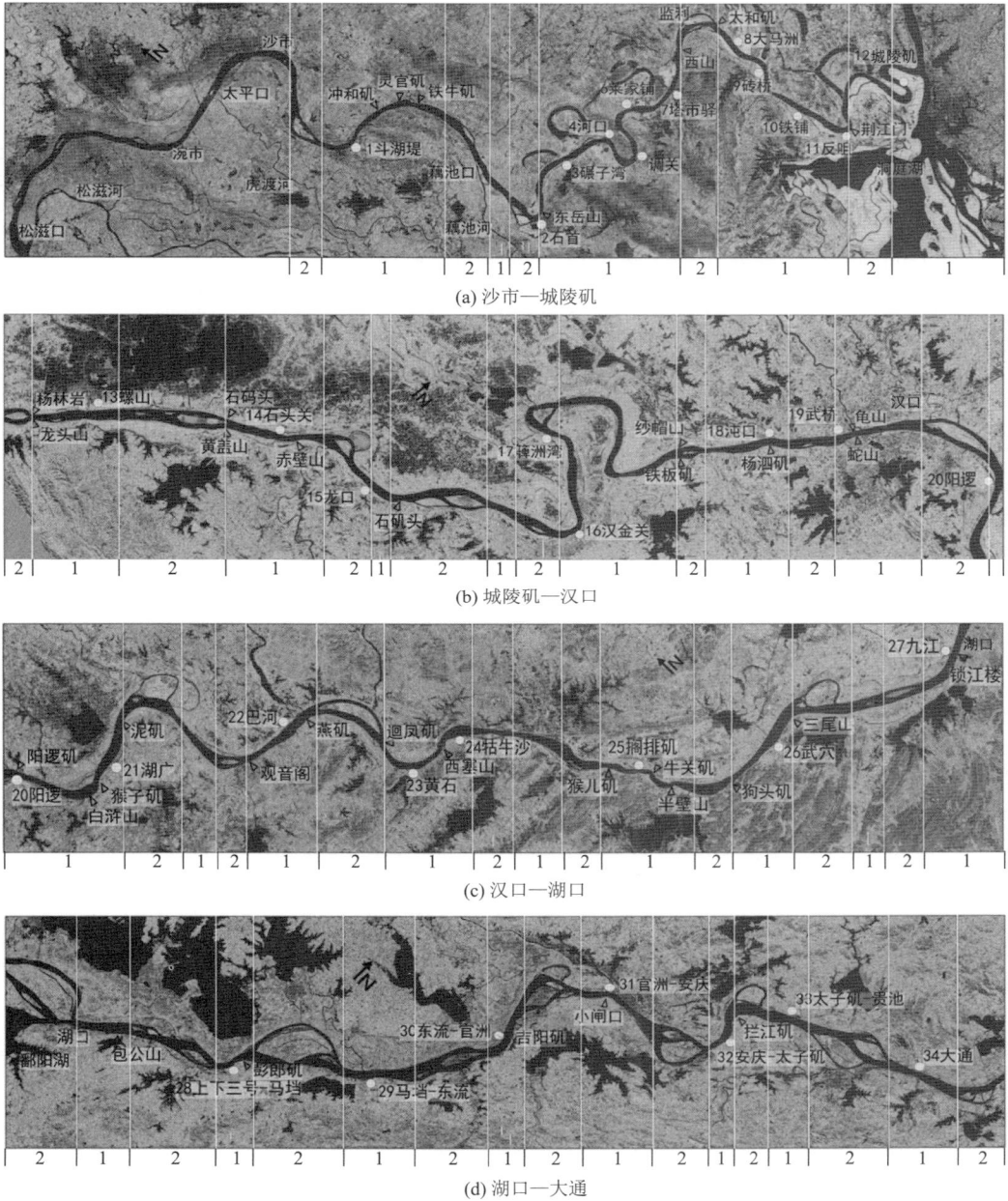

图 1.1　研究河段位置示意图

1 为单一河段；2 为分汊河段；Δ 为节点；○ 为研究河段

1.1.3　水沙特性

1. 历年干流河道水沙输移量

长江中下游河道自上而下可分为宜昌—松滋口河段、松滋口—沙市河段、沙市—城陵矶河段、城陵矶—汉口河段、汉口—湖口河段和湖口—大通河段。宜昌—城陵矶河段右岸有松滋、太平、藕池三口分荆江水沙入洞庭湖，三口和湘、资、沅、澧四水的水沙经洞庭湖调蓄后于城陵矶汇入长江。

长江中下游干流主要控制站点有宜昌站、枝城站、沙市站、监利站、螺山站、汉口站和大通站。其中，宜昌站控制上游川江来水来沙，枝城站、沙市站、监利站分别为荆江河段清江入汇、松滋口和太平口分流、藕池口分流后的水沙控制站，螺山站控制着荆江和洞庭湖交汇后的水沙，汉口站为长江接纳汉水后的控制站，大通站位于长江下游，为长江接纳鄱阳湖水系及下游大部分区域水沙的控制站。

统计宜昌站、沙市站、监利站、螺山站、汉口站、大通站等主要站点年径流量和年均输沙量的变化情况，如图 1.2～图 1.5 所示。

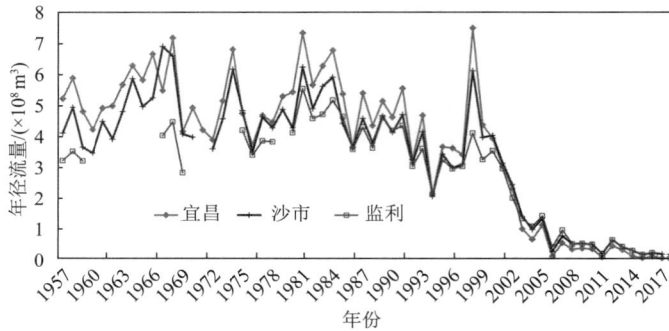

图 1.2　宜昌站、沙市站、监利站 1957～2017 年年径流量

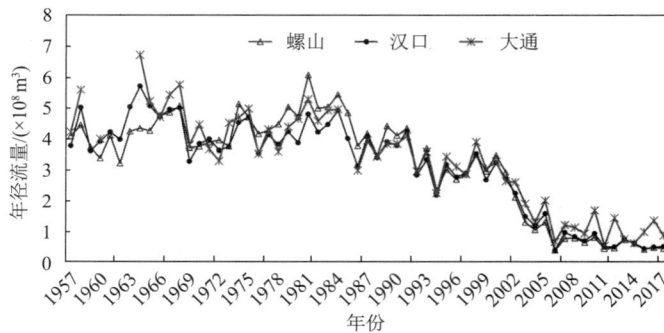

图 1.3　螺山站、汉口站、大通站 1957～2017 年年径流量

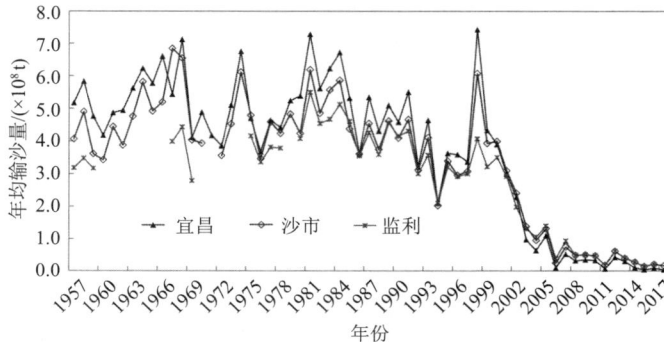

图 1.4　宜昌站、沙市站、监利站 1957～2017 年年均输沙量

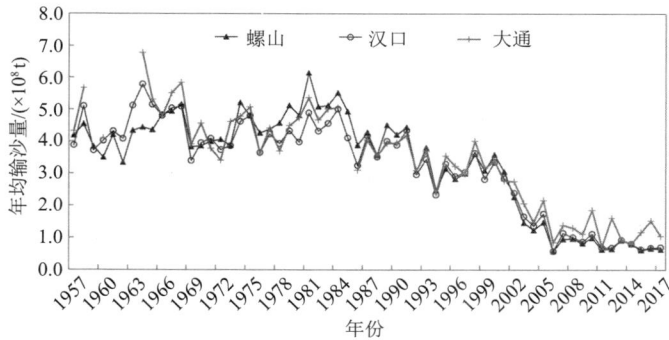

图 1.5　螺山站、汉口站、大通站 1957~2017 年年均输沙量

统计长江中下游干流河道主要水文站年径流量统计值和年均输沙量统计值，结果如表 1.1 所示，从表中可以看出，1957~2002 年宜昌站多年平均径流量约为 $4\,330\times10^8\,\text{m}^3$，受三口分流影响，荆江河段径流量沿程递减，由于沿程支流入汇，螺山站多年平均径流量增加至 $6\,411\times10^8\,\text{m}^3$，汉口站多年平均径流量增加至 $7\,067\times10^8\,\text{m}^3$，大通站多年平均径流量为 $8\,921\times10^8\,\text{m}^3$。三峡水库蓄水后（2003~2017 年），受流域降水量偏少的影响，长江中下游径流量减小，但沿程变化规律与 1957~2002 年的一致。2003~2017 年宜昌、四水、汉江年径流量占大通的比例分别约为 47%、26%、11%，而汉口以下众多支流的径流量约占大通的 21%，即宜昌及宜昌以下支流总径流量各占大通的 58% 左右。这表明，由于沿程支流入汇水量较大，上游梯级水库运用对宜昌流量过程的调节作用，将随着流量的增加而得到一定程度的衰减。

表 1.1　长江中下游主要水文站多年平均径流量和多年平均输沙量统计表

项目	统计年份	宜昌站	沙市站	监利站	螺山站	汉口站	大通站
多年平均径流量 /（$\times10^8\,\text{m}^3$）	1957~2002	4 330	3 947	3 681	6 411	7 067	8 921
	2003~2017	4 049	3 798	3 616	5 907	6 789	8 635
各站多年平均径流量与大通站的对比/%	1957~2002	49	44	41	72	79	100
	2003~2017	47	44	42	68	79	100
多年平均输沙量 /（$\times10^8\,\text{t}$）	1957~2002	4.881	4.377	3.714	4.133	3.997	4.179
	2003~2017	0.358	0.541	0.600	0.892	0.971	1.331
各站多年平均输沙量与大通站的对比/%	1957~2002	117	105	89	99	96	100
	2003~2017	27	41	45	67	73	100

从表 1.1 还可以看出，1957~2002 年宜昌站多年平均输沙量为 $4.881\times10^8\,\text{t}$，为大通站同期多年平均输沙量的 1.17 倍，若考虑荆江三口同期平均分沙量为 $1.34\times10^8\,\text{t}$，在洞庭湖沉积率约为 74%[1]，则长江上游来沙扣除洞庭湖内淤积部分，仍有 $3.89\times10^8\,\text{t}$ 进入螺山站以下河道，约占大通站的 92%，即长江上游来沙量占大通站多年平均输沙量的 90% 以上，其他来源总共不足 10%。2003~2017 年宜昌站、监利站、螺山站、汉口站的多年

平均输沙量分别为 0.358×10^8 t、0.600×10^8 t、0.892×10^8 t、0.971×10^8 t，分别占同期大通站的 27%、45%、67%、73%。

综上，长江中下游干流沿程各站平均径流量及其来源，并没有因三峡水库蓄水而发生明显变化；干流沿程各站平均输沙量受三峡水库蓄水影响而明显减少，泥沙主要来源也因三峡水库蓄水而明显调整。2003 年之前，宜昌站多年平均输沙量大于大通站；2003～2017 年，宜昌站下泄沙量仅为大通站输沙量的 27%，大通站来沙以区间来沙、河床补给泥沙为主。

2. 历年三口分流分沙情况

如图 1.6 所示，20 世纪 50～80 年代三口分流比明显减小，使原本分入洞庭湖的水沙直趋荆江而下，致使荆江径流量增加明显，20 世纪 90 年代以后，三口分流比变化不大，荆江径流量也因此保持稳定。2003 年以来，三口分流比略有减小。

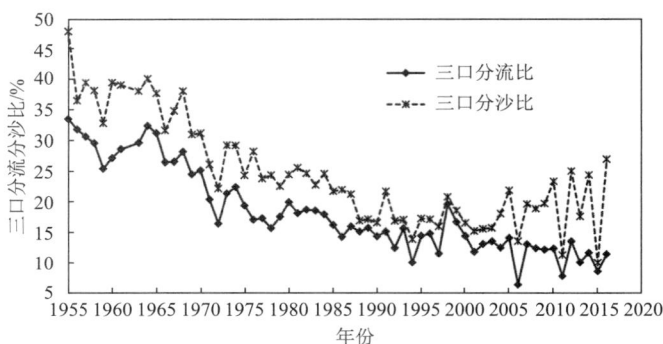

图 1.6　三口分流分沙比历年变化

如图 1.6 所示，20 世纪 50～80 年代，虽然宜昌站年均输沙量变化不大，但受三口分沙减少影响，沙市站、监利站及螺山站的年均输沙量明显增加；汉口站受丹江口水库蓄水影响，70～90 年代年均输沙量有所减少；大通站 90 年代之前年均输沙量变化不大；90 年代至三峡水库蓄水前，受宜昌站年均输沙量减小影响，沙市站、监利站、螺山站、汉口站、大通站各站年均输沙量均有所减少；2003 年以来，受三峡水库拦截泥沙影响，长江中下游各站年均输沙量大幅度减小，三口分沙比反而呈增大趋势。

3. 水沙输移量年内分配

统计 1955～2002 年和 2003～2013 年三峡水库前后沙市站、监利站、螺山站、汉口站月均流量变化情况，结果如图 1.7、图 1.8 所示。从图中可以看出三峡水库蓄水前汛期流量均占全年流量的大部分，2003 年三峡水库蓄水后，各站流量过程略有调整，主要表现为洪峰流量峰值削减，10 月流量锐减，枯期流量略有增加。需要说明的是，2003～2013 年 7～9 月月均流量较 1955～2002 年有所减少，主要是由 2003 年之后来流偏枯所致，尤其是 2006 年为特枯年。

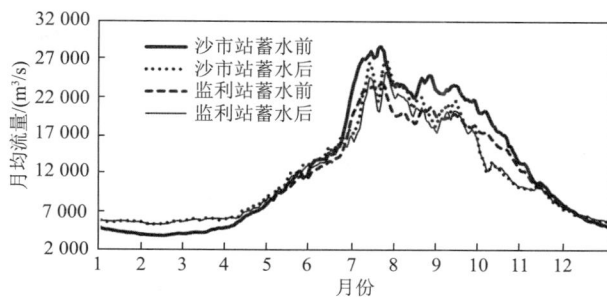

图 1.7 三峡水库蓄水前后沙市站、监利站月均流量

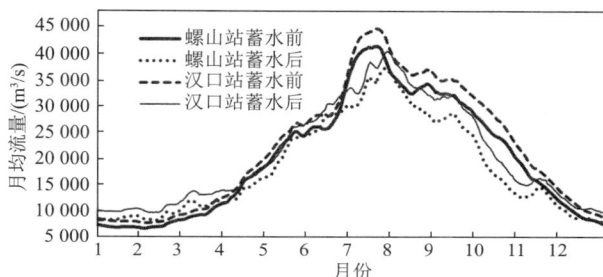

图 1.8 三峡水库蓄水前后螺山站、汉口站月均流量

1.1.4 地质特征

1. 河床地质特征

长江干流河道出三峡后逐渐向下游过渡进入中下游冲积平原，其中宜昌—陈家湾河段为砂卵石河床，陈家湾以下为沙质河床。2003 年之前长江中下游河段床沙级配来看[3, 5]，宜昌—陈家湾河段床沙较粗，粒径大于 0.25 mm 泥沙占床沙的比例约为 50%，大于 0.5 mm 泥沙所占比例约为 30%，而陈家湾以下河段床沙明显较细，粒径大于 0.25 mm 泥沙所占比例一般不足 15%，大于 0.5 mm 泥沙所占比例一般不足 5%。

图 1.9 为 2010 年长江中下游典型河段的悬沙中值粒径及床沙中值粒径变化情况而言，从图中可以看出，受三峡水库蓄水影响，长江中下游河段床沙均有所粗化。对同一河段

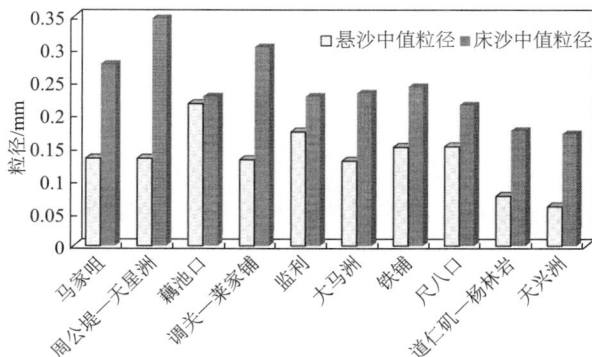

图 1.9 长江中下游典型河段 2010 年实测悬沙及床沙中值粒径

三峡水库运用时间越长，床沙粗化程度越高；同一时期距离三峡水库越近的河段，床沙粗化程度越高。

2. 河岸地质特征

1) 宜昌—松滋口河段

宜昌—松滋口河段右岸除虎牙滩、清江口、城背溪、白水港、枝城镇—陈二口河段等为基岩外，主要由晚更新统（Q_3）硬黄黏土组成，质地较好。左岸除虎牙滩、云池、白洋为基岩外，主要由晚更新统（Q_3）硬黄黏土和全新统（Q_4）河漫滩、边滩等松软沉积组成，尤其是在白洋以下有全新世边滩发育，部分河段土质较松软。对河段左、右岸进行比较，右岸以基岩为主，左岸以晚更新统黏土为主。从总体上看，两岸有基岩节点控制，黄黏土普遍发育，该河段属于抗冲性较好且河势较为稳定的河段。宜都以上河段一般由 T_1、T_2 级阶地组成江岸，上部黏性土层质地黏重，呈棕黄色，硬塑态，厚 8～10 m，基岩河岸除虎牙滩为砂砾岩外，其余地段多为砂岩等[3, 5]。

2) 松滋口—城陵矶河段

松滋口—城陵矶河段两岸主要由上层为黏土、下层为中细砂的二元结构组成，局部岸段由基岩、黏土组成，如盐卡—文村夹河段、马家寨—柳口河段均以冲湖相黏土为主，石首、塔市驿附近由基岩组成[5]，如图 1.10 所示。

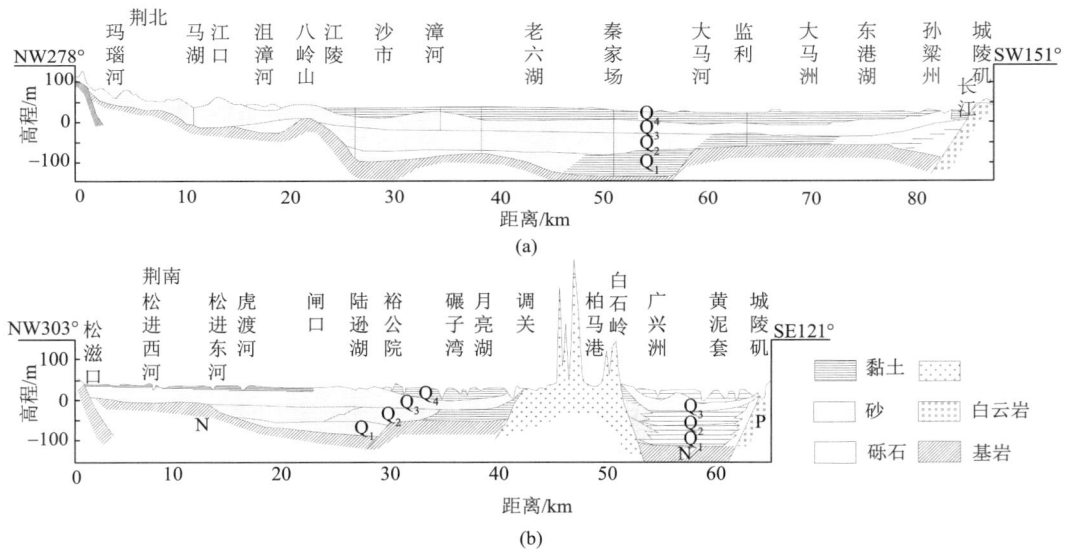

图 1.10 荆江河段左右岸地质全图[5]

具体分述如下。

松滋口—七星台河段两岸砂土覆盖层为 7～14 m，左岸厚于右岸，砂土覆盖层以下为砂卵石层。卵石顶板高程为 24～29 m（黄海基面，下同），右岸高于左岸[2, 6]，即 26 m 左右以下为卵石，26～36 m 部分为砂土，36 m 以上部分为黏土。

七星台—浣市河段和松滋口—万城河段，形成于明代嘉靖年间，两岸组成基本一致，均为粉质壤土与细砂组成的二元结构，砂土覆盖层厚度约为 20 m。砂土覆盖层以下为砂卵石层,卵砾石顶板高程为18.3 m,即18.3 m以下为卵石层,18.3~38.3 m为砂层,38.3 m以上为粉质壤土。

浣市—沙市河段主要为砂土覆盖层。该河段左岸为近代新淤滩,土层砂性很强,较为松散,砂层顶板高,卵石顶板高程为16~18 m。右岸浣市—埠河一线,上段为冲湖相黏土和重黏土,下段分布带状河漫滩,呈二元结构,黏性土层深厚,卵石顶板高程为15.5~18 m。

沙市—藕池口河段左岸盐卡—文村夹河段、马家寨—柳口河段均以冲湖相黏土为主,上由河漫滩相黏土覆盖,黏质重,土质纯,而文村夹—马家寨河段的二圣洲为近代河漫滩相沉积,是由黏性土和细砂组成的二元结构,洲滩处土体砂性较强,砂土覆盖层厚度在20 m左右。本河段卵石顶板高程沿程呈波状起伏下降,上中段约为13 m。右岸马家咀以上和杨厂以下为全新世河漫滩,仅陡湖堤河湾凹岸马家咀—杨厂河段为冲湖相沉积区,其砂土覆盖层上部为河漫滩相黏土,中部为冲湖相粉质黏土、重黏土,下部为河漫滩相黏土与中细砂等,覆盖层厚度高达31.3 m。砂卵石顶板高程为-1.37 m。

藕池口—荆江门河段左岸为全新世河漫滩相沉积,呈二元结构,上部(面层)河漫滩由粉质壤土、粉质黏土等黏性土组成,含水量高,质地松散;下部河床相为细砂。右岸组成较为复杂,除石首、塔市驿附近为基岩外,其余仍以中细砂为主。

荆江门—城陵矶河段左岸从荆江门对岸至城陵矶对岸河段,除观音洲有冲湖相黏土外,其余均为近代或现代新的淤积物;右岸现代沉积发育,以黏性土和细砂为主。

3)城陵矶—长江口河段

城陵矶—长江口河段左右岸由二元结构、黏土、亚黏土、亚砂土、基岩等组成,其中以二元结构为主。城陵矶—湖口河段左右岸地质条件如图1.11所示,九江—长江口河段左右岸地质条件如图1.12所示。

左岸主要由二元结构组成,上层为黏土、亚黏土,下层为中细砂,除此之外完全由黏土、亚黏土、亚砂土等组成的河岸较少。按组成分段如下:二元结构组成的河岸主要分布在城陵矶—官洲村河段、大咀—军山河段、军山—沌口河段、沌口—谌家矶河段、阳逻—向家地河段、向家地—马家弄河段、黄冈—巴河河段、李英—小池口河段、小池口—顺济庙河段;亚砂土组成的河岸主要分布在谌家矶—阳逻河段、堵程—黄冈河段、迴凤矶—茅山河段、岚头矶—蕲州河段;黏土组成的河岸主要分布在官洲村—向潭河段、邓家口附近、向家地附近;亚黏土组成的河岸主要分布在向潭—邓家口河段、邓家口—大咀河段、马家弄—堵程河段、巴河—迴凤矶河段、盘塘沽—李英河段;基岩组成的河岸主要分布在军山附近、沌口附近、阳逻附近。茅山—岚头矶河段、蕲州—盘塘沽河段有石山、阶地临江[3,5]。

相对于左岸而言,右岸地质条件较好,由基岩、石山、黏土等组成的河岸明显较左岸多,中细砂组成的河岸较少。具体而言,中细砂组成的河岸主要分布在马鞍山—鸭栏河段、鸭栏—界路河段、大清江—赤壁河段、石矶头—余码头河段、石咀—蛇山河段、蛇山—青山河段、青山—白浒山河段、西塞山—黄桑口河段、马湖堤附近、池口附近;亚砂土组成的河岸主要分布在城陵矶—马鞍山河段、龙船矶—石咀河段、大渡口附近;黏土组成的河岸主要分布在城陵矶附近、界路—大清江河段、樊口—鄂城河段、富池口

(a) 左岸地质组成

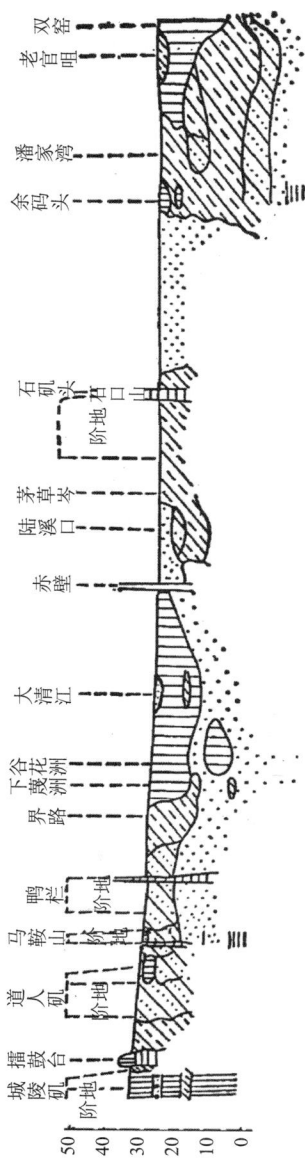

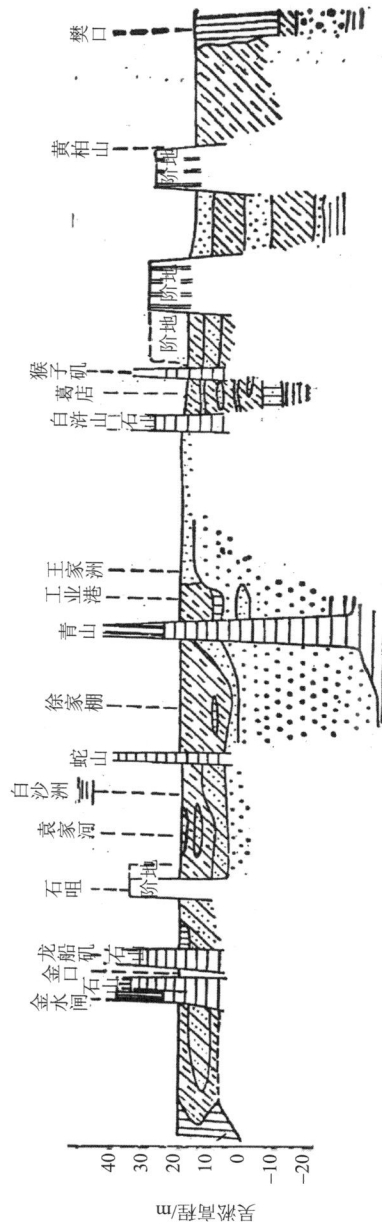

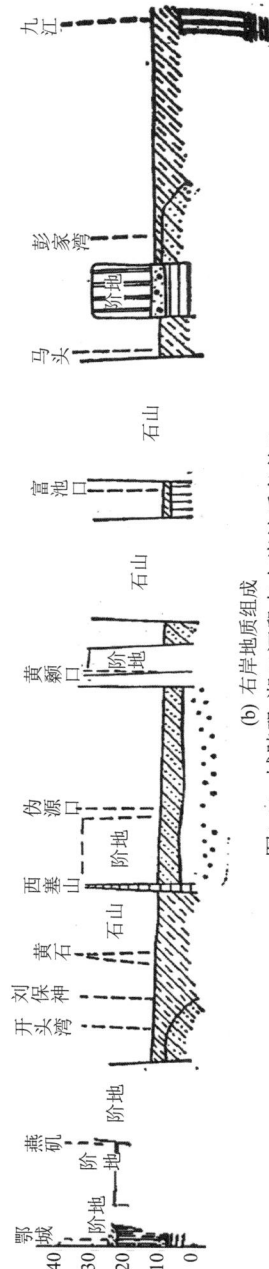

图1.11 城陵矶-湖口河段左右岸地质条件[6]

(b) 右岸地质组成

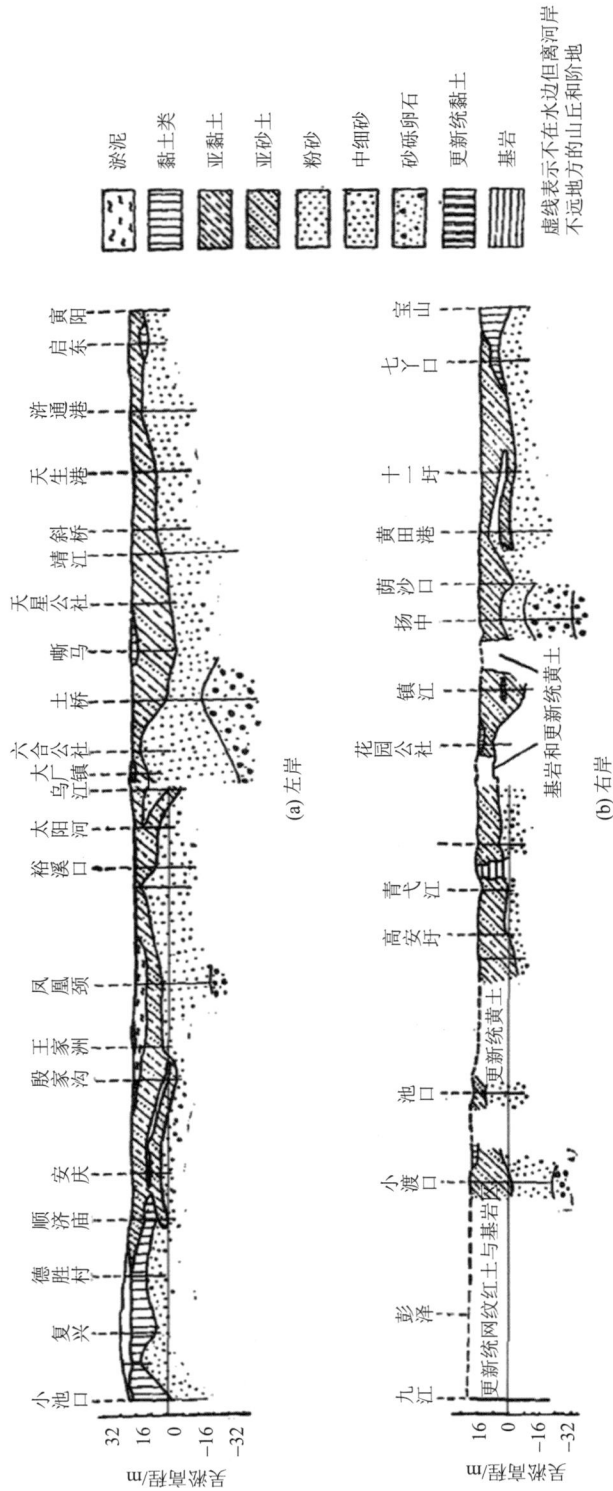

图1.12　九江-河口左右岸地质条件[6]

附近、九江附近；亚黏土组成的河岸主要分布在擂鼓台附近、赤壁—石矶头河段、余码头—双窑河段、白浒山—樊口河段、石灰窑—西塞山河段、马头—九江河段；基岩组成的河岸主要分布在马鞍山、鸭栏、赤壁、石矶头、金水闸、龙船矶、蛇山、青山、白浒山、海观山、西塞山、项家湾、彭泽、马垱等附近。除此之外，在鄂城—燕矶镇、黄颡口—马头有石山、阶地临江[3, 5]。

1.2 洪水灾害及防洪工程建设概况

1.2.1 洪水灾害

长江中下游 14.04×10^4 km² 的防洪区，主要是在历史长河中由长江干支流泥沙淤积形成的"冲积平原"。古云梦泽、洞庭湖、彭蠡泽、巢湖、震泽（太湖）等都在这一地区内。但平原区的地面高程低于河湖洪水位数米至十数米，主要靠 3×10^4 余 km 的堤防防御洪水。历史上洪灾频繁而严重，是中华民族的心腹之患。据统计，公元前 206～公元1911 年，长江水灾共 214 次，平均 10 年一次。水灾发生越来越频繁，唐代平均 18 年一次，宋元时期平均 5～6 年一次，明清时期平均 4 年一次，而 20 世纪 90 年代发生的较大洪水就有 6 次之多。20 世纪以来，长江中下游发生了 1931 年、1954 年、1998 年等多次特大洪水，严重威胁着两岸人民群众的生命财产安全。

1931 年，长江上游金沙江、岷江、嘉陵江均发生大水，川水东下时又与中下游支流洪水遭遇，造成中下游沿江堤防普遍漫溃，洪灾遍及湖北、湖南、江西、安徽、江苏等省的 186 个县市，受灾面积达 13×10^4 km²，淹没农田 5 090 万亩[①]，受灾民众 2 850 万人。洞庭湖区滨湖各县几乎完全陷为泽国，其状之惨，实属罕见。

1954 年，长江中下游共淹农田 4 755 万亩，受灾人口 1 888 万人，死亡 3 万余人，受灾县市 123 个。京广铁路不能正常通车达 100 天。洞庭湖区溃垸 356 个。江西省内，鄱阳湖滨湖圩堤几乎全部溃决。安徽省内，安庆、芜湖地区，先后溃口 13 处。无为大堤安定街溃口，洪水淹及无为、庐江、巢湖、和县、含山、舒城、肥东、肥西、合肥 9 个县（市）。

1998 年，受厄尔尼诺的影响，气候异常，长江发生继 1954 年以来又一次全流域性大洪水，长江宜昌 7～8 月先后出现 8 次洪峰，虽经数十年建设的防洪工程发挥着作用，使灾情控制在最小范围内，但来势凶猛的洪水仍使长江流域遭受严重灾害。

1.2.2 长江中下游防洪体系及防洪布局

长江防洪工程建设，是在总结前人治水经验和历史上千百年来留下的堤防工程的基础上进行的。根据"蓄泄兼筹，以泄为主"的防洪方针，长江中下游首先对沿江近 3 600 km 的干堤、30 000 km 的支民堤进行了加高加固，以提高堤防的抗洪能力。同时，利用中下

① 1 亩 ≈ 666.66 m²。

游湖泊洼地，安排与兴建了一批分蓄洪区。结合兴利，修建了一批具有防洪作用的综合利用水库。特别是1998年后，国家大规模地加大了长江防洪工程建设的投入，目前，仅湖北省境内长江干流堤防加固总长就达1 744.91 km，建立了较为完整的堤防工程体系。

1. 长江中下游防洪体系

根据长江中下游的防洪特点，三峡及上游梯级水库防洪库容有限，与上游来洪量、区间入汇洪量的矛盾仍然突出，防洪形势仍然紧张。遇到大洪水时，受两岸堤防约束的河道的安全泄量远不能满足要求。根据计算，对1954年洪水，中下游堤防要普遍加高2 m以上，而目前堤防已经较高，再加高，风险很大，一旦失事，造成的灾害会更严重。因此，对于长江中下游洪水，首先是以堤防为基础，利用河道把大部分洪水直接送入东海，对超过堤防防洪能力的洪水，则必须采取其他措施妥善防控。

根据多年研究，妥善安排超额洪水的措施主要有兴建水库及开辟蓄滞洪区。

在 1998 年抗洪实践中，长江综合防洪体系发挥了巨大作用，堤防仍然是防洪的基础设施，起到确保人民生命安全的屏障作用；7月、8月大型水库拦蓄洪量100×10^8 m^3，发挥了重要作用，在抗御长江第六次洪峰时，隔河岩、葛洲坝等水库通过拦洪削峰错峰调度，降低沙市水位0.30～0.40 m，避免了武汉附近杜家台蓄滞洪区分洪，减轻了武汉的防守压力。荆江分洪区在荆江防汛紧急时刻及时做好了撤退分洪准备。

堤防、蓄滞洪区、干支流水库是长江中下游应当采取的主要防洪工程措施；但是对于峰高量大、超过河道安全泄量的巨大长江洪水，需妥善安排，充分运用各种措施综合治理，才是最合理且最经济的。因此，长江中下游防洪治理工程的配合运用情况为：首先是通过加高加固堤防及河道整治，尽可能充分发挥河道泄洪能力，将洪水安全泄入东海；对超过河道安全泄量的洪水通过水库拦蓄调节，必要时再启用蓄滞洪区。

2. 总体防洪布局

经过近几十年的防洪工程建设，长江中下游防洪能力明显提高，防洪压力有所缓解，但防洪形势依然严峻，两岸堤防依然是保证沿江人民生命财产和工农业生产设施安全的重要屏障。长江中下游防洪治理以"蓄泄兼筹，以泄为主"为指导方针，同时必须贯彻"江湖两利"和"左右岸兼顾，上、中、下游协调"的原则，近期水平年江湖关系总的格局不能做大的变化，但需考虑新出现的水情条件，远期水平年的防洪总体布局则需结合长江中下游梯级防洪骨干工程建成后的作用与影响，进行安排。

根据长江中下游防洪特点，为了适应可持续发展要求，拟定长江中下游总体防洪布局为：合理地加高加固堤防、整治河道，逐步安排建设平原蓄滞洪区，加快兴建干支流水库，加强上游水土保持，完善防洪非工程措施建设。

1.3　长江中下游河势控制工程概况

1.3.1　长江中下游河势现状

长江已实施与防洪有关的河道整治工程包括护岸工程、裁弯工程、堵汊工程等。长江中下游护岸工程历史悠久，早在明朝成化年间（1465 年）荆江大堤黄滩堤就兴建了护岸工程，之后沙市、郝穴、武汉、澄通等河段相继修筑了护岸工程。但是，这些护岸工程守护长度短、工程量少、规模小。1949 年前，中下游河道仅在上荆江、武汉、江阴以下零星分布有护岸工程，河道基本处于自然状态，主流摆动频繁，江岸崩塌十分剧烈，中下游两岸近 4000 km 长的岸线中，崩岸总长约占三分之一。

直至 20 世纪 50 年代，长江中下游开始进行大规模的护岸工程。据不完全统计，截至 1997 年，长江中下游护岸工程长度达 1 200 km，占崩岸线总长的 80%，完成抛石约 7 000 × 10⁴ m³，丁坝 685 座，顺坝长 20 km。1998 年大洪水后，实施了长江重要堤防隐蔽工程，其中护岸长约 436 km，抛石 2 179 × 10⁴ m³，抛枕 12.49 万个，砌石 235 × 10⁴ m³，铰链混凝土沉排 100 × 10⁴ m²[7]。长江中下游规模宏大的护岸工程体系，作为防洪工程的重要组成部分，在抗御历次大洪水中，为确保沿江大中城市防洪安全，发挥了巨大作用。

20 世纪 60~70 年代，下荆江先后实施了中洲子、上车湾人工裁弯和沙滩子自然裁弯工程，沙市洪水位降低了 0.3~0.5 m，上荆江的防洪压力有所减轻[3]。70 年代，在安徽省安庆地区实施了旨在确保同马大堤安全的官洲西江堵汊工程、防止崩岸及有利于灭螺的扁担洲右夹江堵汊工程。1985 年在南京河段实施了兴隆洲左汊堵汊工程。1992 年在铜陵河段实施了太阳洲与太白洲之间的支汊堵汊工程，从根本上解决了无为大堤姚沟险工汛期受顶冲的险情。实践表明：堵塞崩岸危及堤防安全的支汊，可使重要堤防远离大江，完全摆脱防洪的被动局面；堵塞多汊河道中导致河势不稳的支汊，可缩短堤线，减轻防洪负担。

2003 年三峡水库蓄水运用后，中下游干流河道崩岸强度与频度明显大于水库蓄水运用前，为保障防洪安全，维护河势稳定，长江水利委员会及地方水利部门组织实施了部分河段河势控制应急工程。1998~2010 年长江中下游干流河道完成治理长度约 720 km，2011~2013 年完成治理长度约 310 km，截止 2018 年年底，三峡后续工作治理河道总长约 303 km。

为充分发挥长江中下游“黄金河段”的航运功能，交通运输部对长江中下游干流河道的碍航河段也开展了不间断的治理，20 世纪 90 年代以来，国家投入了巨资开展长江中下游航道治理工作，长江中游实施了界牌、碾子湾、张家洲等河段的治理，2000 年以来，宜昌—城陵矶河段又开展了枝江—江口、沙市、瓦口子、马家咀、周天、藕池口、碾子湾和窑监共 8 个河段的治理；城陵矶—武汉河段开展了陆溪口、嘉鱼、武桥等河段的治理；武汉—安庆河段开展了罗湖洲、戴家洲、牯牛沙、武穴、新九、张家洲、马当、东流等河段的治理；安庆—南京河段实施了安庆、太子矶、土桥、黑沙洲、乌江等河段的治理；南京—太仓河段实施了落成洲、口岸直、福姜沙、通州沙、白茆沙等河段的治理；长江口实施了深水航道一期、二期、三期工程，南港北槽 12.5 m 深水航道贯通，并上延至南京。

1.3.2　当前河道治理面临的主要问题

近年来习近平总书记提出，遵循创新、协调、绿色、开放、共享的发展理念，以“共抓大保护、不搞大开发”为基本宗旨，全面规划、统筹兼顾、标本兼治、综合治理，考虑新时期长江经济带的发展建设，把修复长江生态环境摆在首要位置，采取工程和非工程措施，对长江中下游干流河道进行系统治理，控制和改善河势保证河道稳定，为水生态环境修复提供良好的外部条件支撑。无论是长江"黄金河段"建设，还是长江环境大保护，稳定的河势条件都是关键基础。因此，进一步稳定长江中下游河势，不仅是沿江两岸保障防洪安全、航道畅通的迫切需要，更是深入贯彻落实国家长江经济带发展战略决策部署、促进长江经济带绿色健康发展的必然要求，意义十分重大。

没有稳定良好的河势，不仅防洪安全得不到保障，经济社会的可持续发展也将受到严重影响。经过多年治理，长江中下游大多数河段河势已基本稳定，但局部河段河势仍然处于调整之中，特别是三峡工程蓄水运用后，局部河段河势调整幅度有所加大，还有些原本河势相对稳定的河段也出现了影响河势稳定的隐患，同时，经济社会的发展对河道治理提出了新的更高要求，长江中下游河道目前仍存在较多的问题迫切需要通过进一步的系统治理逐步加以解决。

第一，长江中下游局部河势的不稳，影响了沿江地区经济社会持续稳定发展，以往的整治工程大多数是以防洪保安为主要目的的护岸工程及保障航道通畅的疏浚工程，随着两岸国民经济设施密度的加大，其安全运行对河势稳定提出了更高的要求，这与目前河势之间的矛盾日益突出。

第二，长江中下游干流河床发生长时期、长距离的大幅冲刷调整，使护岸工程坡脚大幅刷深，崩岸频度和强度明显加大。根据数模计算成果，长江中下游干流河道在今后长时期内仍将面临进一步大幅冲深的严峻局面，受上游来沙大幅度减少的影响，河道的崩岸频度和强度明显加剧，其中迎流顶冲段表现尤为突出。部分河段水深流急，河岸松散，覆盖层较厚，崩岸强度大，一次大的崩岸崩宽可达数十米至数百米，外滩较窄的堤段一次崩岸即可危及堤防安全。若不及早加强整治，将可能导致已有护岸工程大面积破坏，失去对河势的控制作用，使河势产生较大的影响，将严重危害防洪安全和沿江国民经济设施的安全运行。

第三，河床冲刷导致枯水位下降，对沿岸取水口运行带来一定程度的不利影响。随着河床的进一步冲刷，同流量下水位将继续降低，并呈现枯水期水位降低幅度较大、洪水期水位降低幅度较小的特点。枯水期水位的下降将对沿江两岸现有众多码头、取水口的正常运行带来不利影响。

第四，浅滩的冲淤变化，将对中下游干线航道的稳定构成一定威胁。长江中下游干流河道内众多的浅滩、潜洲是长期以来水流泥沙与河床边界之间相互作用的结果，在来沙大幅度、长时期减少的情况下，中下游干流河道原有的输沙平衡状态将被打破，这些浅滩、潜洲将总体呈现冲刷态势，一旦冲失，将难以得到有效恢复，这对中下游干线航道的长期稳定构成一定的威胁。

第五，航道整治工程的成败，很大程度上依赖于河势的稳定。一方面，对未来河势的判断，是分汊河段航道选槽的主要依据，另一方面，若河势不稳，航槽两岸岸线崩退，河槽展宽，不利于汛后浅滩的冲刷，也不利于航道整治工程的稳定及其效果的发挥。河势不稳导致航道整治工程失稳或者航道整治工程未达到预期效果的例子，在长江中下游并非鲜见[5]。

1.3.3　长江中下游干流河道治理规划建议

为深入贯彻落实党中央、国务院关于推动长江经济带发展的战略部署,长江水利委员会编制了《长江中下游干流河道治理规划(2016年修订)》,水利部以"水规计[2016]280"文批复了修订后的规划内容[1],其中,关于河道治理规划原则、治理规划的总体目标、河势控制的总体原则等内容如下。

1. 河道治理规划原则

1)因地制宜、因势利导

长江中下游干流各河段具有不同的形态特征,其河道特性、演变规律、治理任务有所不同。同时,河道治理顺势而为则事半功倍,反之则事倍功半。因此,应根据不同河段演变特点及演变趋势,考虑经济社会发展需求,提出河道治理方案。

2)统筹兼顾、突出重点

统筹考虑防洪、航运、供水等各方面对河道治理的要求,妥善处理好上、下游、左右岸、各部门之间的关系,以确保防洪安全、促进河势向稳定方向发展为重点进行河道整治。

3)生态优先、绿色发展

长江拥有独特的生态系统,是我国重要的生态宝库。长江中下游干流河道治理应尊重自然规律,坚持生态优先、绿色发展的原则,正确处理防洪、通航与生态保护的关系,推动长江中下游绿色循环低碳发展。

4)远近结合、分期实施

既要考虑近期需要,解决当前存在的问题,又要以战略眼光预估将来的发展,使近期整治措施有利于远期发展,做到远近结合。要分轻重缓急,分期实施,优先实施最紧迫、最重要的工程。

2. 河道治理规划的主要目标

选取2013年为现状基准年,2020年为近期规划水平年,2030年为远期规划水平年,以近期规划水平年为重点。

(1)近期结合三峡工程运用后的水沙变化情况,对现有护岸段和重要节点段进行加固和守护,继续发挥其对河势的控制作用,保障防洪安全,防止三峡工程运用后河势出现不利变化;基本控制分汊河段的河势,对河势变化较大的河段进行治理,为"黄金河段"的建设提供保障。

(2)远期在近期河道治理的基础上,考虑上游水利水电枢纽的建设及运用将进一步影响中下游水沙变化的情况,对长江中下游干流河道进行全面综合治理,使有利河势得到有效控制,不利河势得到全面改善,形成河势和岸线稳定,泄流通畅,航道、港域、水生态环境优良的河道,为沿江地区经济社会的进一步发展服务。

3. 河势控制的总体原则

1)以稳定现有河势为主

经过多年的治理,长江中下游的河势得到了初步控制,大多数河段两岸的防洪工程布局、国民经济设施布局与目前的河势已基本适应,应采取工程措施维持目前的河势格局。对于河势发生较大变化而且目前河势仍然处于调整之中的局部河段，应对目前的河势发展方向进行控制，因势利导，采取工程措施，兼顾两岸防洪要求及国民经济设施布局，对河势进行适当调整。

2）正确处理好上、下游河势控制要求

上、下游河段之间的演变具有密切的关联性。在制定河势控制规划时，不仅要考虑维护本河段河势稳定的需要，还要考虑上、下游河段维持河势稳定的需要。

3）加强节点对河势的控制作用

无论是人工节点还是天然节点都对控制河势具有重要的作用，节点分布较密的河段，上、下游河段河道演变之间的关联性较弱，河势易于控制，反之河势不易控制。因此，对于河道较宽、节点间距较长的河段，可在相对缩窄段采取工程措施形成人工节点。

4）维护洲滩形态完整、平面位置相对稳定

对于分汊型河道，应控制江中洲滩的数量，维护洲滩形态的完整，防止水流频繁切滩产生新的分流通道，影响分流格局。同时，洲头的平面位置是控制分汊河道分流格局的关键，应根据河道演变规律、本河段及上、下游河段维持河势稳定和国民经济设施安全运行等方面的要求，合理确定分流口位置。

1.3.4　阻隔性河段的提出

在对长江中下游河道治理存在的问题及治理规划建议进行系统地梳理的基础上，不难看出，既不破坏生态环境，将工程对水生态环境的改变降至最低，又能有效稳定好河势、确保防洪安全的治理思路显得越来越符合时代需求。阻隔性河段理念在调控河势方面就具有这样的优势。

河势是指河床演变过程中，水流与河床的相对态势，包括河道水流动力轴线的位置、走向及岸线、深槽、洲滩等河床形态的分布和变化趋势[6]。由于各个河段的演变过程不是孤立的活动，而是与上、下游河段的河道变形互为影响、互相牵制的。某一河段的主流线位置及方向发生变化，河势发生调整时，将传播到下游河段，引起连锁反应，荆江河段就以"一弯变，弯弯变"而闻名[3]。这种河势调整向下游的传递作用一般会历时数年甚至数十年，往往会跨越多个河段。

自 20 世纪 50 年代以来，专家学者对进行过河道治理和航道整治的所有河段基本上均进行了河势演变分析，这些分析成果丰富了对河势调整规律的认识。冷魁等[8]、尤联元[9]归纳了分汊河道演变的共性规律，钱宁等[10]、谢鉴衡[11]更是系统总结了顺直型、弯曲型、分汊型、游荡型等不同类型河段的河势演变规律。根据上述文献或论著的研究成果，长江中下游河段河势调整往往会传递影响下游河段，如 19 世纪中下叶，武汉河段上游白沙洲河段深泓靠右，经右岸蛇山节点挑流作用，深泓偏向武桥河段的左岸，进入下游天兴洲左汊，天兴洲左汊发展为主汊。至 20 世纪中叶，白沙洲河段深泓左移，经左岸龟山节点挑流作用，将深泓逼向武桥河段右侧，再进入天兴洲右汊，导致右汊发展成为主汊[9,11]，这种现象在南京—镇扬河段[1]也有所体现。因此，钱宁等[10]、谢鉴衡[11]指出，上游河势调整是河道演变主要影响因素之一。

同时，钱宁等[10]也认识到上游河势调整并不会一直向下游传播，他们指出了连续传播影响的距离，有时仅能影响下游几个河段。长江中下游实测资料及河势演变分析成果也证实了这一点。根据历年实测资料，陆溪口河段年际变化表现为"洲头低滩切割、新中港产生→新中港发展下移→新老中港合并→中港继续弯曲下移→新中港再次产生与发展"的周期性演变规律，自 20 世纪 30 年代以来，经历了 5 个演变周期：1935～1958年、1959～1970 年、1971～1982 年、1983～2005 年、2006 年至今。陆溪口河段下游的龙口河段为单一微弯河道，近几十年以来，深槽偏靠凹岸，凸岸边滩基本稳定。显然，陆溪口河段河势的周期性调整并没有传播至龙口河段[12]。

根据李义天等[5]、唐金武等[13]的研究成果，与来水来沙过程、河床周界条件、下游基准面相比，有时上、下游河势条件对某些河段的河势演变趋势影响更大，甚至起主要作用。因此，在进行河势演变分析过程中，明确上、下游河势调整是否会影响本河段河势演变，上、下游哪些河段的调整，会影响本河段下、上游多长范围内的河势演变，至关重要。这就要求能够明确可以阻隔上、下游河势调整向下、上游传递的河段（阻隔性河段）的位置[14]，两阻隔性河段之间的长河段，河势调整将持续传递，直至本长河段尾部。

本书基于已有研究成果，将对长江中下游长河段长时段演变规律进行系统总结，分析长江中下游河势调整向下游传递的规律，提出能阻隔河势调整向下游传递的阻隔性河段，剖析阻隔性河段的特征、成因及作用机理，探讨阻隔性河段分类识别方法及其在长江中下游河势控制中的运用，这是本书的研究重点和创新点。

1.4　阻隔性河段研究现状

1.4.1　河型成因及判别研究进展

河型成因及判别方法是河流地貌学的基本问题。中外学者对河型分类展开过多方面研究，如 Leopold 等[15]根据比降与流量的关系，将河流分为弯曲河型及辫状河型；Schumm等[16]、Schumm[17]根据深泓弯曲度和河谷比降将河流划分为弯曲河型、辫状河型和顺直河型；Schumm[7]还发现网状河中存在多个河道系统，主要支流从干流流出后，经过河网调节再回归主流；Rust[18]依据辫指数（每平均波长的辫数目）定义了网状河；Knighton等[12]在起因、特征及分类方面丰富了网状河学说。然而，长江中下游干流分汊河道达 41处之多[19]，这些河道的平面形态、地下沉积物特征、水动力条件、汊道形成机理和发育部位等方面[20]，均与国外学者提出的网状河型和辫状河型有本质区别。钱宁[21]认为，Brice[22]提出的 anabranched river 最为接近我国的分汊河型。目前，我国河流地貌学家多采用钱宁[21]的方法，将河型分为游荡型、分汊型、弯曲型、顺直型四类。上述研究奠定了河型分类学说的基石，为进一步发展河型理论奠定了良好基础。

在河型判别方法方面，中外学者也展开了深入研究。例如：Church 等[23]和 Ferguson[24]建立了河型与流量、比降与粒径的关系，发现床沙粒径在河型划分过程中具有重要意义；钱宁等[10]提出衡量河床纵横向稳定性的游荡指标，将河流划分为游荡型、过渡型和非游荡型河流；谢鉴衡[11]构造出由纵向稳定指标、横向稳定指标及洪峰流量变差系数三项组成的河型判别数，再视主流摆幅大小来衡量河床稳定程度；张红武等[25]则突出了河道比降对河型判别的影响；许炯心[26]则认为含沙量变化是促使不同河型转化的主要因素，从而提出了判别弯曲河型与辫状河型的临界条件；尹学良等[27]认为水沙条件是河型成因的主要因素；史传文等[28]则提出冲积河流输沙平衡数，采用模糊聚类方法进行河型的有效判别。可见，现有研究主要从河道纵横向稳定性及水沙条件等方面提出了河型判别方法，但很少有学者从河道应对人为或自然干扰及其引发的河势调整的响应方式和敏感程度等方面，进行河型判别。

通过大量实测资料、室内水槽实验及数学模型实验，研究人员将河型转化的影响因素主要包括：Schumm 等[16]认为河道纵比降增加促使河道由顺直型向弯曲型，再向分汊型转化；悬移质增加而床沙质降低，河道越为窄深和弯曲。方宗岱[29]认为，浅滩和深槽水流挟沙能力的比值及洪峰变差系数决定了分汊型和弯曲型之间的转化；唐日长等[30]认为，河床边界条件是河型关键成因；谢鉴衡[11]认为河道地质条件对河岸冲淤强度、成型淤积体的形态及运动、环流结构具有重要作用，进而影响河型转化；Orlowski 等[31]认为河型变迁主因在于地质构造运动；陈立等[32]认为水利枢纽工程建设后下游河道水沙条件变异导致河型转化；唐武等[33]发现构造活动、沉积物供给速率、气候包括植被发育和河岸物质组成、海（湖）平面变化等是河型转化的主因；周刚和肖毅先后通过改进后的平面二维水沙模型[34]和尖点突变模式[35]研究河型转化的主控因素，并得到河型判别准则；余文畴[36]认为河流通过增大断面湿周及形态阻力与较小的含沙量相互适应来形成分汊河型；中国科学院地理研究所等[6]则认为适当的流量变幅与水流动力轴线的规律性摆动有利于形成稳定分汊，当流量变幅很大时，河床容易游荡，当变幅很小、来水过程均匀时，有利于形成曲流，节点是分汊河道的重要边界成因。以往学者对河型转化影响因素进行了系统梳理及总结，各影响因素相互交织、相互依存，为科学揭示影响河床演变的内在因素及作用机制奠定了良好基础。

在不同河型的稳定性方面，Schumm[37]早在 1961 年即提出：河床物质组成中粉黏含量较高的河道趋于窄深，较低的河道趋于宽浅。冲泻质型河道来沙较细，河岸抗冲性较强，水流功率较低，河道稳定性最高；混合型河道各种条件适中，稳定性也适中；床沙质型河道来沙较粗，河岸抗冲性最差，水流功率最高，河道稳定性最差。Ferguson[24]对英国河流研究表明，网状河型、顺直河型、辫状河型、弯曲河型分别具有最小、较小、中等、较高的能耗率。钱宁[21]和谢鉴衡[11]则根据河道形态特征、运动特征和边界特征判断稳定性。例如，顺直河型两岸物质组成很细，仅有犬牙交错边滩向下游移动，稳定性最高；游荡河型物质组成粗，抗冲性差，河床游荡不定，稳定性最差；自由及限制弯曲河型比较稳定；分汊河型的稳定性则介于弯曲河型和游荡河型之间。可见各家学说的出发点和侧重点有所不同，结论不甚一致，仍有必要展开深入研究以形成全面严谨的科学认识。

1.4.2 河势调整规律研究进展

天然冲积型河道处于不断冲淤调整之中[38]。河床演变是动边界河床与水沙两相流必然发生的相互影响、相互作用的自然现象。河势稳定，是指某个相对独立的时段内，河道输沙基本处于平衡状态[39]，河床形态与水沙条件相互适应，河槽形态及坡降没有显著改变[10]，主流线平面位置基本稳定。当人为或自然干扰发生后，河道天然输沙平衡状态受到破坏时，若两岸无约束或约束强度不够，河道可能通过水流动力轴线摆动及滩槽大幅度冲淤变形的方式来吸收干扰产生的影响，直至恢复输沙平衡，这一过程称为河势调整。可见，河势调整的过程也是纵向输沙平衡的破坏与重建的过程[11]。河势调整可能威胁防洪安全、航运畅通、水生态环境安全及岸线土体利用[13]，因此，如何长期维持河势稳定始终是水利学家及河流地貌学家关注的焦点。

国外学者近期研究表明，河势调整的主要原因包括：建坝[40]、建桥、采砂[41-42]、疏浚、渠化[43]等人为干扰；暴雨洪水及河岸植被变化[44]、崩岸[45]、河道裁弯[46-47]、地质构造运动[48]、火山碎屑沉积物引发改道[49]等自然干扰。近年来，欧洲及北美河流多呈现缩窄、下切等趋势，研究表明这种趋势主要由建坝、采砂、渠化等人类活动引起[41-42,50]。例如，近100年来意大利河流受建坝、采砂、渠化、土体利用等人类干预性活动的影响，河道形态调整集中表现为河宽缩窄及深槽下切，部分河段由辫状型转变为弯曲型[42]。同期罗马尼亚的普拉霍瓦河也呈缩窄、下切、趋直、塞支强干的变化趋势，河床年均下切3~5 m，多汊河型演变为单一河型，河漫滩正逐渐消失[41]。Helmut[51]认为多瑙河受到上游发电、防洪、航运、疏浚、河道整治等工程的影响，下游来沙过少、河床侵蚀、水位下降、支汊萎缩，水生物生态栖息地受到严重破坏，多瑙河三角洲及海岸线遭到剧烈侵蚀。波兰喀尔巴阡山区河流中经过整治的河道自1980年以来以10 cm/a的速度下切[43]，而未经整治的床沙质较细的河道则明显具有更大的横向可动性[50]。密西西比河中下游河道也发生多起裁弯及缩窄现象，部分河床下切至基岩[52]。可见，欧洲和北美河流在人为干扰影响下，河势调整主要为河槽的缩窄和下切，以及多汊型向单一型的转化。

当然，水沙过程及河道边界条件变化等自然干扰也是河势调整的主要动因之一。Armaş等[41]认为长期来看普拉霍瓦河演变的主要动因是地质构造运动，短期来看则是水沙条件变化。Doulatyari等[53]研究瑞士河流表明，天然径流多变性影响着生态水文过程，进而与水生植被动态息息相关，流量变异程度越大，受到洪水影响的生态区域越广阔，植被景观对水文过程及断面形态的变化越为敏感。Williams等[54]研究英国河流表明，湿地排水、人工水体构建、水库调节等改变了天然径流过程，进而影响河流发育。Korpak[50]认为波兰喀尔巴阡山区的河流来沙减少是河槽下切、辫状河型向单一蜿蜒河型发展的主因。Perucca等[55]研究阿根廷的塞拉利昂河的演变情况表明，新构造运动改变了河道边界的结构和岩性，使水流流向和泄流模式突然变化，导致了不同河型的河道、冲积扇、牛轭湖、河谷阶地等地貌形态的形成。Roy等[56]研究东印度的达莫达尔河发现，断层运动将导致河道弯曲度和斜率的变化，进而使河道做出适应上述变化的调整。可见，国外研究成果与谢鉴衡提出的"河流内部矛盾的发展和外在条件的变化都可能使输沙平衡遭到破坏，从而使河床变形得以持续进行"[11]的基本原理是一致的。

关于河道演变规律及河势调整机理，国外学者也展开了较为深入的研究。Cserkész-Nagy等[46]研究匈牙利的蒂萨（Tisza）河表明：河道平面几何形态及基底岩性是决定河道侵蚀和沉积的关键因素，受裁弯及比降增大影响，河床强烈下切；而加速发展的边滩处则发生泥沙淤积，使河道曲折度增加。Armaş等[41]认为河道断面宽深比、洪峰状态下的周界剪切力、地质构造及侵蚀作用均对河床演变有重要影响。Akhtar 等[57]分析了印度布拉马普特拉河的辫指数与河岸侵蚀程度的关系，认为河床持续性淤积将减弱河流功率随着时间的下降幅度，进而促进河道向辫状发展，反过来又导致河岸崩塌及土地流失。Surian 等[42]认为河道初始形态对演变起到重要作用。Clerici 等[58]对意大利德罗河（Taro）的长度、宽度、辫指数、弯曲度、中心线侧移度等方面进行研究表明，主流摆动幅度降低、河道趋于窄深而变形减少。Ramos 等[44]分析墨西哥的奎里德河的时空演变情况，认为暴雨洪水及较大的悬移质输沙率是导致河道向下游方向蜿蜒移动的主因。Kiss 等[47]研究匈牙利马罗斯河过去 50 年的演变过程，认为修建堤防将导致河漫滩淤积、洪水位抬高，疏浚工程则可能引发河道自然裁弯。Remo 等[52]认为密西西比河中、下游主要通过扩建堤防、渠化河道、改变洪泛区土地覆盖物等工程，使河道几何形态及水力粗糙度发生较大改变。可见国外学者对河道演变基本规律及演变趋势等方面进行了富有意义的探索，这些研究成果为优化河道治理维护方法、恢复河道水生态环境奠定了理论基础，具有较强的实践意义。

国内学者主要从以下几个角度研究河床演变影响因素：部分学者分析了长河段纵向冲淤[59]、水位沿程变化[60]成因；也有学者研究了分汊河道主支汊交替周期长短[8-9,61]、汊道兴衰演变中水力及输沙特性的变化[35,62]；大多数学者从河岸[63]、江心洲[64-65]、边心滩[66]等历史和近期变形过程及年内年际冲淤变化规律[5]等方面展开分析；也有一些学者着重研究了局部河段的深泓、洲滩及汊道的演变特点和河势调整趋势，如七弓岭河段[67]、武汉河段[68]、九江河段[69]、镇扬河段[70]等，从而深化了对局部河势调整规律的认识，为河势控制工程布置提出合理化建议。但总体而言，目前国内学者对河势调整规律方面的研究仍集中于局部河段，主要从泥沙运动的水流条件与河道边界条件的相互作用关系方面展开，鲜有学者从全流域、全系统出发，考虑上、下游河段之间的关联性与阻滞性，来对长河段总体河势调整规律进行梳理总结。

以往国内学者也通过从多角度剖析河床演变机理，来预测河道变形趋势。例如，平衡倾向性[10-11]、最小活动性假说[10-11]、地貌临界条件[71-72]、能耗率极值假说[73]、调整随机性[10]等，这些理论和假说能够在一定程度上解释宏观河流的发展趋势，但就局部河段的短期变形情况来看，也不乏相悖之处，上述理论指导实践过程中仍需进一步研究和细化。也有学者注意到水沙过程对河道演变的重要作用。例如，陆永军等[66]基于实测资料指出，当流量小于 15 000 m^3/s 时，长江中游浅滩开始冲刷；李义天等[5]分析指出流量决定河床冲淤性质，边心滩冲淤切割、河岸崩塌、深槽冲淤等演变现象均与特征流量持续时间存在密切关系；陈立等[32]认为流量过程不同，塑造的河槽特征形态和水流结构不同；非恒定流量过程是导致河型转化的主要动因[74]；中国科学院地理研究所等[6]也认为，流量过程变异将引起主流摆动、河床冲淤变形。这些理论、假说及分析成果无疑有助于预测河道演变趋势，对本节深入剖析长河段河势调整机理也有较大启迪。

上述对河道演变成因、规律及机理的深入认识是河势控制及河道治理工程取得预期效果的前提[75]。国外研究人员有针对性地提出了诸多河道治理方法，例如：通过数学模型评估来对软岸进行人工育滩[76]；通过动态河岸带植被模型，分析水生生物群落的功能要求，从而预留年际流量变幅来维持河道长期生命[77]；建立全流域河流恢复框架体系，促使河流自然有序地回归原有形态及规模[50]；整合流域以往管理经验，推进流域治理新举措，实现流域综合管理目标[51]等。

不难发现，国外学者提出的河道治理方法多从大尺度的流域范畴出发，但对于长江中下游这种区间汇流次数多且流量大、河型错综交替[78]的河道而言，每个局部河段内较小尺度的微地貌形态变化的特征及规律均存在差异[79]，因地制宜地提出治理对策，以顺应河势变化，达到稳定河势目的，是大多数国内河道治理规划及工程布置的首要原则。国内学者提出了护岸、护滩、潜坝、丁坝、顺坝、堵汊、鱼嘴等工程措施[3,8-9,66,80]来因势利导地稳定河势，这些成果为维持长河段河势稳定积累了宝贵经验。

1.4.3　河势调整受阻传递规律研究进展

Gilbert[38]率先提出动力平衡观点来解决河流地貌学问题，认为河流地貌形态随着平衡条件的变化而变化。Mackin[81]将"平衡河流"定义为，当控制因素发生变化而使河流失去平衡时，河流的自动调整作用使这些变化的影响受到遏制，从而使整个系统逐步回到平衡。对于某一河段而言，当进、出河段的沙量不等时，河流通过冲淤变化、改变河床形态和边界物质组成来调整河流挟沙能力，使进、出沙量保持平衡。但这种反馈作用的自我校正需要一个过程，发生偏差与消除偏差之间存在一个时差，时差越小，控制作用越灵敏；时差越大，反馈的滞后性可能导致下游河道相当长时间内处于调整状态。换而言之，干扰在传播过程中可能立刻被河道吸收，也可能经过较长河段的冲淤变形调整才被吸收[82]。Hack[39]认为成对的反向作用力以同等速率变化，相互抵消彼此的影响，是维持系统平衡的前提条件。例如，构造运动导致地形隆起，河流通过侵蚀的方式来平衡隆起所释放的能量[38]。Schumm[37]指出，河流系统是动态而富有活力的，上、下游河道之间具有连通性，使任何施加在河流系统内部的人为或自然干扰转化为地貌上的不稳定式，向上、下游方向传递。Chorley 等[83]将河流地貌连通性定义为系统内部上、下游河流地貌景观之间的能量和事件的传递。Schuurman 等[84]认为干扰对其上游河道的影响仅发生在回水效应及溯源冲刷中，因而影响范围及程度有限；但干扰引起的地貌不稳定式可能在下游河道方向被放大。可见，外部或内部干扰作用于河流系统后，河流地貌是否发生调整，调整形式及程度如何，是否会向上、下游方向传递，不同河段区别较大。

我国水利及地貌学家为丰富和完善河流系统也展开了多方面研究。谢鉴衡[11]指出河道上、中、下游直至河口是一个整体，外部条件巨大改变时，河流将整体做出反应，反应的强弱和快慢与外部条件改变的程度及距离远近有关。钱宁等[10]指出河道调整方向主要由两方面决定：床沙质来量和水流挟沙力之间的此消彼长决定了河道纵向冲淤；河岸抗冲性和水流冲刷力的对比消长决定了平面、断面变形。孙昭华[85]认为河流系统具有关联性，系统内部充斥着大量因果链，某因素的变化可造成多方面变异，一个区域内的变化可引发更大范围的调整，上、下游河道之间均存在多层次的耦合。金德生[86]将河型各方面要素作为因变量，构造出河流地貌系统来分析系统调整过程中的影响因素、消能方式、消能率、作用过程及地貌临界问题等。戴清[87]以河道输水输沙能力为核心，探讨泥沙冲淤在成因系统中的纽带作用，分析河流变化过程中各因素的关联性，从而架构河流自我调整体系。胡三一[88]认为上、下游河道调整的传递作用受到来水来沙条件和河道边界条件的双重影响。余文畴[89]则认为,上、下游河段中间的节点河段具有调节作用,使下游河段演变具有相对独立性或滞后性,如彭泽—小孤山河段、蛟矶—芜湖河段等,但从官洲—安庆河段、芜裕—马鞍山河段、梅子洲—八卦洲河段等上、下游河势调整的对应情况来看,节点对上游河势调整的传递作用是下游河道演变的主要动因之一。从国内研究现状来看,随着河流系统理论体系的逐步完善,越来越多的学者认识到上、下游河道的河势调整存在关联性,但河势调整究竟如何向上、下游传递,传递要素包括哪些,传递机制如何发挥作用,均尚未展开深入论述。

在上述研究基础上,部分学者提出疑问,上游河势调整是否会一直向上、下游传递,是否存在某些特殊的河道属性或功能能够将河势调整的传播效应局限于某一区域内,而不影响更为广泛的区域。对此,国外一些学者曾提出"河流地貌障碍"(landform impediments)的说法,Fryirs 等[90]提出"buffers"、"barriers"和"blankets"三种形式的地貌障碍,他们分别切断了纵向、横向和垂向联系,从而使输沙量衰减来减弱河道冲淤变形。其中,"buffers"阻止泥沙进入河网;"barriers"则阻断进入河网的泥沙沿河道的传播;"blankets"遮盖了部分河道地形,使其脱离于河网,免受干扰。河流地貌景观的连通性影响着河道输沙及冲淤变形过程,进而决定地貌调整的方向及速率[91],Ferguson[24]将河流地貌景观的非连通性定义为河道输沙不连续、不流畅,类似于"干燥的传输带"。Brierley 等[92]将河道划分为敏感性河段和恢复性河段两类,敏感性河段在应对外部干扰时发生调整的频率较高,相反,恢复性河段则通过吸收多余能量来削弱河道调整幅度。Reid 等[93]则根据河道的自由移动空间和调整能力的大小将河道敏感程度划分为低等、中等、高等;Downs 等[94]也采用地貌敏感度的概念来衡量河道对干扰的敏感性。可见,国外研究注意到不同河道对外部或上游干扰的反应程度存在差异,认为存在某种地貌障碍形式阻止了泥沙的正常输移下泄,但均未能充分重视主流摆动波在河流系统整体性反馈调整中的纽带作用,从而基于河势调整基本原理,在实测的上、下游河势调整的关联现象中提炼出阻隔性河段的新概念。

进一步研究表明,河流地貌对干扰的敏感程度与河型有关[94]。对于蜿蜒性河道而言,弯道进口持续的动力干扰,是河湾形态得以向下游蠕动的前提条件[95],通过不断地冲刷凹岸、淤长凸岸边滩和壮大河漫滩,逐渐加深曲折度并使河湾延长,从而将进口动力干扰向下游传递[96],产生正弦派生曲线[10,95,97]。Zolezzi 等[98]研究表明,蜿蜒型河道是平面上具有多空间频率振荡特征的系统,采用连续小波变换方法能够将蜿蜒振荡的能量转化为较短谐波,从而将蜿蜒河段波群变形趋势与动力学中空间调整机制结合起来。Dijk 等[97]进行试验研究表明,凝聚力较大的河漫滩有利于增强岸脚稳定性、减少撇弯切滩次数、增加单一河槽的连续侧向迁移率,进而增大河道曲折度。Constantine 等[99]采用蜿蜒演变模型将河道迁移率与近岸垂向平均流速关联起来,发现近岸剪切力能够表征河道边界组成的物理特性,可根据河岸侵蚀系数分析河湾历史摆动情况。显然,上述研究是基于河道两岸边界条件不受限制的自由河湾展开的,然而,长江中下游河湾大多数为限制性弯道,发生自然裁弯的可能性很小,限制性弯道对水流具有较好的导流作用[11],有利于归顺不同流量级下不同方向来流的主流摆动[10]。

对于其他河型而言，在上游河势发生调整后，顺直河型通过犬牙交错边滩的上提下移，改变主流过渡段的位置来传递河势调整[99]；分汊河型则通过改变不同汊道进口的分水分沙比将上游的地貌不稳定式传播至下游[15, 86]。研究认为，顺直河和弯曲河均为单一河槽，断面窄深，主泓流路单一，迁移率较低[76]；分汊河型具有多个河槽，主泓可能在不同汊道之间交替易位，因而对上游河势调整的敏感度较高[102]。考虑到长江中游河道具有分汊河型与单一河型交错分布的特征[81, 97]，分汊河发生河势调整后，下游单一河是继续传递上游的河势变化，还是阻隔这种传递作用，对维持下游长河段河势稳定具有重要影响，这也是本节研究的实践意义所在。

参 考 文 献

[1] 长江水利委员会. 长江中下游干流河道治理规划 (2016 年修订) [R]. 武汉, 2016.

[2] 余文畴, 卢金友. 长江河道演变与治理[M]. 北京: 中国水利水电出版社, 2005.

[3] 唐金武. 长江中下游河道演变及航道整治方法[D]. 武汉: 武汉大学, 2012.

[4] 刘怀汉, 黄召彪, 李青云. 长江干线航道治理主要成就[C]//第十九届世界疏浚大会论文集. 2010: 202-208.

[5] 李义天, 唐金武, 朱玲玲, 等. 长江中下游河道演变与航道整治[M]. 北京: 中国水利水电出版社, 2012.

[6] 中国科学院地理研究所, 长江水利水电科学研究院, 长江航道局规划设计研究所. 长江中下游河道特性及其演变[M]. 北京: 科学出版社, 1985.

[7] SCHUMM S A. The Fluvial System[M]. New York: John Wiley& Sons, 1977.

[8] 冷魁, 罗海超. 长江中下游鹅头型分汊河道的演变特征及形成条件[J]. 水利学报, 1994 (10): 82-89.

[9] 尤联元. 分汊型河床的形成与演变——以长江中下游为例[J]. 地理研究, 1984, 3 (4): 12-24.

[10] 钱宁, 张仁, 周志德. 河床演变学[M]. 北京: 科学出版社, 1987.

[11] 谢鉴衡. 河床演变及整治[M]. 2 版. 北京: 中国水利水电出版社, 1997.

[12] KNIGHTON A D, NANSON G C. Anastomosis and the continuum of channel pattern[J]. Earth Surface Porcesses and Landforms, 1993, 18 (7): 613-625.

[13] 唐金武, 由星莹, 侯卫国, 等. 长江下游马鞍山河段演变趋势分析[J]. 泥沙研究, 2015 (1): 30-35.

[14] 由星莹, 唐金武, 张小峰, 等. 长江中下游阻隔性河段特征及成因初步研究[J]. 水利学报, 2016, 47 (4): 545-551.

[15] LEOPOLD L B, WOLMAN M G. River Channel Patterns: Braided, Meandering, and Straight[M]. U. S. Geological Survey Professional Paper, 1957, 282B: 39-85.

[16] SCHUMM S A, KHAN H R. Experimental study of channel patterns[J]. Geological Society of America Bulletin, 1972, 83: 1755-1770.

[17] SCHUMM S A. Patterns of alluvial rivers[J]. Annual Review of Earth & Planetary Sciences, 1985, 13: 5-27.

[18] RUST B R. A classification of alluvial channel systems[J]. Dallas Geological Society, 1977: 187-198.

[19] 夏细禾, 颜国红. 长江中下游分汊河道稳定性研究[J]. 长江科学院院报, 2000, 17 (5): 9-11.

[20] 王随继, 尹寿鹏. 网状河流和分汊河流的河型归属讨论[J]. 地学前缘, 2000, 7: 79-86.

[21] 钱宁. 关于河流分类及成因问题的讨论[J]. 地理学报, 1985, 40 (1): 1-10.

[22] BRICE J C. Report FHWA/RD-82/021. U. S. Federal Highway Administration, 42, 1982.

[23] CHURCH M, FERGUSON R I, KELLERHALS R. On the relation of river channel gradient and pattern to discharge and grain size[R]. Research Report, Department of Geography, The University of British Columbia, 1982.

[24] FERGUSON R I. Channel forms and channel changes[C]//LEWIN J. British Rivers. London: Allen and Unwin, 1981: 90-125.

[25] 张红武, 刘海凌, 江恩惠, 等. 小浪底水库拦沙期下游游荡性河段演变趋势研究[J]. 人民黄河, 1998, 20(11): 5- 7.

[26] 许炯心. 砂质河床与砾石河床的河型判别研究[J]. 水利学报, 2002 (10): 14- 20.

[27] 尹学良, 陈金荣. 黄河下游的河性[J]. 地理学报, 1992, 47(3): 193- 207.

[28] 史传文, 吴保生, 马吉明, 等. 黄河下游河型分类与判别模式研究[J]. 泥沙研究, 2007(4): 53-58.

[29] 方宗岱. 河型分析及其在河道整治上的应用[J]. 水利学报, 1964(1): 3-14.

[30] 唐日长, 杨达源, 谢鑑衡, 等. 河型分析及其在河道整治上的应用[J]. 水利学报, 1965(1): 65-73.

[31] ORLOWSKI L A, SCHUMM S A, MIELKE JR P W. Reach classifications of the lower Mississippi River[J]. Geomorphology, 1995, 14(3): 221-234.

[32] 陈立, 张俊勇, 谢葆玲. 河流再造床过程中河型变化的实验研究[J]. 水利学报, 2003(7): 42-51.

[33] 唐武, 王英民, 赵志刚, 等. 河型转化研究进展综述[J]. 地质评论, 2016, 62(1): 138-152.

[34] 周刚. 河型转化机理及其数值模拟研究[D]. 北京: 清华大学, 2009.

[35] 肖毅. 河型转化影响因素及河型判别准则研究[D]. 北京: 清华大学, 2013.

[36] 余文畴. 长江中下游河道水力和输沙特性的初步分析——初论分汊河道形成条件[J]. 长江科学院院报, 1994, 11(4): 16-22.

[37] SCHUMM S A. The shape of alluvial channels in relation to sediment type[J]. Geological Survey Professional Paper, 1961, 352-B: 17-30.

[38] GILBERT G K. Geology of the henry mountain (Utah): Geog. and geol. survey of the rocky moutazns[J]. Nature, 1877, 22(530): 177-179.

[39] HACK J T. Interpretation of erosional topography in humid temperate regions[J]. American Journal of Science , Bradley Volume, 1960, 258-A: 80-97.

[40] HENSHAW A J, GURNELL A M, BERTOLDI W, et al. An assessment of the degree to which Landsat TM data can support the assessment of fluvial dynamics, as revealed by changes in vegetation extent and channel position, along a large river[J]. Geomorphology, 2013, 202: 74-85.

[41] ARMAŞ I, NISTORAN D E G, OSACI-COSTACHE G, et al. Morpho-dynamic evolution patterns of Subcarpathian Prahova River(Romania)[J]. Catena, 2012, 100: 83-99.

[42] SURIAN N, RINALDI M. Morphological response to river engineering and management in alluvial channels in Italy[J]. Geomorphology, 2003, 50(4): 307-326.

[43] HAJDUKIEWICZ H, WYŻGA B, MIKUŚ P, et al. Impact of a large flood on mountain river habitats, channel morphology, and valley infrastructure[J]. Geomorphology, 2016, 272: 55-67.

[44] RAMOS J, GRACIA J. Spatial-temporal fluvial morphology analysis in the Quelite river: It's impact on communication systems[J]. Journal of Hydrology, 2012, 412(3): 269-278.

[45] XIA J Q, ZONG Q L, DENG S S, et al. Seasonal variations in composite riverbank stability in the Lower Jingjiang Reach, China[J]. Journal of Hydrology, 2014, 519: 3664-3673.

[46] CSERKÉSZ-NAGY Á, TÓTH T, VAJK Ö, et al. Erosional scours and meander development in response to river engineering: Middle Tisza region, Hungary[J]. Proceedings of the Geologists' Association, 2010, 121: 238-247.

[47] KISS T, OROSZI V G, SIPOS G, et al. Accelerated overbank accumulation after nineteenth century river regulation works: A case study on the Maros River, Hungary[J]. Geomorphology, 2011, 135(1/2): 191-202.

[48] FRINGS R M, DÖRING R, BECKHAUSEN C, et al. Fluvial sediment budget of a modern, restrained river: The lower reach of the Rhine in Germany[J]. Catena, 2014, 122(12): 91-102.

[49] UMAZANO A M, MELCHOR R N, BEDATOU E, et al. Fluvial response to sudden input of pyroclastic sediments during the 2008-2009 eruption of the Chaitén Volcano (Chile): The role of logjams[J]. Journal of South American Earth Sciences, 2014, 54(1): 140-157.

[50] KORPAK J. The influence of river training on mountain channel changes (Polish Carpathian Mountains)[J]. Geomorphology, 2007, 92(3): 166-181.

[51] HELMUT H, THOMAS H, ADRIAN S, et al. Challenges of river basin management: Current status of, and prospects for, the River Danube from a river engineering perspective[J]. Science of the Total Environment, 2016, 543(Pt A): 828-845.

[52] REMO J W F, PINTER N, HEINE R. The use of retro- and scenario-modeling to assess effects of 100+ years river of engineering and land-cover change on Middle and Lower Mississippi River flood stages[J]. Journal of Hydrology, 2009, 376(3): 403-416.

[53] DOULATYARI B, BASSO S, SCHIRMER M, et al. River flow regimes and vegetation dynamics along a river transect[J]. Advances in Water Resources, 2014, 73(1/3): 30-43.

[54] WILLIAMS M, ZALASIEWICZ J, DAVIES N, et al. Humans as the third evolutionary stage of biosphere engineering of rivers[J]. Anthropocene, 2014, 7: 57-63.

[55] PERUCCA L P, ROTHIS M, VARGAS H N. Morphotectonic and neotectonic control on river pattern in the Sierra de la Cantera piedmont, Central Precordillera, Province of San Juan, Argentina[J]. Geomorphology, 2014, 204(1): 673-682.

[56] ROY S, SAHU A S. Quaternary tectonic control on channel morphology over sedimentary low land: A case study in the Ajay-Damodar interfluve of Eastern India[J]. Geoscience Frontiers, 2015, 6(6): 927-946.

[57] AKHTAR M P, SHARMA N, OJHA C S P. Braiding process and bank erosion in the Brahmaputra River[J]. International Journal of Sediment Research, 2011, 26(4): 431-444.

[58] CLERICI A, PEREGO S, CHELLI A, et al. Morphological changes of the floodplain reach of the Taro River (Northern Italy) in the last two centuries[J]. Journal of Hydrology, 2015, 527: 1106-1122.

[59] 潘庆燊, 卢金友. 长江中游近期河道演变分析[J]. 人民长江, 1999, 30(2): 32-35.

[60] 潘庆燊. 长江中下游河道演变趋势及对策[J]. 人民长江, 1997, 28(5): 22-24.

[61] 罗海超. 长江中下游分汊河道的演变特点及稳定性[J]. 水利学报, 1989(6): 10-19.

[62] 余文畴. 长江分汊河道口门水流及输沙特性[J]. 长江科学院院报, 1987(1): 14-25.

[63] 唐金武, 邓金运, 由星莹, 等. 长江中下游河道崩岸预测方法研究[J]. 四川大学学报(工程科学版), 2012, 44(1): 75-81.

[64] 李志威, 王兆印, 贾艳红, 等. 三峡水库蓄水前后长江中下游江心洲的演变及其机理分析[J]. 长江流域资源与环境, 2015, 24(1): 65-73.

[65] 倪晋仁, 张仁. 弯曲河型与稳定江心洲河型的关系[J]. 地理研究, 1991, 10(20): 68-75.

[66] 陆永军, 刘建民. 长江中游典型浅滩演变与整治研究[J]. 中国工程科学, 2002, 4(7): 10-45.

[67] 卢金友, 渠庚, 李发政, 等. 下荆江熊家洲至城陵矶河段演变分析与治理思路探讨[J]. 长江科学院院报, 2011, 28(11): 113-118.

[68] 罗海超, 赵海祥. 长江汉口河段河势变迁及整治方向探讨[J]. 人民长江, 1983(3): 64-74.

[69] 冷魁, 费渊. 长江九江河段河势演变及治理探讨[J]. 江西水利科技, 1993, 19(3): 212-218.

[70] 陈飞, 付中敏, 杨芳丽. 长江镇扬河段河势变化对航道条件的影响[J]. 水运工程, 2011(6): 112-116.

[71] 陆中臣, 陈劭锋, 陈浩. 黄河下游河床演变中的地貌临界[J]. 泥沙研究, 2000(12): 1-5.

[72] 金德生. 关于流水动力地貌及其实验模拟问题[J]. 地理学报, 1989, 44(2): 147-156.

[73] 徐国宾, 练继建. 流体最小熵产生原理与最小能耗率原理[J]. 水利学报, 2003(5): 35-40.

[74] 董占地, 吉祖稳, 胡海华. 流量对河势及河型变化影响的试验研究[J]. 水利水运工程学报, 2011(4): 46-51.

[75] DAVID M, LABENNE A, CAROZZA J M, et al. Evolutionary trajectory of channel planforms in the middle Garonne River (Toulouse, SW France) over a 130-year period: contribution of mixed multiple factor analysis (MFAmix)[J]. Geomorphology, 2016, 258: 21-39.

[76] KARAMBAS T V, SAMARAS A G. Soft shore protection methods: the use of advanced numerical models in the evaluation of beach nourishment[J]. Ocean Engineering, 2014, 92: 129-136.

[77] RUI R, RODRÍGUEZ-GONZÁLEZ P M, ALBUQUERQUE A, et al. Reducing river regulation effects on riparian vegetation using flushing flow regimes[J]. Ecological Engineering, 2015, 81(5): 428-438.

[78] WANG Z, HU C. Interactions between fluvial systems and large scale hydro-projects[C]// International Symposium on River Sedimentation, 2004: 18-24.

[79] CHEN J, WANG Z B, LI M T, et al. Bedform characteristics during falling flood stage and morphodynamic interpretation of the middle-lower Changjiang (Yangtze) River channel, China[J]. Geomorphology, 2012, 147: 18-26.

[80] 孙昭华, 李义天, 黄颖, 等. 长江中游城陵矶—湖口分汊河道洲滩演变及碍航成因分析[J]. 水利学报, 2011, 42(12): 1398-1406.

[81] MACKIN J H. Concept of graded river[J]. Geological Society of America Bulletin, 1948, 59: 463-512.

[82] ZILIANI L, SURIAN N. Evolutionary trajectory of channel morphology and controlling factors in a large gravel-bed river[J]. Geomorphology, 2012, 174(9): 104-117.

[83] CHORLEY R J, KENNEDY B A. Physical geography: A systems approach[M]. London: Prentice-Hall International, 1971.

[84] SCHUURMAN F, KLEINHANS M G, MIDDELKOOP H. Network response to disturbances in large sand-bed braided rivers[J]. Earth Surface Dynamics, 2016, 4(1): 25-45.

[85] 孙昭华. 水沙变异条件下的河流系统调整及其研究进展[J]. 水科学进展, 2006, 17(6): 887-893.

[86] 金德生. 河流地貌系统的过程响应模型实验[J]. 地理研究, 1990, 9(2): 20-28.

[87] 戴清. 河道演变机理及其成因分析系统探讨[J]. 泥沙研究, 2007(10): 54-59.

[88] 胡一三. 黄河河势演变[J]. 水利学报, 2003(4): 46-57.

[89] 余文畴. 长江下游分汊河道节点在河床演变中的作用[J]. 泥沙研究, 1987(4): 12-21.

[90] FRYIRS K A, BRIERLEY G J, PRESTON N J, et al. Catchment-scale (dis)connectivity in sediment flux in the upper hunter catchment, New South Wales, Australia[J]. Geomorphology, 2007, 84(3/4): 297-316.

[91] SIDORCHUK A. Floodplain sedimentation: Inherited memories[J]. Global & Planetary Change, 2003, 39(1): 13-29.

[92] BRIERLEY G J, FRYIRS K A. Geomorphology and River Management: Applications of the River Styles Framework[M]. Malden, MA, USA: Blackwell Publishing, 2008: 350-398.

[93] REID H E, BRIERLEY G J. Assessing geomorphic sensitivity in relation to river capacity for adjustment[J]. Geomorphology, 2015, 251: 108-121.

[94] DOWNS P W, GREGORY K J. The sensitivity of river channels in the landscape system[C]// THOMAS D S G, ALLISON R J. Landscape Sensitivity. Chichester: Wiley, 1993: 15-30.

[95] SONG X L, XU G Q, BAI Y C, et al. Experiments on the short-term development of sine-generated meandering rivers[J]. Journal of Hydro-Environment Research, 2016, 11: 42-58.

[96] SCHUURMAN F, SHIMIZU Y, IWASAKI T, et al. Dynamic meandering in response to upstream perturbations and floodplain formation[J]. Geomorphology, 2016, 253: 94-109.

[97] DIJK W M V, LAGEWEG W I V D, KLEINHANS M G. Formation of a cohesive floodplain in a dynamic experimental meandering river[J]. Earth Surface Processes & Landforms, 2013, 38(13): 1550-1565.

[98] ZOLEZZI G, GÜNERALP I. Continuous wavelet characterization of the wavelengths and regularity of meandering rivers[J]. Geomorphology, 2016, 252(3): 98-111.

[99] CONSTANTINE C R, DUNNE T, HANSON G J. Examining the physical meaning of the bank erosion coefficient used in meander migration modeling[J]. Geomorphology, 2009, 106(3/4): 242-252.

[100] CAMPANA D, MARCHESE E, THEULE J I, et al. Channel degradation and restoration of an Alpine river and related morphological changes[J]. Geomorphology, 2014, 221(11): 230-241.

第 2 章   长江中下游河势调整传递及阻隔现象

大量实测资料表明，长江中下游河道存在河势调整的传递及阻隔现象。以往研究认为上游河势调整是下游河道演变的主要影响因素之一；也有学者注意到有些河段的河道演变并未受上游河势调整的影响，但研究人员并未认识到是中间河段的特殊属性阻止了上游河势调整的传递作用。事实上，当上游发生深泓大幅摆动、洲滩强烈冲淤、撇弯切滩或裁弯、剧烈崩岸、主支汊易位等剧烈河势调整现象时，下游河段是否随之发生河势调整，对维持长河段河势稳定起到至关重要的作用。也只有充分认识河势调整的阻隔现象，探寻阻隔性河段的作用机理，才能对河势调整趋势做出合理预测，确保河势控制工程达到预期整治效果。

本章根据历史及近期实测河道演变资料，系统梳理了长江中下游各河段的上、下游河道历年来深泓摆动、滩槽冲淤变形、汊道演变及岸线消长等变化情况，并从上、下游河势调整时间、调整形式、调整周期个数等方面，对比阻隔性河段与非阻隔性河段的异同，从而为后面分析阻隔性河段的特征、成因及机理奠定基础。

2.1   横向河势调整的传递及阻隔现象

河流作为一个系统，反应具有整体性，某一河段与相邻河段、某一时段与前后时段之间的河势变化有着相互影响、互为因果的密切关系。上游的河势调整现象会向下游传播，引起下游若干个河段的连锁反应。通常而言，主流所在部位流速大、挟沙力强，往往发生冲刷，长期可能形成深泓或主槽；远离主流部位流速小、挟沙力弱，往往发生淤积，长期可能形成边滩、心滩或江心洲。由于实际流速测次较少，而深泓大幅摆动、滩槽剧烈变形等现象需要较长时间才能显现出来，因此河势调整的传播过程可以通过历年深泓摆动体现出来。本书通过分析各代表河段典型年份的实测深泓摆动情况，来说明上游河势调整向下游的传递和阻隔现象。

2.1.1   横向河势调整的传递现象

1. 宜昌—城陵矶河段

周公堤—天星洲河段位于长江中游上荆江尾闾，上起郝穴，下迄古长堤，全长 28 km。如图 2.1 所示，20 世纪 70 年代后，周公堤河段主流不断下移，1971～1979 年主流过渡段呈上过渡→中过渡→下过渡的变化趋势，1979 年达到下移极限，过渡段深泓累计下移距离达 10 km；受上游周公堤河段主流摆动、顶冲点下移的影响，天星洲河段的主流过渡段也随之下移，1973～1982 年累计下移 9.4 m，与上游周公堤河段对应的是，天星洲主流过渡段也经历了左槽一次过渡、右槽一次过渡及二次过渡共三种形式的过渡。同时可以看出，1982 年周公堤河段主流过渡段再次上提，进入下一周期，而天星洲河段的主流顶冲点位于下移极限处，仍处于上一周期的末端时刻，尚未进入新的周期，这也印证了河势调整在传递过程中存在滞后性。

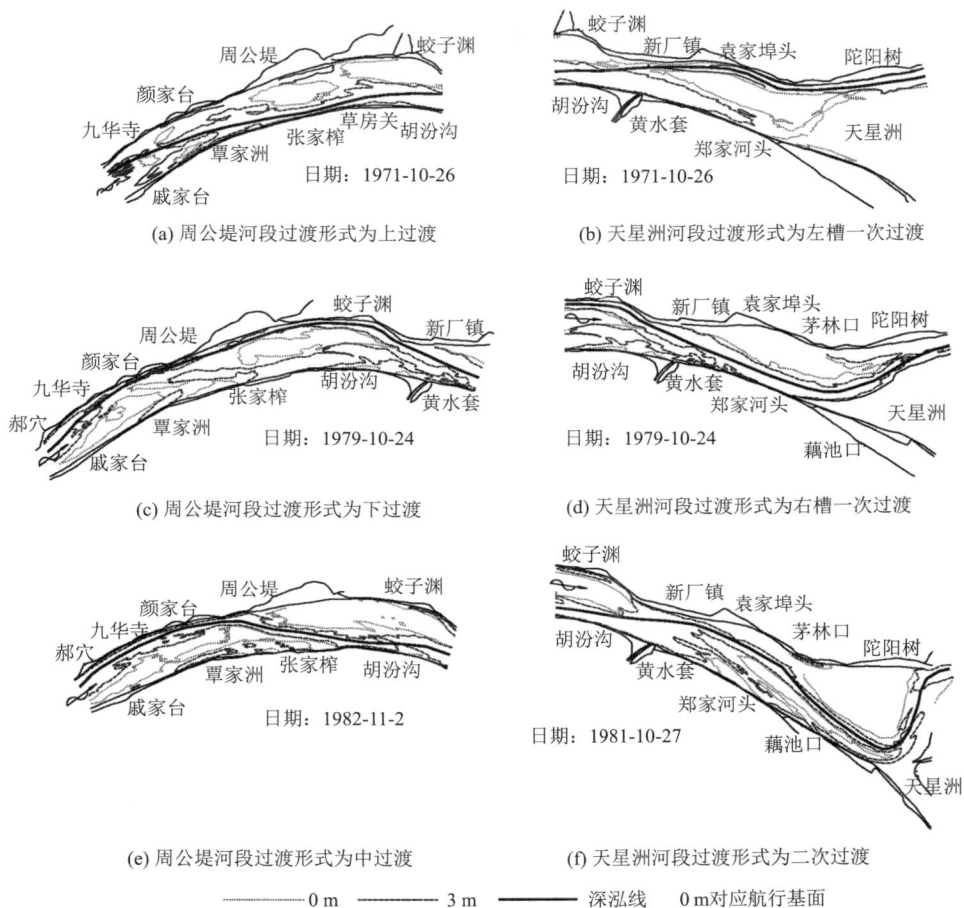

(a) 周公堤河段过渡形式为上过渡

(b) 天星洲河段过渡形式为左槽一次过渡

(c) 周公堤河段过渡形式为下过渡

(d) 天星洲河段过渡形式为右槽一次过渡

(e) 周公堤河段过渡形式为中过渡

(f) 天星洲河段过渡形式为二次过渡

　————0 m　————3 m　————深泓线　0 m对应航行基面

图 2.1　周公堤—天星洲河段 20 世纪 70～80 年代河势变迁图[①]

从上述分析可见，上、下游河段河势调整的发生时间基本可认为是同步的。由于周公堤河段和天星洲河段位置相邻，来水来沙过程基本相同；也没有资料显示，存在人为工程改变两河段的天然演变进程。下游天星洲河段与上游周公堤河段的河势调整过程明显具有对应性，且深泓摆动、滩槽变形的形式也相互影响。由于引起下游河段河势调整的原因仅可能来自河道内部，初步认为下游河段河势调整由上游河势调整所致。

进一步研究发现，上游河势调整能够向下游传递的原因在于深泓摆动趋势向下游的传递。例如，当周公堤河段主流过渡段靠上时，蛟子渊边滩滩头上延且稳定，藕池口分流口处滩头与蛟子渊滩尾连为整体，滩尾冲刷上延，使天星洲河段主流过渡段靠上，天星洲洲体的滩头上延，反过来限制主流的右摆和下移，有利于主流稳定在左槽一次过渡

---

① 资料来源：长江航道规划设计研究院《长江中游周天河段航道整治控导工程可行性研究报告》（2005 年 7 月）。

形式。当周公堤河段主流过渡段靠下时，蛟子渊边滩及新厂边滩的滩头冲刷后退、滩尾淤积下延，迫使天星洲河段主流右摆下移，天星洲洲体的滩头被切割形成串沟，并逐步发展为河槽，主流从右槽一次过渡演变为二次过渡形式。可见，各滩体形态调整与主流过渡段形式存在明显对应关系，上游滩体及主流过渡段位置的上提，给下游滩体及主流过渡段提供了较大的上提空间，进而引发下游河势调整，下移亦然。可见，上游河势调整改变了下游河道主流过渡段位置，导致滩体消长空间与变形趋势也发生改变，进而使上游河势调整的方向和速率特征向下传递，影响下游河势调整的方向及速率特征。

如图2.2（a）所示，自20世纪50年代以来，石首上游左岸古长堤一带即发生崩塌，1965~1994年累计崩宽达2 690 m，随着古长堤一带岸线崩塌，深泓线不断左移，导致石首河段向家洲于1994年发生撇弯切滩，进而引起下游河势剧烈调整。如图2.2（b）所示，主流直冲石首市城区北门口一带，岸线剧烈崩塌，左岸鱼尾洲下段和北碾子湾一带岸线崩退，碾子湾河段弯道曲率增加[1]。不难发现，正是石首上游古长堤的剧烈崩岸导致了石首河段深泓左移并发生了撇弯切滩，也正是基于此，北门口出流下移，北碾子湾顶冲点随之下移，导致碾子湾左岸发生严重崩岸。

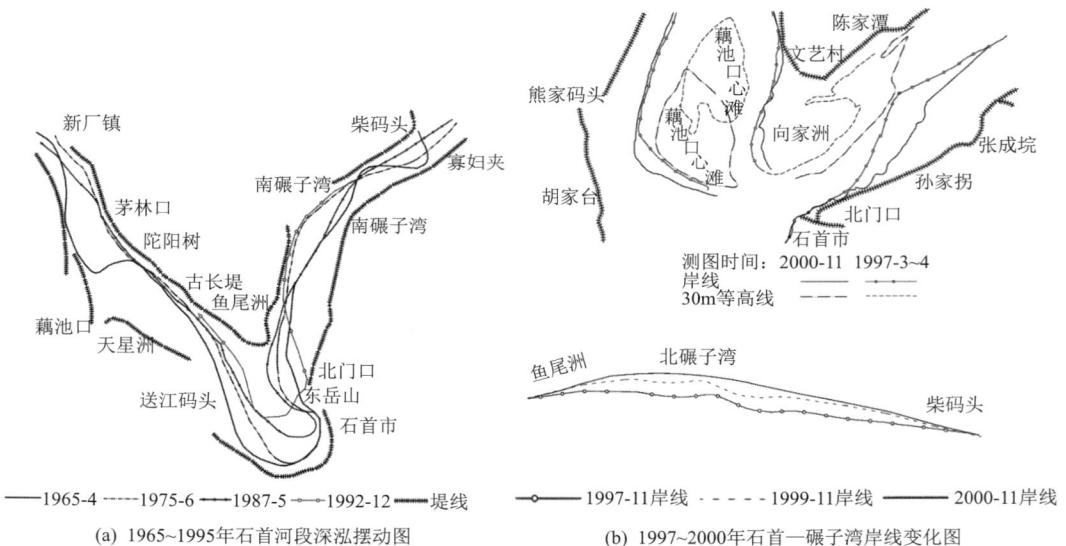

(a) 1965~1995年石首河段深泓摆动图　　　　(b) 1997~2000年石首—碾子湾岸线变化图

图2.2　石首撇弯切滩及碾子湾崩岸演变示意图[2]

再如，20世纪中期下荆江的几次裁弯对下游河道的河势调整均产生明显影响，如图2.3所示。1949年碾子湾裁弯后，引河出口以下左侧岸线大幅度崩退，使主槽明显左摆并下移，导致下游黄家拐弯道的消失及碾子湾微弯型河道的形成；1967年中洲子人工裁弯后，引河出口以下河段岸线明显崩退，1980年较1972年莱家铺弯顶整体向下游方向偏移；1972年沙滩子自然裁弯后，随着调关以上相当长范围内左侧岸线的剧烈崩退，引河出口原本向西凸的弯道演变成向东凸的弯道。

综上所述，当上游河段发生大幅度崩岸、撇弯切滩或裁弯等河势调整现象后，下游河段往往随之发生河势调整。主流贴靠或顶冲河岸，将导致近岸深泓冲深，河岸坡比变陡，岸脚横向冲刷后退，引起崩岸发生。李志威等[4]认为斜槽裁弯可分为切滩冲刷、串

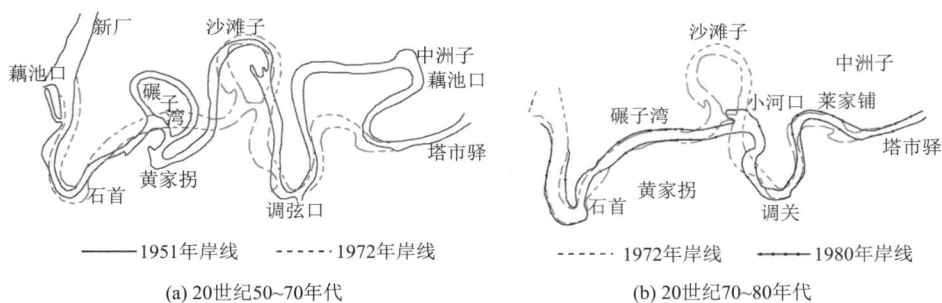

(a) 20世纪50~70年代　　　　　　　　　(b) 20世纪70~80年代

图 2.3　下荆江裁弯后下游河道河势变化示意图[2-3]

沟冲刷和主流顶冲三种模式，钱宁等[5]认为切滩可分为串沟过流、主流顶冲、溯源冲刷和倒套切滩四种模式，尹学良[6]认为切滩模式还应该包括主流侧蚀模式。无论是哪一种模式，其共性是漫滩后主流均不断顶冲凸岸边滩，刷深串沟、倒套或弯道内侧河岸，使缺口不断扩大，最终发生渐移性或突发性的主流改道，使下游河道蠕动的强度和方向发生改变。可见，主流的摆动及持续的顶冲是上述河势调整必不可少的条件，它也是河势调整能够继续向下游传递的重要条件。

2. 城陵矶—武汉河段

上述河势调整的传递现象在长江中下游其他河段也屡见不鲜。螺山—陆溪口河段自上而下可分为螺山河段（杨林山—螺山河段）、界牌河段（螺山—谷花洲河段）、新堤河段（谷花洲—烟波尾河段）、石头关河段（烟波尾—赤壁矶河段）、陆溪口河段（赤壁矶—刘家墩河段），新堤河段、陆溪口河段为分汊河型，螺山河段、界牌河段、石头关河段为单一河型。如图 2.4 所示，在 2002 年 9 月，螺山河段儒溪边滩淤积发展，螺山挑流作用增强而鸭栏挑流减弱，导致其下游上边滩冲刷萎缩，深泓贴靠界牌河段右岸下行至复

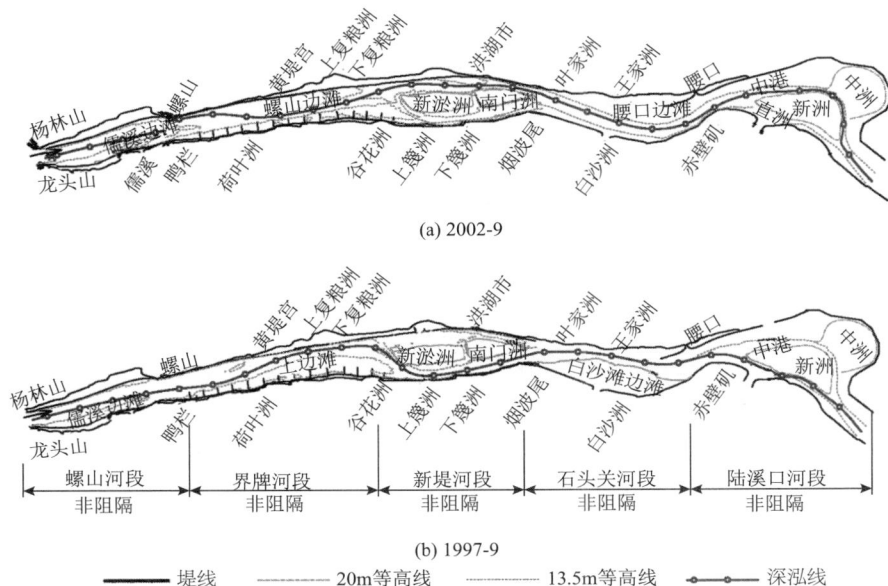

(a) 2002-9

(b) 1997-9

———— 堤线　　----- 20m等高线　　······· 13.5m等高线　　—◆— 深泓线

图 2.4　螺山—陆溪口河段 1997 年及 2002 年河势示意图

粮洲一带进入新堤河段左汊，使其发展为主汊，随后新堤出流顶冲下游的石头关河段凹岸白沙洲边滩，引起赤壁矶挑流作用增强，导致其下游的陆溪口河段中港冲刷发展及直港淤积。反之，1997 年 9 月，螺山河段深泓居中或靠右时，螺山挑流作用减弱而鸭栏挑流增强，导致其下游上边滩淤积壮大，滩尾的导流作用有助于深泓进入新堤河段右汊，随后出流顶冲下游石头关河段凸岸的腰口边滩，引起赤壁矶挑流作用减弱，有利于陆溪口直港冲刷发展。不难发现，主流带的往复摆动与儒溪边滩、螺山边滩、上边滩、腰口边滩、白沙洲边滩等淤积体的此消彼长相互影响、相互制约。

在上述两个时段内，上游来水来沙条件相似，河道边界条件、山体矶头的平面位置及走向均较为稳定，高大江心洲的位置和形态也未显著变化，河势调整集中体现在深泓摆动及相应的低矮边心滩、浅滩等河床微地貌形态的变化上。初步认为，正是上游深泓摆动改变了下游河段进口深泓的平面位置，引发下游河段的深泓摆动及低矮边心滩的变形，才使河势调整由螺山河段传递至陆溪口河段。

武汉河段上起纱帽山，下迄阳逻，全长约 70.3 km，自上而下分为白沙洲河段（沌口—鲇鱼套河段），武桥河段（鲇鱼套—徐家棚河段），天兴洲河段（徐家棚—阳逻河段）。白沙洲河段、天兴洲河段为分汊河型，武桥河段为单一河型。如图 2.5 所示，19 世纪中下叶，白沙洲汊道深泓偏靠右岸，经蛇山挑流作用，深泓偏向左岸汉口，进入天兴洲左

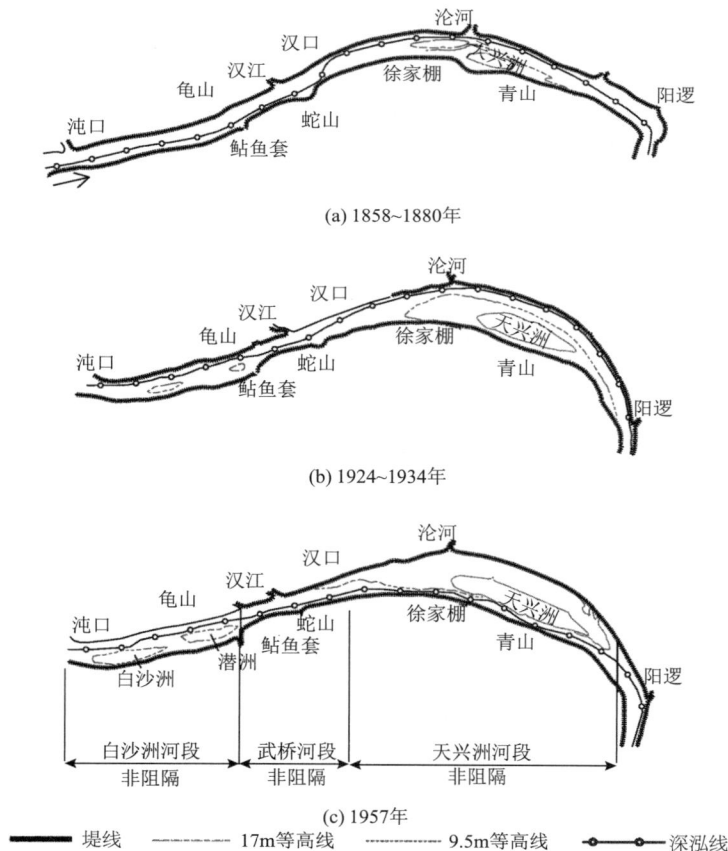

(a) 1858~1880年

(b) 1924~1934年

(c) 1957年

━━━━ 堤线　------ 17m等高线　········· 9.5m等高线　—○—○— 深泓线

图 2.5　武汉河段 19～20 世纪中叶河势变迁示意图[2]

汉,天兴洲左汊因此成为主汊;至 20 世纪中叶,白沙洲汊道深泓左移,偏靠右岸有白沙洲、潜洲生成,经左岸龟山节点的挑流,将深泓逼向右岸武昌,再进入天兴洲右汊,导致右汊发展成为主汊。对比上述两个演变过程,由于相邻河段来水来沙条件相似,河道平面外形、走向及控制性节点的位置变化均不大,河势变化集中在上、下游主流平面位置的对应性变化上。显而易见,正是白沙洲汊道段深泓左摆,改变了其下游武桥河段的主流平面位置及走向,进而使下游天兴洲汊道进口主流平面位置发生变化,才导致天兴洲右汊发展成为主汊,从而使河势调整由白沙洲河段向下游传递至天兴洲河段。

进一步研究表明[5],武汉河段的河势变迁主要源于上游簰洲湾出口双窑弯道于 20 世纪 20 年代左右发生的自然裁弯。如图 2.6 所示,1912 年时双窑弯道的弯曲率较高、弯颈狭窄,而 1960 年河势图显示,原双窑急弯段的弯顶已发生裁弯,形成弯曲度较低的大嘴弯道(今煤炭洲弯道)。受双窑弯道裁弯影响,纱帽山以下主流左摆,这是同期沌口—武汉河段深泓由右向左摆动的主要原因。如图 2.5 所示,上游河势调整进一步向下游传递,导致武汉河段深泓由左岸摆向右岸,直至 1957 年天兴洲河段发生主支汊易位。

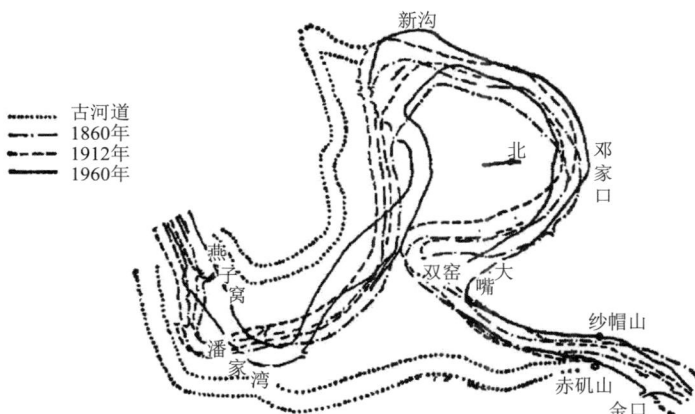

图 2.6 1860 年以来簰洲湾河势变化[5]

从上述分析可以看出,不仅如周公堤—天星洲河段这类长顺直河段、石首—塔市驿河段这类弯顶与过渡段衔接而成的蜿蜒型河段,上游河势调整具有向下游传递的演变规律,而且如螺山—陆溪口河段、武汉河段等这类由相对平顺的单一河段连接起来的分汊河段也存在这种河势调整向下游传递的现象。

3. 武汉—湖口河段

根据城陵矶—武汉河段分析,双窑弯道裁弯的影响通过河势传递作用影响天兴洲汊道,导致天兴洲右汊取代左汊成为主汊,然而这种传递作用的影响还不仅仅止于此。如图 2.7 所示,天兴洲河段下游依次衔接阳逻河段、牧鹅洲河段、湖广河段、罗湖洲河段。其中,阳逻河段、牧鹅洲河段、湖广河段为单一弯曲型,罗湖洲河段为鹅头型分汊型。天兴洲河段深泓易位至右汊后,对阳逻矶的顶冲作用增强,引起阳逻矶挑流作用增强,致使下游的牧鹅洲河段主流也随之向右岸摆动,牧鹅洲最终并向左岸成为边滩。由于牧鹅洲河段深泓靠右,白浒山、猴儿矶等矶头群挑流作用增强,进入湖广河段的主流从贴靠右岸左移至居中位置；由于主流远离部位有利于泥沙落淤，湖广河段右岸赵家矶边滩的淤积长大，遮掩了赵家矶、中观矶及泥矶等罗湖洲进口矶头群的挑流作用，使主流居于罗湖洲河段左汊或中汊的水动力不足，从而限制了左汊及中汊的冲刷发展；随着中汊的淤积萎缩，主流开始由中汊摆向右汊，标志着罗湖洲河段进入新一轮的演变周期。

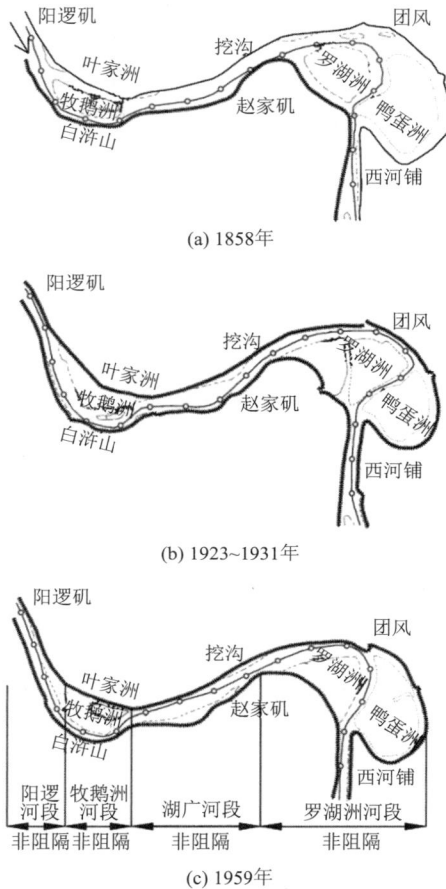

(a) 1858年

(b) 1923~1931年

(c) 1959年

图 2.7　阳逻—罗湖洲河段 19~20 世纪中叶河势变迁示意图

　　从上述河势调整的传递过程可见，正是各河段进口存在矶头，使上游来流中携带的主流平面位置和方向等"信息"转化为主流与节点的贴靠程度及节点对主流的顶冲角度等"信息"，通过节点改变出流流向，将上游来流的"信息"反馈至下游。可见，矶头挑流是上游河势向下游传递过程中重要的"传递员"；也正是低矮边心滩的冲淤消长与主流摆动存在直接的对应关系，两者互相影响、互为制约，使滩体的冲刷或淤积在一定程度上影响着主流摆动及河势调整的方向。

　　从图 2.7 中可见：1858 年赵家矶边滩规模较小，罗湖洲河段深泓位于中汊；而 1923~1931 年，赵家矶边滩进一步萎缩，湖广河段深泓进一步紧贴右岸，罗湖洲河段深泓也由右汊摆至中汊；1959 年赵家矶边滩淤长，湖广河段深泓居中，罗湖洲深泓由中汊摆回右汉。如图 2.8 所示，2005~2007 年赵家矶边滩冲刷幅度较小，2007 年之后滩体大幅度冲刷，2007~2008 年董家大湾附近 0 m 线滩宽不足 2005 年的一半。赵家矶边滩萎缩致使罗湖洲进口矶头群挑流作用增强，表现为 2009 年相对于 2007 年罗湖洲洲头心滩大幅冲刷后退，人民洲边滩则呈现淤积态势。

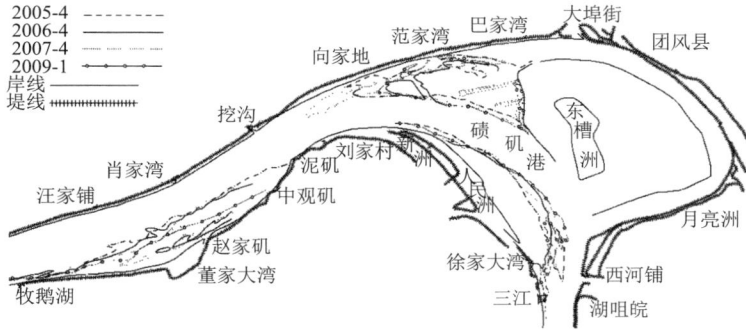

图 2.8　罗湖洲河段河势与上游赵家矶边滩的对应关系

以往研究认为[6]，不同河型的水流—地形相互作用的动力调整机制受到河流地貌形态的驱动作用，而呈现出不同调整特征；当上、下游河型不同时，两河段的动力调整机制作用通常不同，当然，这种不相关也可能由河势调整的滞后性引起。阳逻河段上游为分汊河型，下游为单一河型，湖广河段上游为单一河型，下游为分汊河型，因此，这两个河段所在的上、下游河型均不相同。然而，即便上、下游不同河型遵循着不同的动力调整机制，但若中间河段具有传递河势调整的作用，就能够使上游河势调整影响至下游，这正是上游阳逻河段、下游湖广河段的河势做出同种趋势性反应的原因。因此，说明非阻隔性河段对河势调整的传递作用，不同于同种河型响应同种水沙条件时表现出的相同动力调整作用，是一种独立的河道演变影响因素。

4. 湖口—大通河段

研究表明[7]，马鞍山河段河势调整与上游陈家洲汊道演变密切相关。如图 2.9 所示，20 世纪 80 年代中期以前，陈家洲右缘持续崩退，导致洲体左移、左汊淤积、分流比较小，1968 年一度断流[3]，且陈家洲洲头冲刷形成若干串沟，部分串沟冲开成为分流槽口，使进入陈家洲右汊的水流进一步增加，促使主流右摆，导致东梁山挑流作用增强，在这种河势条件下，主流出东梁山、西梁山后被挑向马鞍山河段的江心洲左汊中央，而后过渡至左汊左岸，再从江心洲尾部过渡至小黄洲右汊，即马鞍山深泓呈一次过渡形式，此时深泓贴岸段主要为新河口—金河口河段。

20 世纪 80 年代中期以后，陈家洲左汊冲刷发展，0 m 线（航基面对应等高线）复又贯通，进入左汊的水流沿左汊下行，同时曹姑洲、新洲淤与陈家洲淤并，成为其头部完整的低滩，从左汊经串沟进入右汊的流量大幅减小，导致西梁山挑流作用增强，主流经东梁山、西梁山后被挑向江心洲左缘上段，下行一段距离后逐渐过渡至江心洲左汊左岸，再过渡至小黄洲右汊，即深泓呈二次过渡。此时深泓贴岸段为郑蒲闸—金河口河段、江心洲左缘上段等部位，20 世纪 80 年代马鞍山深泓二次过渡以来对上述贴岸段的强烈顶冲，导致郑蒲圩段崩岸长度达 7.4 km，最大崩退宽度达 170 m[7]，江心洲左缘上部也持续崩退，累计后退 500 余米。

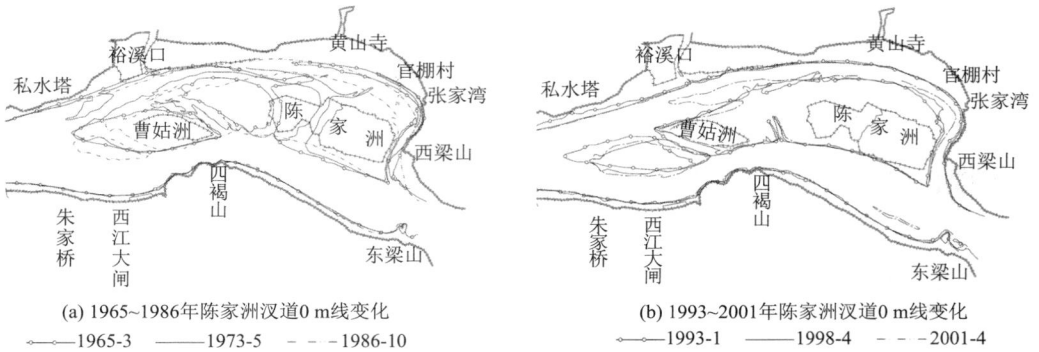

(a) 1965~1986年陈家洲汊道0 m线变化
——1965-3　——1973-5　- - -1986-10

(b) 1993~2001年陈家洲汊道0 m线变化
——1993-1　——1998-4　- - -2001-4

图 2.9　芜裕河段陈家洲汊道 1965～2001 年河势变化示意图[7]

　　如上所述，正是 1965～1986 年芜裕河段陈家洲洲体右缘崩退严重，导致陈家洲右汊冲刷发展，西梁山挑流作用减弱。受其影响，如图 2.10 所示，马鞍山河段江心洲左汊深槽较为弯曲，有利于牛屯河—金河口一带形成牛屯河边滩并逐渐淤长下移，江心洲尾部在逐渐下移过程中形成何家洲及上、下江心滩，后者也不断下移，引起小黄洲头部发生剧烈崩退。上述一系列河势调整现象又继续向下游传递，如图 2.11 所示，新济州左汊在 1954～1986 年由主汊衰退为支汊，右汊出流顶冲陈顶山一带使其岸线剧烈崩退，其对开处生成潜洲；受新济州河段出流顶冲影响，下游南京河段的梅子洲也持续冲刷后退，1954～1980 年梅子洲洲头累计崩退下移 1 000 余米，同时洲尾向江心方向淤长，与梅子洲并生的老潜洲也几近冲失，至 1986 年仅在梅子洲尾部江中遗留较小规模的潜洲。

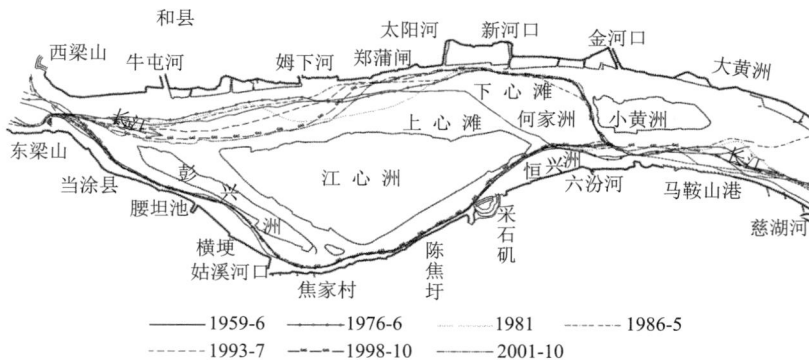

——1959-6　——1976-6　- - -1981　- - -1986-5
- - -1993-7　- - -1998-10　——2001-10

图 2.10　马鞍山河段 1959～2001 年深泓线平面位置变化示意图[7]

　　受上游河势调整影响，如图 2.12 所示，南京河段下游八卦洲洲头在 1952～1979 年累计崩退 1400 余米，促使了左汊持续弯曲下移，左汊出流顶冲龙潭弯道右岸栖霞山一带，导致严重崩岸。在龙潭河道右摆下移过程中，1979 年在弯道尾部左岸生成兴隆洲，使龙潭弯道由单一弯曲型演变成为微弯分汊型。

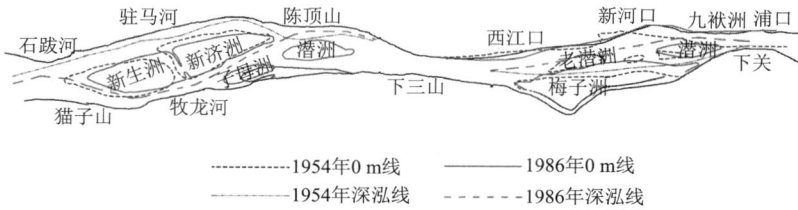

图 2.11　新济洲—梅子洲河段近期演变示意图

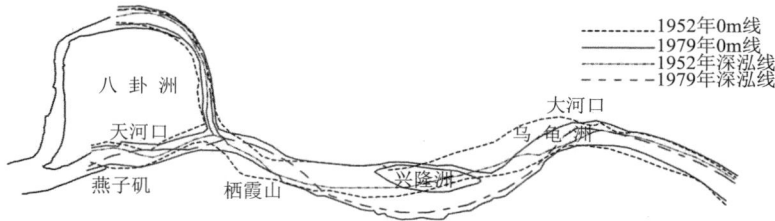

图 2.12　八卦洲—龙潭河段近期演变示意图[8]

　　中国科学院地理研究所等[9]研究也表明，近百余年来，八卦洲之所以向鹅头分汊河型方向发展，主要是因为上游新济州主流位于左汊，梅子洲主流靠右，顶冲南京下关节点，经过下关节点的强挑流作用使主流进入八卦洲左汊，促使八卦洲发展为鹅头分汊河型，在图 2.13 中可以看到河床摆动过程中遗留的平行鬃岗遗迹。左汊不断弯曲移动，曲折度越来越大，其出流方向与右汊的交汇角越来越大，引起汇流区以下的龙潭弯道自左向右摆动，导致龙潭弯道右岸坍塌至沪宁铁路边缘，左岸也遗留一系列平行鬃岗遗迹。之后，新济洲主流逐渐移至右汊，梅子洲洲头崩塌、洲体向下游淤长，导致梅子洲右汊基本淤塞，主流左徙至江心，下关节点挑流作用减弱，促使主流进入八卦洲右汊，右汊逐渐发展为主汊。

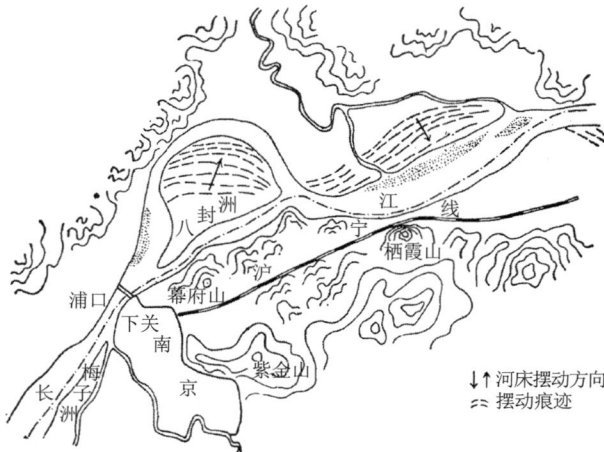

图 2.13　南京河段近年来河道平面变形过程[9]

南京河段的河床平面摆动又引起下游镇江—扬州河段的河势剧烈变化。1865年，世业洲汊道与焦山以下的和畅洲汊道以濒临南岸的河湾衔接。之后镇扬河道演变主要表现为弯道下移，由于弯道导流作用，弯道的变化进一步向下游传播，如果右岸深槽向左下方移动，则对岸深槽将向右下方移动，如图2.14所示，随着世业洲的下移，征润洲边滩不断向东北淤长发展，百年以来镇江港由凹岸变为凸岸，淹没在征润洲腹地之中，金山成为陆地，是长江中下游河道中突出的河势变迁现象。

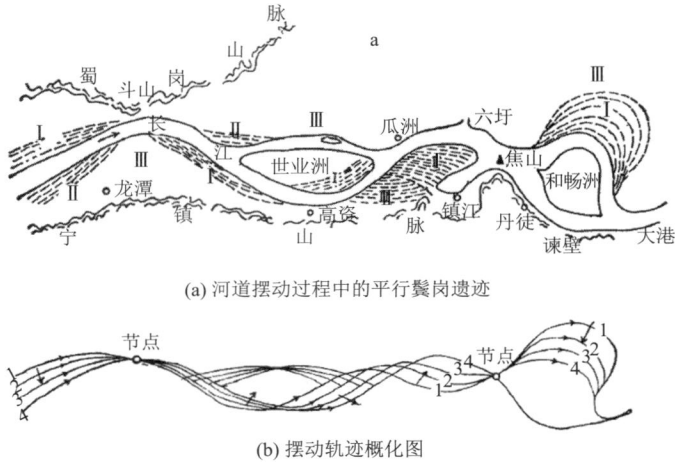

(a) 河道摆动过程中的平行鬃岗遗迹

(b) 摆动轨迹概化图

1、2、3、4分别代表第一、二、三、四摆动阶段

图 2.14　镇江—扬州河段的河道平面变形过程[9]

从上述芜裕—镇扬河段的河势调整传递过程可见，河势调整的传递现象在长江中下游河道演变过程中广泛地存在。由于上述长河段中缺乏能够阻止这种传递效应的特殊河段，上游芜裕河段陈家洲河岸的剧烈崩塌一直向下游传递至龙潭弯道，引起龙潭弯道的河型变化，影响范围长达150 km。这种长河段的连锁变形无疑是令人瞩目的，这也凸显出，研究能够阻止河势调整在长河段传播的阻隔性河段的重要性及实践意义。

2.1.2　横向河势调整的阻隔现象

根据上节分析，若在长河段的河势调整传递过程中，存在能够阻隔这种传递效应的特殊河段，则上游河势的不利变化很可能被限制在较小区间内，而不至于影响下游更长范围，从而防止下游长河段河势出现整体恶化态势。以下分为宜昌—城陵矶河段、城陵矶—武汉河段、武汉—湖口河段、湖口—大通河段4个区间来系统总结以往河势调整过程中的阻隔现象。

1. 宜昌—城陵矶河段

首先以斗湖堤河段为例，斗湖堤河段上接马家咀河段，下连郝穴河段。马家咀河段为微弯分汊型，斗湖堤河段和郝穴河段为单一弯曲型。如图2.15所示，20世纪40~50年代，南星洲洲头高大完整，并向上游延伸与白渭洲边滩连为一体，使主流稳定于右汊；至60年代初期雷家洲边滩才形成且规模较小，且南星洲洲体向右岸淤长，导致右汊主流过渡段靠上，顶冲马家咀后沿右岸下行；70 年代进口主流左摆，南星洲洲头低滩冲刷，白渭洲与文村夹一带被水流冲开，0 m 线被水流切割成心滩，雷家洲边滩淤积长大，南星洲右汊主流顶冲点下移至西湖庙；80 年代初期，由于雷家洲低矮部分冲刷萎缩，右汊主流过渡段向右岸摆动，主流继续顶冲马家咀；80 年代中后期连续出现大水年，雷家洲边滩逐渐淤积展宽。受 1998 年、1999 年大洪水趋直的影响，白渭洲边滩几近冲失，南星洲洲头滩体冲刷切割，至 2000 年左汊冲开并迅速发展为主汊；2000 年以后，白渭洲边滩再次与南星洲头滩体连为一体，主流再次回归右汊。可见，多年来马家咀河段河势变化较大，水沙条件变化及特殊的边界条件作用是其河势调整的主因。

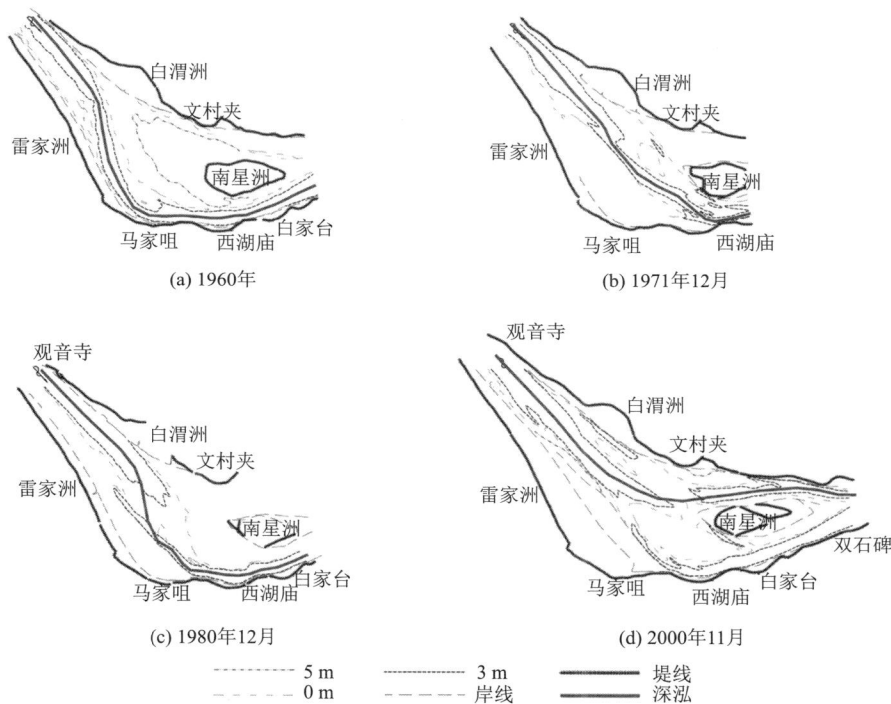

(a) 1960年 　　　　　(b) 1971年12月

(c) 1980年12月 　　　　　(d) 2000年11月

图 2.15　马家咀河段近年来河势变化示意图

　　无论上游马家咀河段河势如何变化，下游斗湖堤河段的深泓始终沿弯道凹岸深槽下行至公安县，在杨厂镇与马家寨之间过渡至郝穴河湾的左岸深槽，过渡段位置始终保持稳定。但斗湖堤河段下游的郝穴河段近年来河势调整较为显著。如图 2.16 所示，20 世纪 50 年代由于左、右岸各有方赵家台边滩、七姓台边滩，主流居中进入下游周公堤河段，郝穴矶头挑流作用较弱，主流走中过渡；70~80 年代左岸方赵家台边滩消失，主流贴靠左岸，右岸七姓台边滩淤长下延并与戚家台边滩、周公堤心滩连为一体，主流过渡段呈上过渡→中过渡→下过渡的变化规律；90 年代左岸方赵家台边滩消失，郝穴矶头挑流作用增强，主流被挑至右岸，使周公堤过渡段主流始终处于上过渡、中过渡形式。

　　综上所述，斗湖堤河段能够集中上游马家咀河势调整引起的本河段进口主流位置变化，使自身河势保持稳定，深泓始终靠右，从而为下游郝穴河湾提供稳定的入流条件。

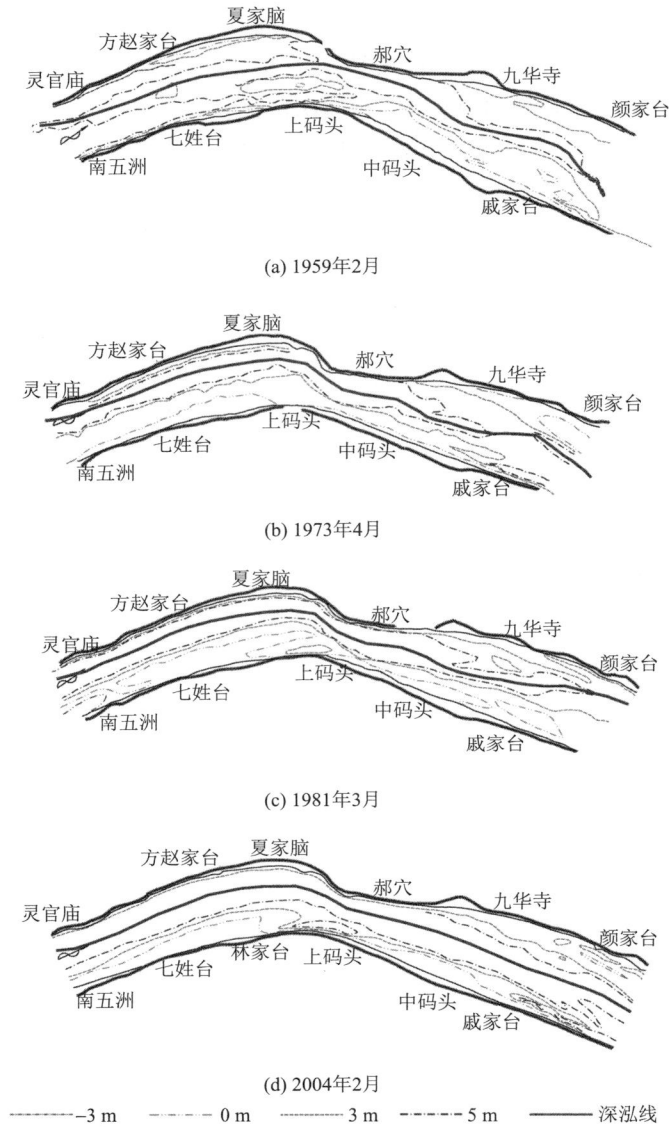

(a) 1959年2月

(b) 1973年4月

(c) 1981年3月

(d) 2004年2月

--------- -3 m　　- - - 0 m　　········· 3 m　　- - - - - -5 m　　——— 深泓线

图 2.16　马家寨—周公堤河段近年来河势变化图

而郝穴河段河势变化是由进口龙二渊矶、铁牛矶等挑流作用的强弱变化引起的，这种变化又向下游传递至周公堤河段，使其河势发生剧烈调整。可见，下游河势变化并非是由斗湖堤传递了上游河势调整作用引起的，斗湖堤河段稳定的河道形态也一定程度上减弱了下游郝穴河段和周公堤河段的演变剧烈程度，因而具有阻隔性河段作用。

　　若给连续弯道进口一个持续干扰，那么弯道将发生凹岸崩退和凸岸淤长等连锁变形反应，从而增加弯道曲率并促使弯道向下游方向蠕动。所谓的"一弯变，弯弯变"正是上游河势调整向下游传递的集中写照。事实上，上述连续变形是有条件的，当连续河段中存在阻隔性河段时，这种连锁反应很可能发生中断。以下荆江河段为例，碾子湾河段下游依次连接河口河段、调关河段、莱家铺河段和塔市驿河段。如图 2.17 所示，1949 年原碾子湾裁弯后，黄家拐左岸剧烈崩退，弯顶向左下方回移并趋直，使碾子湾由急弯段变为缓弯段，导致其下游沙滩子弯道整体性弯曲下移，出流右摆并冲顶右岸连心垸上部；显然，碾子湾裁弯导致的沙滩子河势调整并未引起调关以下河道的变形，1951～1965 年调关及以下深泓平面位置基本稳定。1972 年沙滩子自然裁弯以后，引河出口小河口一带的主流再度左摆，连心垸下部受主流顶冲影响而发生严重崩岸，但 1972～1983 年调关以下深泓仍未见显著摆动，这说明了调关河段对上游调整具有阻隔作用。1967 年中洲子发生人工裁弯后，引河出口以下岸线迅速崩退，至 1972 年主槽右移 1.5 km，但其下游塔市驿河段并没有明显变形。因此，调关和塔市驿河段形态始终保持稳定，使上游河势的剧烈调整仅能影响局部区域，从而限定了上游裁弯引起下游河道连锁反应的影响范围。阻隔性河段的存在能够将长河段划分为若干个河势调整的传递影响区间，区间以外的河势调整被阻隔性河段阻断而无法继续传递，这就削弱了河势调整引发长河段不利河势变化的可能性。

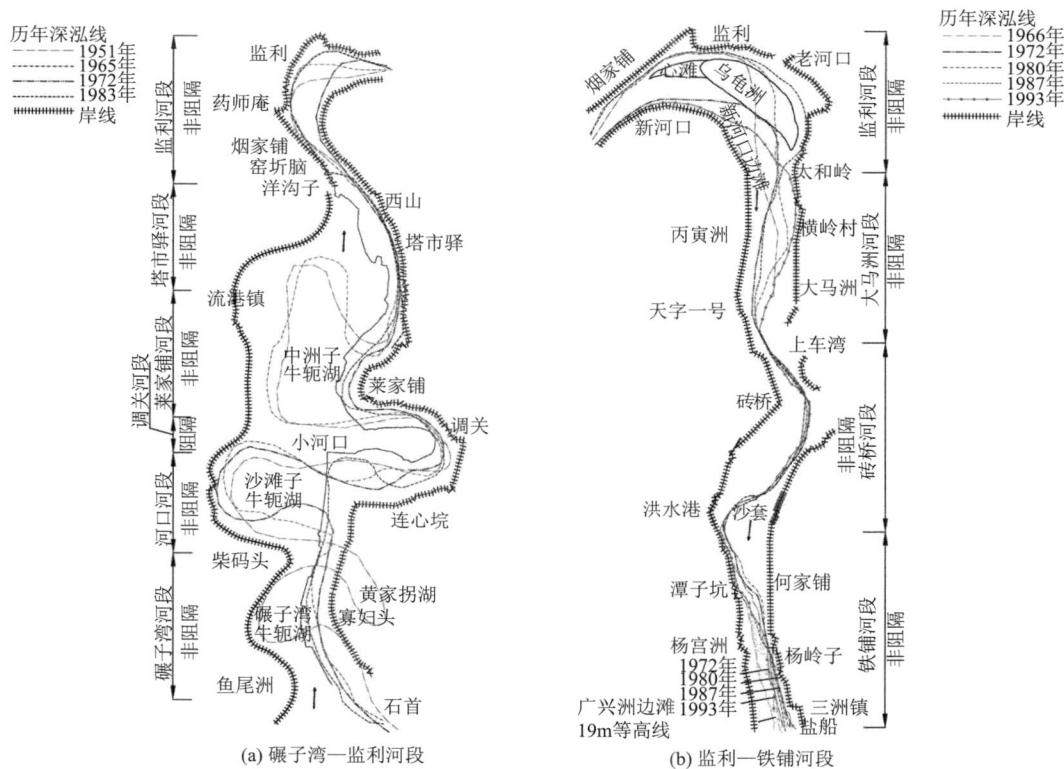

图 2.17　下荆江碾子湾—铁铺河段的近年深泓摆动图

如图 2.18 所示，1968 年乌龟洲与新河口边滩连为一体，此时乌龟洲洲体较小，左汊深泓偏靠河道中部，相应地大马洲河段深泓居中；1972 年以后乌龟洲被切滩成为江心洲，深泓趋直进入右汊并顶冲乌龟洲尾部，受尾部导流作用影响，大马洲深泓沿右岸丙寅洲一带下行至天字一号；1980 年乌龟洲右汊淤塞，乌龟洲与新河口边滩连为一体，深泓再度易位至左汊，居中下行至大马洲横岭村一带，再转向右顶冲天字一号；1987 年随着乌龟洲中后部淤长下移，左汊持续坐弯，出流顶冲太和岭，使矶头挑流作用增强，导致大马洲深泓贴靠右岸；1989 年后乌龟洲再度遭到水流切割，深泓易位至右汊，紧贴右岸新河口一带下行，出流顶冲左岸太和岭下游，受横岭村导流影响，深泓摆向天字一号。上述现象表明，下游大马洲河段的深泓平面位置和走向取决于上游监利河段的出口深泓平面位置及走向，当监利河段河势发生调整后，大马洲河段无法有效约束本河段深泓随之摆动，势必将上游河势调整继续向下游传递。

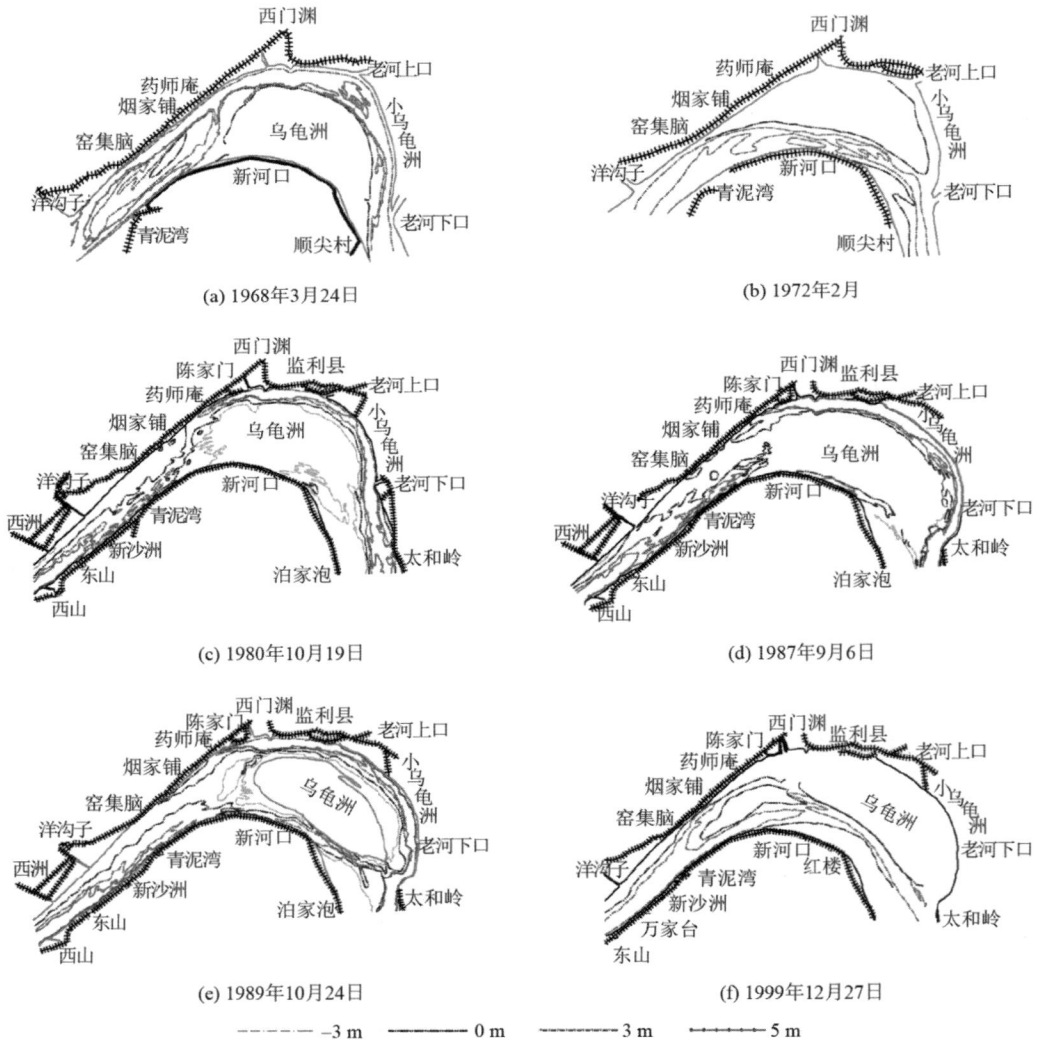

(a) 1968年3月24日　　　　　　　　(b) 1972年2月

(c) 1980年10月19日　　　　　　　　(d) 1987年9月6日

(e) 1989年10月24日　　　　　　　　(f) 1999年12月27日

----- −3 m　　——— 0 m　　——— 3 m　　———— 5 m

图 2.18　监利河段近年来河势变化图

然而，大马洲河段下游的砖桥河段并未将上游监利河势调整对大马洲深泓摆动的影响继续向下游传递。如图 2.17 所示，在 1966～1993 年，天字一号上游深泓平面位置及走向变化较大。进入砖桥河段后，由于砖桥河段特殊的窄深且微弯的河道形态，能够归顺上游不同方向的来流，无论上游河势如何调整，本河段的主流线始终从右岸天字一号过渡至左岸弯顶，再过渡至右岸洪水港一带。砖桥河段下游的铁铺河段的深泓随着年际广兴洲边滩的冲淤消长而左右摆动，广兴洲边滩淤积长大时，铁铺深泓左摆（1966 年、1973 年、1980 年）；广兴洲边滩冲刷萎缩时，铁铺深泓右摆（1987 年、1993 年）。因此，铁铺河段的深泓摆动主要由水文条件变化导致的洲滩变形引起，并非由砖桥河段传递了上游河势调整作用引起，砖桥河段上、下游河势调整具有独立性。当上游大马洲河段河势调整后，砖桥河段始终保持自身形态及深泓平面位置稳定，为下游提供了稳定的出流平面位置，从而在一定程度上减弱了下游铁铺河段河势调整的剧烈程度。

再以反咀河段为例，如图 2.19 所示，尺八口弯道于 1909 年发生自然裁弯后，缩短了河道长度，增大了河道比降，势必引起上游河道发生强烈溯源冲刷，但其上游反咀河段的平面形态始终稳定，并没有发生主流大幅度横向摆动的现象，说明反咀河段起到阻止下游裁弯、引起的河势调整向上游传递的作用。再如，上车湾于 1968 年实施人工裁弯工程，引河出口洪水港一带主槽向左岸凸起，在天星阁处形成新的砖桥弯道；但这种河道横向变形作用并未继续向下游传递，由于铁铺河段不具有阻隔性，而反咀河段始终保持平面形态的稳定，反咀以下的河道形态也没有受到上车湾裁弯的影响，说明正是反咀河段阻隔了上游裁弯对下游河道的影响。

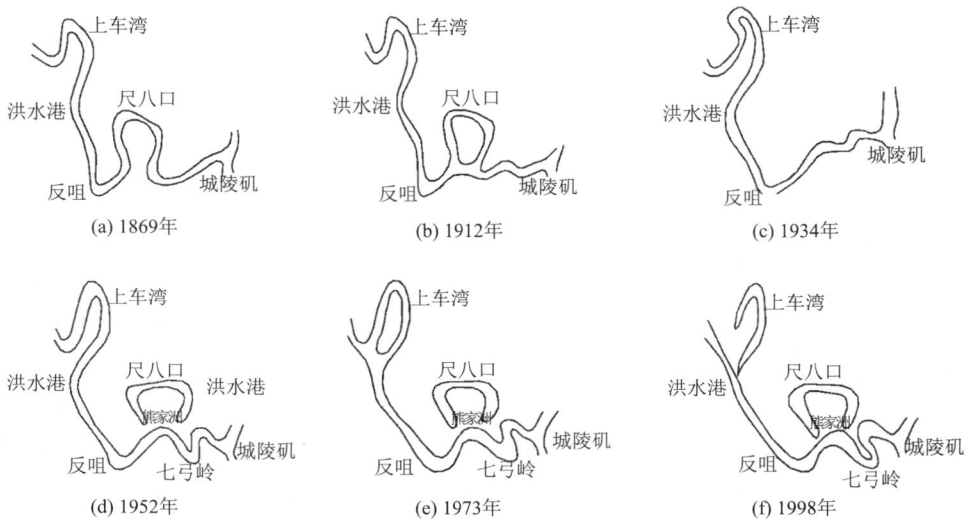

图 2.19　上车湾—城陵矶河段历史河势变化图

2. 城陵矶—武汉河段

龙口河段上接陆溪口河段，下连嘉鱼河段。龙口河段为单一河段，陆溪口河段和嘉鱼河段为分汊河段。根据历年实测资料，如图 2.20 所示，陆溪口河段年际变化表现为"洲头低滩切割、新中港产生→新中港发展下移→新老中港合并→中港继续弯曲下移→新中港再次产生与发展"的周期性演变规律,自 20 世纪 30 年代以来,经历了五个演变周期:1935~1958 年、1959~1970 年、1971~1982 年、1983~2005 年、2006 年至今[10]。如图 2.21 所示,嘉鱼河段年际也呈周期性变化,每个周期表现为汪家洲边滩淤积、切割、下移与复兴洲合并,左汊由单槽演变为双槽再转变为单槽。自 20 世纪初有资料记载以来,该河段经历了两个演变周期:1933~1980 年、1980 年至今。

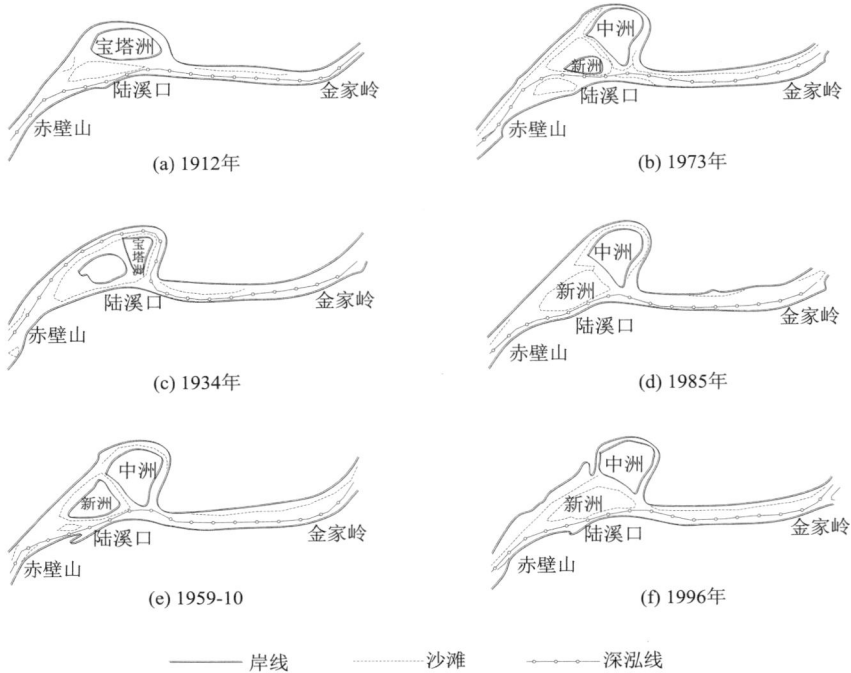

(a) 1912年　　　　　　　　　　　　　　(b) 1973年

(c) 1934年　　　　　　　　　　　　　　(d) 1985年

(e) 1959-10　　　　　　　　　　　　　　(f) 1996年

———— 岸线　　　········· 沙滩　　　-o-o-o- 深泓线

图 2.20　陆溪口和龙口河段河势演变图[10]

　　对比嘉鱼河段和陆溪口河段年际演变规律可以看出,尽管两者均呈周期性变化,但是两者演变周期个数不同,20 世纪 30 年代以来,陆溪口河段经历了 5 个演变周期,而嘉鱼河段仅有两个演变周期;各周期的起始时间也不同步,并且这种不同步也并非由于下游河段较上游河段演变的延迟性造成。河床变形方式差异也较大,陆溪口河段表现为深泓在汊道之间交替移位,而嘉鱼河段表现为深泓在左汊内部摆动。可见,龙口河段阻隔了陆溪口河段的河势调整,向下游传递至嘉鱼河段。此外,当陆溪口处于不同演变周期时,龙口河段入流方向随之变化,但龙口河段的滩槽形态及深泓位置始终不变,使其出流方向基本一致,导致上游陆溪口河段的河势调整无法通过龙口河段向下游传递,这就证明了阻隔性河段的存在,类似于龙口河段这种通过维持自身主流平面位置稳定,阻止上游河势引起的主流摆动向下游传递的河段,可认为是阻隔性河段。

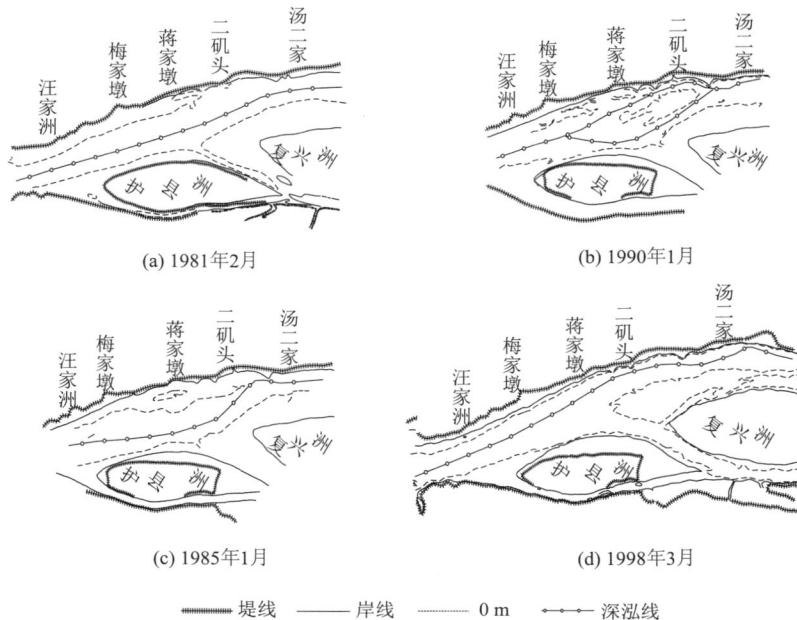

(a) 1981年2月

(b) 1990年1月

(c) 1985年1月

(d) 1998年3月

━━━ 堤线　──── 岸线　──── 0 m　━━━ 深泓线

图 2.21　嘉鱼河段 0 m 线历年变化（0 m 线为航行基面）[10]

3. 武汉—湖口河段

黄石河段上连戴家洲河段，下连牯牛沙河段。其中，戴家洲河段为微弯分汊河型，黄石河段、牯牛沙河段为单一弯曲型。从图 2.22 来看，自 20 世纪 50 年代以来，戴家洲河段呈左右汊交替易位的演变规律：1958 年、1964 年深泓均位于圆港；1977 年深泓均摆至直港，1987 年深泓短暂摆至圆港后再度摆回，1997 年深泓位于直港，直至 2003 年深泓稳定于圆港。研究认为[11]，戴家洲主支汊易位的原因在于，上游顺直放宽的巴河河段的深泓线不断摆动，导致巴河边滩、池湖港心滩及戴家洲洲头心滩等成型淤积体持续发生切割、移位、归并等现象，使戴家洲进口深泓不稳，主支汊频繁易位。

如图 2.22 所示，当戴家洲河段处于不同演变周期时，其出口深泓线时而顶冲迴凤矶，时而远离迴凤矶，矶头挑流作用时强时弱，因此，黄石河段进口的主流平面位置并非始终稳定的。但 20 世纪 50 年代末期以来，黄石河段的河床形态及深泓线平面位置却始终不变，使其在下游牯牛沙进口西塞山处的出流方向始终如一，这在一定程度上限制了西塞山挑流强度的变化，减弱了牯牛沙河段河势调整的剧烈程度。上述分析可以看出，牯牛沙河势调整并非是黄石河段传递了上游河势调整作用造成的。因此，无论上游戴家洲河势如何调整，黄石河段主流平面位置始终保持稳定，从而为下游牯牛沙河段提供了相对稳定的入流条件，进而阻止了上游河势调整向下游的传递。

综上所述，由于上、下游相邻河段的来水来沙条件基本一致，其河势调整的不对应性显然并非是由水沙条件不同造成的。若水沙条件相似，且无阻隔性河段存在，那么无论上、下游河型是否相同，其河势调整都可能具有对应性，可见上、下游河型差异也并不能造成河势调整的阻隔效应。因此，阻隔性河段具有天然屏障优势，充分发挥阻隔性河段的隔断功能有利于维持长河段的深泓不发生大的摆动，促使河势长期稳定。

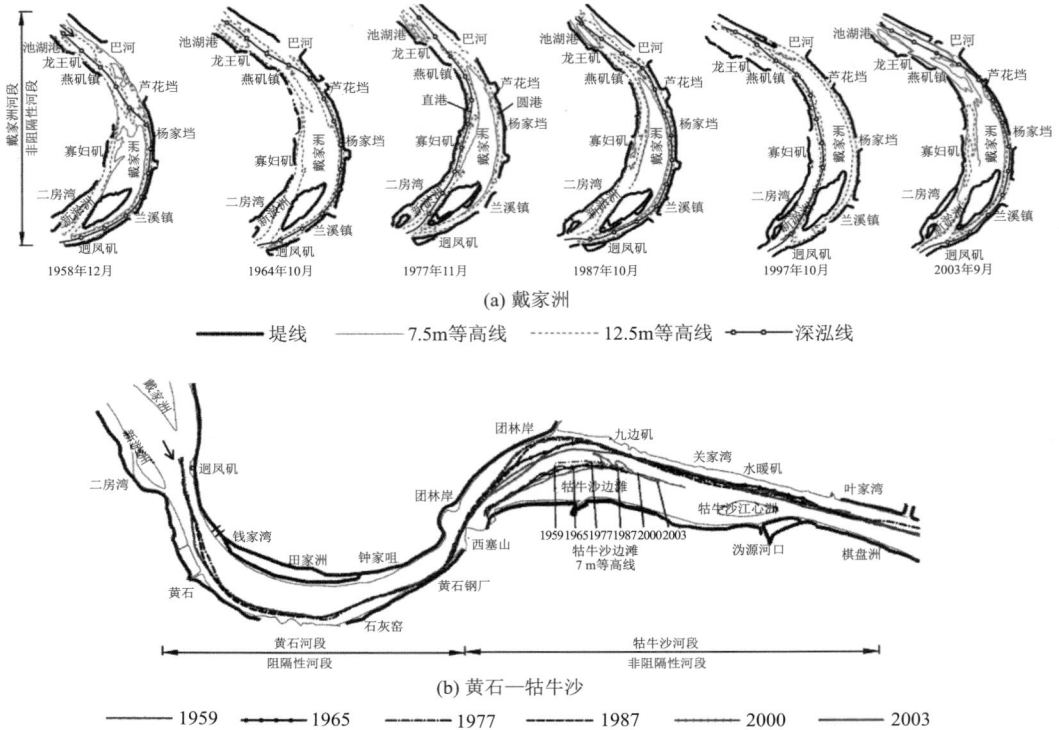

(a) 戴家洲

——— 堤线　　——— 7.5m等高线　　------ 12.5m等高线　　◆—◆ 深泓线

(b) 黄石—牯牛沙

——— 1959　——◆—— 1965　——— 1977　——— 1987　——— 2000　——— 2003

图 2.22　戴家洲—牯牛沙河段的历年深泓线变化图

4. 湖口—大通河段

以上、下三号洲—马垱河段为例，如图 2.23 所示，1936 年主槽从上三号洲南汉进入下三号洲北汉。自 1955 年以来上三号洲左汉迅速萎缩，洲体不断向上游淤积延伸，并在洲头下部冲开串沟形成小心滩；1996 年左汉基本淤塞，上三号洲并岸变为边滩，洲头心滩发展壮大成为潜洲。下三号洲（夜字号洲）自 1955 年以来洲头冲刷萎缩，洲体左冲右淤，右汉河道变浅变窄，洲体逐渐并岸；1983 年大水时主流趋直导致下三号洲洲头向上游淤长；之后连续中小水年使洲头由淤转冲；1986 年洲头再度向上淤积，至 1996 年淤长近 1 km。上述河势调整促使上、下三号洲之间的东北河段逐渐拓宽。

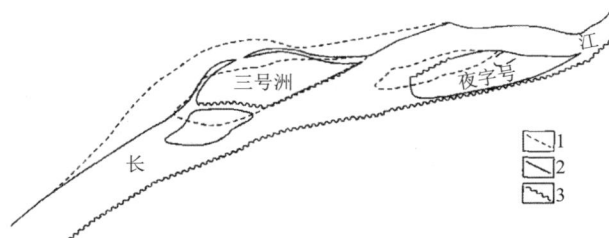

1 为 2002 年河岸线；2 为 1971 年河岸线；3 为冲刷岸带

图 2.23　上下三号洲河段 1971~2002 年洲滩演变示意图[12]

20 世纪 50 年中期后,受马垱矶头节点控制,出流转向顶冲左岸棉船洲(骨牌洲)洲缘一带岸线,使棉船洲南汉形成"S"形弯道;由于主流北移,棉船洲右缘中下部受到主流顶冲而不断后退,在马垱矶头以下形成瓜子号潜洲,使南汉下段发展成向左微弯的次一级分汊河道,70 年代护岸后才减缓了棉花洲右缘的崩塌速度;南汉上段处于冲淤交替状态,以前以淤积为主,形成宽约 1 000 m 的边滩。60 年代边滩冲刷萎缩,80 年代中前期边滩被切割为心滩,并下移 800 m,在 1995～2002 年心滩已消亡。随着棉船洲南汉发展为主汉,北汉水流冲刷动力逐渐减弱,50 年代中期以后北汉中下部低矮分散的小心滩逐渐淤积合并为规模较大的边滩,1955～1986 年边滩向江中淤长 200～500 m,1986年后被切割成为心滩,心滩逐渐淤长形成铁沙洲。

综上所述,上、下三号洲河段自 20 世纪 30 年代以来,深泓始终从上三号洲南汉过渡至下三号洲北汉,近年来随着上三号洲向左岸淤并,下三号洲向右岸淤并,东北河段逐渐拓宽并趋直;如图 2.24 所示,马垱河段自 20 世纪 50 年代以来,深泓始终稳定于南汉,受南汉内部马垱矶挑流作用强弱变化的影响,伴随着棉船洲右缘崩退及汉内江心滩的切割生成、淤长、冲刷萎缩及消亡,主泓在南汉内有小幅度摆动。可见,两个河段河势调整的发生时间、河势调整的形成及动因并不一致,也不具有明显的联系。以往数学模型研究表明[13],上、下三号洲分流比的变化对马垱河段的汊道泥沙冲淤及河床变形的影响甚微。初步认为,由于上、下三号洲河段的出流经过小孤山和彭郎矶对峙节点的控导和调整后,出流的主流平面位置基本保持不变。

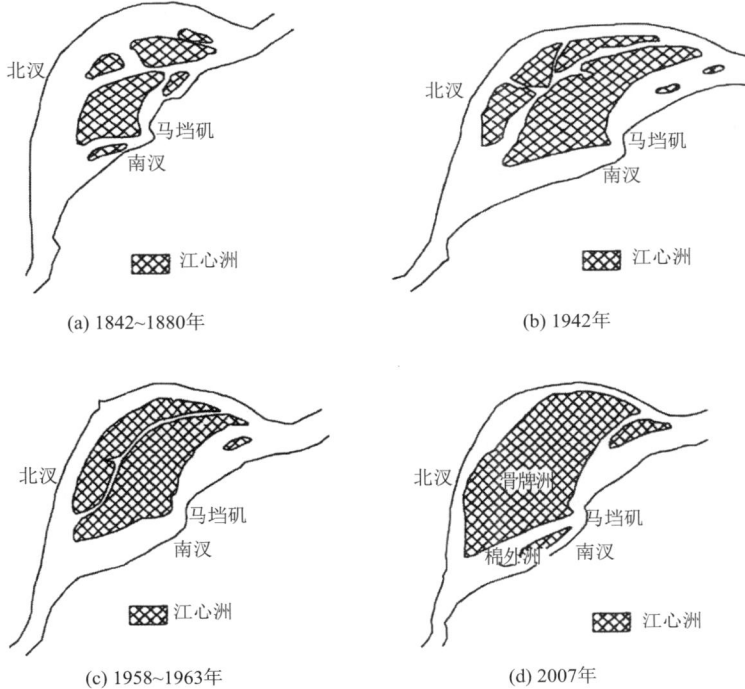

(a) 1842~1880年　　　　　　　　(b) 1942年

(c) 1958~1963年　　　　　　　　(d) 2007年

图 2.24　马垱河段的近年来河势变化图[2]

进一步研究表明[13],近年来马垱河段较为稳定的河势与小孤山、彭郎矶的控制作用有着直接关系。由于对峙的天然矶头的控制作用，彭泽—彭郎矶河段河宽始终较窄，仅有 900～1 000 m，呈瓶颈状，为向右微弯型河道。右岸受彭泽矶、扒灰岭等多个节点的制约，抗冲性较强，加之彭泽县马湖堤等人工堤岸工程，该过渡段多年来保持河势稳定，从而为马垱河段进口提供了稳定的入流条件，削弱了马垱矶由于上游主流摆动而挑流作用的强弱变化的可能性，进而阻止了南汊汊内河势的剧烈调整。

再以安庆—太子矶河段的过渡段为例说明河势调整的阻隔现象。研究表明[14]，上游官洲河段的河势变化及出流形势对安庆河段的河势起到决定性作用。20 世纪 70 年代以前，上游东流河段的主流沿天兴洲左汊经洲尾夹江过渡到玉带洲右汊，使东流河段出流靠右；主流经右岸深槽导流直接过渡至左岸同马大堤一侧，与吉阳矶距离较远，导致吉阳矶脱流；进入清洁洲左汊的水流冲刷动力不足，顶冲官洲洲头后转而向右，导致官洲尾部向江心大幅度淤长，洲尾较强的导流作用使官洲出流直接顶冲杨家套—小闸口一带。此时，上游官洲河势增强了小闸口的挑流作用，致使安庆河段进口深泓偏左，鹅眉洲左汊进口河槽较为窄深，分流比较大，进而导致 50～60 年代左汊丁家村—马窝的岸线发生剧烈崩退[15]。

20 世纪 70 年代以后，上游东流河段随着棉花洲与玉带洲之间的夹江内心滩的迅速淤积，主流改经天兴洲和棉花洲左汊下行，棉花洲左汊因分流增大而发展成主汊。东流河段出流顶冲官洲河段进口吉阳矶，导致其挑流作用较强，吉阳矶—官洲头部过渡段的主流顶冲点上提，导致左岸六合圩—三益圩崩岸较为剧烈[16]。如图 2.25 所示，未被守护的官洲尾部于 1981 年发生崩岸，广成圩边滩严重冲刷，致使官洲洲尾汇流点急剧左移并下延。主流从左岸广成圩至右岸杨家套的过渡段随之下移，致使小闸口挑流作用减弱。主流进入安庆河段的过渡段位置相应下移，如图 2.26 所示，1960～1986 年–20 m 深槽线下延 1 590 m，且呈单向左展宽趋势[15]，引起左汊安庆港区上首一带严重淤积，汊道分流点大幅度下移，导致鹅眉洲洲头急剧崩退，同期江心洲右汊进口老河口至黄湓闸一带崩岸强度增大[15]。

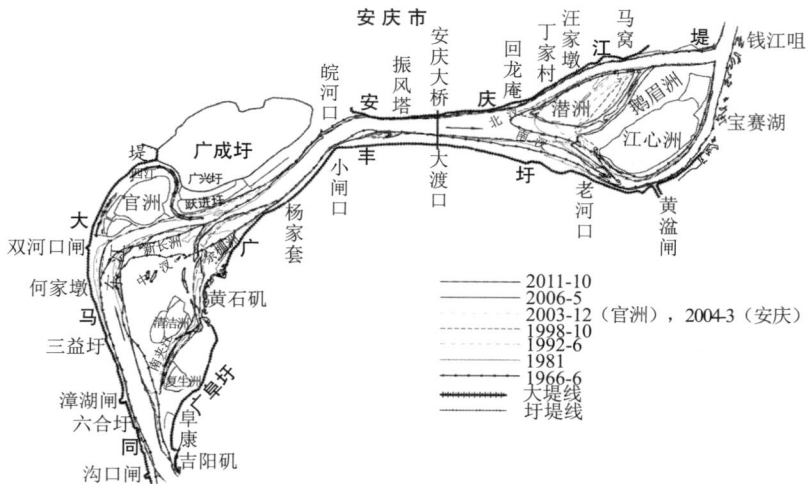

图 2.25　官洲—安庆河段的 0 m 等高线变化示意图[17]

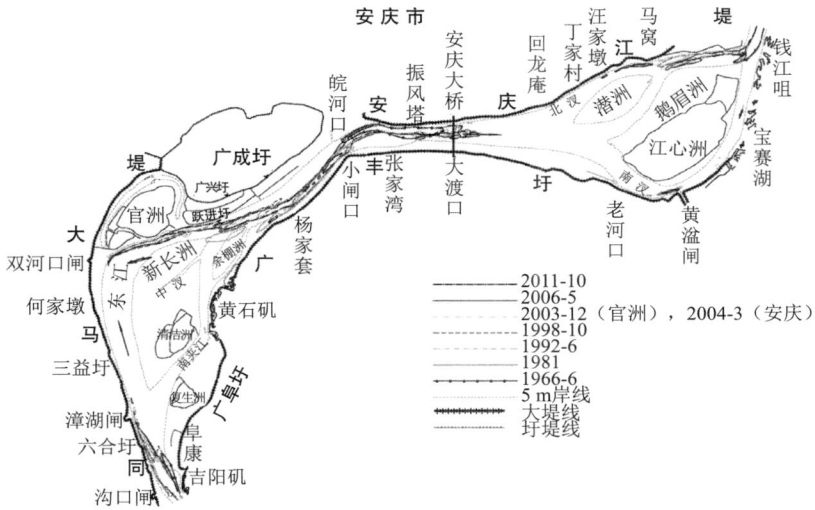

图 2.26 官洲—安庆河段–20 m 等高线变化示意图[17]

20 世纪 90 年代后，由于官洲出口广成圩岸线的大幅度崩退，小闸口挑流作用进一步减弱，杨家套—皖河口的过渡段深槽向下游移动，引起鹅眉洲洲头崩退右移，随着左汊口门拓宽，1997 年鹅眉洲洲头形成相对稳定的心滩，导致左岸安庆港区淤积严重。1997～1998 年随着心滩不断右移下挫，鹅眉洲左缘进一步崩退，心滩与鹅眉洲之间冲出新的汊道，左汊被分为主、次两泓。随着主流过渡至右汊的位置逐渐弯曲下移，江心洲头右缘也逐渐崩退[17]。从上述官洲—安庆河段河势调整的对应情况来看，吉阳矶节点将上游东流河段的河势调整传递至官洲河段，小闸口又将官洲河段的河势调整继续向下游传递，影响安庆河段的主流摆动、滩槽变形，甚至两岸岸线及江心洲洲缘崩塌等，再次印证了河势调整传递现象广泛存在，且影响范围较长。

但上述传递现象并没有经过前江口—拦江矶过渡段继续向下游传递。分析认为[18]，太子矶入流段近几十年来河势变化不大的原因在于上游主流的平面位置较为稳定。如图 2.27 所示，过渡段入口处右岸为前江口节点，左岸受黏性土组成的耐冲河岸钳制，河宽一直维持在约 900 m[18]，使上游江心洲两汊水流汇合后进入本河段的主流只能在有限范围内摆动，深泓始终居右，由于右岸丘陵阶地抗冲性也很强，凹岸岸线后退有一定限度，

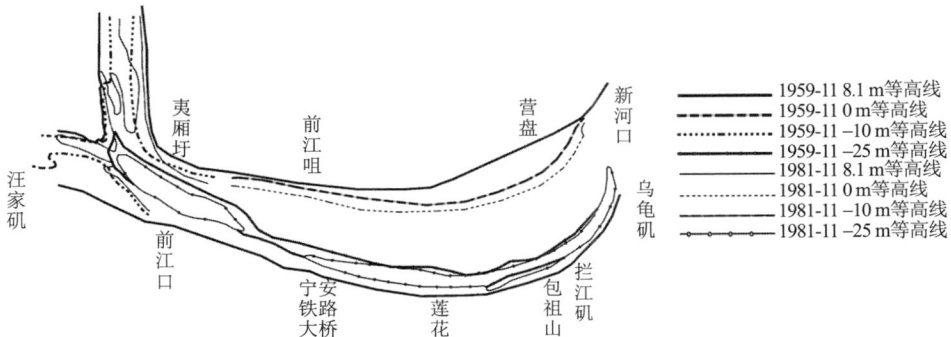

图 2.27 前江口—拦江矶过渡段 1981 年较 1959 年河势变化图[18]

加之过渡段末端拦江矶的控制作用，进一步限制了该段河势调整作用的整体下移。分析认为[19]，只要上游水沙条件不发生"质"的变化，安庆与太子矶交接段将始终保持当前河势。

如图 2.28 所示，近年来太子矶铜板洲一直稳定少变，拦江矶强烈束流作用导致太子矶进口段比降较大，使右汊主流区始终维持较大分流比和较强的挟沙能力[18]，再者即便深泓紧靠右岸，但右岸已发展到山矶极限，河床又由石质基岩组成，使上游河势变化不会影响本河段的河势变化，深泓始终被限制在一定范围内。

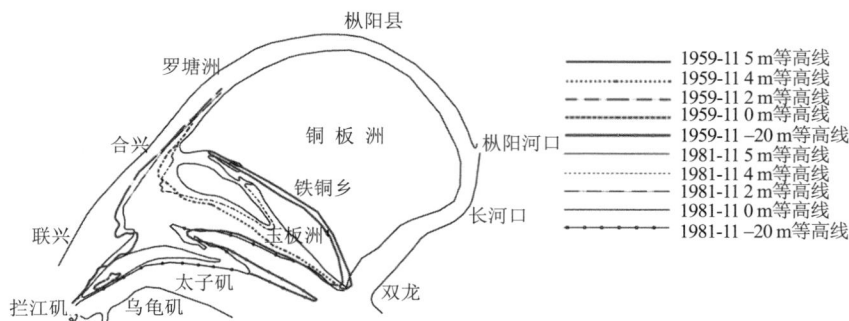

图 2.28　太子矶河段 1981 年较 1959 年河势变化示意图[18]

2.2　纵向河势调整的传递及阻隔现象

2.2.1　纵向河势调整的传递现象

通常而言，侵蚀基面水位的降低，使上游河段水面比降变陡，首先使上游河段水面线以下的水深变小，流速增大，水流挟沙力增加，河床得到冲深；而河床的冲深又反过来使流速逐渐减小。随着这一过程的持续，水深逐步增大，流速逐渐减小，从而降低其挟沙力，逐渐与上游来沙过程相适应，达到新的输沙平衡，使上游的比降在水位降低的同时又逐步调平。当侵蚀基面抬高使上游比降变缓时，上游河段水深增大，水流挟沙力减小，河床产生淤积；随着淤积过程的持续，水深减小，又使流速不断增大，以致挟沙力逐渐增大，直至与上游来沙相适应，达到新的输沙平衡，随后，比降又逐渐变陡[20-21]。

大量实测资料表明，侵蚀基准面的降低或抬高将引起上游河道纵剖面发生调整；而裁弯等能够导致河道长度发生显著变化的演变现象也可能引发纵剖面变化。实测资料也显示，较大幅度崩岸、边滩大幅度冲淤、撇弯、切滩这几种河势变化，均不会对其上游河道的纵向冲淤产生明显作用。例如，天兴洲河段 20 世纪 60 年代以来，江心洲头崩退 2000 余米，洲体右缘崩退 1000 余米，而汉口站同流量下水位基本不变[22]。汉口以下河势剧烈调整现象也频繁发生，而湖口站、大通站同流量下水位却基本保持稳定。但对于微弯型、弯曲型或鹅头型汊道，洲头切割出新滩从而使新生直汊代替凹岸汊或鹅头汊等，两汊长度差异明显前提下发生的主支汊易位，往往可能引起汊道进口水位下跌，进而导致上游河段的纵向河势发生调整。

1. 宜昌—城陵矶河段

1）宜昌站水位下降受陈二口站水位下降影响

根据宜昌站多年平均资料统计，天然情况下历年最小流量的平均值为 3 570 m³/s；三峡水库蓄水运用后，枯期流量可增至约 5 300 m³/s。受芦家河河段（陈二口—昌门溪河段）处于砂卵石河段末端，一定程度上对宜昌站水位起着控制作用。宜昌站枯水期间，芦家河河段毛家厂—姚港河段就出现严重的比降陡、流速急的现象，陈二口站水位下降导致宜昌站—陈二口站河段的侵蚀基准面降低，引起宜昌站水位的下降。如图 2.29 所示，当陈二口站水位下降幅度在 1 m 以内时，其与宜昌站水位下降值的比例约为 3∶1[20]。

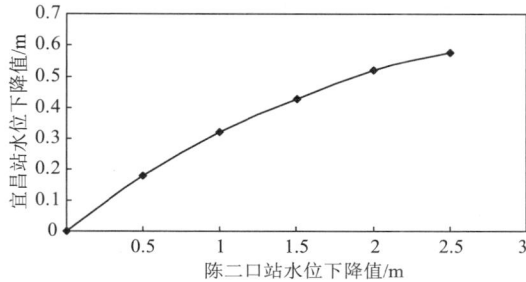

图 2.29　宜昌站与陈二口站水位下降之间的关系（5 300 m³/s）[20]

　　陈二口站、枝城站附近的水位是控制宜昌站水位的侵蚀基准点，宜昌—陈二口河段内的冲刷也是影响宜昌站水位的重要因素。水面比降增加后，区间内流速增大，有利于河床发生冲刷。研究表明[20]，宜昌—陈二口河段的冲刷量与宜昌站水位降幅之间存在着正相关的关系，但同等冲刷量造成的宜昌站水位降幅逐步递减。事实上，在下游基准面水位不变的情况下，上游的冲刷和水位的下降使河段内水面比降越来越小，因而随着河床的冲刷，水位下降余地减小。

2）昌门溪—沙市河段河床冲刷导致昌门溪水位下降

　　从 1970～1980 年荆江裁弯造成的溯源冲刷情况来看，枝城站以下马家店站至沙市站的水位基本保持着同幅度平行下降的趋势（表 2.1）。这说明，下游沙质河床冲刷及水位下降会在上游的砂卵石河段末端形成明显的溯源冲刷与水位下降。

表 2.1　枝城站—沙市站沿程水位变化值（4 000 m³/s）

站名	1965～1970 年	1970～1975 年	1975～1980 年	1980～1987 年	1987～2002 年
枝城站	−0.10	−0.14	−0.24	−0.29	−0.19
马家店站	0.35	−0.37	−0.43	−1.02	−0.60
陈家湾站	0.36	−0.45	−0.5	−0.52	−0.84
沙市站	−0.17	−0.6	−0.43	−0.48	−0.83

三峡水库蓄水以来，尽管至 2007 年初沙市站枯水位已下降 0.6～0.7 m，但芦家河出口的昌门溪水位并未变化，但沙市站上游的陈家湾站、大埠街站、马家店站等位置已陆续开始出现不同程度的水位下降，且沙市站的水位下降幅度较大埠街站、马家店站的水位下降幅度存在着明显的滞后效应。同期枝城—大埠街河段深泓冲刷幅度较小，主要原因在于砂卵石河床较沙质河床难以冲刷。这说明，虽然沙市上游的大埠街、马家店的水位下降幅度较小，且存在向上传播的滞后效应，但冲刷速率小并不意味着最终下降幅度也小。根据已有研究成果[20]，昌门溪水位 2009 年下降 0.8 m，2013 年以后下降至最大幅度 1 m，昌门溪水位仍具有相当大的下降余地。

3）下荆江三次裁弯引起的溯源冲刷影响

实测资料显示，裁弯（自然或人工）将会导致上游河道发生长距离、长时间的冲刷。20 世纪下半叶下荆江发生了三次裁弯，如图 2.30 所示。从表 2.2 可以看出，下荆江三次裁弯后，上游枝城—碾子湾河段冲刷量明显增加，1965～1970 年平滩河槽下冲刷量约为 0.8×10^8 m³，1970～1975 年、1975～1980 年平滩河槽下分别冲刷 1.5×10^8 m³、2.2×10^8 m³，而 1980～1986 年淤积 0.4×10^8 m³，可见 1967～1980 年是下荆江裁弯导致上游河道冲刷的主要时期，冲刷持续达 14 年之久，期间枝城—碾子湾河段累计冲刷 4.5×10^8 m³ 左右，按照平滩河宽为 1 200 m 计算，则累计平均冲刷 1.88 m。另外，在此期间，中水河槽冲刷量占平滩河槽的 85%以上，可见冲刷主要发生在中水河槽以下，裁弯后上荆江平滩河宽变化不大也证明了这一点[21]。

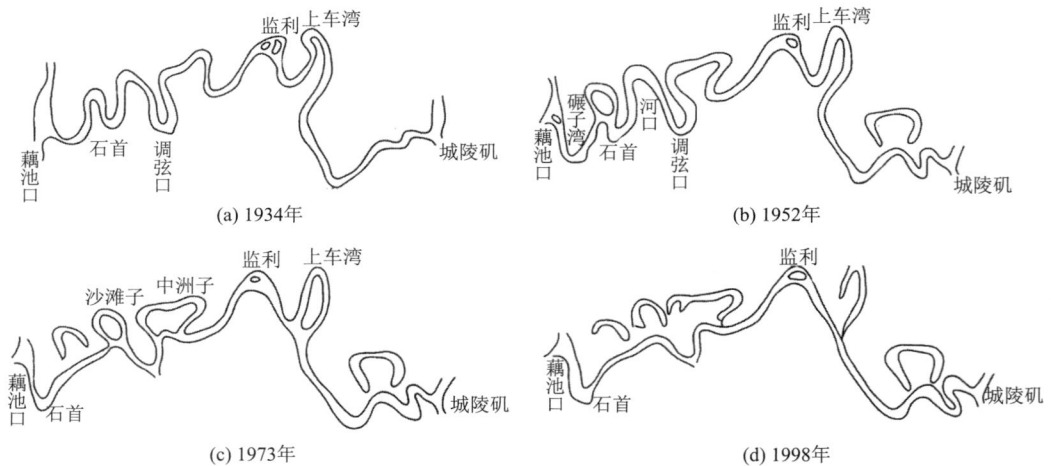

图 2.30　20 世纪下半叶下荆江裁弯示意图[8]

表 2.2　下荆江裁弯后各河段冲淤统计表[21-22]　　（单位：$\times 10^4$ m³）

河段	河长/km	河槽名称	1965～1970 年	1970～1975 年	1975～1980 年	1980～1986 年	1986～1993 年	1965～1993 年
裁弯段上游河道（枝城—碾子湾河段）	200	枯水河槽	−3 168	−10 207	−12 411	−4 582	−9 403	−39 711
		中水河槽	−3 374	−11 887	−19 205	−3 466	−6 986	−44 738
		平滩河槽	−7 952	−14 709	−21 739	3 756	−9 730	−50 374

续表

河段	河长/km	河槽名称	1965～1970 年	1970～1975 年	1975～1980 年	1980～1986 年	1986～1993 年	1965～1993 年
裁弯段（碾子湾—天星阁河段）	78	枯水河槽	-5 154	-792	-1 633	-506	-1 859	-9 944
		中水河槽	-8 368	-3 043	-3 491	-1173	2 640	-13 435
		平滩河槽	-18 237	-6 430	-1 781	400	4 044	-22 004
裁弯段下游河道（天星阁—城陵矶河段）	67	枯水河槽	-7 770	4 398	1 898	-3 902	-1 384	-6 760
		中水河槽	-8 231	4 074	1 786	-7 831	278	-9 924
		平滩河槽	-14 472	1 346	5 283	-9 850	-5 150	-22 843

注："+"为淤积，"-"为冲刷

河道冲刷导致同流量下水位降低，流量为 4 000 m³/s 时，1966～1978 年陈家湾站、沙市站、郝穴站水位分别下降 1.2 m、1.4 m、1.4 m，新厂站和石首站水位均下降 1.8 m 左右（图 2.31）。汛期流量大于 40 000 m³/s 时，沙市站水位较裁弯前降低 0.3～0.5 m。

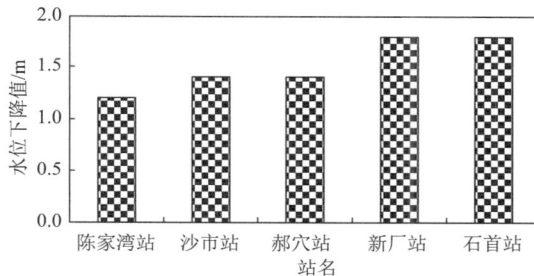

图 2.31 1966～1978 年陈家湾—石首各站 4 000 m³/s 水位下降值

值得指出的是，由于荆江洞庭湖区存在较为复杂的江湖关系，下荆江裁弯后，上游河道的纵向冲刷不仅与裁弯导致的比降增大、溯源冲刷有关，还与三口分流分沙减小、荆江河段流量增大有关。从统计资料来看，上荆江新厂站 1981～2000 年与 1951～1958 年相比，径流量由 3 796×10⁸ m³ 增加至 4 059×10⁸ m³，增加 6.9%，即三口分流减小导致的上荆江流量增加幅度较小，1967～1980 年裁弯段上游冲刷主要由裁弯后比降增大、溯源冲刷所致。

国内外其他河道实测资料也显示，裁弯后上游河道冲刷，同流量水位发生不同程度的降低。密西西比河下游孟菲斯—红河口河段 20 世纪 30～40 年代，共裁弯 16 处，缩短河长 270 km，受其影响，至 1962 年孟菲斯水文站洪水位下降 0.6 m，阿肯色洪水位降低约 4.7 m，维克斯堡水位降低约 3.4 m[23]；渭河 1974 年仁义裁弯后，距引河口上游 5.2 km 处的陈村站水位下降 2.4 m（相应流量为 200 m³/s）[24]；黄河三门峡库区东垆湾裁弯后，距其上游约 60 km 的潼关水位下降 0.16～0.2 m[25]。

综上所述，上述几种形式的河势变化，仅有裁弯对上游河道纵向冲淤产生作用，且作用范围广、时间长、幅度大。下荆江裁弯对上游河道作用范围可至枝城，长约 190 km，持续作用时间超过 14 年，上游河道累计平均刷深约 1.88 m。

　　大量实测资料分析及经验表明，裁弯对河道的影响程度主要与裁弯比、入流角度、断面尺寸等有关[26]。黄河下游裁弯过程中，裁弯比为 3～7，入流角度为 5°～25°，引河断面面积比为 1/10～1/5[27]。控制入流角度和断面尺寸，主要是增大引河分流分沙能力，减小工程量，确保裁弯成功，同时也尽量减小对下游河道横向变形的影响。可见，自然裁弯与人工裁弯，对上游河道纵向冲淤的主要作用因素为裁弯比。裁弯比是裁弯段老河长度与引河长度的比值，很大程度上反映了裁弯后河道的缩短长度，以及上游河道的出口水位下降幅度。裁弯对上游河道纵向冲刷产生作用，主要原因在于裁弯降低了上游河道的出口水位，增大了上游比降。这从另一方面证实了裁弯比是裁弯对上游河道纵向冲刷作用范围的主要影响因素。

　　为反映裁弯作用范围，将上游河道纵向冲刷长度与裁弯导致河道缩短长度的比值作为裁弯作用范围的相对值。收集整理长江、黄河、渭河、曹娥江、密西西比河等国内外河流的裁弯比与裁弯相对影响范围，点绘成图 2.32。从图中可以看出，裁弯相对作用范围与裁弯比的相关关系较好，两者大致呈正比例关系各数据点均分布在直线两侧，无较为明显的偏离数据。图 2.32 中，裁弯比最大的数据点对应荆江河段裁弯及其相对作用范围，下荆江裁弯对上游河道的影响，主要是裁弯导致出口水位降低而引起的溯源冲刷，三口分流减小对上荆江纵向冲刷的影响有限，黄河、渭河等无分流口门的河道也均是由于出口水位降低而产生纵向溯源冲刷。

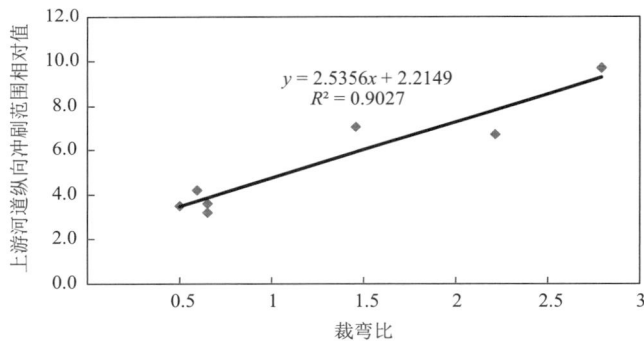

图 2.32　裁弯比与裁弯段上游河道纵向冲刷范围相对值的关系[22]

　　从表 2.2 可以看出，下荆江裁弯前，裁弯段下游河道呈冲刷趋势，而裁弯后的 1970～1980 年则呈淤积趋势，1980 年之后又呈冲刷趋势。1970～1980 年天星阁—城陵矶河段平滩河槽下累计淤积约 0.66×10^8 m³，按照平滩河宽为 1 200 m 计算，则累计淤积 0.8 m 左右；1980～1986 年天星阁—城陵矶河段累计冲刷 0.99×10^8 m³，合计 1.2 m 左右。1970～1980 年天星阁—城陵矶河段淤积原因在于，裁弯段水位降低，使裁弯段及其下游河道比降下降，输沙能力减弱，加之上游河道冲刷，下游河道来沙量增加，同时三口分流减小导致下游河道输沙能力增加的效应尚未完全体现；1980 年之后，下荆江冲刷的原因在于，上游河道冲刷减弱，下荆江来沙量相对减小，同时三口分流减小、下荆江径流量增大导致的输沙能力增加的效应逐渐体现。裁弯段上游枝城—碗子湾河段 1965～

1980 年的冲刷主要是由裁弯导致上游河段比降增大，引起溯源冲刷所致。显然，若荆江河段没有三口分流或者裁弯前三口分流比已经很小，下荆江裁弯导致天星阁—城陵矶河段 1970～1980 年淤积幅度将超过 0.8 m，并且 1980 年之后，下荆江也不会发生如此强烈的冲刷。

国内外的其他河流实测资料也表明，裁弯段下游将会出现淤积。密西西比河下游裁弯后，裁弯段以下的纳齐兹—雷德河段比降减小、河道淤积[23]；曹娥江五甲渡裁弯后，其下游吕家埠—花宫段淤积 0.13 m[28]；黄河东垆湾裁弯后，其下游河道也发生淤积[29-30]。综上，裁弯对下游河道的纵向冲淤产生作用，并且作用时间与其对上游的作用时间基本同步，即裁弯后上游河道纵向冲刷，下游河道纵向淤积。

4）下荆江纵剖面冲淤受洞庭湖顶托影响

20 世纪 50 年代至裁弯前的实测资料统计表明，监利与七里山之间洪水期基准面对下荆江全河槽的顶托（比降减小）产生的淤积作用和中枯水期基准面的消落（比降增大）对荆江枯水河槽的冲刷作用都很强烈。应该说，基准面水位的变幅之大又是下荆江蜿蜒型河道更为发育的充分条件。

下荆江蜿蜒型河道年内冲淤演变主要受洞庭湖出口基准面变化的影响。洪水期基准面抬升，顶托作用增强，比降趋小，在高水位和高含沙量时期，滩槽部位通常发生淤积；枯水期洞庭湖出口水位降低，顶托作用减弱，下荆江比降增大，在低水位和低含沙量条件下，枯水河槽通常发生冲刷，以及河岸崩塌或侧移。

2. 城陵矶—武汉河段

簰洲湾曲流在 6～12 世纪形成，受局部地质新构造运动及上升活动影响，长江不断向西北外移。如图 2.33 所示，簰洲湾由一个由南向北的基本对称的微弯河道，发展为向西北方向扭曲的鹅头弯[5]，其河道长度大致从 400～300 年前的 47 km 增加至 1960 年的 73 km。河道长度的大幅度增加必然造成比降调平，主流流路过于弯曲也导致上游壅水，使上游新堤河段、城螺河段泥沙大幅度淤积，一些原本为单一顺直型的河道演变为顺直分汊型，一些原本仅有少数低矮江心洲滩的河道演变为具有多个或单个高大江心洲的河道，这都说明了下游河长缩短、比降调整现象向上游传递，导致上游河道发生不同程度的淤积。

(a) 簰洲湾河段历史演变图[5]

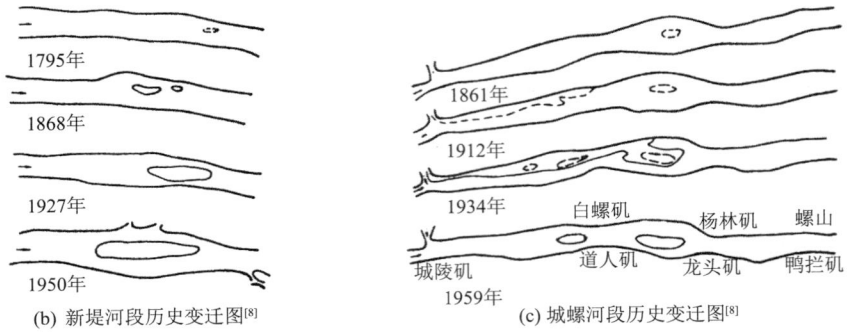

(b) 新堤河段历史变迁图[8]

(c) 城螺河段历史变迁图[8]

图 2.33　簰洲湾历史演变对上游河段的演变影响图

再以界牌—陆溪口河段的纵向河势调整情况为例，如图 2.34 所示，陆溪口河段从 1967～1971 年、1983～1985 年以新洲洲头被横向漫滩水流切割，形成洲头心滩为标志的，鹅头型汊道新一轮变形周期的开始[31]。由于洲头切滩，新生汊较原中汊缩短河道里程达 2 km，加之上游石头关河段床沙质抗冲能力较弱，河段尾部也缺少能够壅高水位、阻止水位下跌的控制性节点或缩窄性卡口断面，因此，下游水位下跌势必造成上游石头关河段水面比降增大，主流区流速加大，河床冲刷加剧。

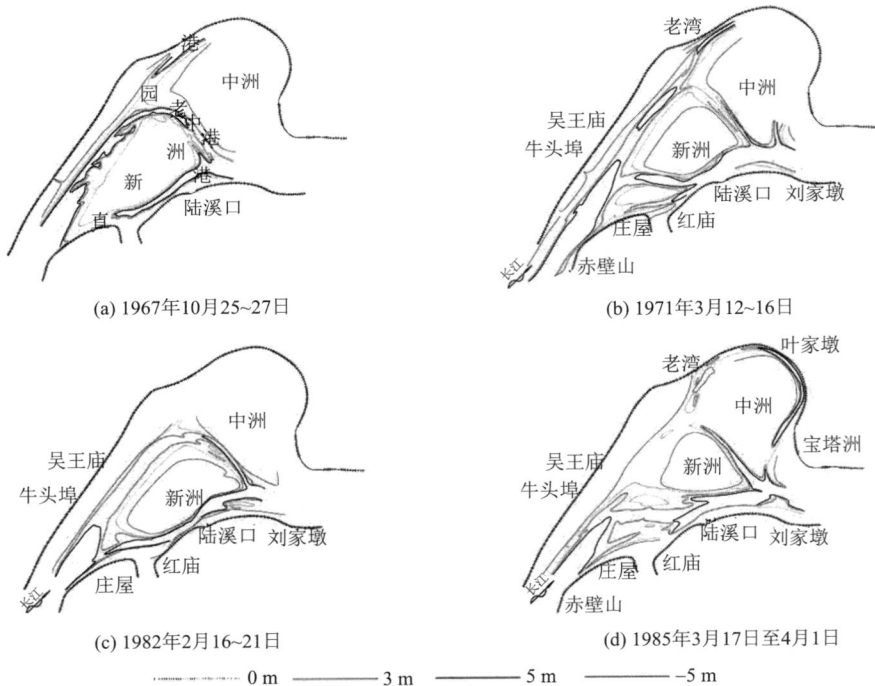

(a) 1967年10月25~27日

(b) 1971年3月12~16日

(c) 1982年2月16~21日

(d) 1985年3月17日至4月1日

0 m —— 3 m —— 5 m —— −5 m

图 2.34　陆溪口河段新洲洲头切滩演变图[31]

上游水位下降作用继续向上游传递至新堤河段末端，导致南门洲汊道出口水位下降。如图 2.35 所示，1968 年时螺山边滩下移至徐家码头附近，与江心洲呈相连之势，随着螺山边滩的继续下移，上边滩头淤尾冲，头部与鸭栏上部边滩连为一体，成为右岸大边滩，由于水流逐步坐弯，流量较大时，水流在新洲脑附近切割上边滩，河道内滩槽大幅度调整，河道内洲滩分布散乱，槽口众多[32]。然而 1971 年后，一方面陆溪口鹅头汊易位至新生直汊，陆溪口进口处水位下降引发南门洲出口水位降低，由于此时新堤右汊深泓高程较低，出口水位降低进一步加大了右汊深槽的吸流作用；另一方面上游老的螺山边滩已经消亡，新的螺山边滩在螺山以上形成，促使上边滩淤长壮大、趋于完整，导致过渡段洲滩归并，新堤右汊进流条件良好[32]。

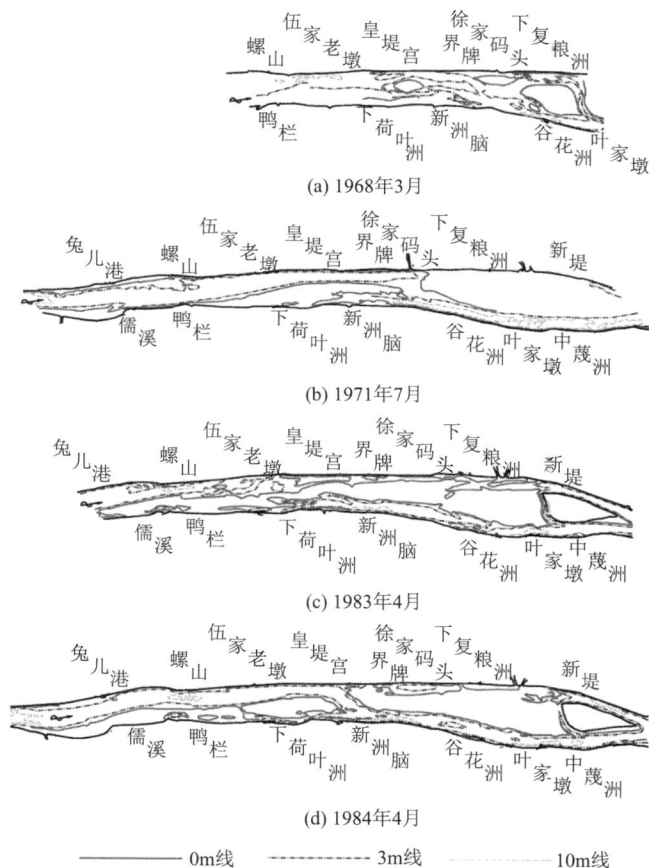

(a) 1968年3月

(b) 1971年7月

(c) 1983年4月

(d) 1984年4月

———— 0m线   ------- 3m线   ········ 10m线

图 2.35　界牌—新堤河段右汊发展阶段的演变图[32]

　　无独有偶，1983 年陆溪口新洲头部切滩前夕，上游界牌河段随着螺山边滩进一步下移，右侧倒套十分发育，上边滩在下荷叶洲—新洲脑河段出现切滩迹象，新堤进口处洲滩冲淤消长，导致水流分散[32]；而 1984 年陆溪口洲头切滩、新生汊生成后，下游水位降低再次加大了新堤右汊的水面比降，随着新堤右汊深槽发育、水位降低、吸流作用增强，在上边滩滩面形成强烈的斜向水流，导致上边滩切滩，螺山边滩消失，过渡段上提至新洲脑，河道内洲滩相对完整、滩槽格局良好，新堤右汊的主汊地位得到巩固。因此可以认为，陆溪口新洲洲头发生切滩、新生支汊代替原中汊，使主流流路长度缩短，引发陆溪口进口处水位的下降效应，通过石头关河段传递至上游新堤乃至界牌河段，导致新堤右汊冲刷发展为主汊。因此，石头关河段不具有阻隔纵向河势调整向上游传递的功能。

近期原型观测资料显示：1994 年时陆溪口直港 3 m 航深线基本贯通；1998 年时陆溪口直港 5 m 航深线基本贯通，同期新堤右汊深泓纵剖面下切；2002 年汛后陆溪口河势发生变化，新洲头部虽然出现窜沟且有冲刷发展迹象，但受新洲尾部淤高展宽导致主流摆动的影响，中港崩岸加剧，进一步促使中港展宽、直港淤浅[33]，这一系列变化表明主流流路有延长迹象，进而抬高上游河段出口水位，从图 2.36 来看，新堤右汊深泓纵剖面2002 年较 1998 年平均淤积 3 m 左右。

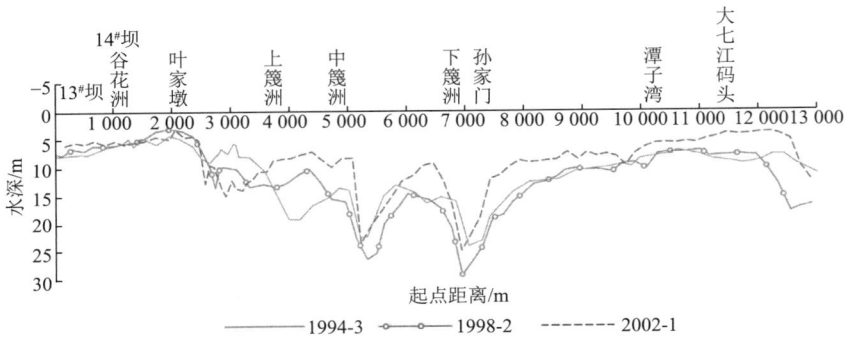

图 2.36　界牌—新堤河段右汊深泓纵剖面年际变化图[32]

如图 2.37 所示，界牌河段上起杨林山，下至赤壁山，属于典型的顺直分汊河型，进口段较长，为左槽右滩格局，新淤洲和南门洲的右汊为主汊，左汊为支汊。20 世纪 80 年代以前，主流过渡段位于南门洲洲头以上某部位，从左岸深槽过渡至右岸深槽，一方面由于左侧深槽内边滩、心滩较多，上游长条形的边滩或沙梗周期性下移至南门洲洲头，与洲头心滩连为一体而阻断左汊进流[32]；另一方面右汊口门处形成的深坑吸流能力很强。水位较高时，滩面水流以纵向水流为主，从左至右的横向水面比降影响不太明显；

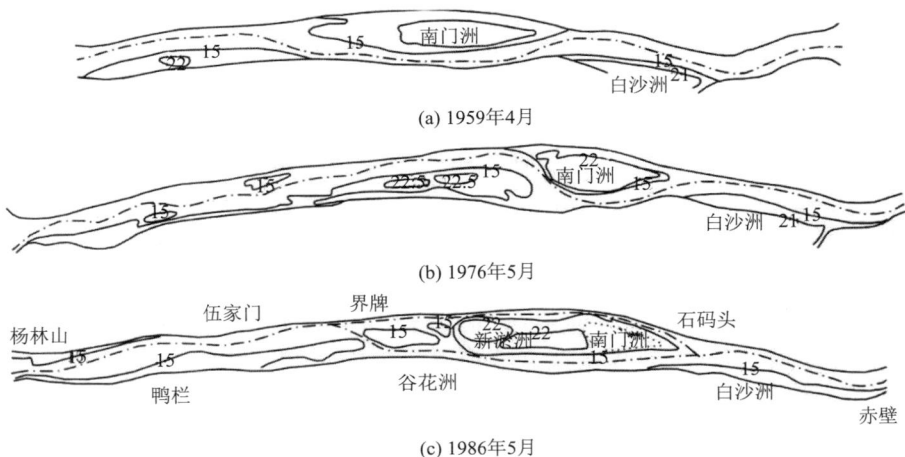

图 2.37　界牌河段 20 世纪 50～80 年代演变图[32]

汛后随着流量减小和水位下降，横比降产生的横向或斜向水流常刷过滩面，对滩面产生较强烈的冲刷作用。1973 年切滩前夕，越滩水流产生的横比降远大于纵比降，较集中地冲刷出一条深槽。

3. 武汉—湖口河段

以团风河段为例来说明纵向河势调整向上游的传递现象。1858 年时，罗湖洲河段演变成鹅头型三汊道形式，内有罗湖洲、鸭蛋洲两个江心洲，主流位于右汊；同期湖广河段牧鹅洲洲体规模较大，但为边滩式江心洲，左汊在洪水期过流，由于罗湖洲中汊位置相对靠上、流程较短，湖广河段的水面比降较陡，洪水期主流有撇弯切滩的趋势，使牧鹅洲以独立江心洲的形式存在，并未完成向左岸的归并。

如图 2.38 所示，1923～1931 年，罗湖洲河段的主流逐渐向左摆动，右汊变为中汊。随着罗湖洲、鸭蛋洲右缘的不断崩退，中汊变弯，流路趋于弯曲、延长，右岸边滩淤积展宽[34]。1923 年以前，罗湖洲右汊新生到衰亡的演变周期长达 75 年。与此对应的是，上游湖广河段河势也发生相应调整。由于下游中汊流路延长，湖广河段出口侵蚀基准面抬高，水面比降变缓，即便在大水条件下，牧鹅洲处水流冲刷动力也不足，不足以切割左岸边滩以维持左汊的存在及牧鹅洲的独立格局，导致牧鹅洲逐渐向左并岸，但并岸后河道放宽，江中又有零星小心滩形成。

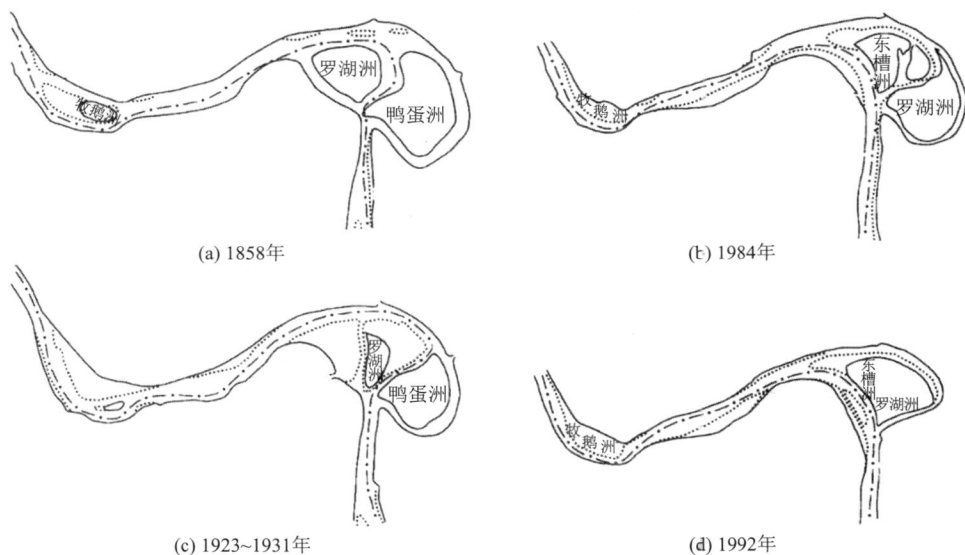

(a) 1858年

(b) 1984年

(c) 1923~1931年

(d) 1992年

图 2.38　团风河段历史演变图

牧鹅洲河段放宽的形态有利于泥沙落淤，而弯道环流作用下小心滩难以长期存在，也逐渐向凸岸归并，导致牧鹅洲弯道弯颈紧缩，曲率半径变小。出口猴子矶逐渐贴流，受其挑流作用，湖广河段主流左移，赵家矶、中观矶附近大幅度淤积，常年有心滩出现，此后，牧鹅洲河段、湖广河段深泓位置进入相对稳定时期[35]。

如图 2.39 所示，1970 年后，罗湖洲中汊逐趋弯曲，流路增长，阻力增大，致使主流再一次切割右岸边滩形成新的右汊（碛矶港）。1970～1984 年，为新一轮演变周期的开始阶段，主要表现为主支汊交替，老港逐渐淤废，圆港淤积萎缩，碛矶港发展迅速。1973年碛矶港开始成为中水期、洪水期主航道。但枯水期仍存在圆港、碛矶港两汊争流的局面，主流在两汊之间摆动，同时东槽洲洲头心滩尚未形成，河段进口河道较宽，滩体较散乱[34]。与此同时，碛矶港受江心洲崩退而逐渐向左摆移，导致李家洲和东槽洲洲面及其周边区域也在不断淤高，最终两个洲体淤并成一个大洲，即现在的东槽洲。碛矶港内主流不断左摆，也使其深泓渐趋弯曲和流路增长。

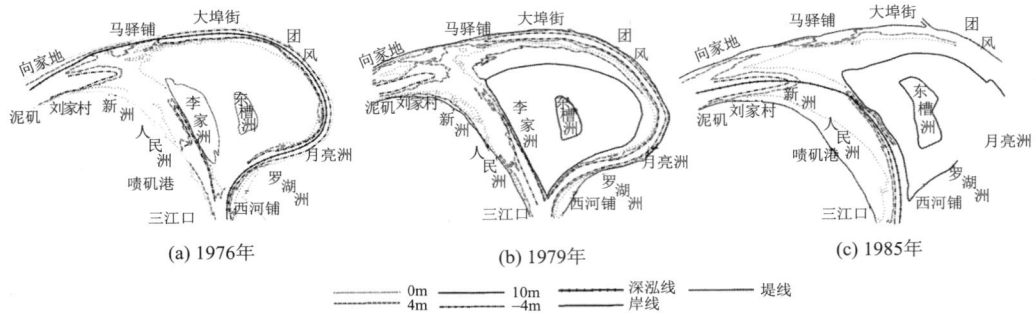

(a) 1976年　　　　　　　　　(b) 1979年　　　　　　　　　(c) 1985年

	0m		10m		深泓线		堤线
	4m		−4m		岸线		

图 2.39　罗湖洲河段主支汊易位演变图[34]

　　由于罗湖洲河段主汊从圆港易位至碛矶港（直港），主流流路缩短长度约 4.4 km，占原来圆港总长度的 57%。主流长度的缩短必然导致上游水面比降变陡，引起湖广河段枯水期主流流路趋直。如图 2.40 所示，1979 年罗湖洲圆港仍较为畅通时，枯水期湖广河段末端侵蚀基准面下降幅度仍不明显，此时湖广河段上、下深槽 5 m 等深线交错分布、仍未贯通；而 1985 年枯水期主流完全易位至直港后，湖广河段水面比降加大，流速加大，主泓冲刷效果明显，使 10 m 等深线也几近贯通[35]。这说明，下游主流流路缩短将降低上游河段的侵蚀基准面，导致上游河段水面比降加大，河床冲刷速率加快。

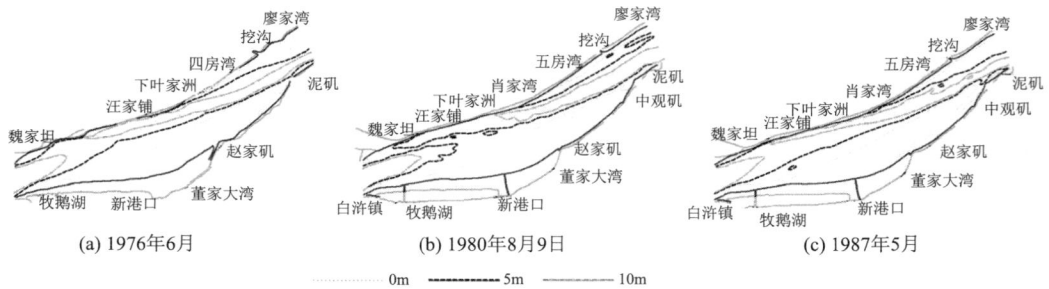

(a) 1976年6月　　　　　　　　(b) 1980年8月9日　　　　　　　(c) 1987年5月

　　　　　　　0m　　　　　　5m　　　　　　10m

图 2.40　湖广历年河势演变示意图[9]

　　罗湖洲河段的纵向河势调整向上游湖广河段的传递作用，还可以通过上游汪家铺浅滩横断面的冲淤变化情况反映出来。1980 年时罗湖洲圆港深泓较低，阻力较小，枯水期主流位于圆港，流路的延长抬高了上游湖广河段的侵蚀基面，此时汪家铺浅滩高程较高；至 2000 年罗湖洲主流稳定于碛矶港，主流流路缩短，使其上游湖广河段比降加大，有利于汪家铺浅滩冲刷，实测资料也证实 2000 年浅滩横断面高程较低；三峡水库蓄水初期，随着航道整治工程的实施，东槽洲洲头窜沟中上段基本淤死，心滩面积在 2007 年之前有所淤长[36]，右岸人民洲滩体"0 m"线面积从 2001 年的 6 km² 增大至 2005 年的 6.6k m²[37]，下游滩体阻水作用加大，促使上游水位壅高，且 2002～2004 年碛矶港左岸（东槽洲右缘）也有小幅度崩退，使碛矶港主泓略有弯曲延长，这些因素均造成湖广河段侵蚀基面抬高，导致主槽略有淤积，2000～2004 年汪家铺浅滩水深减小证实了这一点（图 2.41）。近期观测资料还显示，在罗湖洲河段内部，下游碛矶港深泓纵剖面的变化也对上游进口处东槽洲心滩窜沟的发展变化起到重要作用。

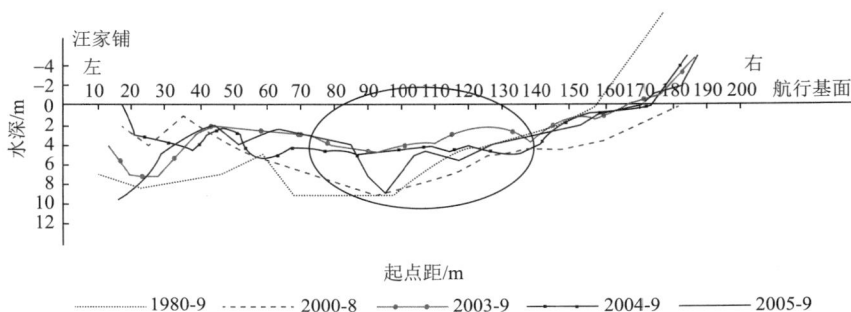

图 2.41　湖广河段汪家铺浅滩横断面冲淤变化图[35]

如图 2.42 及图 2.43 所示，1998 年 10 月～2001 年 11 月碛矶港深泓纵剖面呈逐年冲刷下降的趋势，而圆港深泓纵剖面总体上呈逐年淤高的趋势。圆港内河床高程的抬高和碛矶港内河床高程的降低，引起两汊汊内阻力对比关系发生调整，使两汊进口的水位高差增大，形成明显的横比降，产生的由圆港指向碛矶港的斜向水流对洲头切割的作用明显，同期东槽洲洲头心滩窜沟逐渐拓宽、冲深，这也印证了下游汊道阻力差异形成的比降关系，向上游传递至汊道进口，进而对汊道进口心滩的窜沟发展、口门断面的流速横向分布产生影响。2001 年汛末～2002 年汛末，碛矶港深泓纵剖面发生一定程度淤积，圆港纵剖面则有所冲刷，两汊汊内阻力重新调整，汊道进口水面横比降减小，斜向水流冲刷动力不足，相应地，至 2003 年 2 月东槽洲洲头心滩窜沟 1# 横断面出现回淤现象（图 2.44），这显然是下游两汊道纵剖面冲淤特性的差异及其引起的阻力的重新分配向上游传递造成的。

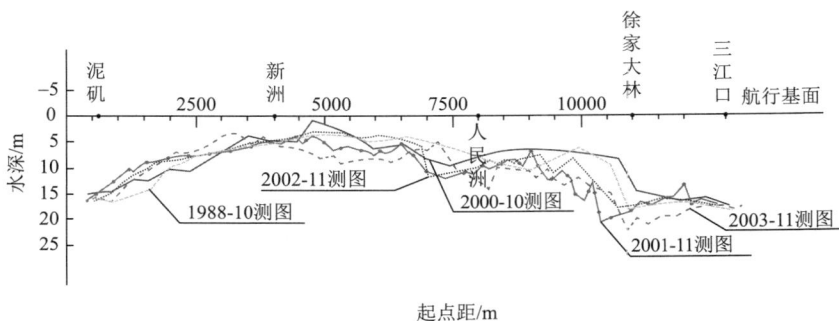

图 2.42　碛矶港深泓纵剖面历年变化图[38]

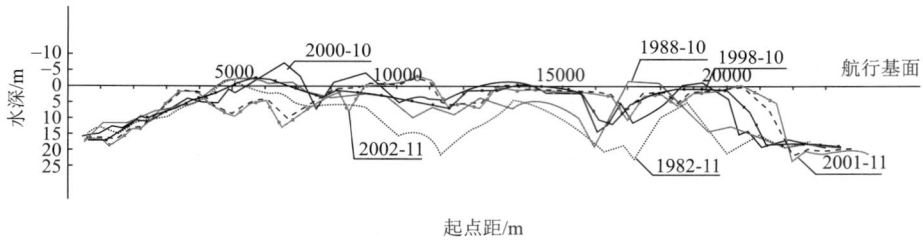

图 2.43　圆港深泓纵剖面历年变化图[38]

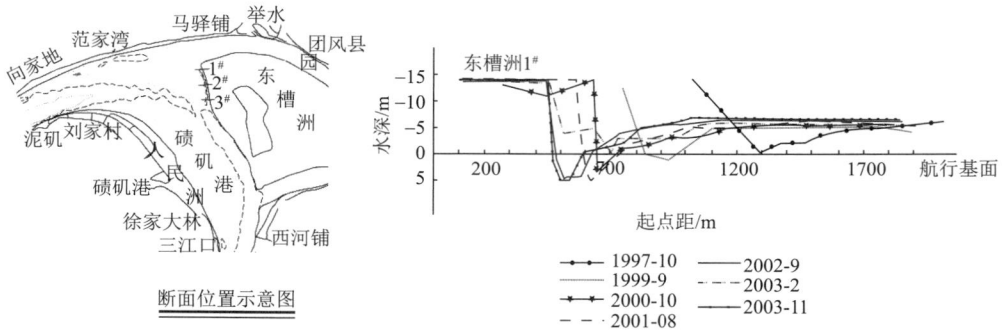

断面位置示意图

图 2.44　东槽洲洲头心滩窜沟 1# 横断面历年变化图[38]

　　事实上，比降是新生汊形成与发展的动力因素。同一河段内部，不同滩槽部位之间，比降变化也相互影响，进而影响整体河势调整。如图 2.45 所示，团风河段在 1948 年右汊向左平移时，罗湖洲受水流顶冲发生强烈崩岸。泥矶以下水流转折角较大，下游右岸形成宽广的人民洲边滩。人民洲产生的形体阻力较大，对上游一定范围内河道产生壅水，在边滩部位形成较大纵比降。一般水文年的洪水作用下，边滩尾部可能形成沙嘴或倒套。在 1954 年大洪水作用下，边滩根部趋直形成更大比降，水流强烈冲刷引发边滩切滩，江心滩生成。1959 年时大比降水流持续冲刷形成新生汊。可见，洪水的趋直作用，导致河道纵比降加大，是水流切滩乃至新槽生成的直接动力因素。

　　新生汊发展为主汊是分流比增大、比降不断调平的过程。新生汊平移发展、原主汊平移变为支汊直至衰亡过程中的比降的作用机理在于：当右汊边滩局部形成较大纵比降、大洪水时切滩，形成新生汊雏形；随着新生汊冲深，分流比增大，比降调缓；新生汊平移并发展为主汊，比降调平，同时新中汊（原右汊）阻力增大，分流口处水位壅高，形成横比降，促使新生汊分流增多；新生汊分流比增大至一定程度后，平面形态过于弯曲，阻力不断增大，河道比降开始增加；分流比减小为支汊后，河道更为弯曲，不断淤积，汊内比降进一步增加，导致口门壅水；新生汊趋于并岸衰亡，或者被洲头横向水流切割形成更新的汊道[39]。从团风河段的周期性演变过程可以看出，河道纵向、横向比降的变化具有关联性，汊道内纵比降调整往往与分流口处横比降以及河道的平面变形息息相关，进而对河势调整起到重要作用。

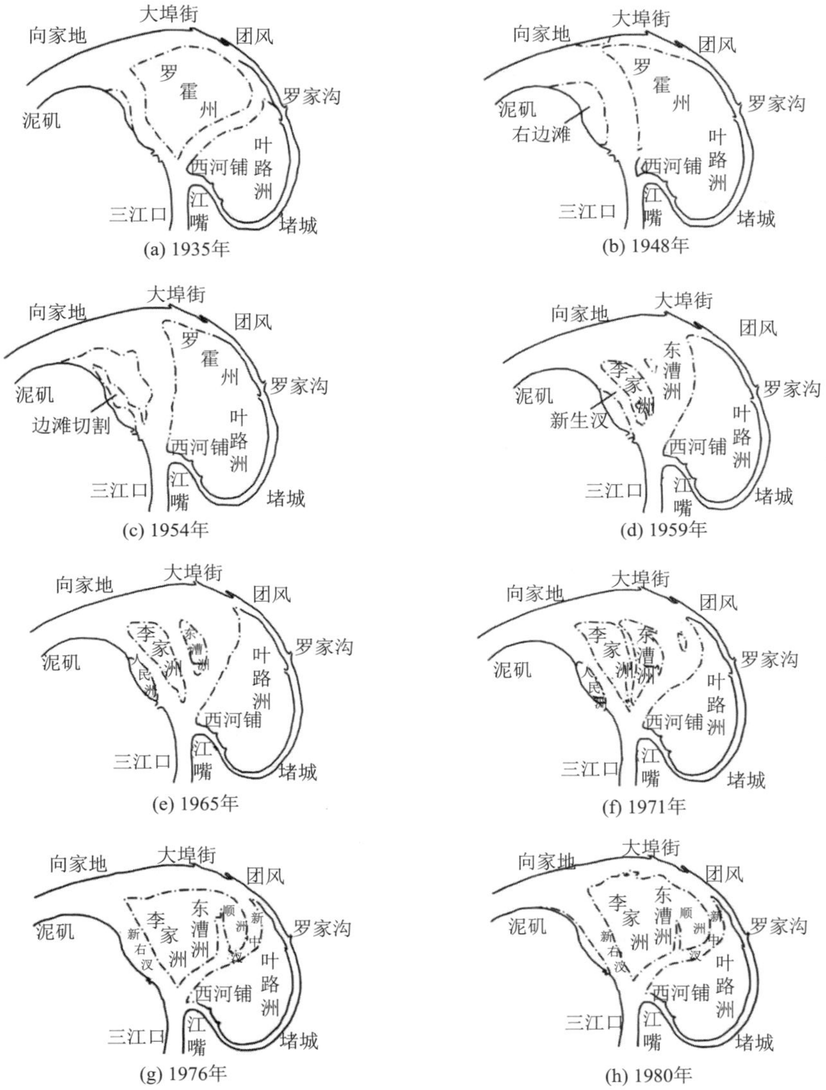

(a) 1935年　(b) 1948年　(c) 1954年　(d) 1959年　(e) 1965年　(f) 1971年　(g) 1976年　(h) 1980年

图 2.45　罗湖洲汊道周期性演变过程图[36]

4. 湖口—大通河段

以和畅洲汊道比降的变化、分流比的调整对上游镇扬河段河势调整的影响为例展开分析。如图 2.46 所示，20 世纪 50 年代初和畅洲为弯曲型汊道，两汊都为弯曲形态，各汊分流比各占 50%。随着六圩弯道的发展，和畅洲右汊分流比逐渐增大为主汊；至 60 年代末，六圩弯道发展成一个曲率适度、顶点以下曲率较大的控导形态的弯道，促使主流平顺进入和畅洲右汊，减轻了对洲头的冲刷；至 1974 年和畅洲右汊分流比接近 75%，左汊已由弯曲形态变为鹅头分汊形态。可以认为，和畅洲汊道的进口段河势与左、右汊阻力对比形成均衡而稳定的关系[39]。当六圩弯道崩岸继续，弯道呈向下蠕动态势，和畅洲左汊成为鹅头型汊道，窄小而蜿蜒的汊道的形体阻力较大，致使左汊纵比降大于右汊，在左汊进口壅水作用也强于右汊。左汊略强的壅水作用抵消了上游六圩弯道向下蠕动的动力作用，使上、下游动力均衡，河势处于相对稳定态势。1974 年后，和畅洲左汊鹅头型边滩上出现窜沟，形成倒套，水流切滩，致使新河比降骤然增大，左汊口门处水位降低，进而影响和畅洲进口的水面横比降，左汊分流比显著增加，河势剧烈调整。

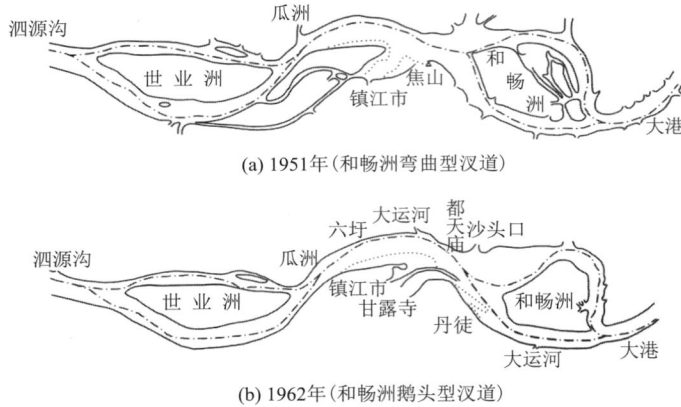

(a) 1951年(和畅洲弯曲型汊道)

(b) 1962年(和畅洲鹅头型汊道)

图 2.46　镇扬河段 20 世纪 50～60 年代演变图[39]

这种河势纵向调整继续向上游世业洲河段传递。1974 年河床左汊过流能力显著增大后，左汊进口乃至整个分流区水位降低，这就势必加大了世业洲汊道的比降[39]。由于世业洲右汊比左汊长，左汊受下游水位降低的影响更明显，这一动力因素促使左汊冲刷发展。这再次证明，下游河段也通过比降变化影响上游河段的河势演变，相邻河段的纵向河势调整具有传递性。

另外，堵汊工程包括堵坝、锁坝或潜锁坝等，它们均会导致上游水位有不同程度的壅高，这种壅水影响范围可能较长，进而引起上游河势调整。堵汊工程导致进汊水流上游的纵比降减小，在洲头分流区横比降较大，可能造成洲头滩面横向水流的冲刷和洲头滩体的切割[39]。这是下游汊道的阻力变化对上游产生的影响，同时也导致在纵比降支配的纵向水流和横比降支配的横向水流共同作用下，上游断面流速重新分布，进而影响上游壅水范围内的主流平面位置，从而调整其分流比及河势。

和畅洲左汊口门附近的锁坝工程，明显壅高了分流区原来进入左汊的纵向水流的水位，使其上游纵比降变缓；促使一部分纵向水流进入右汊，增加了右汊分流量，导致右汊比降调平，右汊口门处水位降低，进而使分流区横比降进一步增大[39]。当右汊开始冲刷发展时，过流增强，使比降进一步调平；同时左汊流量减小，阻力增大，分流区水位进一步壅高。综合作用下，分流区横比降增大，也就增大了纵向水流进入右汊的驱动力，形成促进右汊不断发展的动力机制。

2.2.2　纵向河势调整的阻隔现象

根据 2.2.1 节，下游河段的河道深泓纵剖面、水面纵比降等的调整，可能进一步向上游方向传递，这就是纵向河势调整的传递过程。与横向河势调整的阻隔现象类似，该过程中也应存在具有阻止这种传递效应的特殊河段，使下游纵向河势的不利变化被限制在较小区间内，而不至于影响上游更长的河段，从而防止长河段河势整体出现恶化态势。以下分为宜昌—城陵矶、城陵矶—武汉、武汉—湖口、湖口—大通 4 个河段来总结纵向河势调整过程中的阻隔现象。

1. 宜昌—城陵矶河段

枝城—大埠街河段在地质构造上的特征是：松滋口以上河段处于江汉沉降区边缘宜都隆起地带，而松滋口以下河段则地处江汉沉降区次一级拗陷的枝江凹降区，松滋河附近为平原与丘陵交界处。地貌类型主要是侵蚀低山丘陵、河流阶地和河漫滩。河段内洪枯水位之间的河床岸坡地质结构主要为硬土质、土石质和基岩质三种类型。

如图 2.47 所示，近几十年，芦家河河段除年内洪枯水季节有周期性冲淤变化外，卵石层面高程和形态基本保持不变。特别是经过 1998 年特大洪水冲刷后，也未出现大的变化。沙泓内抗冲性较强的毛家花屋—姚港河段及石泓内高程较高的中下段，均显示了很强的稳定性。这些河段对水位具有关键控制作用发生明显变化的可能性也不大，从而决定了河床冲刷及水位下降的发展趋势。

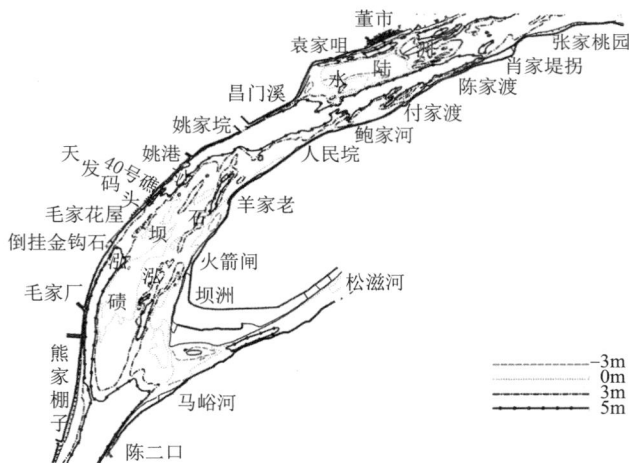

图 2.47　芦家河河段河势图

三峡水库蓄水后，虽然造成了上荆江沙市附近枯水位下降，但从沿程各站水位流量关系（表 2.1）来看，芦家河上、下水位无明显变化。历年来各段纵比降情况也表明，同流量下比降无趋势性变化，仅存在年际的波动。这表明，砂卵石河段内河床冲淤并未使沿程水位发生趋势性变化。

1）毛家花屋—姚港河段并未传递下游纵向河势调整——昌门溪水位下跌效应

根据以往计算成果[20]，不同昌门溪水位降幅对应的毛家场—昌门溪河段沿程水面线如图 2.48 所示。从图中可见，姚港以下河段水位基本与昌门溪保持同步下降，而姚港—倒挂金钩石河段的降幅则自下而上递减，至毛家场附近水位降低已不明显，这充分体现了毛家花屋—姚港河段对上游水位的控制作用，经过倒挂金钩石—姚港河段的缓冲作用，下游的水位下降基本不对上游产生明显影响。

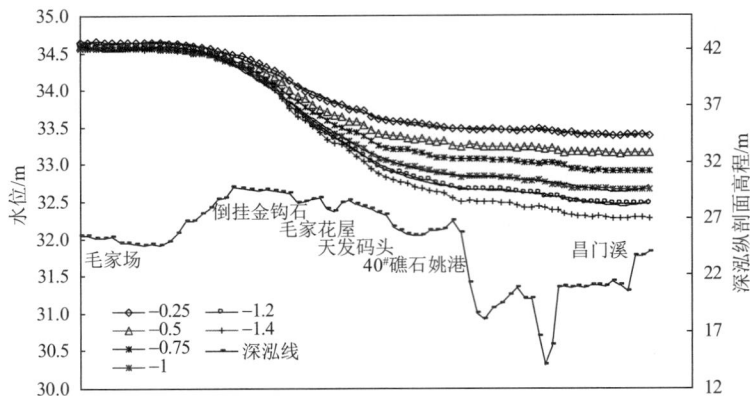

图 2.48　昌门溪水位下降不同幅度后芦家河沙泓内沿程水面线（5 000 m³/s）[20]

　　进一步研究认为[40]，昌门溪水位降幅越大，河道的"缓冲作用"体现越明显。当昌门溪水位降幅在 0.5 m 以内时，陈二口、毛家场水位降幅约为昌门溪的 1/5～1/4，而当昌门溪水位降幅大于 0.75 m 以后，毛家场水位降幅仅为昌门溪的 1/10 左右，陈二口水位降幅为昌门溪的 5%以下。沿程水位的这种变化特点与河床纵剖面基本是一致的，在姚港以下的深潭段及倒挂金钩石以上的深槽部位水深较大，因而水面坡降平缓，沙泓中间河床高程较高的突起段则起到缓冲上、下游水位差的效果。

　　从芦家河河段沙泓的实测沿程水位对比图（图 2.49）中可以发现，倒挂金钩石—天发码头附近（2004 年 14#-2—15+400#水尺、2006 年水尺 7#—11#）是较特殊的河段。当

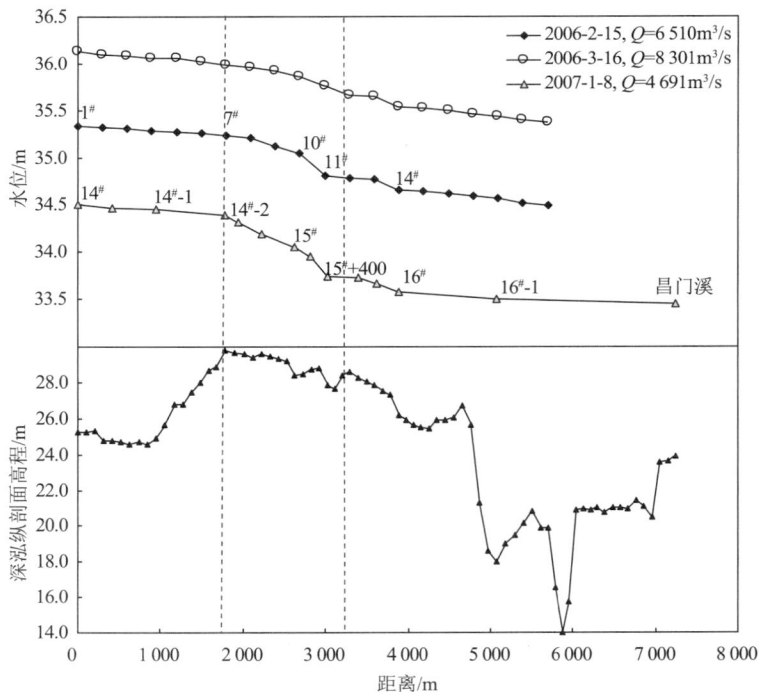

图 2.49　实测沙泓水位线与沿程深泓纵剖面[20]

上游河道受年际冲淤变化影响，同流量下水位发生波动时，由于该河段的下游水位基本保持稳定，不受上游水位波动的影响；当该河段下游水位发生大幅度降落后，该河段调节作用，使上游水位降落幅度大大缩减。可见，该特殊河段与其上、下游的河道具有不同的水力特性。

2）纵向河势调整的受阻现象与河床地质组成有关

芦家河河岸地质构造抗冲性能好，岸坡稳定，右岸松滋口以上和左岸毛家花屋以下，分布有临河丘陵山体，其地质构造为基岩质或抗冲性能较好的黏土和砾质土层。芦家河河段河床组成十分复杂，姚港以上床面除松滋口附近和石泓边滩仍留有一定厚度砂质覆盖层之外，其他区域均已冲刷至卵石层面。姚港以下，紧接卵石碛坝尾部，沉积的中细砂与碛坝连为一体，构成碛坝尾心滩群。沙质心滩的左泓亦冲刷至卵石层面，右泓卵石层面以上覆盖 1～2 m 厚的淤沙[20]。

观测资料表明，左汊沙泓卵石河床高程一般低于石泓 4～7 m，沙泓上半段卵石层面高程为 24.3～28.0 m，至毛家花屋附近卵石层面高程上升为 29.0 m；右汊石泓上半段深泓高程均不足 31 m，至火箭闸（毛家花屋对岸）附近又升至 31 m 左右。可见，在毛家花屋、火箭闸附近，河床横断面卵石层面平均高程约为 33.0 m，最高点高程达 35.0 m。因此，毛家花屋—火箭闸一带形成了抗冲性较强、河床较高、宽度较窄的河段，从沿程纵剖面来看，这一河段是深泓突然下降的转折点，从沿程过水面积来看，该位置是阻隔上、下游影响的控制性瓶颈区，因而造成了较大的水位落差，同时该区间也对上游水位产生较强的控制作用。

3）纵向河势调整的受阻现象与河道纵剖面形态有关

从历年河床地形纵剖面的变化情况来看，如图 2.50 所示，尽管沙泓内进口及出口均产生冲淤变形，但中部河床高程较高的毛家花屋—姚港河段，纵剖面相对稳定。如图 2.51 和图 2.52 所示，从 2003～2006 年的沙石泓沿程平均冲淤厚度的变化情况来看，沙石泓内均是进口与出口部位冲淤幅度较大，而中部冲淤变化较小。这些现象均表明，虽然三峡蓄水后下游沙量减少，但由于沙泓毛家花屋—姚港河段及石泓火箭闸附近河床抗冲性较强，未显著冲刷。

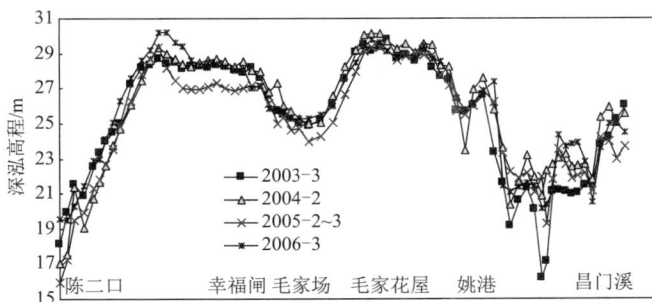

图 2.50　沙泓内历年深泓纵剖面变化图[40]

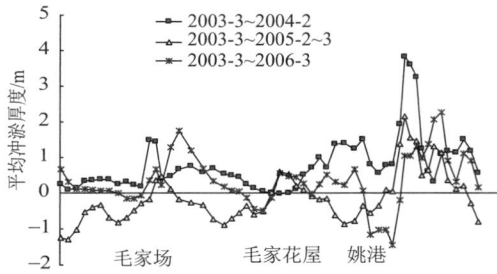

图 2.51　沙泓内沿程平均冲淤厚度[40]

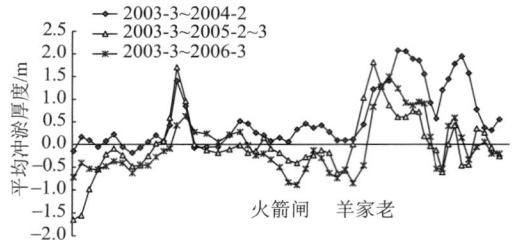

图 2.52　石泓内沿程平均冲淤厚度[40]

4）纵向河势调整的受阻现象与河道断面形态有关

除地质组成及纵剖面形态外，断面形态也是决定纵向河势调整是否向上游传递的重要因素，其对水位的控制作用主要体现在水深、过水面积等水力要素变化的特殊性上。上述分析认为，毛家花屋—姚港河段对水面比降的影响占主导性作用。该河段的特殊性在于，一方面它有较高的河床高程，另一方面它的水面宽度存在突然束窄，会形成宽度较小的卡口，高程与宽度、河道过水面积两方面的形态因素可能对水面比降调整的纵向传递具有重要作用。这些水力要素的变化直接影响了当地水位、比降、流速的变化。

武汉大学采用数学模型模拟芦家河河段不同河床部位的冲淤情况对沿程水面纵比降的影响[20]。结果表明，纵向阻隔性河段（毛家花屋—天发码头河段）的上游发生淤积后，上游河道水面比降虽然显著增加，但本河段的水面比降变化不大，相应地下游河段也并未受到上游河段淤积的影响；而下游河段发生淤积后，本河段的水面比降虽然略有减缓，但也难以影响至本河段以上的河段，且对本河段以下河道水面比降的影响也随着距离的增加而逐渐减缓。分析原因认为[20]，由于毛家花屋—天发码头河段河床高、宽度窄，而其上游高程低、宽度大，即使上游河道发生显著淤积，仅造成当地过水面积减小和比降增大，对下游较窄河段影响不大。至于毛家花屋—天发码头河段的下游，河道深度及宽度均加大，其水位主要由下游长河段的控制性卡口所决定，局部河道淤积对比降的影响程度及范围均十分有限。

以往研究认为[40]，陡比降随流量减小而变陡正是体现了区间内河床形态，包括水深、过水面积等水力要素的特殊性，对水位起到主要控制作用。当下游水位下降后，毛家花屋—天发码头河段，率先达到极限比降，与其断面宽度最窄、过水面积最小有关；当该区段水面比降增大至接近河床比降时，河床高程的控制作用显现出来，极限水面比降取决于河床纵剖面比降，此时只能通过延长比降增加的受影响范围，来削弱或抵消下游水位下降对上游产生的传递效应。

可见，上、下游水位差增加以后，控制性河段作用的增大一方面体现在短区间内控制作用的加强、比降的增大，另一方面体现在控制作用被更长的区间所分担，陡比降段延长。这也是纵向河势调整能够向更长范围传递的主因。当下游水位下降后，从芦家河河段沙石泓内沿程过水面积变化情况来看，如图 2.53 所示，过水面积小的区间在逐渐延长，而非某一点的过水面积持续减小。

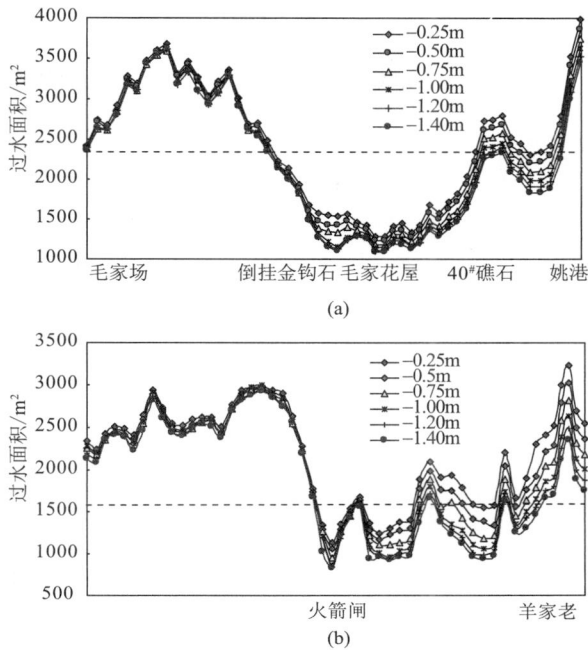

图 2.53　下游水位下降后沙石泓内沿程过水面积变化

　　总体来看，倒挂金钩石—40#礁石河段（包含毛家花屋～天发石油码头河段）河床深泓较高、河宽较窄，成为过水面积的瓶颈。随着下游水位的下降，沙泓内水流不断归槽，在倒挂金钩石—40#礁石河段形成了连续的卡口，使大比降区间延长，下游河势纵向调整对上游河段的影响范围在逐渐扩大。倒挂金钩石—40#礁石河段作为关键控制性区间，具有抗冲性强、河床形态稳定的特点，能够阻止下游河道冲淤等纵向调整向上游方向的传递，可称为纵向阻隔性河段。

2. 城陵矶—武汉河段

　　以嘉鱼河段的深泓平断面变化对上游龙口河段、陆溪口河段深泓纵剖面的影响为例展开研究。20 世纪 80 年代以来，嘉鱼河段的低滩（洲）变化明显加剧，平均每 5 年就要发生一次滩槽易位，特别是跨河槽上的航道频繁易位。从图 2.54 可以看出：1981～1985年，跨河槽上航槽为中槽；1990 年，航槽变为双槽；1995 年，航槽转为右槽；1998 年

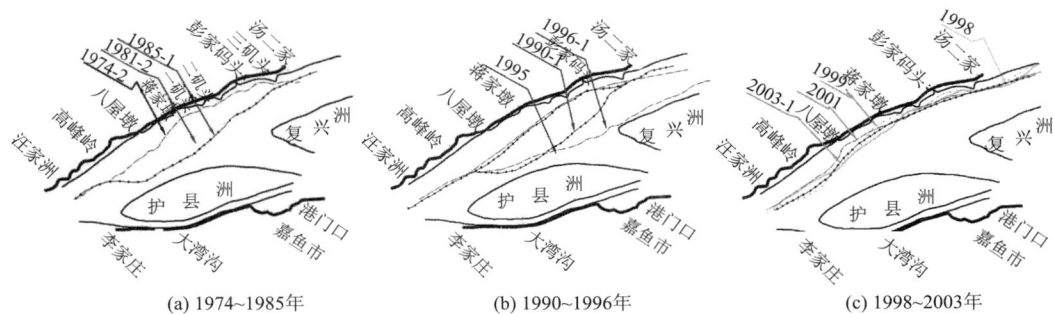

(a) 1974～1985年　　　(b) 1990～1996年　　　(c) 1998～2003年

图 2.54　嘉鱼河段历年深泓线摆动图[41]

以后，航槽回到左槽。陆溪口河段 1993 年至今河势较为稳定，直港航道中枯水期分流比在 45%左右[41]。

　　深泓线的平面摆动也反映在断面地形变化上，如图 2.55 所示，1981～1985 年汪家洲边滩—护县洲头的横断面的深槽靠右，且深泓高程为 4 m；1990 年汪家洲深槽变为双槽时，主泓居左而高程为 7 m，可见嘉鱼进口处发生淤积；1995 年主流转走右槽后，护县洲左汊整体冲刷；1998 年主流再度易位左槽后，河床进一步冲刷，深泓高程接近 2 m。1992～1995 年，下游嘉鱼河段双槽→右槽，河床高程冲刷降低引发的上游河段侵蚀基面下降，但这并未导致陆溪口河段直港深泓明显冲刷，反而局部河床高程大幅度抬高；而流路较长且弯曲的中港高程反而冲刷明显，事实上，中港受侵蚀基面下降的影响应是非常有限的。可见上游陆溪口两汊道的深泓纵剖面形态及阻力、比降的对比关系，并未因嘉鱼河段的纵向冲淤而发生对应性变化，可以认为，下游纵向河势调整并未影响至上游。

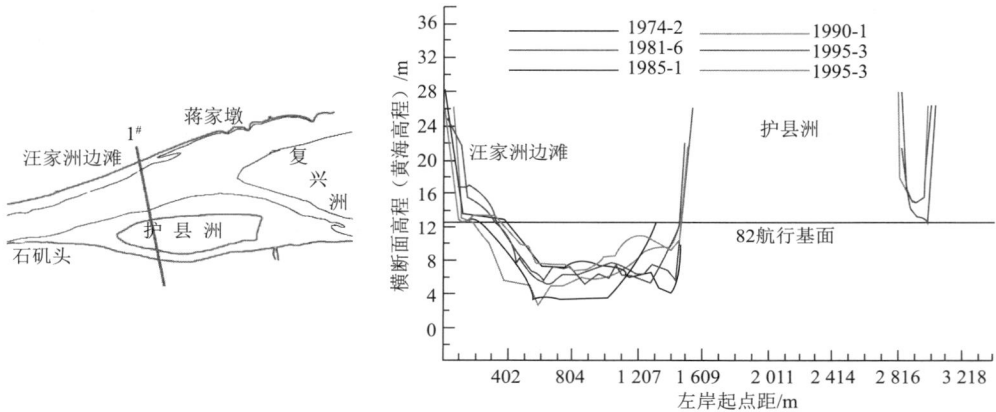

图 2.55　嘉鱼河段汪家洲边滩—护县洲头 1#横断面变化图[41]

　　1995～1998 年，嘉鱼河段进口由右槽变为左槽后，深泓高程进一步下降，导致龙口河段末端的侵蚀基面下降，但与此同时，如图 2.56 所示，陆溪口河段直港的深泓纵剖面有冲有淤；中港在 1998 年汛后出现全程大幅度淤积，显然并非受到下游侵蚀基面调整的影响，因而，陆溪口河段与嘉鱼河段的纵向河势调整不具有一一对应的关系。

　　如图 2.57 所示，从龙口河段 1996 年、1998 年、2002 年典型断面深泓高程的变化情况来看，龙口河段多年深泓纵剖面保持稳定，分析，龙口出口右岸分布有石矶头，左岸在嘉鱼河段进口蒋家墩一带分布有一矶头、二矶头、三矶头，左、右岸抗冲性较强的节点对河势控制作用也较强，龙口河段出口处河宽仅为 1000 m，当嘉鱼河床冲刷、水位下跌后，龙口河段末端狭窄断面形成卡口，其壅水作用能够保证龙口及其以上河段的水位不随之降落，流速也不会显著增大，河床纵剖面也不会明显冲刷下切，本书把这类阻止下游河势调整向上游传递的河段称为纵向阻隔性河段。

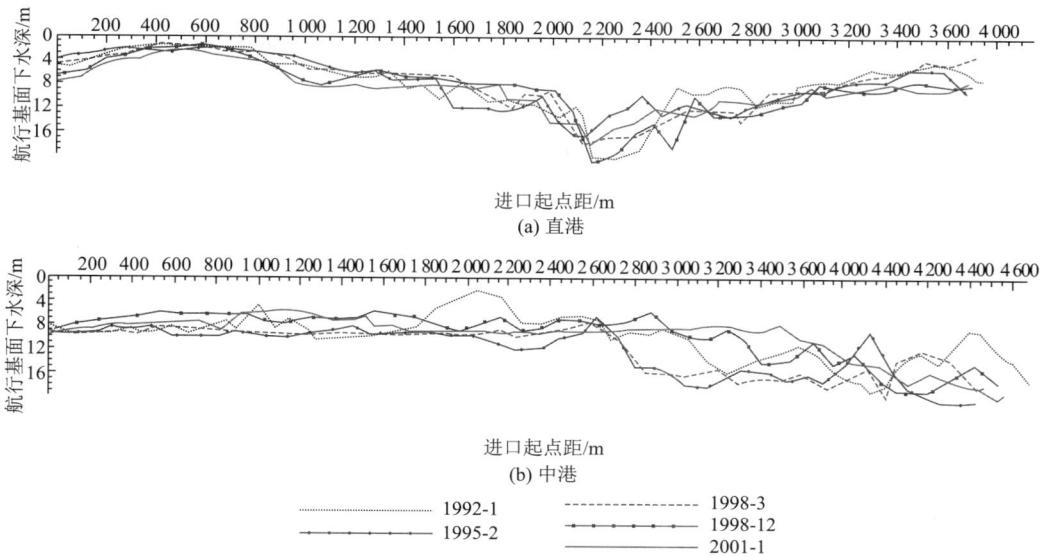

进口起点距/m

(a) 直港

进口起点距/m

(b) 中港

...... 1992-1	━•━ 1998-3
━+━ 1995-2	—•— 1998-12
	—— 2001-1

图 2.56　陆溪口河段直港、中港深泓纵剖面变化图[33]

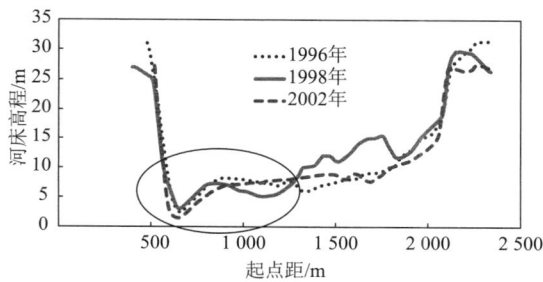

图 2.57　龙口河段典型断面历年深泓高程变化图

3. 武汉—湖口河段

本节德胜洲、巴河、戴家洲、黄石、牯牛沙等河段为例说明纵向河势调整的阻隔现象。如图 2.58 所示，德胜洲—戴家洲河段可分为黄柏山—池湖港河段和燕矶—迴凤矶河段。1842～1880 年黄柏山—池湖港河段由一个弯道、一个顺直分汊段和一个微弯单一河段组成；燕矶—迴凤矶河段的上段为单一江心洲的分汊河型，但江心洲洲头前方新洲已初见雏形，下段为微弯单一河型。1923～1931 年黄柏山—池湖港河段滩槽格局没有显著变化；但燕矶—迴凤矶河段新洲洲体明显变小且以此为中心形成较大的滩地，戴家洲洲体明显冲刷变小，且与新洲之间形成较宽的串沟。1949 年下游燕矶—迴凤矶河段由于戴家洲、新洲及其进口靠右岸滩地的挤压，左汊发展为主汊，右汊演变为支汊，仅存在较窄的 5 m 深槽进流；戴家洲左汊发展限制了左岸巴河边滩向下游淤长的空间，促使其向上游淤积长大，挤压樊口—池湖港河段微弯单一段的深槽，使其向右向上游靠拢，导致右岸吸流作用较强，致使德胜洲右汊冲刷发展，5 m 等深线贯通。1954 年新洲洲头左岸滩地大幅度淤积导致圆河段进口淤堵，主流由圆河段易位至直河段；巴河边滩向下游与新洲洲头低滩带连为一体,贴靠右岸的樊口—池湖港河段深槽下挫并且吸溜作用减弱,不利于德胜洲右汊维持,导致德胜洲洲体逐渐缩小并最终并岸,左岸黄州边滩大幅度淤长[42]。

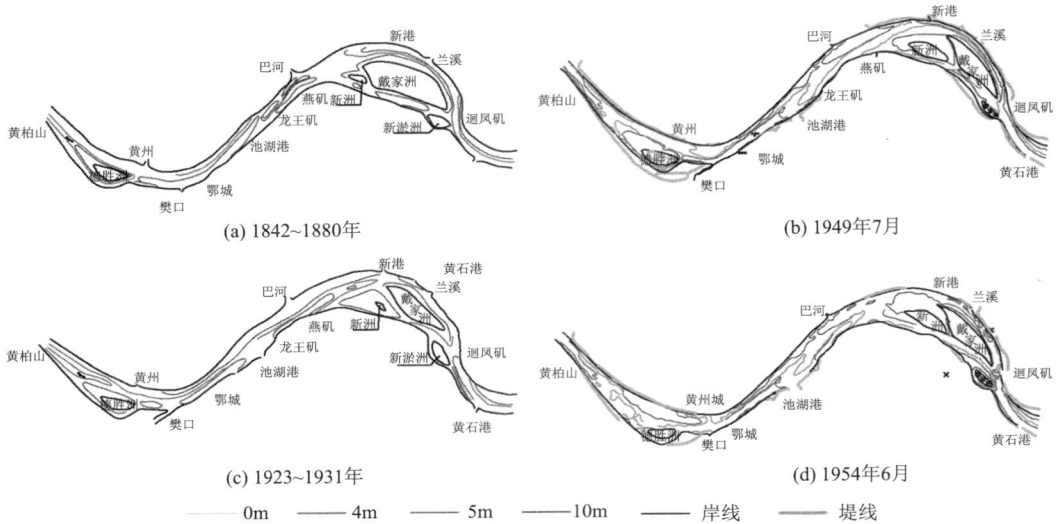

(a) 1842~1880年　　　　　　　(b) 1949年7月

(c) 1923~1931年　　　　　　　(d) 1954年6月

——— 0m　——— 4m　——— 5m　——— 10m　——— 岸线　——— 堤线

图 2.58　戴家洲河段历史演变图[42]

　　纵观 1842~1954 年德胜洲—戴家洲河段的上、下游河势调整的对应情况,戴家洲河段进口巴河边滩、新洲洲头低滩、心滩组成的低滩群的冲淤消长,以及汊道主支汊易位等变化均会导致汊道进口阻力的重新分配和横比降的改变,进而造成上游巴河河段纵比降在横向分配上的调整,引发相应滩槽的冲淤变化。下游戴家洲河段纵向河势调整通过巴河河段继续向上游传递至沙洲河段,导致沙洲汊道的切割、归并,以及左岸黄洲边滩的冲淤消长。可见,巴河的上、下游河段的纵向河势调整具有一一对应的性质,因为位于中间的巴河河段传递了这种纵向调整,所以巴河河段不具有纵向阻隔性,属于非阻隔性河段。

　　然而,德胜洲—戴家洲河段的纵向河势调整并未继续向下游传递,戴家洲洲尾迴凤矶—新淤洲一带左右岸线的抗冲性均较强,形成对峙节点,限制了戴家洲汊道纵向河势调整向下游的传递,无论戴家洲河段处于演变周期的哪一阶段,两汊纵剖面的高程、阻力、比降对比情况如何,迴凤矶一带深泓高程较为稳定,为下游黄石河段提供了较好的进口条件。

　　如图 2.59 所示,从黄石河段下游牯牛沙河段的历史演变图来看[43],1842~1880 年,牯牛沙沙洲靠右岸成为牯牛沙边滩,其下游蕲洲对岸心滩也靠岸成为边滩,本段河宽减小。1923~1931 年,主流过西塞山后,挑流作用加强,进一步冲刷左岸致其后退,河道弯曲率增加,主流贴左岸而下;同时右岸的牯牛沙边滩进一步淤积变大,滩尾下延到汊源口;汊源口—蕲洲河段河道展宽,蕲洲边滩进一步发展壮大。1958~1963 年,牯牛沙边滩滩尾下延并淤高成为中水出露的洲体,洲体下部右缘与左岸间形成窜沟;蕲洲边滩再次发生切滩，主流易位至心滩右汊。可见，牯牛沙河段演变以左岸不断崩退，深泓线逐渐左移为主。如图 2.60 所示，黄石河段河势同期相对稳定，黄石深泓纵剖面也没有显著冲淤消长。分析认为，黄石河段沿程迴凤矶、海关山、石灰窑等山体基岩的约束，河道断面难以展宽；河段出口右岸有西塞山节点、左岸有团林岸护岸，在出口处形成对峙节点壅水，导致牯牛沙主流流路弯曲延长引起的深泓纵剖面变化，以及牯牛沙进口同流量下水位变化不会影响至黄石以上的河段。可以说黄石河段起到阻隔下游纵向河势调整向上游传递的作用。

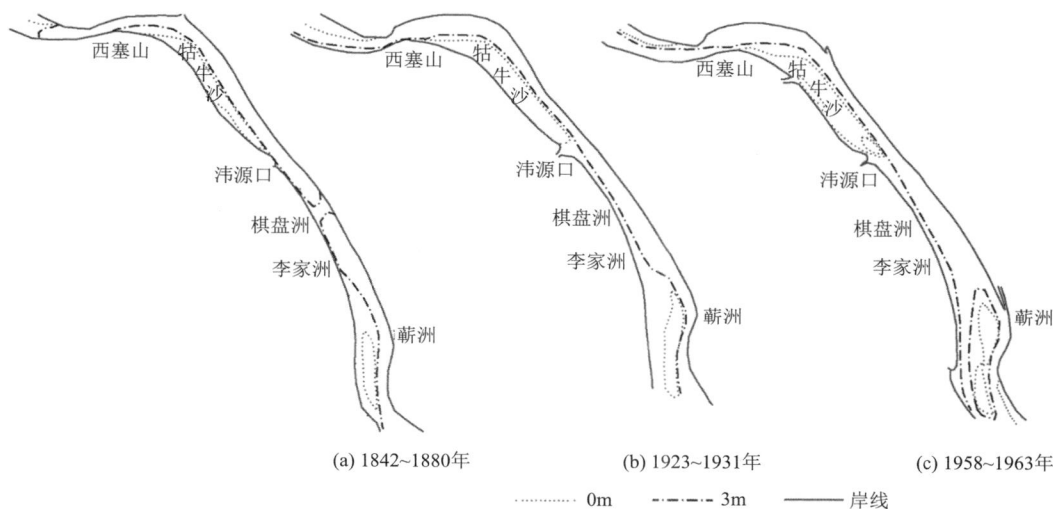

(a) 1842~1880年　　　(b) 1923~1931年　　　(c) 1958~1963年

········· 0m　　—·—·— 3m　　——— 岸线

图 2.59　牯牛沙河段历史演变图[43]

(a) 1842年　　　(b) 1923年　　　(c) 1959年

图 2.60　黄石河段历史演变图[8]

从近期演变情况来看，戴家洲河段历经了圆河段、直河段相持但直河段向主汊方向发展的阶段（1958~1965 年）；直河段为主汊阶段（1966~2001 年）；圆河段、直河段再度相持但主汊不明阶段（2002 年至今）[42]。如图 2.61 和图 2.62 所示，从圆河段、直河段深泓纵剖面历年变化情况来看，1961~1964 年圆河段深泓高程历年来处于较低阶段，而 1961 年时直河段深泓较高，至 1964 年直河段深泓下降幅度较大，有向主汊转化趋势；1970 年圆河段深泓显著淤积，直河段深泓显著冲刷；1987~1997 年圆河段深泓纵剖面冲淤基本平衡，而直河段略有淤积；2002 年时直河段淤积较圆河段淤积严重；至 2005 年直河段仍呈明显淤积趋势，圆河段则发生较明显冲刷，从而完成了主、支汊纵剖面形态的易位调整，以及两汊水流比例的重新分配，使戴家洲汊道河势进入新一轮演变周期。

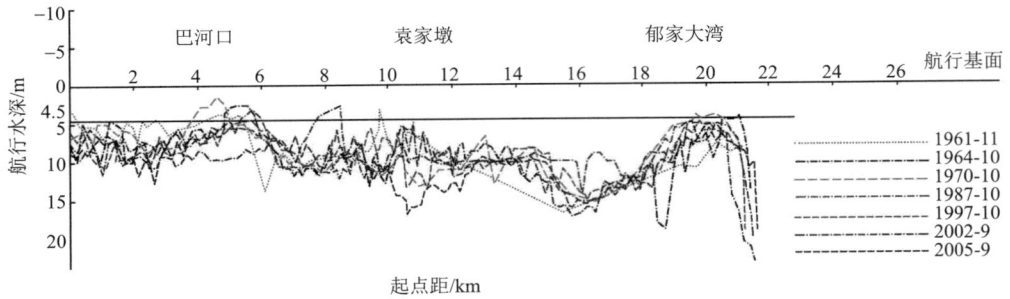

图 2.61　戴家洲河段圆河段深泓纵剖面年际变化图[42]

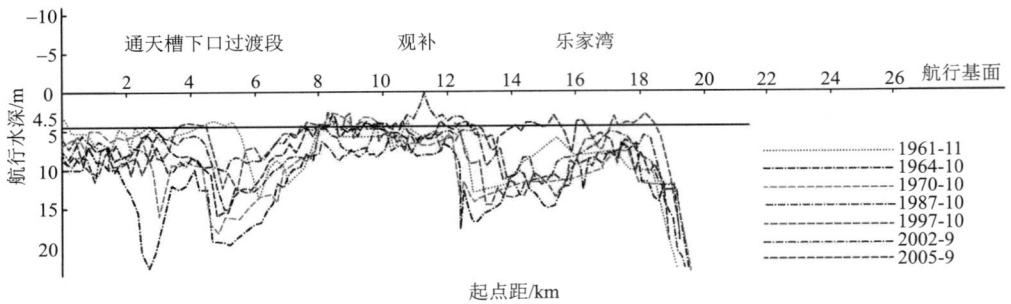

图 2.62　戴家洲河段直河段深泓纵剖面年际变化图[42]

从黄石—牯牛沙河段深泓纵剖面历年变化情况（图 2.63）来看，1959~2005 年黄石河段的深泓纵剖面是基本稳定的，而牯牛沙河段在 1959~1981 年，以及 1992~2005 年均呈淤高趋势[43]，这与牯牛沙左侧岸线不断崩退，主流贴左岸下行而日趋弯曲，流路延长，河道展宽，流速放慢等因素有关。综上所述，无论是从历史演变还是从近期演变来看，黄石河段相对稳定的纵剖面阻隔了牯牛沙纵向调整向上游的传递，可以认为是纵向阻隔性河段。

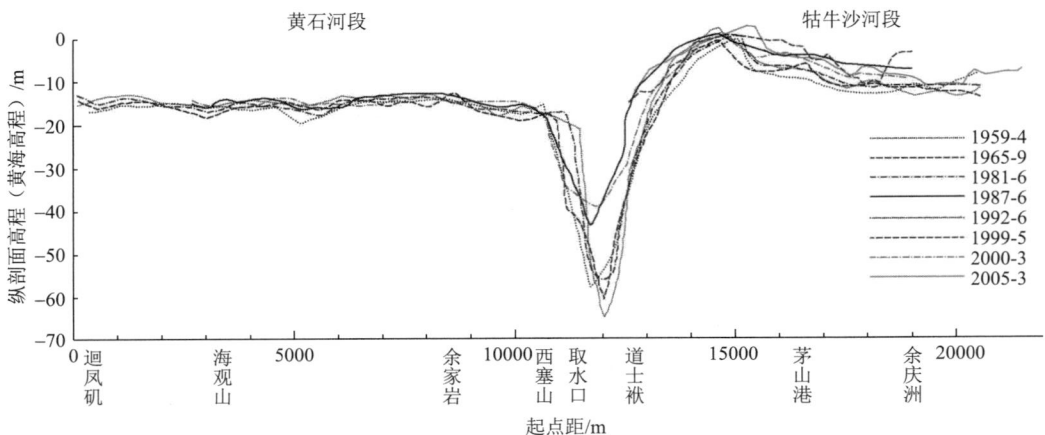

图 2.63　黄石—牯牛沙河段深泓纵剖面年际变化图[43]

再以搁排矶—鲤鱼山河段的河势调整为例说明纵向河势调整的阻隔现。如图 2.64 所示，从该河段历年深泓摆动情况来看，1959～1970 年鲤鱼洲尚为靠右岸边滩，深泓出田家镇后，沿左岸下行至冯家山，再逐渐过渡至右岸鲤鱼洲洲尾；1981 年鲤鱼洲边滩发生切滩，右汊贯通，鲤鱼洲洲头分流点相对居中靠上，说明洲体较为完整，洲头低滩带上延至半壁山附近；至 1998 年洲头分流点位置变化不大，而鲤鱼洲洲体左缘发生冲刷导致左汊深泓出现内凹；至 2006 年分流点下挫右移，说明鲤鱼洲洲头部分冲刷较为明显。但与此同时，猴儿矶以下至田家镇段，深泓平面位置始终保持稳定。

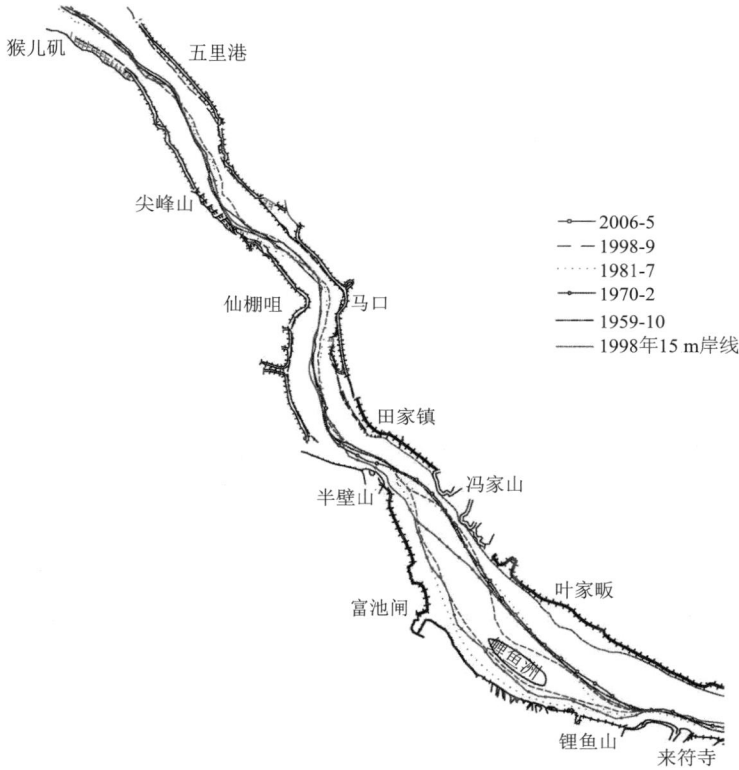

图 2.64　搁排矶—鲤鱼山河段深泓线年际变化图

如图 2.65 所示，搁排矶—鲤鱼山河段深泓纵剖面在 1981～2001 年淤积抬升或冲刷下切的幅度均非常小，基本保持稳定。考虑到搁排矶河段两岸沿线有猴儿矶、尖峰山、余家山、仙棚咀、牛关矶、半壁山、冯家山、象山等山体控制，形成了两岸抗冲性极强的边界条件，有力地限制了河道展宽，多年来深泓纵剖面也已基本下切至基岩或强抗冲性的河床部位，继续下切的幅度有限；沿线山体及较窄的河道断面控制了河道水位，使该河段同流量下水位基本不会发生大的改变，难以受到下游河道纵剖面调整的影响；下游水位降低时，半壁山和冯家山一对矶头形成卡口限制了上游水位的下降。综上所述，搁排矶河段起到阻止下游河势调整向上游传递的作用，因此是纵向阻隔性河段。

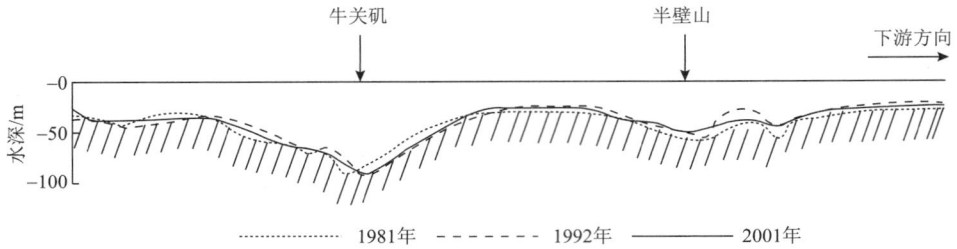

图 2.65　搁排矶—鲤鱼山河段深泓纵剖面变化图[44]

4. 湖口—大通河段

长江下游湖口—大通河段基本呈鹅头型汊道与单一微弯段交错分布的河床形态，两种河型宽窄相间，如同藕节形状。在鹅头型汊道的出口或者单一微弯段的出口，往往有单侧或对峙节点分布，这些节点有些起到挑流进而传递河势调整的作用，如 2.1.2 节提到的安庆河段的小闸口节点、官洲河段进口吉阳矶、东流的稠林矶[45]等，上游不同河势条件下节点的挑流强度不同，引起节点出流条件的差异，容易导致下游河段洲滩形态不稳定，频繁发生冲刷切割，形成跨河槽或窜沟，甚至发生主支汊易位，进而将上游河势调整向下游传递[16]。但研究中也发现一些节点，如小孤山和彭郎矶是马垱河段进口对峙节点，近期该河段河势较为稳定，与这对天然矶头的控制作用有直接关系[16]；由于马垱河段进口边界条件较为稳定，上游河势发生较大变化时，马垱河段河势变化微小[13]。余文畴[46]也认为，彭泽—小孤山、蚊矶—芜湖等单一衔接段，其两岸节点控制范围具有足够的长度，使上游汊道汇流后的水流经过强有力的约束，为下游河段提供了一个稳定的进口条件。特别是分汊水流在汇流后受到地质条件的约束以一定的曲率进入下游河段时，下游分汊河段的演变规律仅取决于自身的固有特性，而几乎不受上、下游河道的影响，从而使各汊道之间的演变具有独立性。但这种独立性又是相对的，由于节点调节作用的强弱差异，上、下两河段之间的演变既相对独立又有一定联系的特性，表现在下游河段变化对于上游河段的滞后性[46]。

研究认为，这种能够调整上游汊道汇流条件的单一微弯段，除了受双侧节点或抗冲性较强的边界条件限制而使深泓线无法大幅度平面摆动外，在纵剖面和分流比上也具有相应特征，使其利于约束主流摆动。左利钦等[13]通过水沙数学模型计算表明，马垱河段进口边界条件相对稳定，即便改变上游分流比，马垱河段的水流变化也甚小，从而基本不对马垱汊道泥沙冲淤产生影响，因此，马垱汊道演变受上游汊道的影响很小。再以太子矶进口过渡段（前江口—拦江矶段）为例[18]，上游安庆江心洲两汊在前江口汇合后，受左侧耐冲河岸及右岸凸入江中 600 m 的拦江矶等山体的钳制，枯水期江面几乎收缩一半，使入流段演变难以向下游方向发展，形成了窄深的卡口。1959～1981 年太子矶入流段各典型断面的深泓点高程始终为–26～–30 m，拦江矶附近最深点高程在–50 米左右，导致主流只能在有限范围内摆动，洪枯水期主流流向基本一致。实测资料也显示[18]，太子矶河段 1959～1988 年右汊分流比始终维持在 85%～90%，而前江口以上安庆河段江心洲左汊分流比由 1959 年的 39.12%增加至 2007 年的 59.6%，右汊分流比由 1959 年的

41.06%减少至 2007 年的 17.6%[47]；安庆江心洲段上游的官洲河段[14]中汉（东江）分流比由 1959 年的 92.6%降低为 1997 年的 64.5%，右汉（南夹江）分流比由 1959 年的 3.4%增加为 1997 年的 21.1%。

综上所述，如马垱河段上游的彭泽—小孤山段、太子矶河段上游的前江口—拦江矶段，受对峙节点、山岩或耐冲河岸等钳制作用，在河段尾部形成侵蚀基面较深的深坑，成为卡口控制水位，使其在上、下游汊道主支汊易位，汊道内部深泓纵剖面冲淤、阻力对比关系发生调整，或汊道进口处分流分沙形势变化时，本河段同流量下水位基本保持不变，不因上、下游纵剖面冲淤或水位升降而发生明显调整，进而在保证本河段深泓纵剖面基本稳定的同时，阻隔上、下游河势纵向调整后的传递作用，本书称这类河段为纵向阻隔性河段。

2.3　本 章 小 结

长江中下游河段的河势调整形式包括崩岸、边心滩大幅萎缩、深泓线大幅摆动、撇弯切滩、裁弯、主支汊易位、纵剖面冲淤等。本章系统总结了长江中下游河道中普遍存在的横向及纵向河势调整的传递或阻隔现象，并对横向及纵向河势调整发生后，相邻河段的传递或阻隔河势调整的成因进行了初步分析，进而为下文分析典型河段上、下游河段的河势调整时间、调整形式、调整周期个数，从而提炼河势调整的传递及阻隔要素，以及横向、纵向阻隔性河段具有的主要特征，乃至从更深层次上为揭示横向、纵向阻隔性河段作用机理奠定坚实基础。

参 考 文 献

[1] 潘庆燊. 长江中下游河道近 50 年变迁研究[J]. 长江科学院院报, 2001, 18（5）: 18-22.
[2] 路彩霞, 罗恒凯, 沈惠瀛. 长江中游石首河段整治方案研究[J]. 人民长江, 1998, 29（9）: 47-49.
[3] 余文畴. 长江中游下荆江蜿蜒型河道成因初步研究[J]. 长江科学院院报, 2006, 23（6）: 9-13.
[4] 李志威, 王兆印, 赵娜, 等. 弯曲河流斜槽裁弯模式与发育过程[J]. 水科学进展, 2013, 24（2）: 161-168.
[5] 钱宁, 张仁, 周志德. 河床演变学[M]. 北京: 科学出版社, 1987.
[6] 尹学良. 弯曲性河流形成原因及造床试验初步研究[J]. 地理学报, 1965（4）: 287-303.
[7] 唐金武, 由星莹, 侯卫国, 等. 长江下游马鞍山河段演变趋势分析[J]. 泥沙研究, 2015（1）: 30-35.
[8] 唐金武. 长江中下游河道演变及航道整治方法[D]. 武汉: 武汉大学, 2012.
[9] 中国科学院地理研究所, 长江水利水电科学研究院, 长江航道局规划设计研究所. 长江中下游河道特性及其演变[M]. 北京: 科学出版社, 1985.
[10] 由星莹, 唐金武, 张小峰, 等. 长江中下游阻隔性河段特征及成因初步研究[J]. 水利学报, 2016, 47（4）: 545-551.
[11] 刘万利, 李旺生, 朱玉德, 等. 长江中游戴家洲河段河床演变分析及趋势预测[J]. 水道港口, 2011, 32（4）: 259-263.

[12] 黄俊平, 冯绍辉, 谢振东. 长江湖口—彭泽段江岸的变化及其对防洪安全影响[J]. 地质灾害与环境保护, 2005, 16(4): 391-394.

[13] 左利钦, 陆永军. 节点对长江下游马当河段汊道演变影响的研究[J]. 长江科学院院报, 2014, 31(10): 72-79.

[14] 尹宜松. 长江河段安庆官洲段河势演变及整治措施[J]. 安徽水利科技, 2001(5): 43-44.

[15] 杨则东, 鹿献章, 褚进海, 等. 长江安庆段河道演变及塌岸分析[J]. 中国地质灾害与防治学报, 2005, 16(1): 61-63.

[16] 马海顺. 长江下游九江—安庆分汊河道的冲淤与治理[J]. 泥沙研究, 1991, 6(2): 74-78.

[17] 长江勘测规划设计研究有限责任公司, 长江科学院. 长江马鞍山河段江心洲调整为防洪保护区专题研究报告[R]. 武汉, 2012.

[18] 郑璎. 长江下游太子矶河段河床演变分析[C]// 长江水利委员会水文局. 长江中下游河床演变分析文集. 1992.

[19] 浦民. 太子矶水道航道整治工程效果初步分析[J]. 水运工程, 2001(10): 52-55.

[20] 武汉大学. 芦家河坡陡流急治理对策研究报告[R]. 2007.

[21] 夏细禾, 余文畴. 长江中下游干流河道的治理[J]. 水利水电技术, 2001, 32(9): 49-51.

[22] 殷瑞兰, 车子刚, 张细兵. 簰洲湾演变机理及预测[J]. 长江科学院院报, 2002, 19(5): 13-16.

[23] 董耀华, 汪秀丽. 密西西比河下游河道裁弯工程影响与近期演变分析[J]. 水利电力科技, 2005(3): 1-19.

[24] 王景章. 渭河下游仁义裁弯工程总结[J]. 人民黄河, 1983(3): 18-21.

[25] 田勇, 林秀芝, 王平, 等. 裁弯对河床调整的影响探讨[J]. 水资源与水工程学报, 2007, 18(1): 68-70.

[26] 谢鉴衡. 河床演变及整治[M]. 2版. 北京: 中国水利水电出版社, 1997.

[27] 樊万辉, 务新超, 李琦. 黄河下游大宫至王庵河段裁弯方案与效果分析[J]. 人民黄河, 2008, 30(7): 18-19.

[28] 黄祥茂. 曹娥江五甲渡裁弯通水后的运行状况[J]. 浙江水利水电学院学报, 2002, 14(2): 32-33.

[29] 林秀芝, 姜乃迁, 田勇. 黄河三门峡库区东垆湾裁弯对潼关高程影响的分析[J]. 水利水电技术, 2004, 35(8): 14-16.

[30] 刘自国, 翟和平. 黄河三门峡库区裁弯取直试验工程经受初步考验[C]// 黄河三门峡工程泥沙问题研讨会论文集. 2006.

[31] 长江重庆航运工程勘察设计院. 长江中游陆溪口水道航道整治工程可行性研究报告[R]. 2003.

[32] 长江航道规划设计研究院. 长江中游界牌河段航道整治二期工程可行性研究报告[R]. 2010.

[33] 长江重庆航运工程勘察设计院. 长江中游陆溪口水道航道整治工程初步设计报告[R]. 2003.

[34] 长江航道规划设计研究院. 长江中游罗湖洲水道航道整治工程可行性研究报告[R]. 2003.

[35] 长江航道规划设计研究院. 长江中游湖广-罗湖洲河段航道整治工程可行性研究报告[R]. 2011.

[36] 李义天, 唐金武, 朱玲玲, 等. 长江中下游河道演变与航道整治[M]. 北京: 中国水利水电出版社, 2012.

[37] 武汉大学. 长江中游罗湖洲河段航道整治工程技术后评估研究报告[R]. 2010.

[38] 长江航道规划设计研究院. 长江中游罗湖洲水道航道整治工程初步设计报告[R]. 2004.

[39] 余文畴. 长江河道探索与思考[M]. 北京: 中国水利水电出版社, 2017.

[40] 武汉大学. 芦家河治理及控制宜昌水位下降对策研究报告[R]. 2007.

[41] 交通部天津水运工程科学研究所. 长江中游嘉鱼~燕子窝河段航道整治工程可行性研究报告[R]. 2004.

[42] 长江航道规划设计研究院. 长江中游戴家洲河段航道整治工程可行性研究报告[R]. 2007.

[43] 长江航道规划设计研究院. 长江中游牯牛沙水道航道整治一期工程可行性研究报告[R]. 2008.

[44] ZHANG Q, SHI Y F, JIANG T, et al. Channel changes of the Makou-Tianjiazhen Reach during the past 40 years in the Middle Yangtze River[J]. Journal of Geographical Science, 2007, 62（1）: 62-71.

[45] 胡小亭. 长江东流河段河床演变分析及实施航道整治工程后对下游右岸的影响[J]. 水利建设与管理, 2007, 27（4）: 65-66.

[46] 余文畴. 长江下游分汊河道节点在河床演变中的作用[J]. 泥沙研究, 1987（4）: 12-21.

[47] 曾慧俊, 吕平. 长江下游安庆河段河道演变分析[J]. 中国水运（下半月）, 2015, 15（6）: 283-285.

第 3 章　阻隔性河段定义及特征

第 2 章系统总结了长江中下游河势调整过程中的传递和阻隔现象。不难发现,上(下)游河势调整是下(上)游河道演变的重要影响因素之一。事实上,当河段控制因素变化后,向上、下游河段的辐射作用随着时空差异而变化,变化幅度因河段属性不同而存在差异。对于自身横向、纵向稳定性较差的河段,传递作用表现得较为明显;但若上(下)游河势调整没有向下(上)游传递,则河段自身必然存在某种属性或要素中断了这种传递作用。因此,起到传递或阻隔作用的河段必然在河道形态或物质组成特征等方面,与其他河段存在根本性差异。

上述分析表明,与分汊河型相比,单一顺直型和单一弯曲型河道形态的稳定性较高,因此,能够阻止上游河势调整向下游传递的河段也必然为单一河槽的河段。本章首先在第 2 章基础上分析了长江中下游横向、纵向河势调整的传递及阻隔要素,明确阻隔性河段的定义;再从平面、横断面、纵剖面形态,河岸稳定性及河床抗冲性等角度分析阻隔性河段应具备的特征,从而加深对阻隔性河段的认识,为阻隔性河段成因及作用机理的分析奠定基础。

3.1　阻隔性河段定义及相关内容

3.1.1　横向河势调整的传递及阻隔要素

1. 横向河势调整的传递要素

当水沙与周界相互作用导致河道出现滩、槽形态的差异后,河床变形便开始受到上游主流摆动及其引发的河势调整的影响[1]。河势纵向上的关联性与主流平面位置的纵向传递有关,野外观测显示[2]:上湾主流上提,下湾随之上提;上湾主流下挫,下湾随之下挫,具有同步性。另外,主流线的横向摆动也呈波状,总表现为左、中、右循环交替的发展态势,使上游河势调整以一定形式作用于下游。

也有学者认为[3-4],一场大洪水漫过河漫滩,可导致全断面的河床形态发生剧烈调整,如滩槽平面位置互置、河漫滩的重塑或切割、汊道形成或衰亡等。这种河势调整是全流域性的,能够贯穿上、下游较长河段,起因是来水来沙条件的大幅度变异,而并非单纯的上游河势调整的传递作用。显然,本书所谓的河势调整传递作用并非指水沙条件变异引起的全流域性的河势调整。

首先,部分学者认为[5-6],同种河型应对同种水沙条件的动力响应机制是相同的,不同河型对同种水文条件的响应方式难以保持一致[7]。但根据第 2 章的分析,许多上、下游河段的河型并不相同,但其同期河势调整的趋向性却是一一对应的,虽然调整表现形式可能有所区别，但通常上游处于某种河势条件后，下游必然以某种固定的河势条件与其对应。例如，石头关河段的上游为顺直分汊型、下游为鹅头分汊型，湖广河段的上游为单一弯曲型、下游为鹅头分汊型，狭阳矶—吉阳矶河段的上游为顺直分汊型、下游为鹅头分汊型，虽然它们上、下游河型不同，但其下游河势条件随着上游河势调整而发生同步变化，且变化形式往往针对上游某一河势条件而固定。可见，河势调整传递作用并非指上、下游同种河型的河段应对水沙条件变化时同趋向性的变形，而是一种独立的河床演变影响因素。

其次，当上、下游水沙条件由于区间分汇流而发生显著变化后，河势调整传递作用依然可以导致上、下游河势调整具有相关性。例如，虽然武桥河段末端有汉江汇入，改变了上、下游河段的水沙条件，但上游白沙洲河段主汊的选择直接影响了下游天兴洲河段的主汊位置，即便天兴洲河段的水沙条件与白沙洲河段不同，但上、下游河势调整的一一对应关系仍然存在。

再如九江河段，鄱阳湖的汇流口八里江位于张家洲鹅头分汊段南港的出口，鄱阳湖的汇入使干流水沙条件发生大幅度改变，但这并没有削弱张家洲的河势调整对其下游——上、下三号洲河势调整的影响。如图 3.1 所示，1931 年后张家洲北港继续向弯曲方向发展，北港分流比开始减少，南港分流比增大；1936 年上、下三号洲河段的主泓开始从上三号洲南汊进入下三号洲北汊；1963 年张家洲北港弯曲下移减缓，从主汊变为支汊，同期上三号洲左汊进入萎缩阶段，下三号洲洲体也左冲右淤，逐渐向右岸并岸；1992 年张家洲北港分流比大幅度减小，主泓稳定于南港；1996 年上三号洲左汊淤塞，下三号洲右汊淤积萎缩[8]。可见，正是张家洲北港逐步淤积及南港分流比增大，导致了八里江口至包公山的过渡段主流左摆，包公山挑流作用减弱，才使下游河段深泓稳定于上、下三号洲之间。综合上述研究可见，河势调整传递作用是存在且独立的。

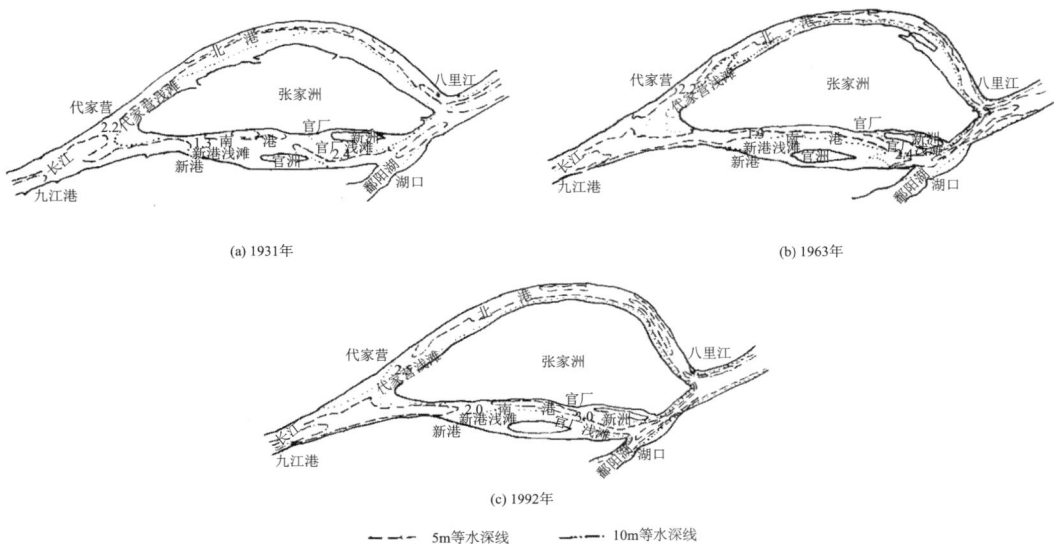

(a) 1931年

(b) 1963年

(c) 1992年

— · — 5m等水深线　　　— · — 10m等水深线

图 3.1　九江河段张家洲近几十年来河势变迁图[8]

在深入分析第 2 章中横向河势调整传递现象的基础上，根据影响因素的不同，可将横向传递要素主要分为以下几类：①以主流摆动与滩槽冲淤变形互动为主导的河床变形式；②以节点挑流引起的上、下游河段主流对应性摆动为主导的节点挑流式；③因河岸或江心洲滩抗冲性较差，大幅度崩岸或撇弯切滩引发主流摆动为主导的河岸崩塌式；④上述要素存在一种或多种的混合式。下面逐一分析各传递要素发挥作用的过程。

对于①，以周公堤—天星洲河段为例，受顺直放宽河型的特殊边界条件限制，河道内依次分布有九华寺边滩、戚家台边滩、周公堤心滩、新厂边滩、蛟子渊边滩、天星洲洲体等成型淤积体，随着年际主流过渡段大幅度上提下移，上述边心滩也呈现出"冲刷切割→串沟生成→滩头冲刷后退→滩尾淤积下延→与下游滩体合并"的往复性变形趋势；由于发展空间受限，部分滩体淤积的同时必然伴随另一部分滩体冲刷，进而引起主流往复摆动，各滩体此冲彼淤。螺山—界牌河段也存在类似现象。

对于②，以白沙洲—罗湖洲河段为例，由于河段两岸顺次分布有龟山、蛇山、阳逻矶、白浒山、猴儿矶、赵家矶、中观矶、泥矶等挑流节点，当上游河势调整后，河段进口主流与节点的相对位置关系、主流走向与节点的夹角均发生变化，节点挑流作用强度随之变化，进而改变节点出流的位置及走向，从而将上游河势调整以"来流摆动→节点调节→出流摆动"的模式传递至下游。上述河段当主泓位于白沙洲左汊时，龟山挑流作用较强，主流进入天兴洲右汊；阳逻矶挑流作用增强，出流顶冲白浒山致其挑流作用较强，湖广河段主流居中，罗湖洲进口矶头群挑流作用较弱，主流从罗湖洲中汊移至右汊。芜裕河段陈家洲汊道—马鞍山河段也遵循类似调整规律。

对于③，以石首—碾子湾河段为例，茅林口至古长堤河岸剧烈崩塌，使深泓线大幅度左移，导致石首河段向家洲发生撇弯切滩，出流顶冲北门口一带，再转向至碾子湾河段的鱼尾洲—寡妇夹一带，主流顶冲之处，河岸无不剧烈崩塌。可见河岸剧烈崩塌可能引起主流摆动，主流顶冲点的上提或下移反过来引发更长河段的撇弯切滩、崩岸等现象。因此，崩岸也是河势调整的主要传递要素之一。南京河段的新济洲汊道—梅子洲汊道也存在类似现象。

对于④，以新堤—陆溪口河段为例，该河段河势调整的传递要素包含河床变形式、节点挑流式两种，属于混合要素引起的传递现象。石头关河段主流平面位置与左岸腰口边滩、右岸白沙洲边滩的部位及形态存在相互制约、相互影响的关系；而两岸边滩的冲淤消长，又引起赤壁山挑流作用的强弱变化，进而导致下游陆溪口河段的主流摆动甚至主支汊易位。湖广河段也存在类似现象。南京河段八卦洲汊道—龙潭河段则综合了节点挑流式、河岸崩塌式、河床变形式三种传递要素，正是进口下关节点挑流作用增强，八卦洲凹岸持续强烈崩塌，导致了左汊出流走向与右汊的交汇角越来越大，引起龙潭弯道右摆及尾部河型的转化。可见，混合式传递要素也在长江中下游河势调整的传递现象中广泛存在。

2. 横向河势调整的阻隔要素

上文将横向河势调整的传递要素分为河床变形式、节点挑流式、河岸崩塌式和混合式 4 种。显然，在横向河势调整的阻隔现象中不应该存在上述任何一种传递要素，否则根据上述分析成果，必将会引起相应河势调整并向下游方向传递。

因此，具有阻隔横向河势调整传递功能的河段，河道宽度应较窄，使主流横向摆动及滩槽变形的空间受到限制，从而减小主流过渡段上提下移或左右摆动的幅度，减弱各成型淤积体之间冲淤变形的幅度，床沙质抗冲性较强而流动性较弱，有利于塑造稳定的滩槽形态和主流流路，从而排除河势调整传递要素中的河床变形式要素；河道中上部不应该存在起挑流作用的节点，避免因来流条件或上游河势变化，节点挑流强度发生变化，导致节点出流方向多变，这样也阻断了长河段在沿程分布多个节点时，各节点针对某一进口河势而有规律地定向调整出流方向的反应，从而避免长河段受上游河势调整的影响而长期陷于连锁反应的状态，这也就排除了传递要素中的节点挑流式要素；河道两岸应具备较强的天然抗冲性，或者通过抛石护岸、钢筋石笼、人工矶头等守护工程加强其河道边界条件，从而当主流贴近或顶冲岸线时，岸线不会大幅度崩退，河道不会大规模展宽，弯道凹岸也不会持续性弯曲下移，这也就排除了传递要素中的河岸崩塌式要素；阻隔性河段也不应同时具有弯曲率较大和抗冲性薄弱的凸岸边滩或弯颈，一旦同时兼有两者，弯道主流很容易撇开凹岸深槽，趋直切割凸岸边滩，或者随着上、下弯道过渡段内侧岸线的不断崩退，遇大水年直接冲开弯颈而裁弯取直，这两种河床变形都将显著增加河道坡降，引起河势剧烈调整，这也就排除了传递要素中的混合式要素。

综上所述，具有阻隔河势调整传递的河段，一旦具有一种或兼有几种河势调整传递要素，必然能够将上游河势调整传递下去，进而失去阻隔功能。这也为下文探讨阻隔性河段特征提供了较为清晰的思路。

3.1.2　纵向河势调整的传递及阻隔要素

1. 纵向河势调整的传递要素

在深入分析第 2 章中纵向河势调整传递现象的基础上，根据影响因素的不同，可将纵向河势调整的传递要素主要分为以下部分：①河床无基岩或床沙抗冲性较差，无法抵抗下游侵蚀基面下降、水位降低、流速增大引起的冲刷下切，以此为主导的河床冲刷式；②河段沿程或出口缺乏由山体基岩、突出的胶泥嘴或连续的耐冲阶地等对峙形成的天然卡口，无法形成壅水来避免下游河床下切、水位下降的影响，以此为主导的卡口缺失式；③由河道裁弯、微弯或鹅头型汊道段的主支汊易位、大规模的撇弯切滩或堵汊工程等引起的主流流路长度显著变化、纵比降剧烈调整，以此为主导的比降骤变式。下面逐一分析各传递要素作用发挥的过程。

对于①，以芦家河河段毛家花屋—姚港河段为例，由第 2 章的分析知，在毛家花屋—火箭闸河段附近河床横断面的卵石层面平均高程约为 33.0 m，最高点高程达 35.0 m，形成了抗冲性较强、河床较高、宽度较窄的区段。当下游昌门溪水位显著下降后，姚港以下河段水位基本与昌门溪保持同步下降，而姚港—倒挂金钩石河段的降幅则自下而上递减，至毛家场附近水位降低已不明显，即经过姚港—倒挂金钩石河段的缓冲作用，下游的水位下降基本不对上游产生明显影响。从沿程纵剖面来看，这一区段是深泓突然下降的转折点；从沿程过水面积来看，该位置是阻止上、下游河势连通的控制性瓶颈区，形成较大的水位落差。因此，毛家花屋—姚港河段在下游水位下降过程中，显示了很强的稳定性，是对水位具有关键控制作用的河段。

相反，在芦家河河段以上或以下的长河段，广泛存在着由出口侵蚀基面下降导致的上游河床沿程纵向冲刷的河势调整传递现象。在芦家河河段上游，陈二口站水位一定程度上对宜昌站水位起着控制基准的作用；陈二口水位下降导致宜昌—陈二口河段的侵蚀基准面降低，宜昌—陈二口河段的冲刷量与宜昌水位降幅之间存在正相关的关系。在芦家河河段以下，下游沙质河床冲刷及水位下降会在上游砂卵石河段的末端形成明显的溯源冲刷与水位下降；马家店站至沙市站的水位基本保持同幅度平行下降；三峡蓄水至2007年沙市枯水位已下降0.6～0.7 m，沙市上游的陈家湾站、大埠街站、马家店站等水文站已陆续出现不同程度的水位下降。

对于②，以搁排矶河段为例，该河段两岸山体矶头林立，形成较长的耐冲性较强的连续岸线，使搁排矶河段全线以窄深型卡口断面为主，从而严格限制了河段出口水位下降的影响；当下游河道由于河势变迁引起纵剖面调整，导致下游进口段水位下跌，纵向、横向水面比降发生调整，进而使本河段侵蚀基面条件改变时，连续的窄深型卡口断面对水位下跌的限制作用，使本段纵剖面不发生大幅度冲刷，阻隔下游河势调整向上游的传递。类似现象在马垱河段上游的彭泽—小孤山过渡段、太子矶河段上游的前江口—拦江矶过渡段也显著存在，过渡段出口对峙节点形成的卡口控制段，使河道纵剖面调整，不会向更长河段传递。

对于③，以界牌—陆溪口河段、湖广—罗湖洲河段、沙洲—戴家洲河段为例，上述河段下半段均为鹅头型或弯曲型汊道，当这类汊道由鹅头汊（圆港）移位至直汊（直港）后，流路缩短，各汊道纵剖面形态及阻力对比关系发生调整，汊道口门处横比降发生变化，影响分流分沙比的调整，或者仅是陆溪口新洲、东槽洲或戴家洲新洲等洲头切割出窜沟、倒套延伸、洲头切割出心滩导致洲头横比降发生变化后，上游河道不同流路侵蚀基面发生变化，导致各汊道纵比降在重新调整水沙分配发生变化，进而造成上游汊道主支汊易位或汊内边心滩的切割合并等。再以碾子湾—塔市驿河段为例，碾子湾、中洲子、沙滩子等弯道裁弯后，河长骤然缩短，引河内水流功率和冲刷强度骤然增大，使引河出口以下河道平面形态发生侧向凸起，河道通过坐弯的方式来增加河长，以消耗多余水流能量。因此河道裁弯也是促使河势调整传递的主要要素之一。上车湾和尺八口裁弯后，下游引河出口的平面形态也出现类似侧凸现象。

2. 纵向河势调整的阻隔要素

上面将纵向河势调整的传递要素分为河床冲刷式、卡口缺失式、比降骤变式三种。显然，在纵向河势调整的阻隔现象中不应该存在上述任何一种传递要素，否则根据上述分析成果，必将会引起相应河势调整并向上游方向的传递。

因此，具有阻隔纵向河势调整传递功能的河段，河床物质组成的抗冲性较强，从而有效限制河床纵向下切引起的剧烈河势调整，尤其当下游沙质河段发生大幅度冲刷，引起本河段出口侵蚀基面下降时，本河段床底由于有强抗冲性的基岩、砂卵石或粗砂出露，在深泓纵剖面表现为稳定的上凸段，成为控制水位下跌的瓶颈区域，避免遭到溯源冲刷；河段出口有对峙分布的山体矶头、凸入江中的胶泥嘴、多年沉积的黏性土阶地等节点形成的卡口壅水，或者河段两岸全线分布有多处钳制性节点，形成连续的窄深型（水深较大、河宽较小）卡口断面，使下游河道冲刷下切、水位下降后，本河段水位不随之明显降落，水面纵比降及河床纵剖面不发生显著调整，进而阻止下游河势调整向上游的传递。这类河段由于节点缩窄了河道断面，在节点附近往往形成冲刷坑，在纵剖面上表现为突然凹折下陷的深坑，深泓纵比降较大；本河段滩槽格局稳定，不易发生冲淤变形。

当下游河道发生裁弯取直，或曲率较大的河湾内时，主流切割宽广的凸岸边滩形成直流路；或下游鹅头型汊道圆港易位至直港，或过于弯曲汊道的江心洲洲头窜沟水流贯通，切割出心滩，导致主流易位至新中港等，使主流流路长度显著缩短，各汊道纵剖面形态及阻力的对比关系显著变化、水面纵比降重新调整，汊道进口水面横比降也发生改变时，本河段岸线及高大江心洲体构成稳定的边界条件，保持河段内洲滩、深槽形态不变，相应部位未发生显著冲刷或淤积；一些深泓高程较高的浅滩部位和一些抗冲性较强的边心滩也有效抑制了枯水期水位下降、纵剖面的下切，从而使不同河床部位处纵比降的改变被局限在上、下游衔接段范围内，而无法继续向上游传递。

综上所述，能够阻隔河势调整传递的河段，一旦具有一种或兼有几种纵向河势调整传递要素，必然能将下游纵向河势调整传递至上游，进而失去阻隔功能。阻隔性河段在纵向上只有同时具备上述几项阻隔要素，才可能具备阻隔特性。

3.1.3　阻隔性河段定义

综合上述分析，并非所有的河势调整均会一直向下游传递，存在部分河段，其上、下游河势调整的发生时间、调整形式及成因、调整周期个数并不相关。纵、横向河势调整未能向上、下游传递[6,9]并非是由上、下游的水沙条件差异或河型不同引起的。大多数相邻河道具有同种水沙条件，但部分河道上、下游河势调整不相关；反过来，对于有支流入汇改变水沙过程的河道，仍然存在上、下游河势调整传递的现象。可见同种水沙条件不一定导致上、下游河势同步调整，而不同的水沙条件也可能导致同步调整，这说明水沙条件不是河势调整传递的必要原因，相应地，河势调整传递或阻隔也并非由水沙条件相同或不同造成。对于上、下游河型相同的河段而言，如调关河段、砖桥河段、前江口—拦江矶河段等，由于上、下游之间由阻隔性河段连接，上、下游河势调整并不同步。反过来，对于上、下游河型不同的河段而言，如阳逻河段、湖广河段等，由于上、下游之间由非阻隔性河段连接，上、下游河势调整仍然具有一一对应性。可见，河型相同不一定发生同种河势调整，河型不同的上、下游河势调整也可能具有对应性，这说明河型相同并不是河势调整传递的必要原因，相应地，河势调整被阻隔也并非由上、下游河型不同造成。综上所述，阻隔性河段作用是除水沙条件及河型条件之外的河势调整影响因素。

对横向河势调整的传递效应而言，当上游河势调整给下游河段进口提供了一个初始扰动时，经部分河段调节后，扰动被放大，进而引发下游更长河段的河势调整；然而经另一部分河段调节后，扰动被削弱或消失，进而有利于保持下游河段河势稳定。

可见，并非所有的河势调整均会一直向下游传递，存在部分河段，只要没有人为干扰破坏其边界条件，河道就可以靠自身较强的抗干扰能力，不仅可以在水沙条件变化后维持自身输沙平衡，而且在上游河势调整发生后，也能够维持自身主流平面位置及滩槽形态的稳定，使上游河势调整对该河段下游的河道演变基本没有影响，从而阻隔了上游横向河势调整向下游的传递，本书将这类河段定义为横向阻隔性河段。简言之，阻隔性河段能够在上游河势调整后依然维持自身河势稳定，为下游河段提供稳定的入流条件。

对纵向河势调整的传递效应而言，当下游河势调整导致下游进口局部水位下跌，不同河床部位的纵比降的强弱关系发生转化，进口水面横比降也发生调整时，本河段出口侵蚀基面条件随之发生改变；溯源冲刷可能引起本河段乃至上游更长河段深泓纵剖面的冲刷、水位的下降；不同河床部位纵比降的调整，也可能引起上游更长范围内的主支汊易位、撇弯切滩、裁湾等剧烈的河势调整现象。但同理，这种纵向河势调整也可能被局限于有限区域内。存在部分河段，一方面河床物质组成抗冲性较强，当下游河道纵剖面显著冲刷下切，或发生裁弯取直、鹅头汊易位至直汊等主流流路长度显著缩短、比降骤增的现象时，仍能够保证本河段深泓纵剖面没有大幅度下切，不同河床部位的纵比降也没有相应的重新调整；另一方面在河段出口存在对峙节点，形成窄深型的卡口断面，或者河段沿程两岸分布多处耐冲节点，能够有效壅高本河段出口水位，抑制下游溯源冲刷导致的水位下跌。当下游河道纵剖面剧烈冲刷、本河段侵蚀基面显著下降时，本河段出口水位没有同时降落，从而保证本河段水面纵比降没有显著增大，进而阻止下游河段纵向河势调整向上游的传递，本书将这类河段定义为纵向阻隔性河段。

阻隔性河段的特殊属性对科学治理河道、维持长河段河势稳定意义重大。由于河道自身边界条件稳定，本河段能够将上游干扰的影响予以减弱或基本消除。显而易见，维护已有阻隔性河段特征，保持阻隔性河段长期存在，或是在不具有阻隔性的长河段中塑造出阻隔性效果，可代替部分维持河势稳定所必需的人为控导工程，也将大大减少下游河道的整治工程布置，减轻整治工程量，在阻隔上游河势调整向下游传递的同时，避免实施人为河势控导工程，从而避免破坏河道天然动力演变过程，减少给水环境、水生态等带来的不利影响。

为系统研究长江中下游单一河段上、下游河势调整的对应性，下面从上、下游河势调整的发生年份、调整形式、周期个数等方面展开对比。若上、下游河势调整周期个数不一致，发生年份及调整形式也不一致，则可认为上、下游河势调整完全不对应，中间单一河段为阻隔性河段；若上、下游河势调整周期个数不一致，但部分调整起始时间接近，或者上、下游有一方的河势条件始终稳定或变形趋势单一，在一定转化条件下，上、下游可能会同步发生河势调整或呈现同步变形趋势，可认为上、下游河势调整是基本不对应的，中间河段为阻隔性河段向非阻隔性河段转化的过渡型河段。

若上、下游演变周期个数一致，调整年份也对应，即便调整形式不同，也可认为上、下游河势调整对应，中间河段为非阻隔性河段；若上、下游调整周期个数一致，但部分演变现象的发生时间存在延迟或提前的情况，或者存在上、下游有一方发生调整而另一方河势保持稳定的年份，则说明中间河段存在某种阻隔性控制要素使上游河势调整没有立刻、全部地传递至下游，可认为上、下游河势调整基本对应，中间河段为非阻隔性河段向阻隔性河段转化的过渡型河段。

如表 3.1 和图 3.2 所示，在长江中下游 34 个单一河段中，共有 14.81% 的河段上、下游河势调整完全不对应，初步认为中间河段起到阻隔上游河势调整向下游传递的作用；18.52% 的河段上、下游河势调整基本不对应，初步认为中间河段为阻隔性河段向非阻隔性河段转化的过渡型河段；37.04% 的河段上、下游河势调整基本对应，初步认为中间河段为非阻隔性河段向阻隔性河段转化的过渡型河段；29.63% 的河段上、下游河势调整对应性较好，初步认为是非阻隔性河段。

表 3.1　长江中下游各单一河段上、下游河势调整的对应情况汇总表

区域	编号	河段名称	河段长度/km	距离宜昌里程/km	上游河势调整			下游河势调整			对应程度
					调整年份	调整形式	周期个数	调整年份	调整形式	周期个数	
沙市—城陵矶	1	斗湖堤河段	9.9	175	1950、2000、2002、	马家咀主支汊易位	1	1960、1979、1980、1986	周公堤过渡段周期性上提下移	2	基本不对应
	2	石首河段	8	234	1965、1977、1981、1994、1997	藕池口心滩左右槽易位	2	1974、1976、1994、1997	碾子湾过渡段上提下移	2	基本对应
	3	碾子湾河段	15	242	1994	向家洲撇弯切滩	1	1994～2000	河口岸线剧烈崩退	1	对应
	4	河口河段	7	257	1972	沙滩子裁弯	1	1973	引河出口由西凸转为东凸	1	基本对应
	5	调关河段	13	264	1973	张智垸、三合垸剧烈崩岸	1	—	河势稳定	—	基本不对应
	6	莱家铺河段	12	277	1967	中洲子裁弯	1	1968	引河出口右移、崩岸	1	基本对应
	7	塔市驿河段	14	289	1968	中洲子裁弯后崩岸	1	1931、1971、1989	监利主支汊易位，鹅头型变形	3	不对应
	8	大马洲河段	10.5	330	1980、1986、1999	监利右汊内主流上提下移	1	1980、1985、1997	大马洲过渡段上提下移	1	对应
	9	砖桥河段	9	338	—	大马洲过渡段上提下移	1	1969	上车湾裁弯后保持稳定	—	基本不对应
	10	铁铺河段	12	347	1973、1997、2003	铁铺过渡段上提下移	1	1973、1997、2003	反咀深泓沿凹岸下行后撇弯切滩	1	对应
	11	反咀河段	6.5	356	—	反咀深泓沿凹岸下行后撇弯切滩	1	1931	熊家洲裁弯后保持稳定	—	基本不对应

区域	编号	河段名称	河段长度/km	距离宜昌里程/km	上游河势调整			下游河势调整			对应程度
					调整年份	调整形式	周期个数	调整年份	调整形式	周期个数	
沙市—城陵矶	12	七弓岭河段	7.8	380	1985、2003、2006	尺八口深泓贴凹岸下行后撇弯切滩	1	1985、2003	八仙洲深泓贴凹岸下行，之后撇弯切滩	1	基本对应
城陵矶—汉口	13	螺山河段	11	419	1961、1974、1995、2005	交错边滩往复性上提下移	2	1961、1974、1995、2005	界牌主流上过渡→中过渡→下过渡	2	对应
	14	石头关河段	9	456	1971、1983、1992、1998	新堤汊道主支汊易位	2	1971、1981、1987、1998	陆溪口过渡段在新中港、中港、直港之间易位	2	基本对应
	15	龙口河段	9.6	483	1935、1959、1971、1983、2006	陆溪口鹅头型河段周期性演变	4	1933、1980	嘉鱼河段左汊内部左右槽易位	2	基本不对应
	16	汉金关河段	10.9	519	1970、1981、1990	燕子窝心滩左汊左右槽易位	3	—	簰洲湾河势稳定	—	不对应
	17	簰洲湾河段	15	542	—	汉金关河势稳定	—	—	水洪口河势稳定	—	基本对应
	18	沌口河段	12	610	1953、1959	金口汊道主支汊易位	1	1953、1959	白沙洲主支汊易位	1	对应
汉口—湖口	19	武桥河段	7	628	—	深泓左右摆动，白沙洲汊道易位	1	1953、1959	天兴洲主支汊易位	1	对应
	20	阳逻河段	15	658	—	天兴洲主支汊易位	1	1953、1960	伴随深泓摆动，牧鹅洲边滩切割合并	—	基本对应
	21	湖广河段	10	679	1932、1965、1980、1992	湖广河段深泓左右摆动	2	1932、1965、1971、1981、1992、1998	罗湖洲主支汊易位	3	基本对应
	22	巴河河段	9.4	723	1958、1966、2003	德胜洲主支汊易位，深泓左右摆动	1	1958、1966、2002	戴家洲主支汊易位	1	对应
	23	黄石河段	20	753	—	戴家洲主支汊易位	1	1970	牯牛沙深泓逐渐右移	—	不对应
	24	牯牛沙河段	17	773	—	牯牛沙深泓逐渐右移	—	—	河势稳定	—	基本对应

续表

区域	编号	河段名称	河段长度/km	距离宜昌里程/km	上游河势调整			下游河势调整			对应程度
					调整年份	调整形式	周期个数	调整年份	调整形式	周期个数	
汉口—湖口	25	搁排矶河段	14	802	—	深泓始终稳定于蕲春潜洲左汊	—	1972、1990、2008	鲤鱼山主支汊易位	1	不对应
	26	武穴河段	13.5	830	—	同右上	1	1970、1988、2001	龙坪新洲主支汊易位	1	对应
	27	九江河段	22	853	1950、1970、1999	鳊鱼滩主支汊易位	1	1950、1970、1990	张家洲南北港易位	1	基本对应
湖口—大通	28	上下三号洲—马垱河段	6	938	1955、1986、1996	上三号洲左汊及下三号洲右汊均萎缩并岸	1	1955、1969、1985、1995	随着心滩合并消失，马垱各汊冲刷	—	不对应
	29	马垱—东流河段	8	972	—	随着心滩合并消失，马垱各汊冲刷	—	1950、1975、1995	东流棉花洲东港、西港交替易位	1	基本不对应
	30	东流—官洲河段	7.4	995	—	东流棉花洲东港、西港交替易位	—	1951、1976、1988	官洲清节洲东港、西港交替易位	1	基本对应
	31	官洲—安庆河段	13	1023	—	官洲清节洲东港、西港交替易位	—	1955、1977、1990	安庆江心洲东港、西港交替易位，伴随崩岸	1	基本对应
	32	安庆—太子矶河段	8.4	1054	—	安庆江心洲东港、西港交替易位，伴随崩岸	—	1975、1980、1998	太子矶铁铜洲深泓从西港移位至东港	0.5	不对应
	33	太子矶—贵池河段	10.5	1078	—	太子矶铁铜洲深泓从西港移位至东港	—	1975、1979、1998	贵池凤凰洲北港、中港、南港间易位	1	对应
	34	大通河段	15.2	1101	—	贵池凤凰洲北港、中港、南港间易位	—	1976、1980、1998	铜陵成德洲左汊内深泓上提下移	1	对应

注：—表示该河段演变不具有周期性，不存在周期个数

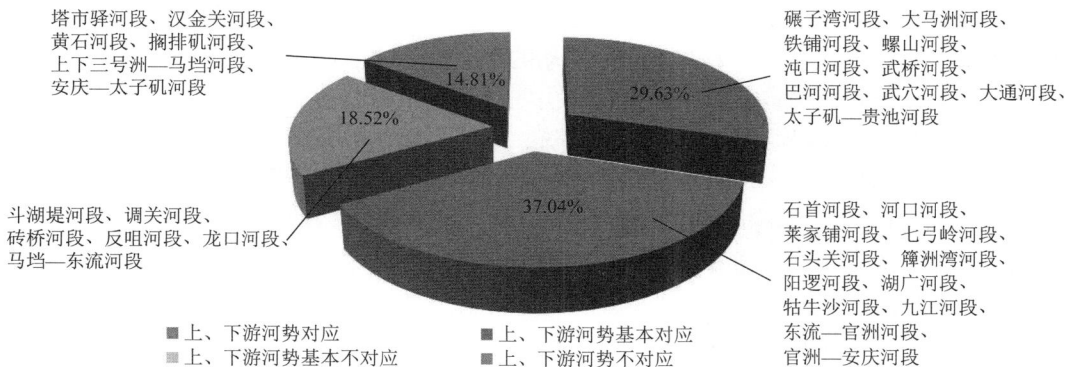

图 3.2 长江中下游 34 个单一河段上、下游河势调整的对应性

3.2　阻隔性河段特征

　　第 3.1 节分析了河势调整的传递及阻隔要素,某个河段只要具有任一传递要素,该河段必然无法阻止河势调整向下游传递;某个河段若具有阻隔性,必然满足所有阻隔要素而不具有传递要素中的任何一个。可见,3.1 节提出的河势调整阻隔要素为分析阻隔性河段特征奠定了良好基础。钱宁等[9-10]认为河床及河岸的物质组成对河型转化有重要作用。Schumm 等[11]的经典水槽试验表明,河道纵比降、河岸抗冲能力、来沙中悬移质与床沙质的比例对河道形态有关键作用。Orlowski 等[12]则认为河道弯曲度、纵比降、断面宽深比、过水面积、河岸物质组成、床沙来量及粗细等均是影响河型转化的因素。因此,下面分平面形态、横断面形态、纵剖面形态、河岸稳定性、河床抗冲性等几个方面,来对比分析阻隔性河段与非阻隔性河段的异同,进而剖析阻隔性河段的特征。

3.2.1　平面形态特征

　　钱宁等[10]认为顺直型河道两岸物质组成很细,仅有犬牙交错边滩向下游移动,河道稳定性最高;但事实上,对于限制型或深切型河湾而言,弯道蠕动作用较弱,可能具有更强的稳定性,因此本节首先对河湾曲率半径对河段阻隔性的影响展开探讨。此外,长江中下游河道节点众多,许多节点处于衔接上、下游河段的关键卡口部位,它们对河势调整是否向下游传递也具有重要作用,因而下文也对节点挑流作用机理展开深入分析。

　　1. 河湾曲率半径的影响

　　长江中下游单一河段中,铁铺河段、螺山河段、沌口河段、武桥河段、巴河河段、大通河段等 6 个河段为明显的长顺直型。虽然在外形上保持河身顺直,但由于水流动力轴线(沿程各断面最大垂线平均流速位置的连接线)难以在长距离内保持直线[8],主流流路依然弯曲,两岸有犬牙交错边滩分布,在边滩突出于河岸处迫使水流转向并产生环流,引起水流动力轴线发生弯曲,边滩发生坍塌或淤长;又因河道外形保持顺直,环流的强度和旋度整体偏弱,河道顺直外形难以与曲率较大的水流动力轴线相互适应,导致交错边滩往复地发生冲淤变形,主流过渡段也随之大幅度地上提下移[8]。因此,顺直型平面形态难以形成能够有效约束主流摆动的阻隔性河段。

　　另外,对于自由河湾而言,水面存在由凹岸指向凸岸的横比降,促使弯道横向环流的产生,与纵向水流结合在一起形成螺旋流,不断将泥沙由凹岸搬运至凸岸,促使弯道整体向下游方向蠕动,水流动力轴线仍然摆幅较大;但对于边界受到钳制的限制性河湾而言,不同流量及河势条件下的水流都送入湾内,使主流线弯曲半径近似等于河湾曲率半径。例如,对调关、塔市驿、反咀等河段而言,河湾出流方向因入流方向不同或流量不同而改变的幅度可以限制在较小范围内[8],使弯道具有良好的导流作用。因此,限制性弯道有利于约束主流摆动而形成阻隔性河段。

　　根据近期长江中下游河道 1∶10 000 的平面地形图,量取 34 个单一河段的河湾曲率半径、节点位置,见表 3.2。分析表明,只有单一微弯河段可能具有阻隔性,而单一顺直河型难以具有阻隔性，可见单一微弯的平面形态是阻隔性河段的重要特征之一。

2. 节点附近绕流流态及挑流机理

1）丁坝附近绕流流态

丁坝突出于河道岸线，增大了局部水流阻力。当水流行近丁坝时，受丁坝阻挡产生壅水作用的影响，行进流速降低并向河心方向偏转，纵比降减小并出现短距离的逆坡，水流接近丁坝断面（图 3.3 I-I 断面）时，流速加大，纵比降也加大。绕过丁坝后，丁坝所在断面流速分布发生剧烈变化——节点头部流速为 0，向外江侧流速迅速增加并达到最大值，然后再逐渐减小；水流绕过丁坝后，在惯性力驱使下，发生主流线分离及水流收缩现象，形成收缩断面（图 3.3 II-II 断面），水位降低至最低值，此时流线平行，同时流速和动能达到最大；再向下游水流逐渐扩散，动能减少而位能增大，水位恢复至天然状态，至 A 点时，水流的压缩程度等于丁坝断面，称 A 点处的断面为扩散断面（图 3.3 III-III 断面）。

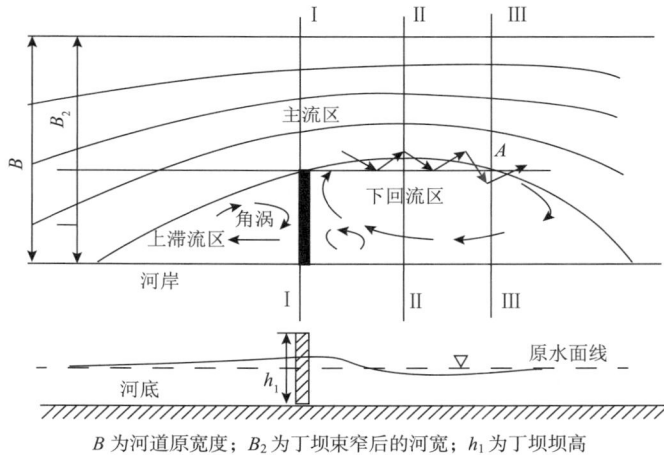

B 为河道原宽度；B_2 为丁坝束窄后的河宽；h_1 为丁坝坝高

图 3.3 丁坝头部的分离漩涡及其诱导流速[13]

丁坝突然压缩河道断面，使丁坝上游水流与河岸脱离并产生角涡，形成上滞流区；通过平面转向绕过丁坝的水流与下游受丁坝屏蔽的水流之间存在流速梯度，产生切应力，致使主流能携带一部分副流下泄，根据流体连续性，近岸水流向河心方向补充，形成下回流区；回流区中不平衡的压力分布及流速梯度的存在，导致丁坝边壁与河岸之间形成近底螺旋流[14-15]。

2）节点挑流作用机理分析

节点挑流作用机理近似于丁坝。对于形态规则的节点而言，其迎流面各个部位与来流呈近似相同夹角；但对于不规则的天然河道节点而言，迎流面并非平面，而是节点上、下游根部弯曲度最大，节点头部基本与水流平行，这使节点与水流的交角沿程呈"角度较大→逐渐减小→角度为 0→逐渐增大→角度最大"的变化趋势。但考虑到长江中下游的河道宽度远大于节点尺度，因此本书取节点迎流面与来流的主流方向的平均夹角作为节点入流角。

　　节点挑流作用主要体现在两方面：一方面，上游河势或流量级变化后，入流的主流方向发生变化，导致节点入流角度变化，根据作用力与反作用力的关系，节点出流的主流方向也将发生变化，以此表示节点挑流幅度；另一方面，节点挑流影响范围内的水体动量、节点对河宽的束窄程度及节点物质组成的抗冲性决定了改变方向的水体所携带的能量，进而决定了节点出流中发生转向的水体的惯性，在向下游输移过程中的持续时间及影响距离，以此表示节点挑流强度。

　　根据以往研究成果[13, 16]，丁坝长度越大，流速越大，导致纵向流速增加的影响距离越远，主流线偏转幅度越大。横向流速随与坝头距离的增加而减小，横向流速分布曲线中存在明显转折点，转折点与坝头之间存在诱导流速，但变化率逐渐减小；在转折点以外，诱导流速及变化率均趋于 0。从而可以通过计算确定诱导流速变化率趋近于 0 的位置，将其作为节点对横断面流速分布的影响范围。

　　综上所述，对节点挑流机理的研究思路如下：①根据节点上游实测流速资料，连接主流线并量取其与节点迎流面平均切线方向的夹角 θ，根据作用力与反作用力的关系，近似认为节点挑流角度为 2θ；②统计节点物质组成的岩性，计算节点抗冲性系数 η；③节点挑流导致节点头部附近水体产生诱导速度，使节点断面流速分布重新分配，分析水流流态并计算漩涡诱导流速，从而获得挑流作用下的合成流速；④判断节点影响范围，此范围内水体均参加了水流流向的偏转，沿水流方向取单位河长的水体作为研究对象，确定节点影响宽度，根据节点所在断面地形计算该影响宽度范围内的过水面积，从而获得参与偏转的水体质量，将上述因子代入式（3.1）中，则节点挑流引起的偏转水体的变形位能（本书称为节点挑流能）可表示为

$$W = \sum_{i=1}^{n} \frac{1}{2} P_i \varDelta = \sum_{i=1}^{n} \frac{1}{2} F_i R_i 2\theta = \sum_{i=1}^{n} \frac{m_i v_i}{g} R_i \theta = \sum_{i=1}^{n} \left(\frac{m_i V_{\theta 1 i}}{g} \right)^{\eta} R_i \theta \qquad （3.1）$$

式中：W 为因节点挑流而贮藏于水流内部的变形位能；将偏转水体分为若干流线层，每个流线层字母代表含义如下：P 为广义力偶；$\varDelta$ 为广义角位移；F 为水流受各节点挑流的作用力，分为挑流影响下的水体质量和合成流速、节点抗冲性系数几个部分；R 为力偶臂，考虑到节点挑流导致其所在断面的各流线层的水体围绕节点根部发生偏转，其中，节点头部处流线偏转的力偶臂恰为节点在垂直于来流方向上的投影长度 L_D，因此 B 至 L_D 范围内的流线偏转的力偶臂应为流线所在位置到节点根部的距离；$V_{\theta 1}$ 为各点考虑节点挑流影响下的合成流速，被节点阻挡的水体漩涡流速可忽略不计；m 为节点所在断面 $B - L_D$ 范围内受节点挑流影响的水体质量，$m_i = \rho b_i h_i$，b_i 为相邻两点之间的间距，h_i 为相邻两点之间的平均水深，沿水流方向取单位河长；θ 为来流与节点迎流面平均切线的夹角，$\varDelta = 2\theta$；η 为节点抗冲性系数，采用组成节点的山体岩石或护岸块石的抗侵蚀系数来表示。

　　根据以往对丁坝的实验观测和理论分析成果[13-14,17]，如图 3.4 所示，参照丁坝坝头水流边界层分离产生竖轴漩涡和它引起的丁坝过水断面主流区诱导流速分布情况，根据流体力学斯托克斯定律，得到丁坝所在断面的距离漩涡中心为 r 处的漩涡诱导流速为

$$U = \frac{D}{2r}V_{\theta 1 \max} \qquad\qquad (3.2)$$

式中：U 为漩涡诱导流速；D 为丁坝头部中心线分离区宽度；r 为漩涡中心到节点过水断面某点距离；$V_{\theta 1}$ 为丁坝过水断面到涡心距离 r 处的合成流速。根据丁坝坝头漩涡尺度和强度的试验资料分析成果[15]，坝头中心线分离区宽度可表示为

$$D = 0.14 \mathrm{e}^{-3\left(\frac{L_D}{B}\right)} \cdot L_D \qquad\qquad (3.3)$$

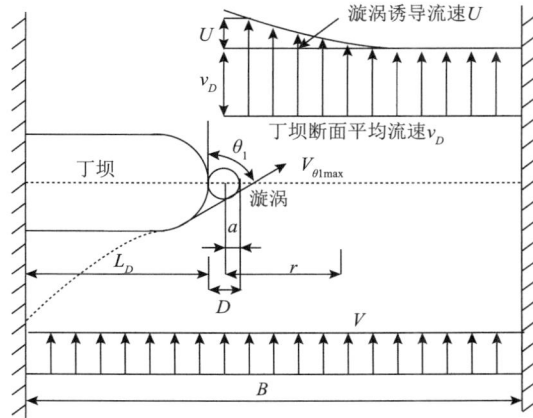

图 3.4　丁坝漩涡诱导流速对断面流速分布的影响[13,16]

坝头最大绕流流速可表示为

$$V_{\theta 1 \max} = 1.05 \mathrm{e}^{1.97\left(\frac{L_D}{B}\right)} \cdot V \qquad\qquad (3.4)$$

式中：$V_{\theta 1 \max}$ 为坝头最大绕流流速；L_D 为丁坝阻水长度（以垂直流向计投影长度）；B 为天然河槽宽度；V 为河槽天然断面平均流速。

因此，在丁坝坝长 L_D 以外至河宽 B 范围内，各点合成流速 $V_{\theta 1}$ 可表示为

$$V_{\theta 1} = V_D + U \qquad\qquad (3.5)$$

式中：V_D 为丁坝断面平均流速。

由于长江节点突出于岸线长度远小于河道宽度，节点阻水长度 L_D 范围内流速变化可忽略。根据以上公式计算长江中下游典型河段，在不同流量级下，节点挑流前后的断面流速分布变化情况，如图 3.5 所示。

上述各典型河段的节点相对突出长度、坝头最大绕流流速、漩涡诱导流速、节点相对影响宽度、节点挑流能等指标随着流量增加的变化情况如图 3.6 所示。

从图 3.5 和图 3.6 可见，对同一节点而言，越靠近节点头部的流线，受漩涡影响的漩涡诱导流速 U 越大，挑流前后合成流速的变化越明显；对同一流量下的不同节点而言，

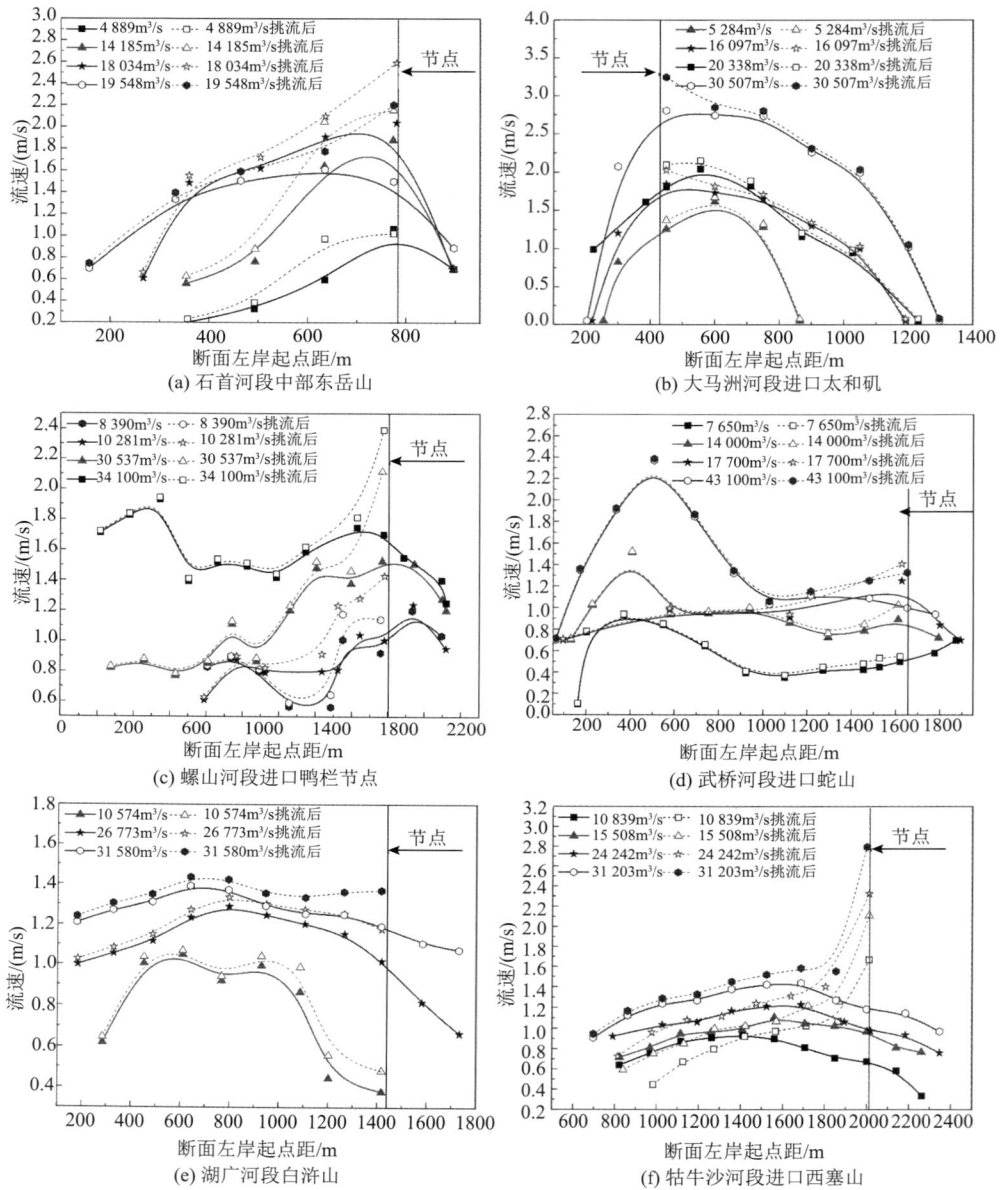

图 3.5　典型河段节点挑流前后断面流速分布变化图

节点长度相对于河宽越大，节点抗冲性越强，则坝头最大绕流流速 $V_{\theta 1 \max}$ 越大，产生的 U 越大，节点对所在断面的相对影响宽度 R_b/B 越大，越多的水体参与流向偏转，即节点挑流强度越大；上游来流主流线与节点迎流面的法向切线的夹角越大，节点导致的出流偏转角度越大，即节点挑流幅度越大；对于不同流量下的同一节点而言，流量级越大，节点相对突出长度有所减小，但节点所在断面各处的天然流速越大，导致 $V_{\theta 1 \max}$ 和 U 越大，节点挑流强度及相对影响宽度 R_b/B 越大。综上所述，图 3.6 揭示了节点挑流导致主流线发生偏转的作用机理，即中上部存在节点的河段对流量变化及上游河势调整导致的主流平面位置及方向的变化均较为敏感，因此难以长期维持阻隔性特征。

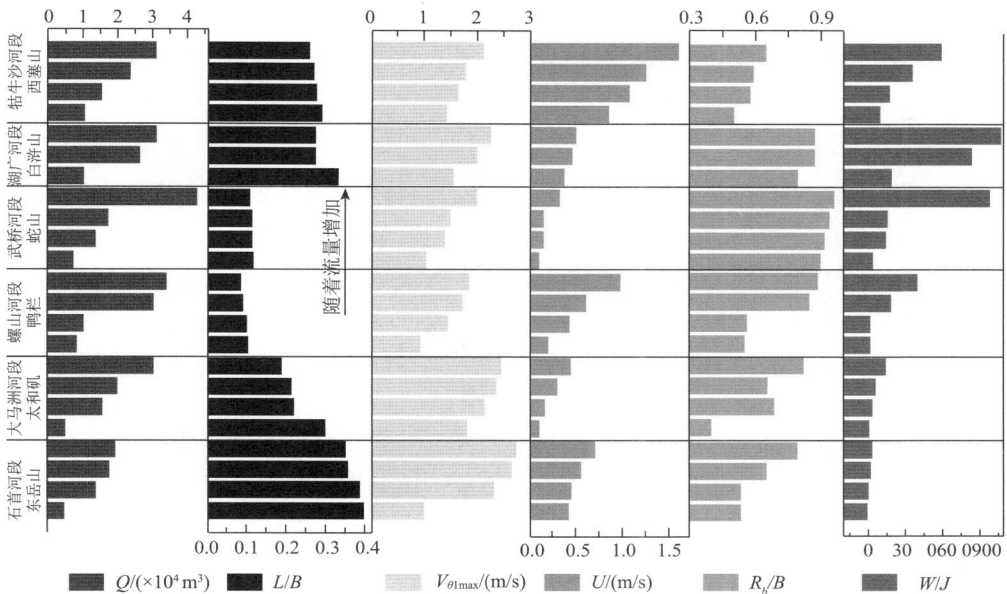

图 3.6 节点挑流作用机理分析图

大量室内水槽实验表明[18-19]，丁坝对下游河道的纵向影响长度为 8～10 倍丁坝坝长。然而，在天然河道演变中，节点对下游河势调整的影响往往包含几个河段，甚至长达数十千米。分析认为，一方面下游河道的连锁变形与节点引起的偏转水体转向惯性有关，一旦节点出流方向发生调整，主流摆动将引起下游边滩的消长及主流过渡段的上提下挫，致使更长范围内的滩槽发生趋势性调整，也可能导致节点对岸岸线发生大幅度崩退，导致下游主流平面位置发生大幅度调整等，可见诸多因素可能放大节点对出流的转向作用；另一方面，当长河段连续分布有多个交错节点时，进口节点的初始挑流作用可能被持续地规律性地向下游传递并放大。

3. 节点对河势的传递及阻隔效应

长江中下游节点主要由突出于岸线的天然矶头、山岩或胶泥嘴组成，可以是基岩或砾石层，也可以是黏土层阶地，还有少部分是人工建筑物。以往研究表明，长江中下游河道节点对河势的影响主要包括：一方面节点具有较强的抗冲能力，能够遏制岸线崩退[10]，有利于缩窄河槽宽度，减小主流摆动幅度，限制河势演变[2]，如顺直分汊的共轭节点犹如两端受固定的弦一样，横向展宽幅度受制于节点纵距及节点间两岸地质地貌条件[20]；另一方面，节点能够把入流主流线的平面位置和方向等特征，遵循一定规律传导至节点出流主流线的相应特征上[1,21]，使下游河势以特定的某种演变趋势为主长时间存在[2]，当上游河湾蠕动时，节点以下的河湾随之蠕动，本书称为节点挑流的传递作用[22]。节点发挥控导作用的河段往往为阻隔性河段，而节点发挥挑流作用的河段往往为非阻隔性河段。

1）节点控导作用

节点对河段的控导作用主要体现在对河道平面摆动的约束上。根据中国科学院地理研究所对长江不同河型弯道及其他 10 条弯曲河流资料的整理结果[20]，多年平均流量越大的河道，节点纵距 L 越大，两者经验关系式可表示为

$$L = 0.465Q^{0.4}$$

（3.6）

在一系列弯道的连续组合过程中，方向相反、互相衔接的河湾必然需要一个有回旋余地的空间，形成天然的曲流带宽度 B_M（河湾实际摆幅）。按照力学定律，两端固定的弦其振幅受到两个端点间距的制约，间距越长，振幅越大。因此节点控制作用下，也会存在一个受上、下游节点控制作用影响的河道最大摆幅 B_M，可表示为

$$B_M = 0.1L^{1.45}$$

（3.7）

将河湾曲流带实际宽度与受节点纵距影响计算出的河道最大摆幅建立相关关系，如图 3.7（a）所示，从图中可以发现，两者基本成正比，说明节点纵距是河湾摆动幅度的重要影响因素之一；但两者相关系数仅为 0.66，这也说明河湾摆幅还受控制节点以外的其他因素的影响。

如图 3.7（b）所示，对于长江中下游连续河湾而言，两个控制节点之间可能包含多个弯道，节点纵距大于河湾长度，分布较为稀疏，河湾实际摆幅也较大；考虑到下荆江曾发生裁弯，碾子湾、河口、莱家铺等河湾曲流带宽度也较大。此时若河湾曲流带实际宽度大于节点纵距影响下河道最大摆幅，两者差值为正值，河湾可能脱离节点作用而继续摆动，不具有阻隔性。但有些河湾曲流带实际宽度小于节点纵距影响下河道最大摆幅，两者差值为负值，则河湾在摆动过程中，本质上没有摆脱相邻节点的控导作用，实际摆幅仍可以被限制在一定范围内，因而河势相对稳定，可能具有阻隔性。

当节点纵距较小，排列较为密集，与河湾长度相当时，对河湾摆动的控制作用较强，此时节点控制下的河道最大摆幅通常较小。此时两岸节点若呈对峙分布，多形成顺直河型和顺直分汊河型；若呈交错分布，多形成微弯分汊河型和鹅头分汊河型，显然，上述河型节点多发挥挑流作用，均与天然水流动力轴线适应性较差，难以长期约束主流摆动。虽然河湾曲流带实际宽度较小，但节点控制下的曲流带摆动宽度更小，两者差值

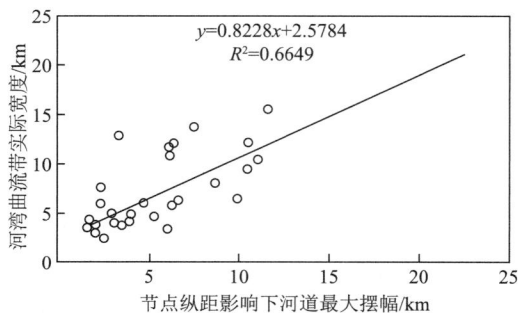

(a) 曲流带实际宽度与计算的最大摆幅相关关系

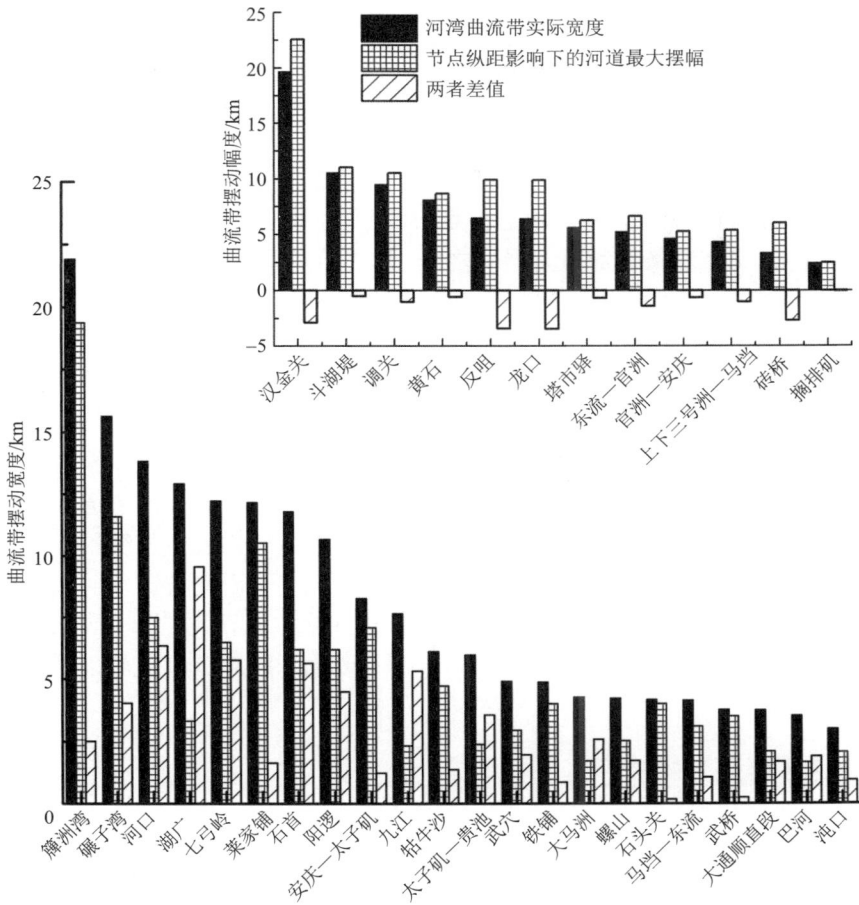

(b) 沿程各河段实际与计算的曲流带摆动宽度

图 3.7　与节点纵距影响下计算的河道最大摆幅与河湾曲率带实际宽度的关系

为正值，使实际河湾脱离节点控制，通常不具有阻隔性。

大量研究也证实[20-21, 23]，当节点分布于河段尾部时，通常具有导流作用，能够阻隔上游河势调整向下游传递，使下游河道演变具有独立性或滞后性。例如，罗湖洲鹅头型汉道多年来河势变化剧烈，但受出口西河铺阶地及胶泥嘴的控制作用，下游左岸黄州边滩始终为常年淤积部位[22]，主泓多年来稳定于德胜州右汉；再如彭泽—小孤山、蛟矶—芜湖等单一衔接段，出口分布节点且河道存在一定弯曲率，导致这些河段的下游演变规律始终仅取决于自身的固有属性而几乎不受上游河势变化影响[23]。

2）节点挑流作用

当单侧节点分布于河段中上部时，将破坏本河段平面、断面形态的连续性，引起水流动力轴线弯曲半径大小的突变；上游河势调整后，随着入流动力轴线的角度与节点贴靠程度发生变化，节点挑流强度变化，导致出流动力轴线方向大幅度改变[20, 22]。在 34 个研究河段中，除去 3.2.1 节河湾曲率半径较长的 6 个长顺直河段，剩余 28 个河段中，由于东岳山、阳逻矶、白浒山、西塞山、狗头矶、吉阳矶、小闸口等节点分别位于石首河段、阳逻河段、湖广河段、牯牛沙河段、武穴河段、东流—官洲河段、官洲—安庆河段等的中上部，上游河势调整后，节点挑流强度变化，致使出流动力轴线方向的改变程度明显不同，进而导致这些河段将上游河势调整向下游传递。可见，阻隔性河段中上部不应具有起挑流作用的单侧节点。

长江中下游也存在大量对峙节点分布于河段中上部，作为抗冲性较强的河道边界，对峙节点有利于限制河宽，控制河道总体走向[10,20]。但由于对峙节点挑流强度不同，一旦上游河势变化，节点交替挑流且有强弱之分，加之节点下游河岸地质组成也存在差异，控制性差的岸线可能发生崩退，将引起本河段主流摆动及河势调整。例如，杨林矶、龙头山对峙分布于螺山河段进口，由于两节点挑流强度不同[24]，龙头山以下主流摆动频繁，加之下游界牌河段河岸抗冲性差、河道放宽，主流摆动幅度进一步加大[25]，不具有阻隔性；再例如，龟山、蛇山节点对峙分布于武桥河段进口，也有类似特征。但也有些对峙节点河段的河势相对稳定，如白螺矶、道人矶对峙分布于南阳洲河段，纱帽山、铁板矶对峙分布于铁板洲河段，其稳定成因在于上游的观音洲弯道、煤炭洲弯道的河势长期保持稳定，从而为下游提供了稳定的入流平面位置，使对峙节点挑流强度始终变化不大，因此其稳定性依赖于上游河势，一旦人为或自然因素改变上游河势，本河段河势也将随之调整。可见，对峙节点河段由于两节点挑流强度不同[23]及节点下游地质地貌条件的差异[20, 24-25]，难以在上游河势变化后，仍维持窄深型断面来约束主流摆动，因而不具有阻隔性。

3.2.2　横断面形态特征

1. 断面形态的影响

河相关系能够描述所在河段来水来沙条件与河床地质条件相适应的均衡水力几何状态。许多学者在输沙接近平衡的天然河道或可以自由发展的人工渠道上进行观测，在形态因素与水力泥沙因素中寻求经验关系，取得了一系列经验性成果[27]。格鲁什科夫提出用宽深关系式 $\zeta = \sqrt{B}/h$（ζ 为河相关系，B 为平均河宽，h 为平均水深）来描述河相关系，该式反映出天然河流随着河道尺度或流量的增大，河宽增加远较水深增加快的一般性规律，符合长江中下游河道特征，因此，下面以其为衡量指标来研究横断面特征对河段阻隔性的影响。

从我国的黄河和永定河、南亚的布拉马普特拉河（Brahmaputra River）、美国的杰拉河（Gila River）等的情况来看[10]，有控制物约束的窄深河段限制了主流流向变化，在河道演变中起到挟持点的作用，从而制约了上、下游的河势调整；事实上，3.2.1 节中分析的节点对河势调整的控导作用也正是取决于节点能够塑造出窄深型断面以钳制河道的平面摆幅。研究认为，只有河床展宽到一定宽度才会发生水流动力轴线的变迁、堆积和分汊[20]。当流量增大时，冲积河流弯道的弯曲半径及弯道长度也相应增大，必然需要一个有回旋余地的空间，这就形成了曲流带，通常称主槽的摆幅，与流量存在对应关系[27]。河谷宽度决定了曲流带的宽窄和河床平面变形幅度，该值越大，意味着主槽有充分的摆动余地。

通常而言，洪水河宽（曲流带宽度）越大的河道，河岸可动性往往越大，断面形态越宽浅,为主槽提供的横向摆动余地也越大。这类河段往往有宽广河漫滩发育[28],当主流漫上河漫滩后,由于河宽骤然增加,河相系数显著增大[29],为主流提供了充足的摆动空间;主流回落于深槽后,河相系数又骤然减小。因此,随着水位涨落,主流摆动幅度及河相系数变幅均较大,从而难以形成约束主流摆动的阻隔性河段;此时,若上游河势调整,势必引起本河段的主流摆动,进而将河势调整向下游传递。

根据 2011 年长江中下游河道实测地形资料,在 34 个单一河段中,以 2 km 为间距选取典型断面进行研究,代表横断面如图 3.8 所示,统计各典型断面在不同流量级下的河相系数,并计算各流量级下的河相系数平均值。为明显起见,将相对窄深的断面的深泓绘制于图中分界线左侧,其他断面的深泓绘制于分界线右侧。可见,位于分界线左侧的斗湖堤河段、调关河段、塔市驿河段、砖桥河段、反咀河段、龙口河段、汉金关河段、黄石河段、搁排矶河段、上下三号洲—马垱河段、马垱—东流河段、安庆—太子矶河段12 个代表断面为窄深型,不同流量下的平均河相系数 ζ 小于 4,随着流量增加,河道宽度增加较少而水深增加较多,有利于维持主流线的平面位置基本不变,从而阻隔上游河势调整向下游传递。除河型顺直、有节点的河段外,剩余 21 个河段中,碾子湾河段、大马洲河段、石头关河段、太子矶—贵池河段等河道断面为宽浅型,不同流量下平均河相系数 ζ 大于 4 而不具有阻隔性。可见,ζ 小于 4 也是阻隔性河段的重要特征之一。

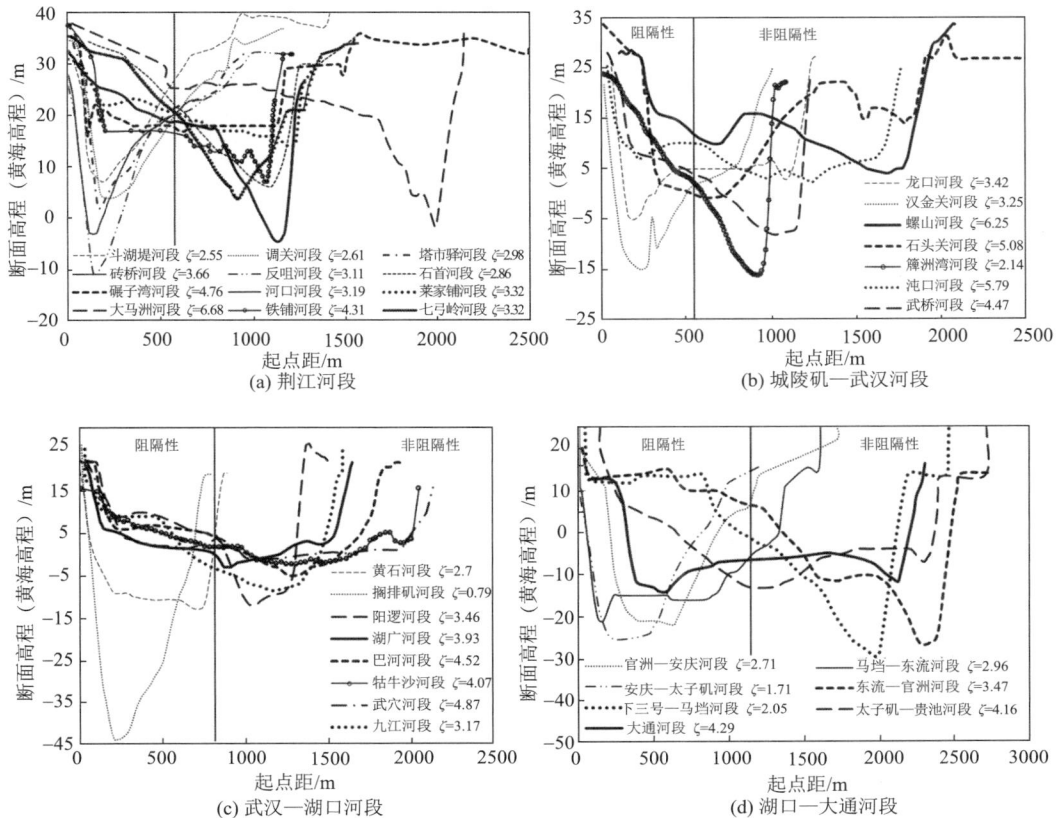

图 3.8   长江中下游单一河段的代表横断面

2. 河段内部各断面河相系数的沿程变化规律

考虑到同一河段的不同断面的河槽形态之间也可能存在显著差异，特定断面的河槽形态难以代表整个河段的平均河槽形态特征[30]，而河段阻隔性的发挥需要通过一系列连续的具有约束主流摆动能力的断面来实现。从这一角度而言，阻隔性断面应具有两方面特征：一是，断面形态单一且窄深，不同水位下平均河相系数始终小于某一值，从而排除部分断面随着水位上涨而河相系数骤然变大、河道突然扩宽、主流摆动空间突然增大的现象；二是，窄深型断面形态必须能够维持足够长的距离，仅有局部范围内的断面窄深是不够的，主流线尚未有效集中之前即进入下游宽浅断面，从而难以充分归顺上游不同方向的来流，突然失去约束的主流线更易发生摆动。

图 3.9 绘制了以斗湖堤河段和碾子湾河段为代表的阻隔性河段与非阻隔性河段沿程各断面形态及河相系数随水位的变化情况。其中，斗湖堤河段沿程各断面形态变化不大，均为偏"V"形河道断面，由于随着水位抬高，水深的增加幅度较河宽的平方根增加幅度更大，各个断面的河相系数均呈减小趋势，当水位在 17 m 以下时，各断面河相系数有所不同；当水位超过 17 m 后，沿程各个断面的河相系数基本保持不变，说明当水位升高后，各断面对主流摆动的约束能力仍然较强，从而有利于形成阻隔性河段；碾子湾河段沿程各断面形态变化较大，部分断面呈相对宽浅的"U"形，虽然随着水位抬高，各个断面的河相系数均呈减小的趋势，但不难发现，当水位在 17~27 m 时，诸多断面的河相系数仍然较大且不断变化，使该水位区间内河道边界对主流摆动的约束能力仍然较低，难以有效制约主流摆动，可能成为该河段约束主流摆动的薄弱环节。

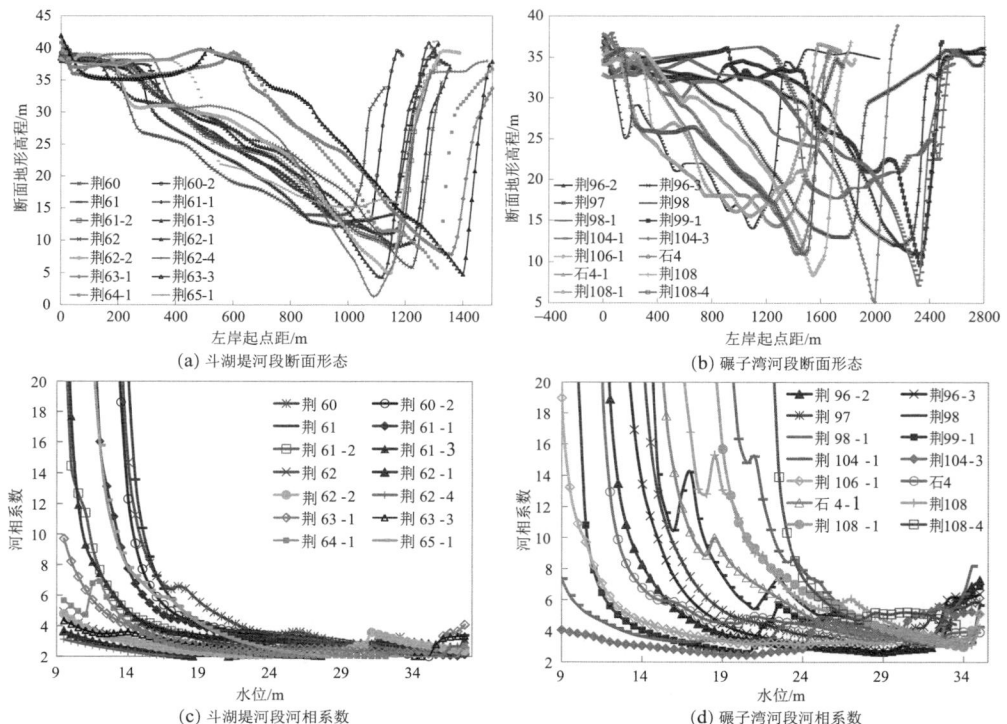

图 3.9　斗湖堤河段与碾子湾河段断面形态及河相系数随水位变化的曲线

　　更进一步，下面采用数理统计方法分析河段内部沿程各断面河相系数的变化情况对河段阻隔性的影响。从图 3.8 来看，阻隔性河段与非阻隔性河段的河相系数临界值平均约为 4，因此以 4 为数学期望，计算河段内部各个断面在不同水位条件下的河相系数标准差：

$$\sigma = \sqrt{\frac{1}{N}\sum_{i=1}^{N}\left(x_i - \mu\right)^2} \qquad (3.8)$$

式中：N 为断面个数；x_i 为每个断面的河相系数；μ 为河相系数期望值。

　　首先，某断面的河相系数标准差能够反映该断面在不同水位条件下的离散程度，从而判断河段内部是否可能存在特殊断面，其河相系数随水位上升而骤然增大，进而可能引起主流的剧烈摆动；其次，统计各个河段的平均河相系数小于 4 的连续长度，从而找出形成阻隔性河段所必需的窄深型断面的最小临界连续长度，进而从这两方面来衡量河段内部沿程各断面的河相系数在不同水位下的波动情况对阻隔性的影响。

　　图 3.10 绘制了沙市—城陵矶河段、城陵矶—汉口河段、汉口—湖口河段中，各典型河段沿程各断面的河相系数标准差的变化情况。以碾子湾为代表的非阻隔性河段的河相系数标准差存在大于 15 的断面的河段绘制于图的上半部，以斗湖堤为代表的阻隔性河段

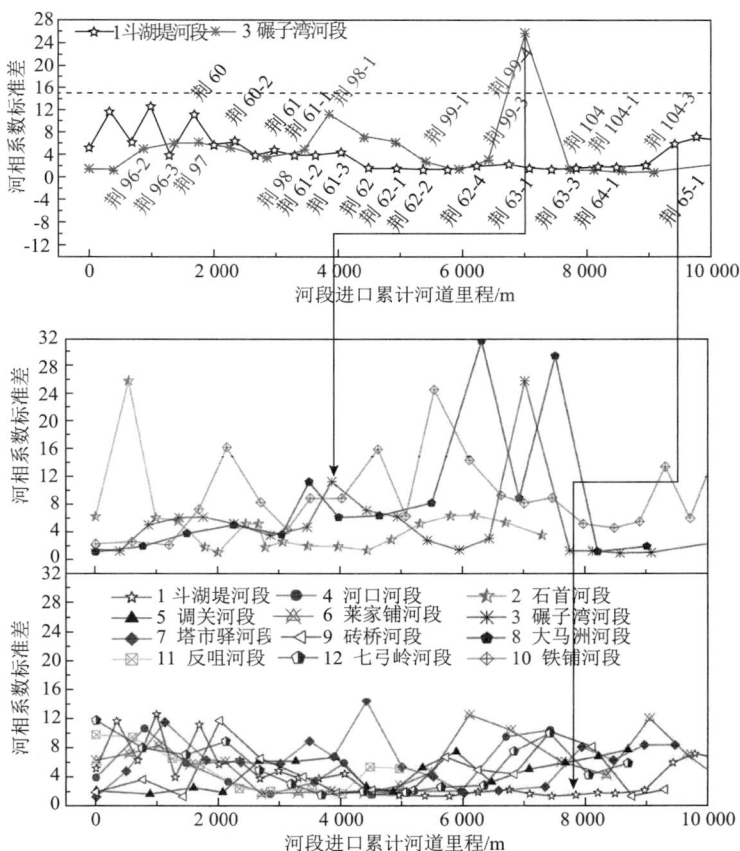

(a) 沙市—城陵矶曲型河段河相系数标准差沿程变化情况

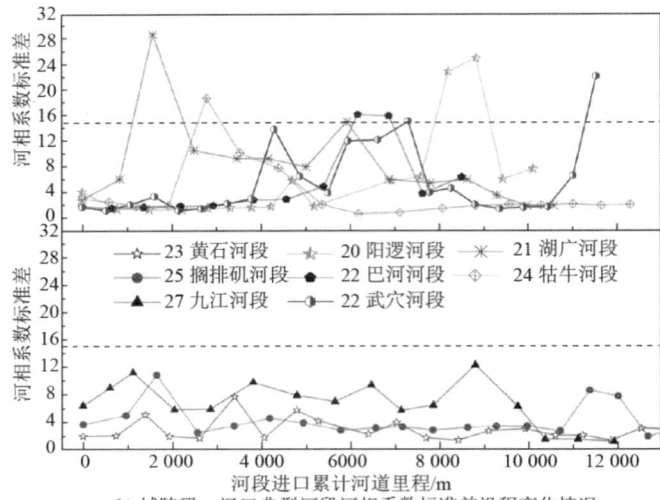

(b) 城陵矶—汉口典型河段河相系数标准差沿程变化情况

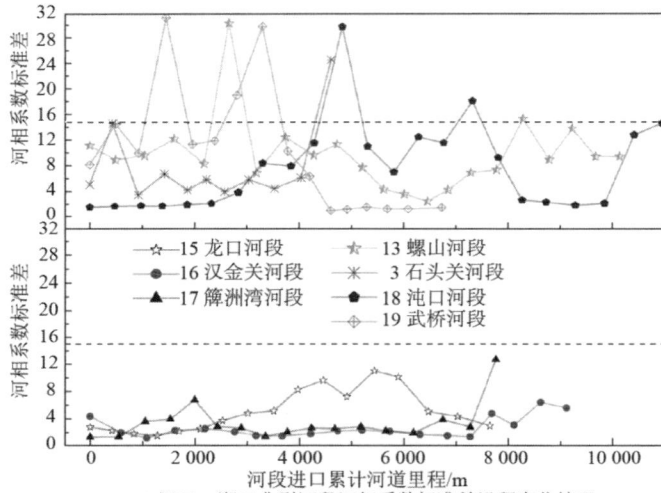

(c) 汉口—湖口典型河段河相系数标准差沿程变化情况

图 3.10 长江中游典型单一河段沿程各断面的河相系数标准差

的河相系数标准差均小于 15 的河段绘制于图的下半部。从斗湖堤河段与碾子湾河段的对比情况来看，斗湖堤河段从进口至出口始终为偏 "V" 形断面，单一且窄深；而碾子湾河段部分接近弯顶的断面为偏 "V" 形，两个弯道之间的长过渡段为 "U" 形断面，河槽底部宽且平缓，槽口众多而无明显深槽，水深也较浅。如图 3.10 所示，沿程来看斗湖堤河段的河相系数标准差均小于 15，仅有进口、出口部分断面因河底高程较高，在低水位时出现较大的河相系数标准差，但仍小于 15；而碾子湾河段大部分断面的河床高程较高，断面形态宽浅，过渡段中部的荆 99-4 断面的河相系数标准差大于 15，且荆 98-1 断面的河相系数标准差也较大。

从图 3.10 中可见，石首河段、碾子湾河段、大马洲河段、铁铺河段、螺山河段、石头关河段、沌口河段、武桥河段、阳逻河段、湖广河段、巴河河段、武穴河段的河相系数的标准差存在大于 15 的断面，且其河相系数均大于 4,初步认为其具有非阻隔性特征；

剩余河段沿程各断面的河相系数的标准差均不存在大于 15 的断面,且其河相系数均小于4,初步认为其具有阻隔性特征。

图 3.11 绘制了长江中游各单一河段的平均河相系数及 $\zeta < 4$ 的连续河长。从图中可以看出,石首河段、碾子湾河段、大马洲河段、铁铺河段、螺山河段、石头关河段、沌口河段、武桥河段、阳逻河段、湖广河段、巴河河段、武穴河段等的河相系数小于 4 的断面平均连续长度为 2 160 m,最大连续长度为 3 020 m。而斗湖堤河段、调关河段、塔市驿河段、砖桥河段、反咀河段、龙口河段、汉金关河段、黄石河段、搁排矶河段等的河相系数小于 4 的断面平均连续长度为 6 780 m,最小连续长度为 3 256 m。可见,若形成阻隔性河段以有效约束主流线摆动,需要河相系数小于 4 的断面的连续长度至少达到 3 200 m。

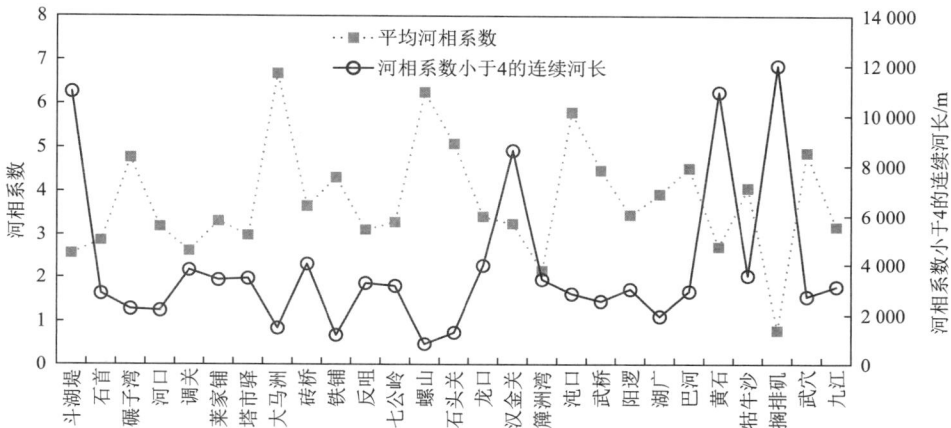

图 3.11　长江中游各单一河段平均河相系数及 $\zeta < 4$ 的连续河长

3.2.3　纵剖面形态特征

从第 2 章中横向、纵向河势调整的传递及阻隔现象来看,冲积性平原河流的平面形态与纵剖面形态之间关系密切。通常当深泓高程急剧下降时,河道平面上变窄,多为单一河型;当深泓高程升高时,河道平面上变宽,则可能出现分汊河型。分汊河型的横断面及深泓纵剖面多为马鞍形,汊道深泓高程较高。由于分汊河段床面复杂,糙率较大,本身对长河段的阻力影响较大,同时分汊河段因河床堆积物较多,在来流清水下泄过程中,其冲刷调整往往更为明显,更容易对整体河段形态产生影响,因此具有纵向阻隔性的河段均为单一窄深河段。

相应地,对河势具有控制性作用的河段也主要包含两类[31],第一类是河段尾部深泓点较低且较为稳定的河段,称为平面卡口段或平面节点段,第二类是深泓点较高且深泓位置也较为稳定的河段,称为纵向卡口段或纵向节点段。这两类控制性卡口河段具有不同的演变特点,当下游纵向河势调整后,两类河段阻隔河势调整传递的方式也有显著区别:平面卡口具有较大的阻水比,对主流平面摆动的控制作用较强;同时能够壅高本河段水位,限制水位随下游水位降落而下跌,进而阻止发生大幅度冲淤调整。纵向卡口床沙质抗冲性较强,河床多为砂卵石,可冲性较小,稳定性较高,当下游水位降落后保证本河段不发生显著冲刷；即便无法形成抗冲覆盖层或可动粗化层，其较粗的颗粒粒径会导致糙率加大和输沙率降低，配合比降调平作用，也可有效遏制冲刷。

下面着重从长江中游各单一河段的平面卡口、纵向卡口的角度，分析阻隔性河段应具有的纵剖面特征。

1. 长江中游深泓纵剖面总体特点

如图3.12所示，陈二口—碾子湾河段中，深泓沿程变化呈凸凹不平的锯齿状，其中芦家河河段、斗湖堤河段、石首河段具有纵向阻隔性，周天河段则不具有纵向阻隔性。芦家河进口陈二口节点处深泓高程很低，而倒挂金钩石—姚港一带深泓高程很高，说明床沙质抗冲能力较强，即便昌门溪以下河床显著冲刷下切，由于本河段具有较强的抗冲能力，也能够确保本河段纵剖面不会随之下切，进而具有纵向阻隔性。

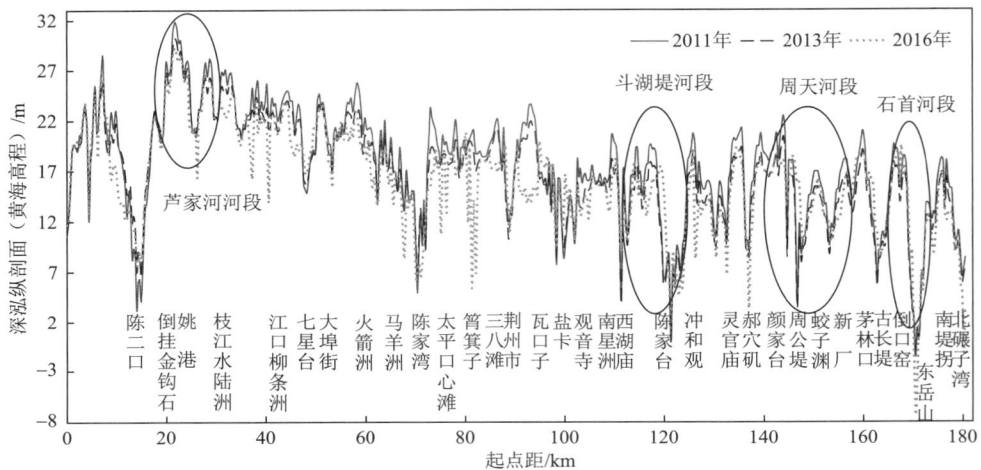

图3.12　陈二口—碾子湾河段河床深泓纵剖面变化图

斗湖堤河段、石首河段中上部深泓纵剖面高程较高，床沙质抗冲能力较强；河段尾部分别有冲和观、东岳山等节点，形成较深冲刷坑，说明平面卡口的控制作用较强，当下游河势调整导致水位降落后，能保证本河段不发生大幅度冲刷，因而具有纵向阻隔性。周天河段中部周公堤、新厂附近也有平面节点形成冲坑，但总体而言是内凹型的纵剖面，河道顺坡纵比降较小，限制了河道的水沙输移能力，容易造成泥沙落淤而发生纵剖面调整，当下游河床下切后，本河段难以抵抗下游水位降落的影响，因而不具有纵向阻隔性。

如图3.13所示，碾子湾—观音洲河段中，调关河段和砖桥河段的深泓纵剖面均是先上升至最高点，再下降至最深点，这类河段进口河床质抗冲性较强；尾部深坑表明存在平面卡口，能够防止水位下降；河段深泓纵比降较大，有利于集中不同方向来流，总体而言这类河段有利于阻隔纵向河势调整的传递。碾子湾河段、莱家铺河段、大马洲河段长度较长，河段进口、出口均形成深坑，进口、出口之间的深泓纵剖面呈上凸型，上凸处的横断面往往较为宽浅，主流很可能在河段内部发生平面摆动。铁铺河段深泓高程始终较高，河床质抗冲性较好，但进口、出口处高程较高，没有形成明显顺坡，输水输沙能力较弱；尾部无明显深坑，对水流的归顺能力有限也未能形成卡口壅水，难以抑制下游纵向河势调整后本河段水位的下跌，因而不具有阻隔性。

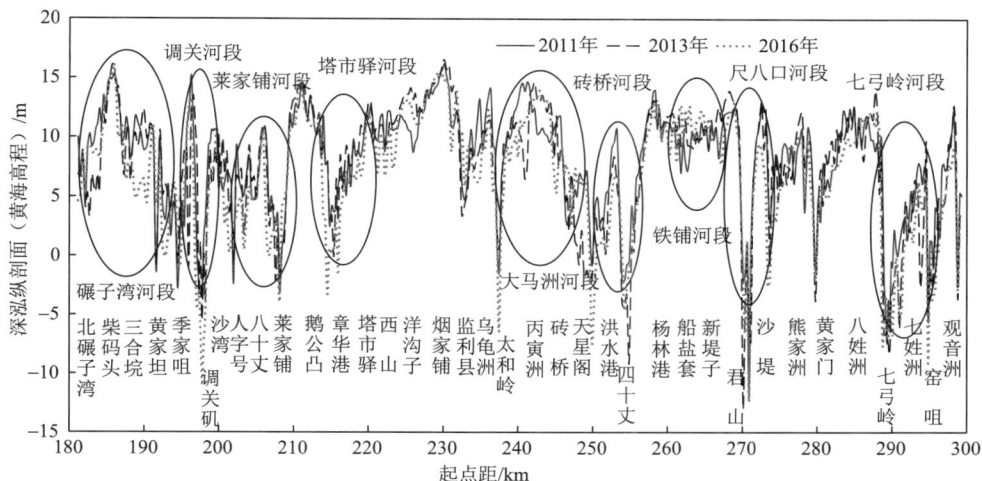

图 3.13　碾子湾—观音洲河段河床深泓纵剖面变化图

　　七弓岭河段深泓最低点位于河段进口，深泓纵剖面为逆坡，纵比降较缓，泥沙容易落淤；尾部无明显卡口，一旦下游水位下跌，本河段难以遏制向上游发展的溯源冲刷，因此，不具有纵向阻隔性。尺八口河段深泓高程最低处位于中部，进口、出口处深泓纵剖面凸起，尾部控制能力较弱，下游河床下切后难以抑制向上游发展的调平作用；内凹形的纵剖面导致比降较缓、流速较慢，也不利于水沙下移。多余的水流能量仅能通过冲深自身纵剖面来消耗，或通过裁弯取直，从凸岸边滩开辟新通道，塑造新的纵剖面来形成。三峡水库蓄水后，尺八口河段呈现撇弯切滩趋势，恰证实了这点。

　　如图 3.14 所示，城陵矶—纱帽山河段具有纵向阻隔性的河段，包括螺山河段、龙口河段、汉金关河段、煤炭洲河段；其他单一河段，如石头关河段、簰洲湾河段，则不具有阻隔性。汉金关河段、煤炭洲河段这类中后部深泓高程骤然降低的河段，并不存在抗冲性较强的平面节点抑制水位降落，而是河道弯曲率较高，弯道下段凹岸深泓高程较低，吸流作用强，使河段具有较强水沙输移能力，而较大的平面弯曲率也具有一定的壅高水

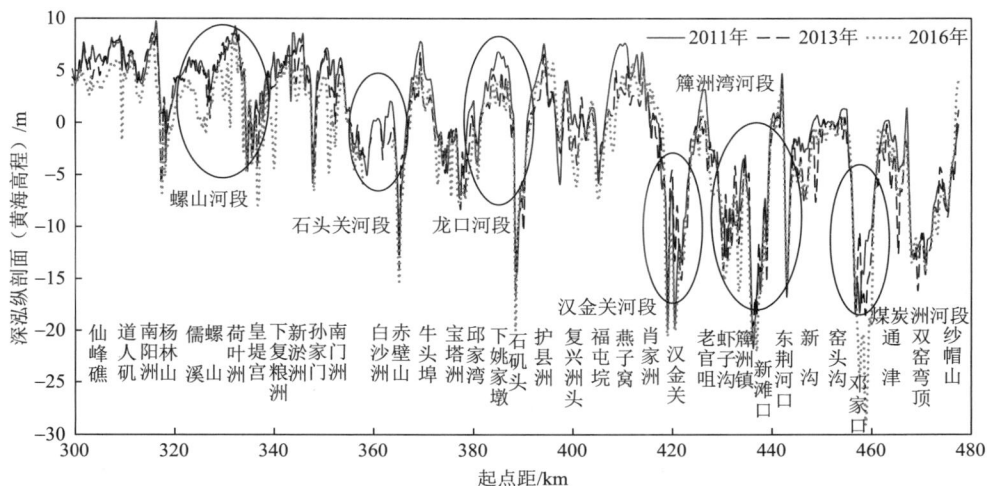

图 3.14　城陵矶—纱帽山河段河床深泓纵剖面变化图

位作用。簸洲湾河段纵剖面存在多个深泓点，是由连续弯道造成的，这类河段纵剖面先升后降，"一弯变，弯弯变"，深泓高程及其平面位置也难以始终保持稳定，出口侵蚀基面变化后很可能发生大幅度裁弯，因而不属于纵向阻隔性河段。

螺山河段纵剖面高程整体较高，说明其床沙质抗冲性较强；尾部深泓高程较低是由于螺山、鸭栏矶平面卡口的壅水作用，从而导致下游水位下跌时，对上游影响有限，具有纵向阻隔作用。石头关河段尾部由于赤壁山节点的缩窄作用形成冲刷坑，但冲刷坑相对深度小于龙口河段，限制水位下跌作用有限；中部纵剖面呈上凸型，河床纵比降小于龙口河段，水沙输移能力受到限制。龙口河段出口石矶头节点形成的深坑明显低于中部凸起段高程，导致河床纵比降较大，因而具有纵向阻隔性。

如图 3.15 所示，纱帽山—牯牛沙河段中，沌口河段进口深泓点较低，而河段内部深泓纵剖面较高，河床质抗冲性较强；深坑出现在尾部石嘴附近，能够在一定程度上壅高水位，限制水位下跌，具有纵向阻隔性。武桥河段尾部对于龟山、蛇山对峙节点，冲刷坑出现在河段尾部，壅水作用明显，有利于遏制下游河床下切引起的水位下降。湖广河段、牯牛沙河段进口存在猴儿矶、西塞山等挑流节点，节点处形成深坑，纵剖面先呈逆坡，之后河床深泓高程陡然抬高，河段内部纵剖面为正坡，整体而言，河床质抗冲性一般，中上部上凸型的纵剖面不利于水沙下泄，出口处深泓高程也并未显著降低，遏制下游水位下跌作用有限，不具有纵向阻隔性。

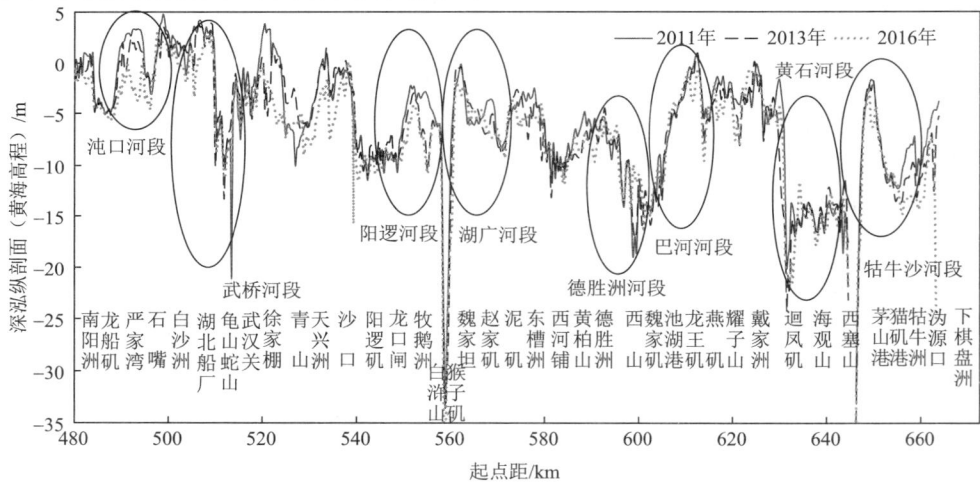

图 3.15　纱帽山—牯牛沙段河床深泓纵剖面变化图

黄石河段进口分布有迴凤矶而深泓高程较低，但河段中后部深泓纵剖面始终较低，说明河道宽度较窄，对水流约束力较强；尾部西塞山的卡口控制作用又较强，因而具有纵向阻隔性。阳逻河段及巴河河段进口分别有阳逻矶和西山，形成明显的冲刷深坑；河道中部呈上凸型剖面，说明河道再次放宽，河床质抗冲性较弱；两河段尾部虽然有白浒山和燕矶、龙王矶等，但控制能力一般，尤其巴河河段总体为逆坡纵剖面，因此，仍具有传递纵向河势调整的可能性。

如图 3.16 所示，下棋盘洲—九江河段单一段包括黄颡口河段、搁排矶河段、武穴河段、九江河段等。黄颡口河段深泓高程普遍偏高，说明其床沙质抗冲性较强；仅在菖湖闸附近形成下切纵剖面,且下切深度有限,说明其平面卡口的壅水能力有限,不足以遏制下游水位降落引起的溯源冲刷。搁排矶河段中下部深泓纵剖面极低,田家镇附近深泓低于−75m,使搁排矶河段纵比降很大,有利于水沙输移,也说明平面卡口控制作用较强,能够有效限制下游水位下跌向上游的传递。武穴河段深泓纵剖面普遍较高,说明河宽较大,仅在进口仙姑山等节点处深泓高程较低,尾部狗头矶等节点没有形成明显冲刷坑,说明卡口阻水比有限,对水位下降的控制作用不强,因而不具有纵向阻隔性。九江河段中后部深泓较高,纵剖面总体为逆坡,河床质抗冲性一般;段尾没有明显深坑,说明缺少平面卡口壅水,难以抵抗下游河床下切引起的水位下降,因而不具有阻隔性。

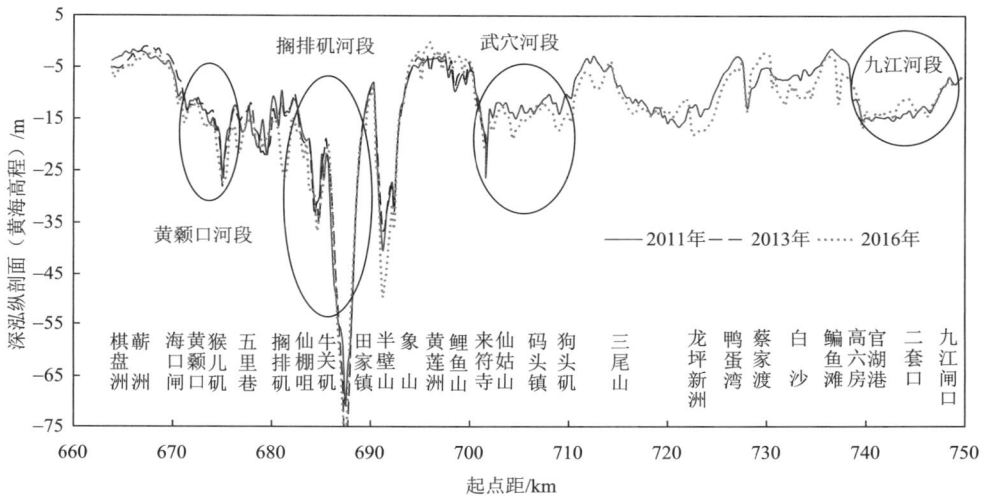

图 3.16 下棋盘洲—九江河段河床深泓纵剖面变化图

总体而言,长江中游各河段深泓纵剖面图主要包括以下几种形式:①顺坡性,进口纵剖面高程较高,河床质抗冲能力较强,河段尾部有卡口作用很强的节点,能有效限制水位降落,这类河段通常具有纵向阻隔性;②逆坡型,进口有节点形成冲刷坑,中下部河道较宽,河床质抗冲能力较弱,逆向的河道纵剖面也不利于集中水流下泻,而不具有纵向阻隔性;③上凸型,节点分布于河段的进口和尾部,具有一定集中水流的作用,但中部上凸处河床通常相对宽浅,主流易摆动而引发纵向冲淤调整,中下部顺坡较缓,尾部卡口对水流归顺能力有限,而不具有纵向阻隔性;④内凹型,节点位于河段中部,顺坡纵比降较小,河段水沙输移能力有限,尤其中下部易发生泥沙落淤而引起河势调整,也难以抵抗下游水位降落向上游传递,而不具有纵向阻隔性。

2. 长江中游典型河段纵剖面的变化情况

如 3.2.3 节所述,所谓控制性卡口通常有两种,一种是节点突出于岸线且位置基本稳定的河段,两岸多为矶头、山丘等,也称为"深泓低点河段",有利于从平面上控制整体河势。另一种是纵剖面形态上具有相对突出的高点,当下游纵剖面整体冲刷下切时,其稳定主要靠深泓高点的稳定来控制,可以为耐冲节点、基岩等,也称为"深泓高点河段"。周银军[31]研究认为,纵剖面的稳定主要通过深泓高点及深泓低点两方面的稳定来维持。

如图 3.17 所示,以周公堤—天星洲河段为例,该河段没有稳定的"深泓高点"或"深

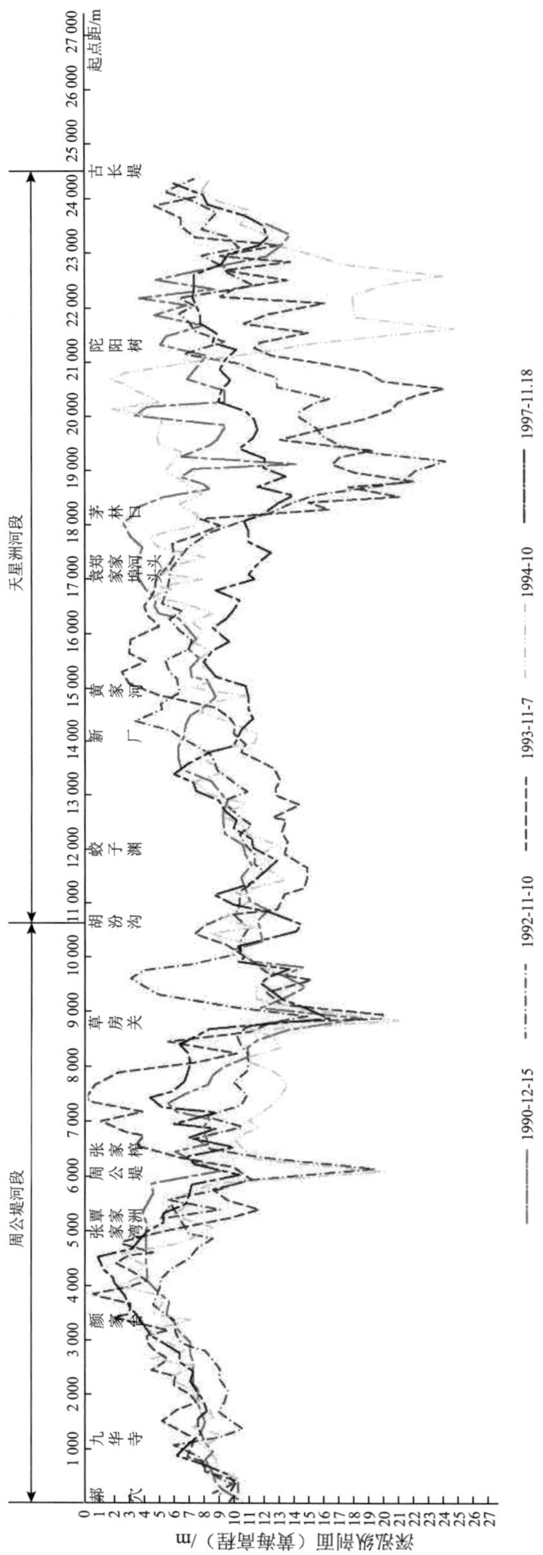

图3.17　周公堤—天星洲河段深泓纵剖面变化图

泓低点"，因此，下游纵向河势调整往往传递至上游。1992 年较 1990 年茅林口—古长堤一带发生剧烈冲刷，相应地上游深泓纵剖面以下切为主，周公堤处冲出明显深坑，草房关处冲刷坑也显著冲深；茅林口—古长堤一带 1993 年较 1992 年仍有所冲刷，此时九华寺—草房关一带河床冲刷、床沙粗化作用基本完毕，反而开始淤积；1994 年茅林口—古长堤一带大幅回淤时，九华寺—草房关一带已基本完成了比降调平作用；至 1997 年，上、下游河段基本形成了新的相互适应的平衡纵剖面，表现为纵剖面上无显著的凸起或下凹，锯齿状外形显著减轻。

　　如图 3.18 所示，以莱家铺河段为例，由于该河段尾部不具有明显的平面卡口，床沙质也较细，没有稳定的深泓高点或深泓低点，下游纵向河势调整往往传递至上游。例如，鹅公凸以下的塔市驿河段，2005 年较 2004 年深泓纵剖面发生显著淤积，同期莱家铺河段的人字号以下、南河口、方家夹、马王庙等处均出现明显淤积；2006 年较 2005 年鹅公凸以下发生冲刷，上游方家夹、八十丈—南河口一带冲刷明显；2008 年鹅公凸以下深泓高程冲刷至最低值，而方家夹—莱家铺一带的深泓高程也为历年最低值。可见，上、下游河段纵剖面调整趋势具有一致性，下游河势调整往往传递至上游。

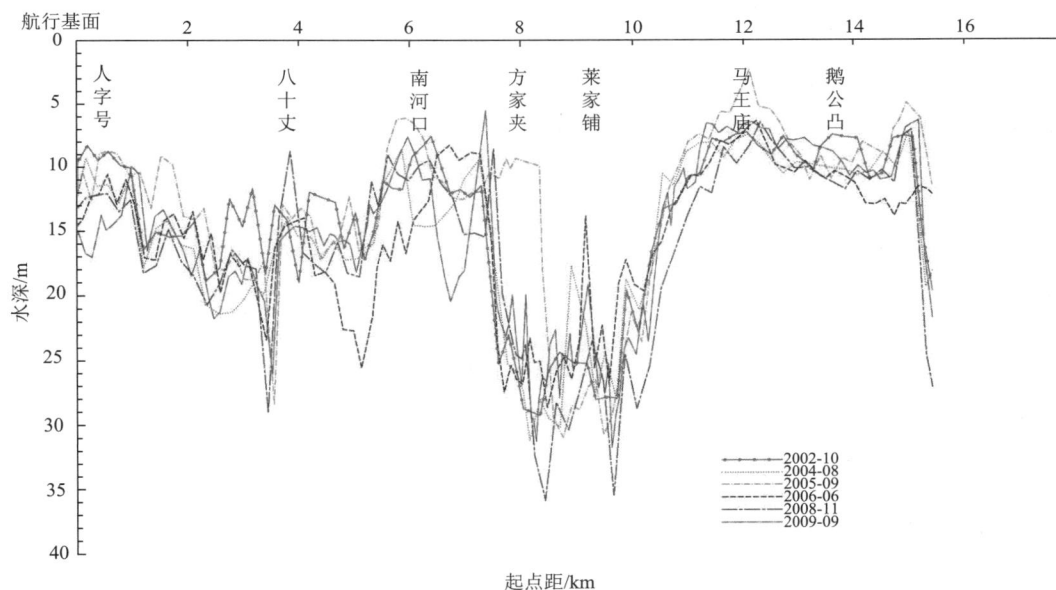

图 3.18　莱家铺河段深泓纵剖面变化图

3. 阻隔性河段的纵剖面形态特征

　　本节前文分析了长江中游总体纵剖面特征，以及典型河段深泓纵剖面的形态特征，发现深泓高点和深泓低点是阻隔纵向河势调整传递的主要要素之一。总体而言，若所取的河段比较短，由于沿程岩石坚硬程度不一，河宽的不同变化，以及弯段直道和心滩沙洲的交替出现，沿水流溪线绘出的纵剖面必然出现一系列上下波动，表现为锯齿状外形；若从宏观角度来研究长距离内的纵剖面变化，由于组成河槽边界的都是冲积性物质，地壳构造运动的影响不明显，如果缺乏较大支流入汇，纵剖面就可能具有圆滑外形。有学者研究认为[32]，长江河床纵剖面具有"波状性"和"阶梯性"，地质地貌条件差异及紊动水流作用均可能引发河床坡度"波"；支流、湖泊入汇也可形成"凸型波"和"凹型波"；抗冲性较大的基岩或床沙粒径沿程不均匀分布，也可形成"阶梯状"明显拗折的纵剖面。

一方面河床边界条件的差异导致了凸型波、凹型波的产生，而支流或湖泊的汇入加强了这类波的发展，例如，七号岭以下接纳了洞庭湖来水，造床流量大大增加，含沙量相对减小，河床纵剖面呈凹型波。另一方面，河床形态及微地貌结构对纵剖面波形也有较大影响，例如，弯曲河道的"波谷"与河湾顶点位置一致，如调关河段、反咀河段、汉金关河段；节点附近冲刷坑与"波谷"位置一致，如龙口河段、黄石河段、搁排矶河段。当凹型波波谷位于河段中下部，形成深坑时，吸流作用较强，有利于集中上游不同方向来流。

比降是水流与河床长期相互作用过程中形成的相对平衡状态，表征该河段单位水体在单位长度内水流能量的损失，它与河床形态的其他特征之间因素，彼此相互影响、相互调整；比降又在年内周期性的来水来沙和基准面变化过程中发生周期性变化，对河床冲淤产生重要影响。一些研究认为，比降越陡，泥沙运动强度越强，河床变形越大而越不稳定[27]；但事实上比降也并非越小越好，一定来水来沙条件下，比降过小，不足以挟走全部来沙，致使河槽发生严重淤积，也将导致主流经常改槽不定，可能发展为多汊散乱河道[2]。研究表明，深切型河道床沙较粗，从而消耗更多水流侵蚀能量来维持较高比降的陡坡河道，有利于限制摆动[33]。实测资料也表明[30]，冲刷量较小的下切型河道，比降通常较大。

如图 3.19 所示，根据 2013 年长江中下游河道地形资料统计出的各河段纵比降成果发现，各典型河段存在这样的规律：纵剖面越陡，纵比降越大。在 3.2.1 节选取的 34 个研究河段中除顺直、有节点、$\zeta > 4$ 的河段外，剩余的 17 个河段中只有七号岭河段、簰洲湾河段、九江河段的河道纵比降小于 1.2‰，其余 14 个河段均大于 1.2‰，说明河道纵比降大于 1.2‰也是阻隔性河段的重要特征之一。

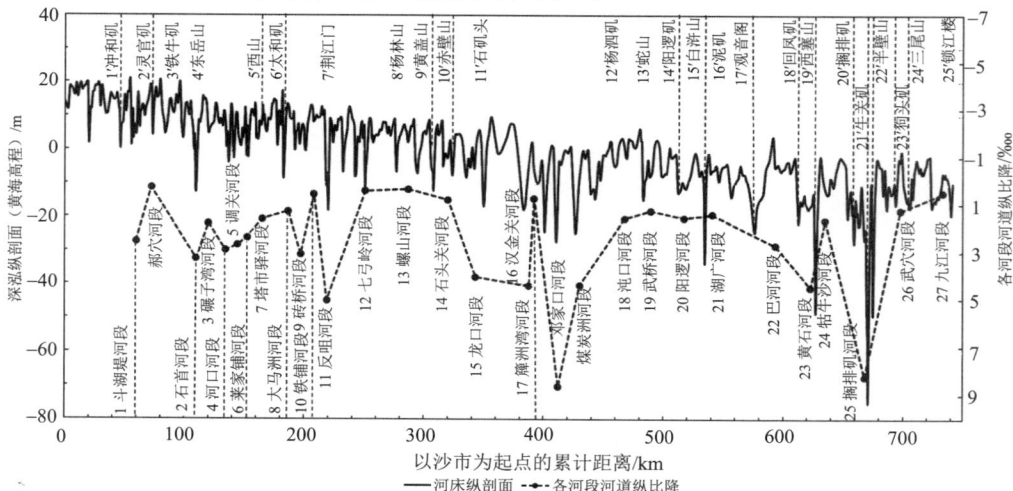

图 3.19　长江中游单一河段河床纵剖面及河道纵比降

如图 3.19 所示，长江中游河道总体纵比降约为 0.735‰，这与余文畴等 1998 年根据河道地形资料统计的平均纵比降为 0.756‰较为接近[34]，其中上荆江河段纵比降最大，其次为下荆江河段、汉湖河段，最小为城汉河段，其分布规律也与本次统计结果基本一致。由于单股河槽纵剖面陡于多股河槽，且阻隔性河段的平均纵比降大于非阻隔性河段的平均纵比降，本书基于统计资料提出的阻隔性河段的河道纵比降大于 1.2‰是基本合理的。

3.2.4 河岸稳定性特征

据不完全统计，长江中下游干流河道两岸占总长 42%的岸线发生过严重崩岸[34]，水下岸坡坡比陡于 1∶2 的岸线长度占迎流顶冲段岸线长度的比例达 40%以上。荆江河段两岸常年处于迎流顶冲的堤段约有 110.0 km，其中外滩宽度小于 50 m 的堤段长度占干堤迎流顶冲段的 64.3%，三峡水库蓄水前年均发生崩岸险情 15 处，崩岸长度约 6 558 m，而蓄水后年均发生崩岸险情 26 处，崩岸长度约 17 380 m[34-35]。因此，崩岸预判及治理始终是长江中下游河道整治中的重点和难点。

以往中外学者对单一黏性土岸坡[36-37]或非黏性土岸坡[38]的崩岸模拟力学方法，不适用于长江中下游河道两岸上层为黏性土、下层为非黏性土的二元结构岸坡。研究表明[39-40]，深泓摆动导致的近岸河床冲刷下切及岸脚横向展宽对河岸崩塌起到至关重要的作用，如何预测深泓摆动情况进而估算近岸流速，始终是困扰相关学者的难题。本节基于 Fukuoka[41]对混合土河岸冲刷及崩塌的计算方法，结合水动力学及河床演变原理，建立断面流速分布计算式来估算近岸流速的大小及方向，进而判断河岸是否崩塌及可能的崩退距离，从而为分析河岸抗冲性对河段阻隔性的影响提供有力依据。

  1. 长江中游河道两岸边界特征
  1）岸坡天然地质结构
长江中下游河道两岸除山体、丘陵、阶地等临江外，大部分由第四系更新统和全新统松散堆积层或河漫滩冲积物组成。岸坡地质结构可分为单一结构、双层结构和多层结构三种，其亚类可具体划分为：单一黏性土，或者上部为黏性土、下部为基岩，这类岸坡是稳定的；上部为黏性土、下部为砂性土的二元结构，或者上部为黏性土夹砂性土透镜体或与砂性土互层、下部为砂性土的多层结构，这类岸坡将视坡比陡缓、护岸工程无有，以及是否存在迎流顶冲或深泓逼岸现象，分为稳定性较差和基本稳定的岸坡；单一砂性土，或者上部黏性土较薄、下部以砂性土为主，这类岸坡稳定性最差[32]。统计表明[35,42]，下荆江岸线稳定性较差的岸坡占总长的 66.8%，稳定性差的岸坡占总长的 19.4%，因此，岸坡地质结构不稳定是发生河岸崩塌的首要原因。

近些年，随着长江中下游干流两岸护岸工程的陆续建设，有关部门在长江两岸沿线布置了众多地质钻探孔，并对采集土样进行了详细的物理力学性质试验，从而获得了大量实测岸坡地质结构资料及岩土物理力学性质参数。本书通过详细梳理荆江、荆南、洪湖监利、岳阳、汉南白庙、咸宁、武汉、粑铺、黄冈、黄石、阳新、黄广、昌大堤等长江干堤，以及人民大垸、簰洲湾等民垸堤防的岸坡地质勘察成果，获得了较为全面的长江中游沿岸岸坡的岩土物理力学性质指标，包括各层土体厚度、容重、干密度、天然含水量、塑性指数、液性指数、凝聚力、砂性土中值粒径等。

　　研究表明[43]，土体可根据抗冲性不同分为砂性土和黏性土两大类。决定黏性土抗冲刷性能的是颗粒间的黏结力；决定砂性土抗冲刷性能的是颗粒的重力，随着颗粒的增大，抗冲刷性增强。饶庆元[44]冲刷试验表明，黏性土的抗冲刷能力与土体液限、天然含水量、凝聚力、塑性指数、分散率等因素有关；南京大学试验表明[45]，抗拉强度 T_0 主要与干密度和天然含水率有关。宗全利等[46]研究发现黏性土的冲刷破坏为结构性破坏，黏性颗粒的起动主要与干密度、含水率、黏粒含量、黏聚力和塑性指数等物理力学指标有关。干密度、含水率等是黏性土的物理性质指标，黏聚力是力学强度指标，塑性指数则反映了黏性土的物理状态。砂性土的抗冲刷能力主要与颗粒平均粒径有关[47]。长江中游岸坡地质组成主要为二元结构，针对少数多层结构岸坡，可将厚度较小的砂质夹层、黏性土或砂性土透镜体与主要土层进行合并，同时适度调节该土层的物理力学性质指标。以汉南白庙干堤的岸坡地质勘探资料为例，通过对各层黏性土的黏粒含量、天然含水量、凝聚力、塑性指数等指标按土层厚度进行加权计算，得到黏性土平均物理力学性质指标，各指标的相互关系如图 3.20 所示。

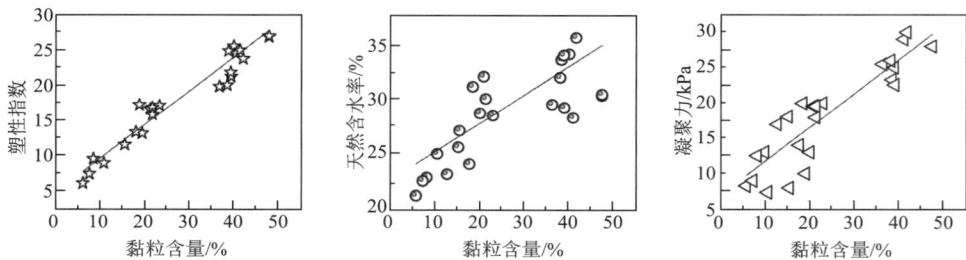

图 3.20　汉南白庙干堤岸坡黏性土的黏粒含量与塑性指数、天然含水率、凝聚力的关系

　　图 3.20 中各指标的相关关系也基本适用于长江中游干流的其他岸段。从图中可以看出，岸坡黏粒含量与塑性指数、天然含水量及凝聚力均呈正比例关系，说明黏粒含量对衡量天然岸坡土体抗冲性较具有重要意义。统计长江中游 27 个单一河段两岸岸坡地质组成中的黏性土的黏粒含量、天然含水量、液性指数及砂性土的中值粒径等指标，其平均情况如图 3.21 所示。结果显示，长江中游 27 个单一河段的左右岸黏粒含量为 12.9%～41.6%，平均为 23.5%，这与宗全利等关于上荆江黏粒含量为 22.8%～36.3%，下荆江岸坡黏粒含量为 15.4%～38.6%的统计结果[46]大致吻合。

2）护岸工程及矶头

　　护岸工程改变了河岸天然边界特征，增强了河岸抗冲性，对河势演变发挥重要作用。例如，张家洲河段历史演变基本上是左崩右淤的北扩过程，明永乐年间已出现分汊，但洲体尚小；雍正年间，两汊顺直，河道较窄；1858～1942 年，左岸中下段岸线开始崩塌；20 世纪以来，河道左岸及洲体右缘崩退严重，年均最大崩退幅度达 43 m；近 40 年来，因左岸修筑了 6 座矶头短丁坝，张家洲右缘修筑了 13 座抛石短矶头丁坝，并进行了大量抛石护岸，及时遏制了岸线崩退，才避免了向鹅头型分汊的演变[48]。再如，嘉鱼河段 1861

年为单一微弯河道，之后左岸大幅崩退，河道内出现边滩、潜洲，但在左岸蒋家墩及彭家码头附近建设三个防冲矶头后，及时遏制了河岸继续崩退，阻止了河道向微弯分汊或鹅头型分汊河型的发展。1949 年后，在长江中下游干流河道进行了大规模的护岸工程，1998 年以前，累计完成总抛石量约 6 687×10⁴ m³，累计护岸总长度约 1 200 km；截止至 2002 年底，完成护岸长度 1 600 km，累计抛石量 9 150×10⁴ m³，单位长度护岸方量达 60 m³/m，为稳定长江中下游河势、防止剧烈崩岸危及堤防安全发挥了重要作用[28]。长江中游各河段岸线的单位长度护岸方量用 F 表示。

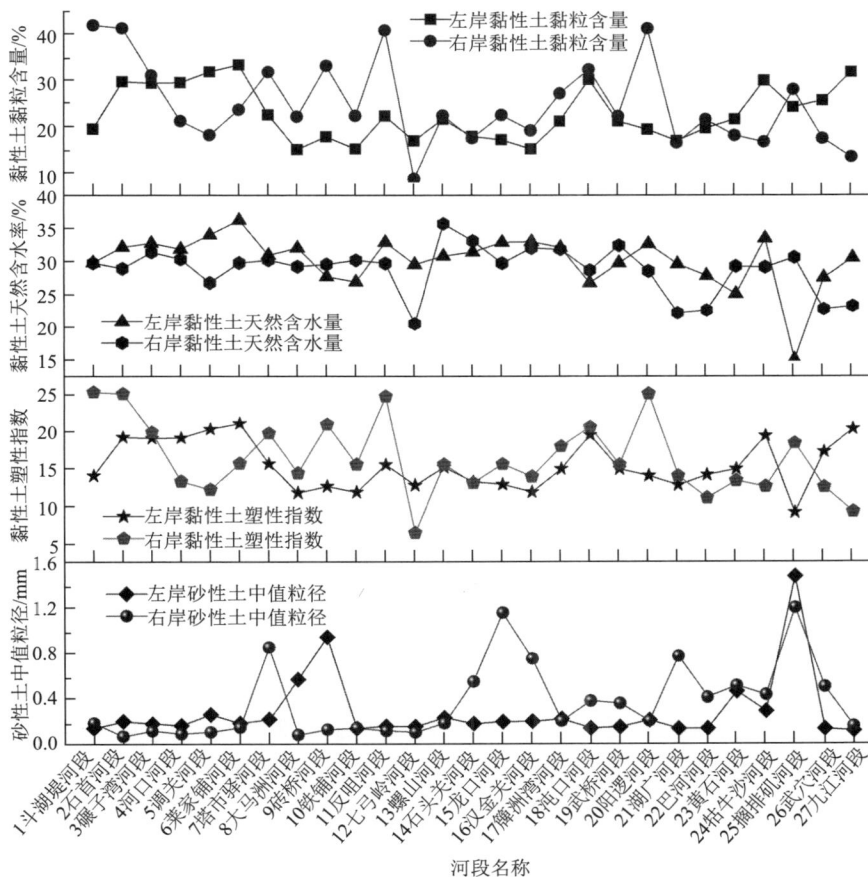

图 3.21　各单一河段典型断面岸坡土体的平均物理力学特征

另外，天然山体、礁岩或人工矶头也是一种岸线形式，其抗冲性较强，有助于维持岸线稳定。例如，顺直型河道两岸往往分布有对峙矶头，如仙峰河段、螺山河段、武桥河段、搁排矶河段等，这些矶头部位的河岸抗冲性较强。对于弯曲河型，在凹岸弯顶处往往有人工钢筋石笼或抛石护岸工程，来抵抗弯道凹岸水流的强烈侵蚀，引导水流转向，如调关、莱家铺、反咀、尺八口等河段的弯顶均有大型钢筋石笼或大量抛石护岸，可用矶头附近冲刷坑相对深度 h_{max}/H 表征矶头抗冲性。

综上所述，河岸岸坡的天然地质组成、人工护岸及矶头共同决定了河岸抗冲性。中国科学院地理研究所等[20]曾用河岸黏性土层厚度来表征河岸可动性。Julian 等[49]研究也表明，河岸抗冲性正比于其黏粒含量。许炯心[50]运用 Dunn 的 16 组试验资料建立了河岸临界切应力与土体黏粒含量 M 的正比关系，图 3.20 也表明，黏粒含量与其他几个参数呈正比关系，具有较好代表性，因此可用黏粒含量 M 代表天然岸坡土体抗冲性。从而可将河岸抗冲性综合参数表示为 $M \cdot F^x \cdot \left(h_{max}/\overline{H}\right)^y_{矶头}$。建立长江中游单一顺直型、弯曲型典型断面的河岸抗冲性综合参数与各断面平滩河宽的相关关系，如图 3.22 所示，通过调整系数 x、y，使 x 为 0.15～0.25，y 为 0.25～0.35，河岸抗冲性综合参数与平滩河宽的相关系数能达到 0.6 以上，可见，河岸抗冲性是决定河道宽度的首要因素。

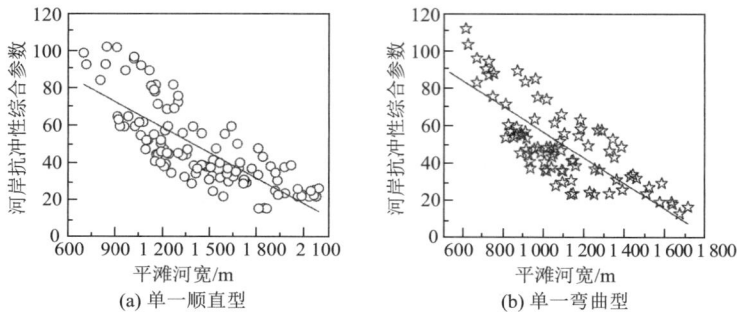

图 3.22　长江中游单一河型河岸抗冲性综合参数与平滩河宽的关系

2. 长江中游河道岸坡稳定计算方法

随着社会经济发展，人类对河道岸线的开发利用程度越来越高，对河岸稳定机制的研究日益增多。近年来，中外学者对河岸稳定机理及影响因素进行了深入研究，Bandyopadhyay 等[36]提出用降雨侵蚀力、岩土组成、河道岸坡、曲折系数、河道比降、土壤侵蚀力、植被覆盖及人类活动八个参数来衡量河岸稳定性，该方法较好地划分了印度哈罗河（haora）河岸侵蚀的脆弱等级。Motta 等[37]基于河岸演进的物理机制建立了蜿蜒型河道迁移模型，发现弯道迁移与土壤性质、天然河岸形态、植被分布、河漫滩土壤的垂直和水平性质有关，但因重力式崩岸依赖于河岸高度，输沙不平衡或已崩土体淤积在坡脚，这些都可能影响进一步崩岸。Labbe 等[38]通过研究美国图拉丁河发现，河岸植被增加了河岸临界剪切应力，从而增加了河岸临界高度及坡比，最终增大了崩岸临界阈值。Moran 等[51]通过对老莱茵河建立动床物理模型试验发现，护岸和防波堤的移除及改造将导致崩岸，说明现有防波堤增强了河岸抵抗力。Zaimes 等[52]研究美国艾奥瓦北部河流发现，河岸带土体利用类型对河岸侵蚀速率产生影响，且与季节有关。上述观点均认为崩岸与河道岸坡的物质组成及利用形式有关。

事实上，近岸水流运动条件也是影响崩岸的重要因素之一[53]。Shu 等[54]认为一方面水流冲刷河岸引起河岸土体流失，另一方面岸坡变陡及水流浸泡下土体力学性质下降，均降低了河岸稳定性。Julian 等[49]认为崩岸取决于河岸剪切力的大小、持续时间、峰值、变异程度等属性，黏性河岸侵蚀量取决于流量峰值强度。夏军强等[40]认为近岸流速增大

导致岸壁剪切力 τ 增大，从而加快岸坡表面泥沙颗粒的起动和崩岸的发生。余文畴等[53]认为，水流与河岸的夹角加剧了水流对河岸的横向冲击作用，主流横向分速度产生弯道环流及竖向回流，使近岸区域形成较大横向梯度，孕育出主漩涡与凹岸漩涡，与纵向漩涡一起对河岸产生很大的淘刷力[55]，引起河岸崩塌。

更进一步，一些学者认识到河势演变、主流摆动对崩岸的影响，在上述研究基础上，Jia 等[56]采用三维非均匀不平衡湍流输沙模型，模拟了石首河段的河势变化；唐金武等[57]采用断面平均水深与最大水深的关系来计算深泓冲刷深度，通过对比下层砂性土岸坡的实际坡比与稳定坡比的大小来判别是否崩岸。上述研究将河床演变原理引入了崩岸预测过程，尝试用土力学与河流动力学相结合的方法来解决崩岸问题。下文将着重基于水动力学、河床演变基本原理及主流摆动规律，估算近岸流速及近岸水流剪切力，判断是否发生崩岸，进而分析岸线稳定性对河段阻隔性的影响。

1）非黏性土及黏性土崩岸模拟的力学方法简要回顾

首先，对于非黏性土河岸而言，由于土体内部没有凝聚力的作用，因而其边坡稳定条件是坡度小于泥沙的水下休止角。如果河岸边坡角度超过水下休止角，那么河岸就会发生崩塌。目前主要有两种方法模拟非黏性土河岸冲刷过程：沙量守恒法与输沙平衡法。Ikeda 等[58]、Pizzuto[59]等提出的沙量守恒概化的冲刷模型见图 3.23。

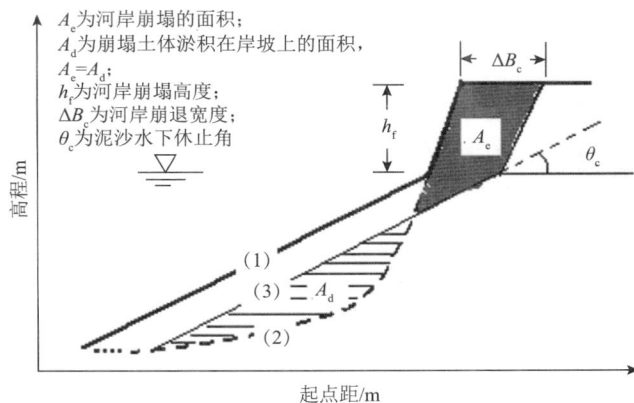

（1）初始河岸形态；（2）冲刷后的河岸形态；（3）河岸崩塌后淤积在岸坡上的河岸形态

图 3.23　非黏性土河岸的冲刷过程[58-59]

沙量守恒法是先根据河床变形方程计算出河岸岸坡上的冲淤量，然后判断该边坡是否稳定。如果由于冲刷导致该边坡角度大于其休止角，则河岸发生崩塌，从河岸上层崩塌下来的土体全部堆积在岸坡上，而且认为崩塌的土体面积（A_e）与淤积在岸坡上的土体面积（A_d）相等，即沙量守恒，随后堆积在岸边的土体将被水流输移搬运走。上述步骤依次重复发生，导致河岸冲刷后退。野外观测发现，河岸崩塌以后的边坡角度与原河岸坡面形态相似，均为泥沙的水下休止角[43]，也就证明了该方法的合理性。

输沙平衡法是先根据近岸处泥沙不平衡输移方程计算出岸坡上的冲淤量。Duan 等[60]认为泥沙淤积在岸边能引起河岸淤长，淤积的泥沙可能来自河岸的崩塌，或者是从外界输移到岸边的；河岸冲刷则导致岸边后退，冲起的泥沙将由近岸水流带走。可见，河岸的冲刷与淤长取决于近岸处的水流泥沙条件，可用近岸处的泥沙连续方程来计算。

其次，对于黏性土河岸而言，其冲刷过程的力学模拟方法，主要以 Osman 等[61]和 Thorne 等[62]提出的模型为代表。该模型的河岸稳定性分析中考虑水流侧向冲刷引起的岸坡变陡，以及床面冲刷引起的岸高增加导致的河岸失稳。计算步骤分两步，首先计算河岸横向冲刷距离，然后分析河岸边坡的稳定性。同时认为黏性土崩塌时的破坏面为斜面，而且通过坡脚。

第一步，横向冲刷距离计算。

在 Δt（s）时间内，黏性土河岸被水流直接横向冲刷后退的距离为

$$\Delta B = \frac{C_1 \times \Delta t \times (\tau - \tau_c) e^{-1.3\tau_c}}{\gamma_{bk}} \tag{3.9}$$

式中：γ_{bk} 为河岸土体的容重（kN/m³）；ΔB 为 Δt 时间内河岸因水流横向冲刷而后退的距离（m）；τ 为作用在河岸上的水流切应力（N/m²）；τ_c 为河岸土体的起动切应力（N/m²）；C_1 为横向冲刷系数，取决于河岸土体的物理化学特性，Osman 等[61]根据室内试验结果得到 $C_1 = 3.64 \times 10^{-4}$。

第二步，河岸稳定性分析。

由式（3.9）可得冲刷后退距离 ΔB，用水动力学模型算出河床冲深 ΔZ 后，河岸高度增加，坡度变陡，稳定性降低。根据土力学中的边坡稳定性关系，如图 3.24 所示，计算河岸要发生崩塌时的相对河岸高度临界值及破坏面与水平面的夹角，从而得到河岸发生初次崩塌时的临界条件。若河岸已发生初次崩塌，则假定以后的河岸崩塌方式为平行后退，即崩塌后的边坡角度恒为 β，仍可用土力学的方法判断河岸是否会发生二次崩塌。

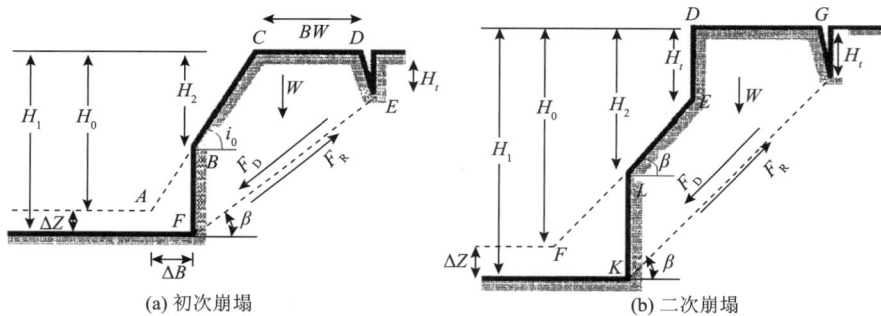

(a) 初次崩塌　　　　　　　　　　(b) 二次崩塌

H_0 为初始河岸高度；i_0 为初始河岸坡度；ΔZ 为床面冲刷深度；ΔB 为横向冲刷宽度；H_1 为床面冲刷后河岸高度；H_2 为转折点 B 以上河岸高度；β 为破坏面与水平面夹角；BW 为河岸崩塌土体宽度，H_t 为河岸上部拉伸裂缝的深度

图 3.24　黏性土河岸崩塌示意图[61-62]

2）长江中游河道岸坡稳定计算方法

由于长江中游河道岸坡组成以上层为黏性土、下层为非黏性土的二元结构为主，因此上述崩岸模拟方法的适用性均不强。对于二元结构岸坡，崩岸主要分为三个阶段：①下部非黏性土的掏刷；②挂空的上部黏性土的绕轴崩塌；③崩塌下来的土块被水流冲散

并带走。

首先，介绍二元结构岸坡稳定计算方法。

采用 Fukuoka[41]对混合土河岸冲刷及崩塌的计算方法，仅考虑发生绕轴崩塌的情况，主要分两个步骤。首先确定某一时段 Δt 内，河岸下部非黏性土层冲刷后退距离 L_b：

$$L_b = f(\tau, \tau_c, \gamma_{bk2}, \Delta t) \qquad (3.10)$$

从式（3.10）看，非黏性土层的冲刷距离与近岸水流切应力 τ、非黏性土的抗冲力 τ_c 及容重 γ_{bk2} 等因素有关。然后判断冲刷后退距离 L_b 是否大于黏性土层的临界挂空长度 L_c。

假设河岸崩塌时在断裂面上的弯曲应力分布，如图 3.25 所示。当断裂面上缘的应力达到抗拉强度时，则混合土河岸中挂空部分自重 G 产生的外力矩与断裂面上产生的抗拉力矩相平衡，此时河岸中凸出部分的长度即为临界的挂空长度。根据悬臂梁的力学平衡原理，可建立如下关系式：

$$(\gamma_{bk1} \times C \times H \times L_c) \times \frac{L_c}{2} = H^2 \times \frac{T_0 \times C}{6} \qquad (3.11)$$

式中：H、γ_{bk1}、T_0 分别为黏性土层的高度、容重及抗拉强度；C 为黏性土层宽度。

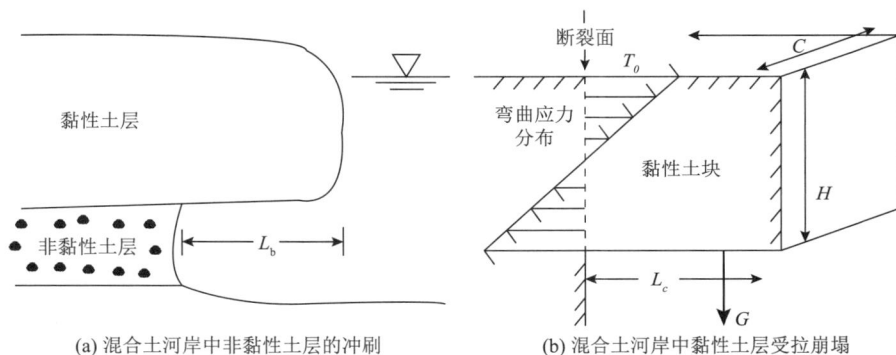

(a) 混合土河岸中非黏性土层的冲刷　　　　(b) 混合土河岸中黏性土层受拉崩塌

图 3.25　二元结构河岸冲刷过程的计算示意图[41]

然后，介绍黏性土临界挂空长度。

化简式（3.11），可得混合土河岸临界挂空长度的表达式：

$$L_c = \sqrt{\frac{T_0 \times H}{3 \times \gamma_{bk1}}} \qquad (3.12)$$

根据非黏性土层的冲刷后退距离 L_b 及黏性土层的临界挂空长度 L_c 的大小，判断黏性土层是否崩塌：当 $L_b \geq L_c$ 时，河岸上部的黏性土层受拉发生崩塌，即发生绕轴破坏；当 $L_b < L_c$ 时，河岸上部的黏性土层稳定，水流可以继续冲刷非黏性土层。

以往大量实验结果表明[44-45,63]，黏性土的抗拉强度 T_0 主要与干密度 ρ_d 和天然含水率 ω 有关，本书采用南京大学基于实验成果建立的经验关系式[45]来推求抗拉强度 T_0：

$$T_0 = 1153\omega\rho_d - 2140.6\omega - 366.65\rho_d + 674.97 \quad\quad （3.13）$$

最后，介绍非黏性土最大横向冲刷距离的计算方法。

以往诸多学者对黏性土河岸的横向冲刷距离进行研究，周建军等[64]假设冲刷面为铅直面，根据近岸水流剪切力与剩余剪切力之差计算河岸冲刷速率；Hasegawa[65]认为河岸冲刷速率与近岸剩余流速呈正比，根据泥沙连续方程推求出河岸冲刷系数。Osman 等[61]和 Thorne 等[62]的横向冲刷距离公式较为通用。显然，上述方法难以解决非黏性土河岸的横向冲刷问题。沈婷等[66]在 Osman 等的公式基础上，对无黏性土岸坡考虑大于 1 的影响因子，修正了砂质岸坡的水流横向冲刷后退距离公式。许炯心[50]根据对砂卵石河道的野外考察及室内模型试验成果，采用回归分析方法，建立了河道展宽率与河岸土体黏粒含量较近岸水流切应力的比值的经验关系，这些研究成果为估算非黏性土冲刷后退距离提供了思路。

事实上，非黏性土的横向冲刷距离由近岸水流切应力与河岸土体抵抗冲刷的临界起动切应力决定[36,39-40,64]，采用 Lane[67]提出的根据临界切应力方法确定河宽的方法，在一定流量、比降及糙率等条件下，结合曼宁公式，可得

$$B_c = \frac{nQJ^{7/6}\gamma_{bk2}^{5/3}}{\tau_c^{5/3}} \quad\quad （3.14）$$

$$B = \frac{nQJ^{7/6}\gamma_{bk2}^{5/3}}{\tau^{5/3}} \qu\quad （3.15）$$

式中：B 为天然河槽宽度；B_c 为考虑非黏性土临界切应力后，计算的某水流条件下的临界河宽。

当河岸下层砂性土的临界起动切应力 τ_c 小于水流切应力 τ 时，即 $\tau_c \leqslant \tau$，根据式（3.14）和式（3.15）有 $B_c \geqslant B$，说明非黏性土河岸在该水流条件下难以维持原较小河宽，将因水流冲刷而发生横向展宽，横向冲刷后退的最大距离为 $L_b = B_c - B$。下面重点介绍砂性土临界起动切应力及近岸水流切应力的计算方法。

Yu 等[68]认为非黏性散体泥沙起动与泥沙粒径、水下休止角等有关，张瑞瑾[69]公式基于散体泥沙的起动临界条件建立动力平衡方程，推导出临界起动拖曳力，但上述公式形式均较为繁琐。本书采用殷成胜等[47]通过进行无散体泥沙颗粒起动受力分析，推导出的砂粒临界起动切应力与颗粒平均粒径的关系，来推求砂性土的临界起动切应力：

$$\tau_c = \frac{2C_1(\rho_s - \rho_w)g}{\left[5.75\log_{10}(10.6\chi)\right]^2}d_{50} \quad\quad （3.16）$$

式中：χ 为矫正参变数，位于粗糙区时，$\chi = 1$；ρ_s 为砂性土密度（kg/m³）；ρ_w 为水密度（kg/m³）；d_{50} 为砂性土中值粒径（mm）。

根据张瑞瑾[69]整理实测资料得到的成果，$C_1 = 1.34$，由式（3.16）可见，τ_c 正比于颗粒中值粒径。近岸水流切应力通常用 $\tau = \gamma h J$（γ 为水的重度（kN/m³），h 为水深，J 为水面比降）来表示，但钱宁等[10]研究认为该方法不一定适用于非均匀流的弯道水流，

应根据纵向流速的垂向分布，利用对数流速分布公式导出近岸水流切应力：

$$\tau = \rho_{\mathrm{w}} \left[\frac{U_{近岸}}{\frac{2.3}{\kappa}\log_{10}\left(\frac{h}{k_{\mathrm{s}}}\right) - 2.5} \right]^2 \qquad (3.17)$$

式中：κ 为卡门常数；$U_{近岸}$ 为近岸垂线平均流速；k_{s} 为床面粗糙度，当河床组成为非均匀沙，$k_{\mathrm{s}} \approx d_{50}$；$h$ 为水深。

3）断面流速分布及近岸流速估算方法

上述分析表明，下层非黏性土横向冲刷强度与近岸水流切应力关系密切。如何确定近岸流速的大小及方向是长期困扰学者的难题，获取各河段长期实测资料难度较大，且随着水文条件及河床地形不断变化，某一时期实测流速的代表性也不强。本节基于水动力学及河床演变原理，考虑流速分布的各方面影响因素，建立断面流速分布计算式。

以曼宁公式 $v = h^{2/3}J^{1/2}/n$ 为基础，将断面中某点流速 v 与断面平均流速 $\overline{U}$ 进行比较：

$$\frac{v}{\overline{U}} = \left(\frac{\overline{N}}{n}\right)\left(\frac{h}{\overline{H}}\right)^{2/3}\left(\frac{j}{\overline{J}}\right)^{1/2} \qquad (3.18)$$

式中：h、j、n 分别为断面中某一点的水深、比降、糙率；$\overline{H}$、$\overline{J}$、$\overline{N}$ 分别为断面整体的平均水深、比降、糙率。

对式（3.18）右边各项分解可见，推求横断面流速分布关键是分析地形、糙率和比降的底数及指数形式。对于静平整床面，水流阻力仅为沙粒阻力；对沙波存在的动平整床面，还会产生沙波阻力或泥沙运动附加阻力[70]。爱因斯坦认为完整的动床阻力计算方法，应考虑河床形态发展的各个阶段和影响阻力的众多因素[69]，从而基于分割水力半径推求动床阻力的方法，通过积分 Keulegan 对数流速分布公式，求得粗糙床面的阻力公式为

$$\frac{\overline{\overline{U}}}{U_*} = 5.75\log_{10}\frac{R}{k_{\mathrm{s}}} + 6.25 \qquad (3.19)$$

式中：$\overline{U}$ 为垂线平均流速（m/s）；U_* 为摩阻流速（m/s），$U_* = \sqrt{gRJ}$；R 为水力半径，m。

可见，动床阻力与水力半径 R 和床面粗糙度 k_{s} 的比值的对数形式 $\log_{10}(R/k_{\mathrm{s}})$ 呈反比关系，因此，采用断面平均与断面某点的 $\log_{10}(R/k_{\mathrm{s}})$ 的比值作为阻力底数，床面粗糙度 k_{s} 用床沙中值粒径 d_{50} 表示。考虑到特定河床地形及流量条件下，主流通常处于特定平面位置[71]。通常枯水期主流集中在深槽内，当实际流量 $Q_{实际}$ 超过临界归槽流量 $Q_{归槽}$ 后，主流漫滩，此时水流惯性对流速分布起主要作用；而当 $Q_{实际}$ 小于 $Q_{归槽}$ 后，主流集中在槽内，此时槽内地形阻力对流速分布起主要作用。无论主流位于边滩还是深槽，$Q_{归槽}$ 与 $Q_{实际}$ 的差异加剧了滩、槽的阻力差异，因此取 $Q_{归槽}/Q_{实际}$ 为阻力指数。

水深大小是地形高程的直接反映，对断面流速分布有着至关重要的作用。另外，钱宁等整理实测资料发现[10]，大型成型淤积体等河床地貌形态将引起附加糙率，尤其在河床发生严重冲淤时，成型淤积体的冲淤调整对断面流速分布也有重要影响。考虑到主流

所在区域，水流单宽功率$(p = \gamma QJ)$最大，往往发生冲刷，水深将随之增大，将曼宁公式和平衡纵剖面的比降公式$\left[J = \dfrac{1}{A}\left(\dfrac{S^{11/15}d^{13/15}}{Q^{1/5}} \right) \right]$（$A$ 为过水断面面积，d 为床沙粒径，S 为含沙量）代入水流功率公式中，结合实测资料试算成果，采用其对数形式 $\log_{10} d^{13/10} h^{5/3}$ 作为指数来表征河床冲淤对水深的影响。

研究表明[10,27]，对于单一河道，边滩挤压使主槽流路有不同程度的弯曲，漫滩水流和主槽水流的流速不同，存在动量交换；边滩纵比降自头部沿程增加，在中部达到最大值，以后又沿程减小；深槽部分则恰好相反，且边滩水深越小处纵比降越陡，深槽水深越大处纵比降越缓，因此本书采用滩（或槽）的平均水深与某处水深的比值 $\overline{h_{滩/槽}}/h$ 作为比降的底数。对于存在一定曲率的河道，受向心力的影响产生弯道环流，水面超高对滩、槽纵比降的分配产生附加作用，借鉴横向环流强度公式 $u_z \propto U \dfrac{h}{R_*}$ [27]，弯道横向附加作用可通过河湾曲率半径反映出来，因此将河湾曲率半径 R_* 与水流动力轴线弯曲半径 R_{**} 的比值也作为比降的底数。对于分汊河道，由于汊道进口流路弯曲且各汊内通畅程度不同，河长较短的主汊泄流更顺畅，进口纵比降往往较陡；而受出口壅水及沿程泥沙冲刷影响，主汊出口纵比降往往较缓[10]。因此，可将各汊道的分汊系数也作为比降底数。

再者，上游河势调整也将引起本河段进口主流平面位置的变化，进而对断面流速分布产生影响。主流所在区域单宽流速及水流功率较大，水流纵向强度及侵蚀能力较强[72]，将导致河床下切和纵比降的增大，可见上游河势调整主要通过改变下游断面中不同流路的纵比降分配体现出来。上游河势调整强度可用进口主流摆动距离与平滩河宽的比值 $\delta_{进口摆动}/B_{平滩}$ 表示。进口调整强度越大，对下游河道滩、槽纵比降分配的改变幅度越大，因此，可作为比降的指数。

另外，主流摆动受到进口节点挑流的影响较为明显[22-23,71]。当流量超过节点挑流临界流量后，主流线可能从原深槽迅速摆至边滩一侧。挑流作用强弱与实际流量 $Q_{实际}$ 超过挑流临界流量 $Q_{挑流}$ 的程度有关，当 $Q_{实际}$ 没有超过 $Q_{挑流}$ 时，滩、槽纵比降分配没有显著变化；$Q_{实际}$ 一旦超过 $Q_{挑流}$，主流摆动将改变原有滩、槽纵比降的分配模式，因此将 $Q_{挑流}/Q_{实际}$ 作为比降指数之一。节点挑流能力还与节点突出于岸线的长度有关，点绘长江中游 35 个节点突出于岸线相对长度 $L_{节点}/B_{平滩}$（$L_{节点}$ 表示节点突出岸线的长度，$B_{平滩}$ 表示节点所在断面的平滩河宽）与节点附近冲刷坑相对深度 $h_{max}/\bar{H}$（h_{max} 表示节点形成的冲刷坑最大水深，$\bar{H}$ 表示节点所在断面的深槽平均水深）的相关关系，如图 3.26 所示，可见，节点越是突出于河岸，附近冲刷坑深度越大，对来流的挑流作用越强，可采用节点附近冲刷坑相对深度 $h_{max}/\bar{H}$ 作为比降的另一个指数。

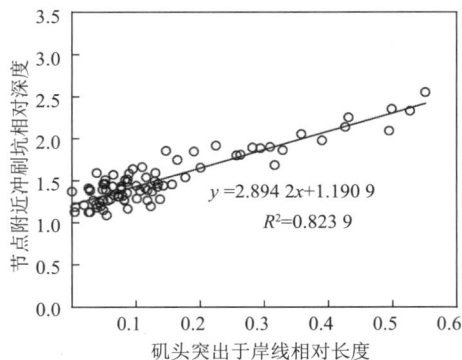

图 3.26　节点突出于岸线相对长度与冲刷坑相对深度的关系

　　更进一步，水流方向与河岸方向的夹角 θ 越大，则对河岸的顶冲作用越强，有利于崩岸发生。考虑到主流区至近岸区的流速是逐渐变化的，近岸流速与河岸的夹角不会超过主流线与河岸的夹角，因此可初步分析相邻河道地形断面的主流平面位置，绘制主流连接线，量取其与岸线的夹角，作为近岸流速与河岸的夹角的外包值。本书中用 $1/\cos\theta$ 作为系数，来表征水流与河岸的夹角对崩岸的影响。将上述分析的阻力、水深、比降的底数和指数均代入式（3.18），得到单一型及分汊型的断面流速分布计算式，如式（3.20）和式（3.21）所示。

$$v=\frac{\overline{U}}{\cos\theta}\cdot\left(\frac{\log_{10}h/d}{\log_{10}\overline{H}/\overline{D}}\right)^{\left(\frac{Q_{归槽}}{Q_{实际}}\right)^{0.5}}\cdot\left(\frac{h}{\overline{H}}\right)^{1/6\cdot\log\left(d^{1.3}h^{5/3}\right)}\cdot\left[\overline{\frac{h_{滩/槽}}{h}}\cdot\left(\frac{R_*}{R_{**}}\right)^{0.2}\right]^{0.5\cdot\frac{\delta_{进口摆动}}{B_{平滩}}\cdot\left(\frac{h\max}{\overline{H}}\right)_{节点}\cdot\left(\frac{Q_{挑流}}{Q_{实际}}\right)^{0.3}} \quad（3.20）$$

$$v=\frac{\overline{U}}{\cos\theta}\cdot\left(\frac{\log_{10}h/d}{\log_{10}\overline{H}/\overline{D}}\right)^{\left(\frac{Q_{归槽}}{Q_{实际}}\right)^{0.5}}\cdot\left(\frac{h}{\overline{H}}\right)^{1/6\cdot\log\left(d^{1.3}h^{5/3}\right)}\cdot\left[\overline{\frac{h_{滩/槽}}{h}}\cdot\left(\frac{R_*}{R_{**}}\right)^{0.2}\cdot\frac{1}{n}\sum_{i=1}^{n}\frac{l_i}{l_i}\right]^{0.5\cdot\frac{\delta_{进口摆动}}{B_{平滩}}\cdot\left(\frac{h\max}{\overline{H}}\right)_{节点}\cdot\left(\frac{Q_{挑流}}{Q_{实际}}\right)^{0.3}}$$

$$（3.21）$$

式中：n 为汊道个数；l_i 为某一汊道河长；h、d 分别断面中某点水深、床沙粒径；$\overline{H}$、$\overline{D}$ 分别为断面平均水深、平均床沙粒径。

　　根据初步计算结果，绘制相邻断面的主流位置连线并量取其与河岸的夹角 θ，再次代入式（3.2.20）和式（3.2.21）进行调整计算，直到计算初值中的夹角与计算结果中的夹角值基本一致为止。如图 3.27 所示，将螺山河段、莱家铺河段、天兴洲河段及罗湖洲

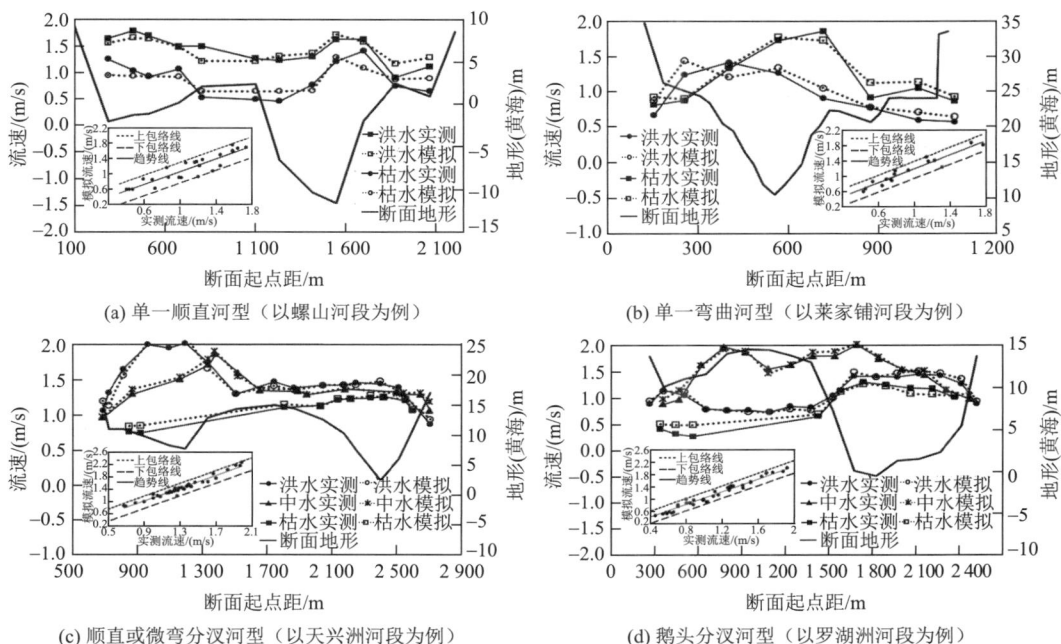

(a) 单一顺直河型（以螺山河段为例）　　　　　　(b) 单一弯曲河型（以莱家铺河段为例）

(c) 顺直或微弯分汊河型（以天兴洲河段为例）　　(d) 鹅头分汊河型（以罗湖洲河段为例）

图 3.27　典型河段断面流速分布计算式验证成果

河段分别作为单一顺直河型、单一弯曲河型、顺直或微弯分汊河型、鹅头分汊河型的代表，对上述河段典型断面的实测流速分布，与式（3.20）、式（3.21）计算的断面流速分布情况进行比较，结果吻合程度较好，且两种方法得到的流速点的相关曲线处于上、下包络线之间，说明计算结果具备一定模拟精度。利用式（3.20）和式（3.21）计算的近岸流速值基本能够运用于岸坡稳定性计算中去。

3. 长江中游单一河段的岸坡稳定性评价

在长江中游 27 个单一河段中，按 2 km 为间距选取典型断面，以滩顶高程向下 30 m 范围内的岸坡土体为研究对象。以造床流量为代表量级，根据唐金武[71]研究成果，上荆江河段、下荆江河段、城陵矶—汉口河段、汉口—湖口河段的造床流量分别取 22 000 m^3/s、27 000 m^3/s、35 500 m^3/s、40 500 m^3/s，归槽临界流量分别取 13 000 m^3/s、11 000 m^3/s、14 000 m^3/s、16 000 m^3/s[73]。结合以往节点挑流研究成果[22,71]，长江中游节点挑流临界流量为 19 000～35 000 m^3/s。根据河道地形绘制初始主流线，量取主流线与河岸的夹角 θ，代入上述断面流速分布计算式中进行反复计算，确定近岸流速。再根据式（3.17）计算近岸水流切应力，根据式（3.16）计算下层非黏性土的临界起动切应力，根据式（3.12）计算上层黏性土的临界挂空长度，衡量各断面上层挂空长度是否超过下层冲刷后退距离，从而判断该断面是否发生崩岸，以及河岸崩退距离。

对沙市—城陵矶河段共 12 个单一河段的上层黏性土临界挂空长度、下层砂性土冲刷后退距离进行计算，结果如图 3.28 所示。从左岸崩岸情况来看，石首河段、碾子湾河

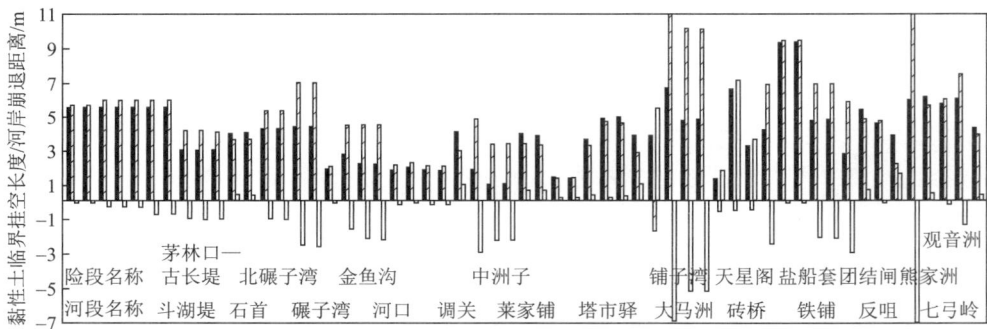

(a) 沙市—城陵矶河段单一河段左岸

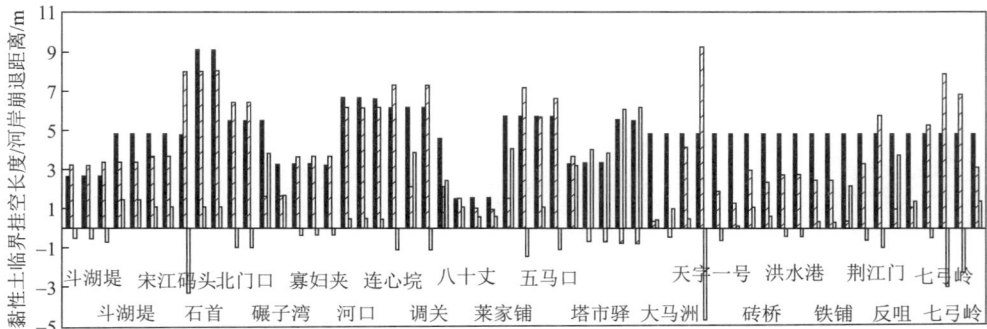

(b) 沙市—城陵矶河段单一河段右岸

■黏性土临界挂空长度　▨非黏性土冲刷后退距离（"+"为后退）　□河岸崩退距离（"+"不崩岸，"−"崩岸）

图 3.28　沙市—城陵矶河段单一河段典型断面黏性土临界挂空长度及河岸崩退距离

段、河口河段、莱家铺河段、大马洲河段、铁铺河段、七号岭河段均存在较长岸线非黏性土冲刷后退距离远大于黏性土的临界挂空长度，导致严重崩岸的发生；斗湖堤河段、调关河段、砖桥河段、反咀河段仅有局部岸线发生崩塌，其他部位岸线稳定性较好；塔市驿河段的非黏性土的冲刷后退距离始终小于黏性土临界挂空长度而无崩岸发生。从右岸崩岸情况来看，斗湖堤河段、石首河段、碾子湾河段、大马洲河段、铁铺河段、七号岭河段的非黏性土冲刷后退距离远大于黏性土临界挂空长度的崩岸连续范围较长；河口河段、调关河段、莱家铺河段、反咀河段仅有局部岸线的非黏性土冲刷后退距离大于黏性土临界挂空长度，其他部位岸线稳定性较好；塔市驿河段、砖桥河段进口局部岸线的崩退距离较小，岸线整体稳定性较好。

阳逻河段、湖广河段、巴河河段、武穴河段、九江河段均存在较长岸线的非黏性土冲刷后退距离远大于黏性土的临界挂空长度，导致严重崩岸的发生；石头关河段、汉金关河段、簰洲湾河段、牯牛沙河段也存在一定范围的连续崩岸，但非黏性土冲刷后退距离仅略大于黏性土临界挂空长度，因此，崩退距离较小；搁排矶河段崩岸范围很小；龙口河段、黄石河段则无崩岸发生。从右岸崩岸情况来看，螺山河段、武桥河段、巴河河段、牯牛沙河段、九江河段的非黏性土冲刷后退距离远大于黏性土临界挂空长度，且崩岸连续范围较长；石头关河段、汉金关河段、簰洲湾河段、黄石河段仅有局部岸线的非黏性土冲刷后退距离大于黏性土临界挂空长度，崩岸持续范围较短或崩退距离较小；阳逻河段、湖广河段、搁排矶河段仅进口存在局部崩岸，对岸线整体稳定影响有限；龙口河段、沌口河段、武穴河段无显著崩岸发生。

从图 3.29 还可以看出，研究中上层黏性土层的临界挂空长度为 1~12 m，平均约为 4.5 m。宗全利等[74]室内模型实验表明：对于岸坡垂高为 40 cm 的下荆江断面而言，低水位时上部黏性土层的最大挂空宽度达到 2.0~8.5 cm，不会发生崩塌；高水位时黏性土最大挂空宽度达 14 cm 以上时发生崩岸。可见本书基于实测资料计算成果与宗全利等的试验成果较为接近，这也印证了本书研究成果的合理性。

4. 河岸稳定性对河段阻隔性的影响

河道宽度的略微增加就可能引起主流摆动[75]；同流量级下，断面形态越为狭窄，槽内水体冲刷力越强[73]，深泓下切、滩槽高差加大使主流线越为稳定。因此，河道崩岸后是否会引发河势剧烈调整，取决于崩岸后河道宽度是否仍大于维持河势稳定的临界河宽。若河道仅有单侧局部岸线发生小幅度崩岸，而另一侧河岸稳定度较高，从两岸总体上来看，上层黏性土临界挂空长度仍然大于下层砂性土的冲刷后退宽度，从而使河宽没有显著变化，这类河岸显然能够维持河势稳定。若单侧河岸发生大幅度崩退，从两岸总体上来看，黏性土挂空长度必然显著小于砂性土冲退宽度，使河宽骤然增加，这类河岸则难以维持河势稳定。因此，左右岸的总体崩退距离共同决定了河道宽度及河势剧烈调整的可能性。统计长江中游 27 个单一河段各断面左右岸的上层黏性土临界挂空长度、下层非黏性土冲刷后退距离（"+"表示非黏性土发生冲刷后退），两者差值为单侧河岸崩退距离，并计算各河段左、右侧河岸崩退距离的加和，作为两岸总体崩退距离（"–"表示河岸总体崩退），如图 3.30 所示。

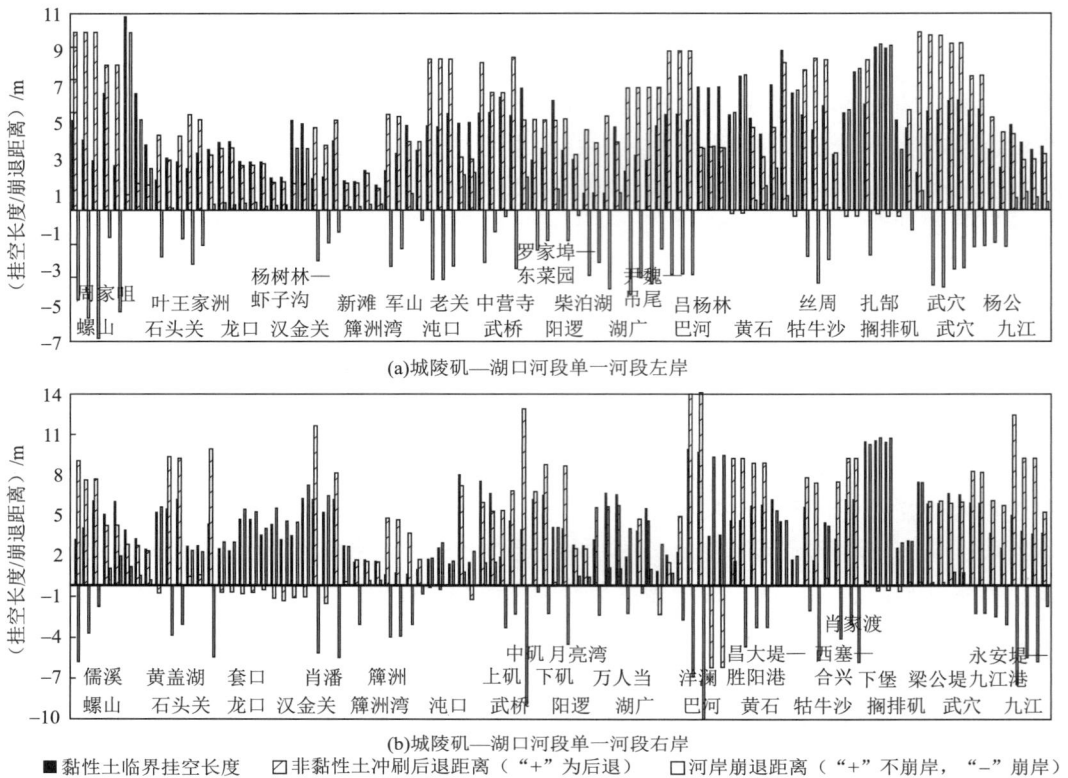

图 3.29 城陵矶—湖口河段单一河段典型断面黏性土临界挂空长度及河岸崩退距离

■黏性土临界挂空长度　☑非黏性土冲刷后退距离（"+"为后退）　□河岸崩退距离（"+"不崩岸，"−"崩岸）

斗湖堤河段、调关河段、塔市驿河段、砖桥河段、反咀河段、龙口河段、汉金关河段、黄石河段、搁排矶河段共 9 个河段的两岸总体上层黏性土临界挂空长度大于下层砂性土的冲刷后退距离，即两岸总体崩退距离大于 0，说明两岸没有发生崩岸，或者仅有单侧发生微弱崩岸，但另一侧河岸保持稳定，依然能够维持河势稳定需要的临界河宽；当上游河势调整后，本河段相对稳定的岸线依然能够维持主流位置不变，来阻止上游河势调整向下游的传递，具有阻隔性河段特征。反之，剩余的 18 个单一河段的两岸总体上层黏性土临界挂空长度小于下层砂性土的冲刷后退距离，即两岸总体崩岸距离小于 0，说明两岸均有崩岸发生，或者一侧岸线相对稳定，而另一侧发生严重崩岸使河道发生大幅度展宽，难以维持河势稳定需要的临界河宽；当上游河势调整后，因河岸抗冲性较差、岸线不稳，本河段河势随之调整，从而将上游河势调整向下游传递，具有非阻隔性河段特征。

另外，在第 3.2.4 节第 1 部分中，通过建立各河段河岸抗冲性综合参数与平滩河宽的相关关系发现，河岸物质组成、矶头及护岸工程等因素对河岸稳定性有重要作用，而河岸物质组成中最重要的影响因素是上层黏性土的黏粒含量。将本节计算的两岸总体崩退距离成果与第 3.2.4 节第 1 部分中两岸岸坡平均黏粒含量成果进行对比，结果如图 3.31 所示，两者呈反比例关系，且相关系数较大，这说明：当岸坡组成中黏粒含量较高时，两岸总体上没有发生崩退（"−"表示崩退，"+"表示没有崩退）；当黏粒含量较低时，两岸总体上可能发生崩退。这两种方法的成果基本一致，均能够达到衡量岸坡稳定性及其约束主流摆动能力的目的。

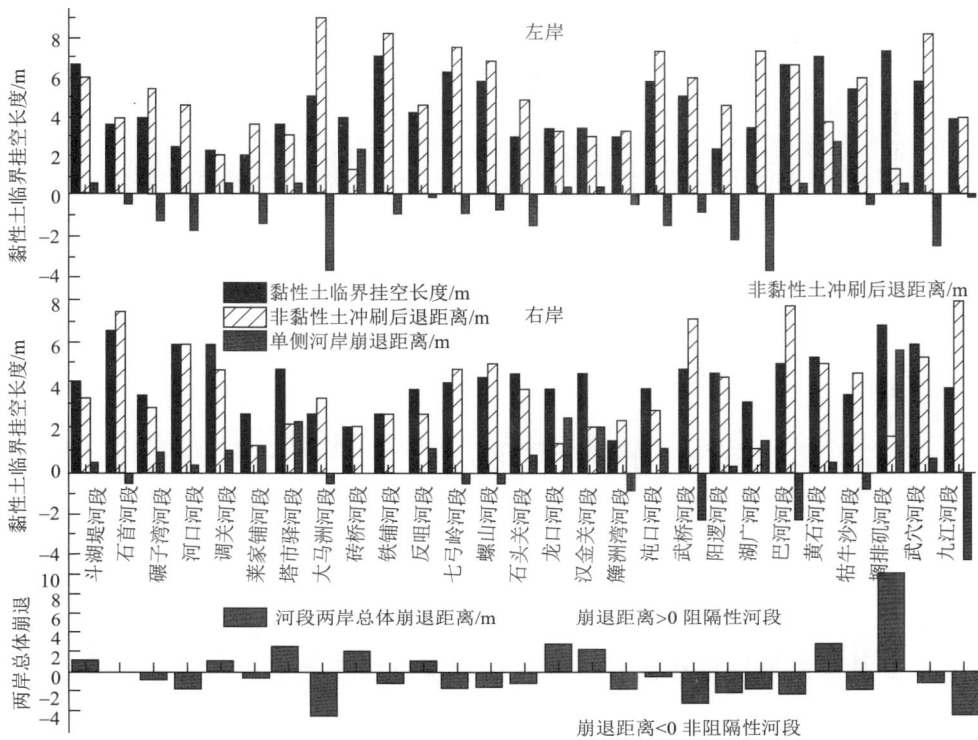

图 3.30　长江中游各单一河段两岸总体崩退距离及对河段阻隔性的影响

综上所述，Fukuoka 方法基于土力学原理分析河岸是否发生崩塌，主要针对局部河段的个别断面的稳定性展开分析；而本节基于河床演变原理，结合上游河势调整和节点挑流影响下的主流走势，以及水流与河床形态相互作用的特点，来估算长河段各典型断面的近岸流速及近岸水流剪切力的大小。考虑到河段内部个别断面单侧河岸的小幅度崩塌，不足以导致河段整体性的大幅度展宽，进而引发河势剧烈调整。因此，评价长河段岸线整体稳定性，应从沿程各个断面两侧河岸的总体情况入手，分析两岸总体上，上层黏性土临界挂空长度与下层砂性土冲刷后退距离孰大孰小，从而来衡量河道限制主流摆动的能力，以及能否将上游河势调整向下游传递。

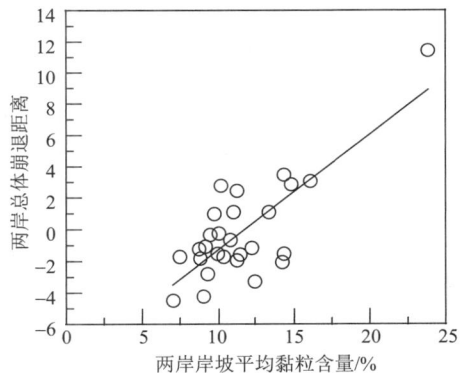

图 3.31　两岸总体崩退距离与岸坡平均黏粒含量的关系

3.2.5　河床抗冲性特征

床沙粒径通过影响河流的能耗水平来影响河型频率的分布[76-77]。分析认为[1]：河床可动性越小，河性越接近于弯曲，断面形态越为窄深；要避免河道发生各式切滩而维持单股无汊河道，应加强滩面抗冲性，同时控制漫滩水深不要过大，从而减小河床可动性，削弱河势演变的剧烈程度。通常而言，河床沉积物越细，抗冲能力越弱，河床可动性越强，河势演变程度越剧烈[2]，但也应注意到，高滩固结后的泥沙也具有较大的抗拒水流切滩的能力[1]。根据 2003～2009 年长江中游 27 个单一河段的实测床沙资料，统计各河段的床沙中值粒径。为了方便对比分析，将床沙中值粒径及 3.2.4 节研究河岸物质组成中起关键作用的岸坡黏粒含量一并列出，如图 3.32 所示。

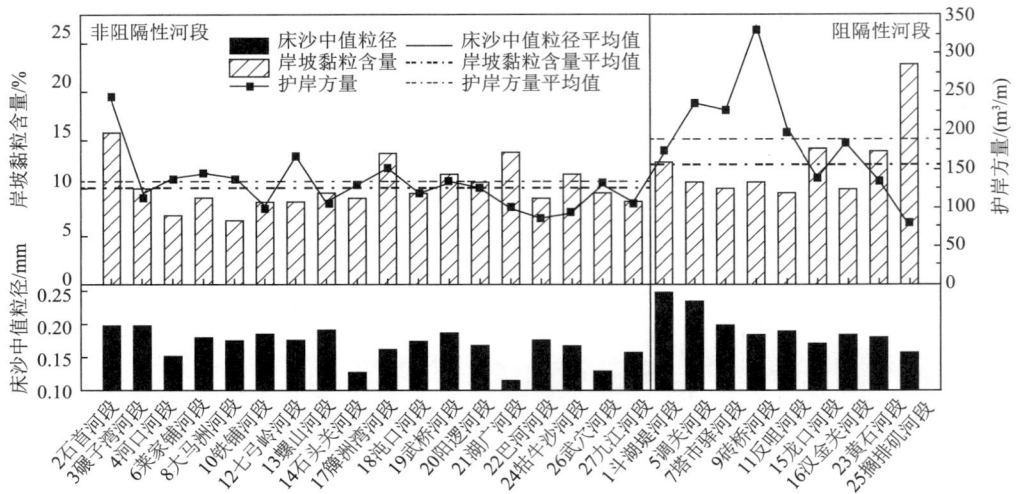

图 3.32　长江中游单一河段岸坡黏粒含量、床沙中值粒径、护岸方量

在 3.2.1 节选取的 34 个研究河段中除顺直、有节点、$\zeta > 4$、河道纵比降小于 1.2‰的河段外，剩余的 14 个河段中，仅有河口河段、莱家铺河段的岸坡黏粒含量低于 9.5%而不具有阻隔性，其余 12 个河段均高于 9.5%；仅有河口河段的床沙中值粒径小于 0.158 mm 而不具有阻隔性，其余河段均大于 0.158 mm。事实上，只有床沙较粗、抗冲性较强、动床阻力较大，河床形态才难以改变[68]；同时，深切型且床沙质较粗的河床，有利于维持较高的河道纵比降[33]，从而集中水流于深槽下泄，来限制主流大幅度摆动。

研究认为[10]，荆江河段的坍岸强度主要与水流强度、河湾形态和河岸土质条件有关。例如，中洲子裁弯后形成的莱家铺河段深泓以上砂层厚度与滩槽高差的比值较大，河岸抗冲能力偏弱，因此坍岸速率较大，1956～1962 年累计向右移动 1000 多米，河口河段亦是如此。但当河道边界由黏土或亚砂土组成时，如塔市驿河段的桃花山、调弦口附近的黏土沉积物等坚硬物质能够限制坍岸，阻碍弯道沿河谷方向蠕动[10]。可见，只有河岸抗冲性较强，才能防止崩岸的发生及河道的展宽[44,68]，本河段才可以保持自身河势稳定，从而维持微弯窄深的河道形态，限制水流动力轴线摆动。因此，岸坡黏粒含量高于 9.5%、床沙中值粒径大于 0.158 mm，也是形成阻隔性河段的控制要素之一。

值得指出的是，阻隔性河段的护岸方量平均值为 189.1 m³/m，非阻隔性河段仅为 126.9 m³/m，阻隔性河段中河岸天然地质条件相对薄弱的河段，护岸方量均较大，从而保证了阻隔性河段的河岸具有较强抗冲性。

3.3　阻隔性河段各特征的关系

　　第 3.2 节采取由主到次、循序渐进的方法逐一排除非阻隔性特征，过程示意图如图 3.33 所示。从图中可以看出，铁铺河段、螺山河段、沌口河段、武桥河段、巴河河段、大通河段 6 个河段为单一顺直河道而不具有阻隔性；除去单一顺直河段外，石首河段、阳逻河段、湖广河段、牯牛沙河段、武穴河段、东流—官洲河段、官洲—安庆河段 7 个河段的中上部存在挑流节点而不具有阻隔性；除去单一顺直、有节点的河段外，碾子湾河段、大马洲河段、石头关河段、太子矶—贵池河段 4 个河段在不同流量级下平均河相系数 $\zeta > 4$ 而不具有阻隔性；除去单一顺直、有节点、河相系数大于 4 的河段外，剩余河段中仅有七弓岭河段、簰洲湾河段、九江河段的河道纵比降小于 1.2‰而不具有阻隔性；除去单一顺直、有节点、河相系数大于 4、纵比降小于 1.2‰的河段外，剩余河段中仅有河口河段、莱家铺河段的岸坡黏粒含量低于 9.5%而不具有阻隔性；仅有河口河段的床沙中值粒径小于 0.158 mm 而不具有阻隔性。

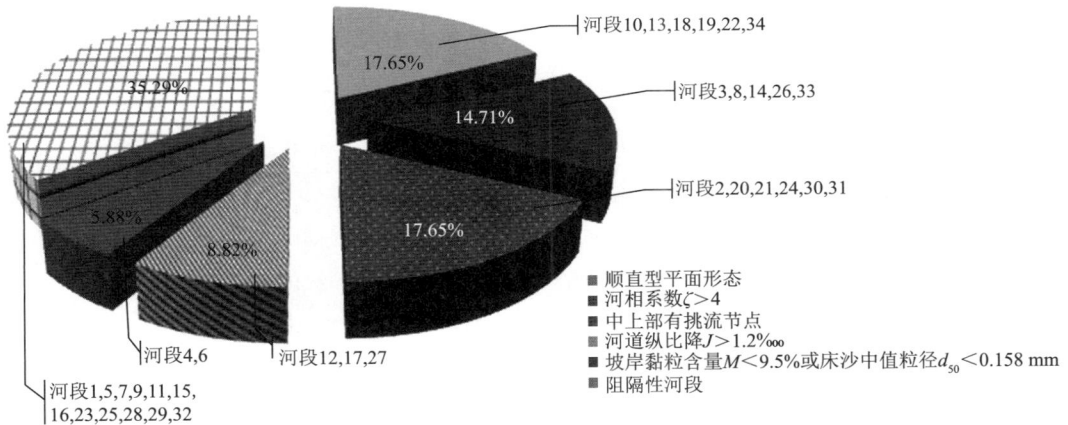

图 3.33　递进方法排除非阻隔性特征的过程示意图

　　对阻隔性河段的各方面特征进行汇总，如表 3.3 所示。

表 3.3　研究河段阻隔性特征表

	序号	河段名称	河道形态	是否有节点	河相系数	河道纵比降/‰	坡岸黏粒含量/%	床沙中值粒径/mm	是否有阻隔性
沙市–城陵矶	1	斗湖堤河段	单一微弯	无	2.55	2.539	12.9	0.251	是
	2	石首河段	单一微弯	中间有	2.86	3.273	15.8	0.204	否
	3	碾子湾河段	单一微弯	无	4.76	1.790	10.5	0.199	否
	4	河口河段	单一微弯	无	3.19	2.911	7.3	0.154	否

	序号	河段名称	河道形态	是否有节点	河相系数	河道纵比降/‰	坡岸黏粒含量/%	床沙中值粒径/mm	是否有阻隔性
沙市-城陵矶	5	调关河段	单一微弯	无	2.61	2.684	10.7	0.232	是
	6	莱家铺河段	单一微弯	无	3.32	2.359	9.3	0.184	否
	7	塔市驿河段	单一微弯	无	2.98	1.609	10.1	0.201	是
	8	大马洲河段	单一微弯	进口有	6.68	1.289	6.9	0.179	否
	9	砖桥河段	单一微弯	无	3.66	3.079	10.9	0.187	是
	10	铁铺河段	单一顺直	无	4.31	0.574	8.5	0.188	否
	11	反咀河段	单一微弯	无	3.11	5.039	9.5	0.184	是
	12	七公岭河段	单一微弯	中下有	3.29	0.431	8.6	0.178	否
城陵矶-武汉	13	螺山河段	单一顺直	进口有	6.25	0.357	10.1	0.193	否
	14	石头关河段	单一微弯	出口有	5.08	0.803	8.9	0.127	否
	15	龙口河段	单一微弯	出口有	3.42	4.048	14.3	0.166	是
	16	汉金关河段	单一微弯	无	3.25	4.423	9.9	0.182	是
	17	簰洲湾河段	单一微弯	无	2.14	0.739	13.8	0.162	否
	18	沌口河段	单一顺直	中间有	5.79	1.586	9.8	0.181	否
	19	武桥河段	单一顺直	进口有	4.47	1.271	12	0.193	否
武汉-湖口	20	阳逻河段	单一微弯	进口有	3.46	1.567	10.9	0.169	否
	21	湖广河段	单一微弯	进口有	3.93	1.413	13.7	0.112	否
	22	巴河河段	单一顺直	进口有	4.52	2.710	13.7	0.112	否
	23	黄石河段	单一微弯	出口有	2.70	4.496	13.8	0.181	是
	24	牯牛沙河段	单一微弯	进口有	4.07	1.656	11.1	0.170	否
	25	搁排矶河段	单一微弯	两岸沿程有	0.79	8.229	22.8	0.158	是
	26	武穴河段	单一微弯	中上有	4.87	1.255	9.7	0.131	否
	27	九江河段	单一微弯	无	3.17	0.510	8.8	0.162	否
湖口-大通	28	上、下三号洲—马垱河段过渡段	单一微弯	出口有	2.05	1.452	17.6	0.178	是
	29	马垱—东流河段过渡段	单一微弯	无	2.96	1.386	16.5	0.186	是
	30	东流—官洲河段过渡段	单一微弯	中间有	3.47	1.257	14.1	0.133	否
	31	官洲—安庆河段过渡段	单一微弯	中间有	2.71	1.310	16.9	0.121	否
	32	安庆—太子矶河段过渡段	单一微弯	出口有	1.71	1.300	22.5	0.223	是
	33	太子矶—贵池河段过渡段	单一微弯	无	4.16	0.904	9.6	0.125	否
	34	大通河段顺直段	单一顺直	进口有	4.29	0.895	8.5	0.164	否

综上所述，本节采用逐一排除法，排除所有非阻隔性特征后，剩余的 12 个河段必然满足所有阻隔性特征；换言之，不满足其中任一特征的河段难以长期维持主流平面位置稳定，不是阻隔性河段。当然，阻隔性河段的各个特征之间是相互依存、互相影响的，但每个特征均是形成阻隔性河段必不可少的条件。

更进一步，单一微弯河段对水流的归顺作用[10]可以从水流动力轴线弯曲半径 R_{**} 与河湾曲率半径 R_* 的关系式中体现出来。水流动力轴线弯曲半径理论[27]表达式为

$$R_{**} = \sqrt[3]{\frac{1}{\varphi J_\varphi g}\left(R_* \frac{Q}{A}\right)^2} \tag{3.22}$$

式中：R_{**} 为水流动力轴线弯曲半径；R_* 为河湾曲率半径；J_φ 为水流动力轴线处的水面纵比降；φ 为河湾中心角（rad）。

从式（3.22）可以看出，R_0 与 R_* 的 0.67 次方成正比，表明了河湾曲率半径 R_* 对水流动力轴线弯曲半径 R_0 的归顺作用。此外，弯道往往存在较为明显的水面横比降也是弯道对水流归顺作用的一种宏观体现。

综上所述，首先，上游河势调整或水沙条件变化导致河段入流方向不一，但单一微弯的河道形态有利于归顺不同的来流平面位置，使出流方向保持单一稳定。然后，河段对水流的这种归顺作用，若因断面形态、河岸地质等原因遭受破坏，则河段阻隔性可能丧失，例如："平均河相系数小于 4，沿程各断面的河相系数标准差均小于 15"使沿程各断面维持了窄深形态，有效限制了主流摆动空间，有利于约束主流摆动；"河岸抗冲性较强且中上段无挑流节点"，有利于保证河段自身岸坡稳定，使窄深型断面不会因上游河势调整而被破坏，从而使单一微弯河段对水流的归顺作用得以充分发挥。最后，河道纵比降大于 1.2‰，床沙中值粒径大于 0.158 mm，有利于形成可动性较弱但纵比降较高的窄深型河槽。考虑到长江中游各单一河道的平均纵比降约为 2.5‰，2009 年实测床沙资料也显示，上荆江、下荆江的中值粒径分别为 0.27 mm、0.20 mm，可见上述阻隔性河段临界值的提出并不苛刻，许多非阻隔性河段也能够满足，但若具备其他阻隔性特征的河段不具备这两种特征，河段很可能因纵向输沙能力不足而发生淤积，或因床沙侧移而阻力过小，当上游河势调整后，本河段主流线大幅度迁移，进而破坏其他阻隔性特征，使河段丧失阻隔性。

3.4　本章小结

本章以长江中下游单一河段为研究对象，在深入分析河势调整的传递和阻隔要素基础上，明确阻隔性河段定义，并从平面形态、横断面形态、纵剖面形态、河岸稳定性及河床抗冲性等方面剖析了阻隔性河段应具备的特征，同时在节点挑流作用机理、河相系数沿程变化规律、二元结构岸坡稳定性等方面取得了一些新认识，主要结论如下。

（1）所谓阻隔性河段，是指河段能够长期维持自身河道输沙平衡并归顺不同流量级下的主流平面位置，使无论上游河势如何调整，其出流的主流平面位置始终保持稳定，

从而使上游河势调整对该河段下游的河道演变基本没有影响，为下游河段进口提供相对稳定的入流条件。

（2）阻隔性河段主要特征包括：具有单一微弯的平面形态，中上部无挑流节点；河相系数小于 4；河道纵比降大于 1.2‰；河岸抗冲性较强而黏粒含量高于 9.5%；床沙中值粒径大于 0.158 mm 等。

（3）节点挑流幅度与节点入流角度有关；节点挑流强度与节点挑流影响范围内的水体动量、节点束窄河宽程度及物质组成抗冲性有关。借鉴丁坝漩涡诱导流速计算模式，分析节点挑流前后断面流速分布的变化情况。结果表明，对于不同节点，节点长度相对于河宽越大，抗冲性越强，则最大绕流流速及受漩涡影响的诱导流速越大，节点相对影响宽度越大，挑流强度越大。对于同一节点，随着流量增加，绕流流速及诱导流速增加，挑流强度增强。

（4）采用数理统计方法分析河相系数沿程变化规律表明，非阻隔性河段的河相系数标准差存在大于 15 的断面，河相系数小于 4 的断面的最大连续长度为 3 020 m。阻隔性河段河相系数标准差均小于 15，河相系数小于 4 的断面的最小连续长度为 3 256 m。因此，阻隔性河段的河相系数小于 4 的断面最小连续长度为 3 200 米左右。

（5）根据水动力学及河床演变基本原理分析断面流速分布的影响因素，通过推求糙率、水深、比降表达式来建立断面流速分布计算式，验证成果表明，计算流速分布与实测流速分布一致性较好，可用于确定河道崩岸计算中的近岸流速取值。

（6）基于 Fukuoka 方法评价长江中游二元结构岸坡稳定性，根据试验成果确定黏性土抗拉强度及砂性土临界切应力，根据估算的近岸流速确定近岸水流切应力，采用 Lane 提出的根据临界切应力推求河宽的方法获得砂性土冲刷后退距离，将其与上层黏性土的临界挂空长度比较，判断河岸是否发生崩坍并估算河岸崩退距离。结果表明，计算崩岸险段与实测崩岸险段吻合程度较好。从长江中游的斗湖堤河段、调关河段、塔市驿河段、砖桥河段、反咀河段、龙口河段、汉金关河段、黄石河段、搁排矶河段共 9 个河段的两岸总体情况来看，上层黏性土临界挂空长度大于下层砂性土的实际冲刷后退距离，两岸总体崩退距离大于 0，不会发生单侧或双侧大幅度崩岸，河岸总体稳定性好。

参 考 文 献

[1] 尹学良. 弯曲型河流形成原因及造床试验初步研究[J]. 地理学报, 1965, 31（4）: 287-303.

[2] 江恩惠. 黄河下游游荡型河段河势演变规律[J]. 人民黄河, 2009, 31（5）: 26-27.

[3] OLLERO A, BRAVARD J P, GUPTA A. Channel changes and floodplain management in the meandering middle Ebro River, Spain[J]. Geomorphology, 2010, 117（3/4）: 247-260.

[4] BRIERLEY G J. Floodplain sedimentology of the Squamish River, British Columbia: Relevance of element analysis[J]. Sedimentology, 2010, 38（4）: 735-750.

[5] WOLMAN M G, GERSON R. Relative scales of time and effectiveness of climate in watershed[J]. Geomorphology, 1978, 3: 189-208.

[6] HACK J T. Interpretation of erosional topography in humid temperate regions[J]. American Journal of Science , Bradley Volume, 1960, 258-A: 80-97.

[7] SCHUMM S A. The shape of alluvial channels in relation to sediment type[J]. Geological Survey Professional Paper, 1960, 352-B: 17-30.

[8] 林承坤, 黎孔刚. 从河床特性与演变角度评长江中下游张家洲浅水航道的开发与整治[J]. 中国航海, 1995, (1): 19-30.

[9] GILBERT G K. Report o Geology of the Henry Mountain, Utah[M] Washington: U. S. Geog. And Geol. Survey of the Rocky Mts. Region, 1877.

[10] 钱宁, 张仁, 周志德. 河床演变学[M]. 北京: 科学出版社, 1987.

[11] SCHUMM S A, KHAN H R. Experimental study of channel patterns[J]. Geological Society of America Bulletin, 1972, 83: 1755-1770.

[12] ORLOWSKI L A, SCHUMM S A, MIELKE JR P W. Reach classifications of the lower Mississippi River[J]. Geomorphology, 1995, 14(3): 221-234.

[13] 张我华, 方仲将, 蔡袁强. 防护丁坝抗冲刷失效安全可靠性分析[J]. 海洋工程, 2005, 23(4): 39-46.

[14] 喻涛. 非恒定流条件下丁坝水力特征及冲刷机理研究[D]. 重庆: 重庆交通大学, 2013.

[15] DUAN J G, HE L, FU X D, et al. Mean flow and turbulence around experimental spur dike[J]. Advances in Water Resources, 2009, 32(12): 1717-1725.

[16] 高培. 长江中游航道丁坝稳定性及防护技术研究[D]. 重庆: 重庆交通大学, 2006.

[17] 王慧, 胡旭跃, 马利军, 等. 丁坝头部附近流速分布特征及对通航影响距离的试验研究[J]. 安全与环境学报, 2010, 10(5): 167-172.

[18] 常福田, 丰玮. 丁坝群合理间距的试验研究[J]. 河海大学学报, 1992, 20(4): 7-14.

[19] 韩玉芳, 陈志昌. 丁坝回流长度的变化[J]. 水利水运工程学报, 2004(3): 33-36.

[20] 中国科学院地理研究所, 长江水利水电科学研究院, 长江航道局规划设计研究所. 长江中下游河道特性及其演变[M]. 北京: 科学出版社, 1985.

[21] 黄锡荃, 柳中坚. 长江下游分汊河型内部结构和空间效应的研究[J]. 地理学报, 1991, 46(2): 160-177.

[22] 刘亚, 李义天, 卢金友. 鹅头分汊河型河道演变时空差异研究[J]. 应用基础与工程科学学报, 2015, 23(4): 705-714.

[23] 余文畴. 长江下游分汊河道节点在河床演变中的作用[J]. 泥沙研究, 1987(4): 12-21.

[24] 冷魁. 长江中游城螺河段河床演变分析[J]. 泥沙研究, 1993(3): 109-116.

[25] 刘林, 黄成涛, 李明, 等. 长江中游典型顺直河段交错边滩复归性演变机理[J]. 应用基础与工程科学学报, 2014, 22(3): 445-456.

[26] 长江航道规划设计研究院. 长江中游湖广-罗湖洲河段航道整治工程可行性研究报告[R]. 2011.

[27] 谢鉴衡. 河床演变及整治[M]. 2 版. 北京: 中国水利水电出版社, 1997.

[28] CLERICI A, PEREGO S, CHELLI A, et al. Morphological changes of the floodplain reach of the Taro River (Northern Italy) in the last two centuries[J]. Journal of Hydrology, 2015, 527: 1106-1122.

[29] RAMOS J, GRACIA J. Spatial-temporal fluvial morphology analysis in the Quelite River: It's impact on communication systems[J]. Journal of Hydrology, 2012, 412-413: 269-278.

[30] XIA J, DENG S, LU J, et al. Dynamic channel adjustments in the Jingjiang Reach of the Middle Yangtze River[J]. Scientific Reports, 2016, 6: 22802.

[31] 周银军. 河床形态冲刷调整量化及其对阻力的影响初步研究[D]. 武汉: 武汉大学, 2010.

[32] 尹国康. 长江河床纵剖面形态分析[J]. 南京大学学报(地理学), 1963(2): 13-32.

[33] 刘怀湘, 王兆印, 陆永军, 等. 下切性河流的床沙响应与纵剖面调整机制[J]. 水科学进展, 2013, 24(6): 836-841.

[34] 余文畴, 卢金友. 长江河道崩岸与护岸[M]. 北京: 中国水利水电出版社, 2008.

[35] 长江水利委员会. 长江中下游干流河道治理规划(2016 年修订)[R]. 武汉, 2016.

[36] BANDYOPADHYAY S, GHOSH K, DE S K. A proposed method of bank erosion vulnerability zonation and its application on the River Haora, Tripura, India[J]. Geomorphology, 2014, 224(224): 111-121.

[37] MOTTA D, ABAD J D, LANGENDOEN E J, et al. A simplified 2D model for meander migration with physically-based bank evolution[J]. Geomorphology, 2012, 164(4): 10-25.

[38] LABBE J M, HADLEY K S, SCHIPPER A M, et al. Influence of bank materials, bed sediment, and riparian vegetation on channel form along a gravel-to-sand transition reach of the upper tualatin river, oregon, USA[J]. Geomorphology, 2011, 125(3): 374-382.

[39] 王延贵. 冲积河流岸滩崩塌机理的理论分析及试验研究[D]. 北京: 中国水利水电科学研究院, 2003.

[40] 夏军强, 王光谦. 考虑河岸冲刷的弯曲河道水流及河床变形的数值模拟[J]. 水利学报, 2002(6): 60-66.

[41] FUKUOKA S. 自然堤岸冲蚀过程的机理[J]. 水利水电快报(EWRHI), 1996 (2): 29-33.

[42] 罗小杰, 马贵生. 长江中下游堤防工程地质研究[M]. 武汉: 中国地质大学出版社, 2010.

[43] 王诘昭, 张元禧. 美国陆军工程兵团水力设计准则[M]. 北京: 水利出版社, 1982.

[44] 饶庆元. 粘性土抗冲特性研究[J]. 长江科学院院报, 1987 (4): 73-84.

[45] 鄢丽芬. 粘性土拉伸特性试验研究[D]. 南京: 南京大学, 2013.

[46] 宗全利, 夏军强, 张翼, 等. 荆江段河岸粘性土体抗冲特性试验[J]. 水科学进展, 2014, 25(4): 567-574.

[47] 殷成胜, 殷如阳, 卢佩霞. 无黏性土的冲刷机理[J]. 盐城工学院学报(自然科学版), 2016, 29(1): 66-69.

[48] 张修桂. 长江城陵矶—湖口河段历史演变[J]. 复旦学报(社会科学版), 1980(s1): 29-43.

[49] JULIAN J P, TORRES R. Hydraulic erosion of cohesive riverbanks[J]. Geomorphology, 2006, 76(1/2): 193-206.

[50] 许炯心. 水库下游河道复杂响应的试验研究[J]. 泥沙研究, 1986, 12(4): 50-57.

[51] MORAN A D, ABDERREZZAK K E K, MOSSELMAN E, et al. Physical model experiments for sediment supply to the old Rhine through induced bank erosion[J]. International Journal of Sediment Research, 2013, 28(4): 431-447.

[52] ZAIMES G N, SCHULTZ R C. Riparian land-use impacts on bank erosion and deposition of an incised stream in north-central Iowa, USA[J]. Catena, 2015, 125: 61-73.

[53] 余文畴, 岳红艳. 长江中下游崩岸机理中的水流泥沙运动条件[J]. 人民长江, 2008, 39(3): 64-66.

[54] SHU A P, LI F H, YANG K. Bank-collapse disasters in the wide valley desert reach of the upper Yellow River[J]. Procedia Environmental Sciences, 2012, 13: 2451-2457.

[55] 张芳枝, 陈晓平. 河流冲刷作用下堤岸稳定性研究进展[J]. 水利水电科技进展, 2009, 29(4): 84-88.

[56] JIA D, SHAO X, WANG H, et al. Three-dimensional modeling of bank erosion and morphological changes in the Shishou bend of the middle Yangtze River[J]. Advances in Water Resources, 2010, 33(3): 348-360.

[57] 唐金武, 邓金运, 由星莹, 等. 长江中下游河道崩岸预测方法[J]. 四川大学学报(工程科学版), 2012, 44(1): 75-81.

[58] IKEDA S, PARKER G, KIMURA Y. Stable width and depth of straight gravel rivers with heterogeneous bed materials[J]. Water Resource Research, 1988, 24(9): 713-722.

[59] PIZZUTO J E. Numerical simulation of gravel river widening[J]. Water Resource Research, 1990, 26(9): 1971-1980.

[60] DUAN J G, WANG S Y. The applications of the enchanced CCHE2D model to study the alluvial channel migration processes[J]. Journal of Hydraulic Research, 2001, 39 (5)：469-780.

[61] OSMAN A M, THORNE C R. Riverbank stability analysis Ⅰ：Theory[J]. Journal of Hydraulic Engineering, 1988, 114 (2)：134-150.

[62] THORNE C R, OSMAN A M. Riverbank stability analysis II: Application[J]. Journal of Hydraulic Engineering, 1988, 114 (2)：151-172.

[63] 李昊达, 唐朝生, 徐其良, 等. 土体抗拉强度试验研究方法的进展[J]. 岩土力学, 2016, 37 (2)：175-186.

[64] 周建军, 林秉南, 王连祥. 平面二维泥沙数学模型研究及其应用[J]. 水利学报, 1993 (11)：10-19.

[65] HASEGAWA K. Bank-erosion discharge based on a non-equilibrium theory[J]. Japanese Society of Civil Engineering, 1981, 316: 37-50.

[66] 沈婷, 李国英, 张幸农. 水流冲刷过程中河岸崩塌问题研究[J]. 岩土力学, 2005, 26 (5)：260-263.

[67] LANE E W. Design of stable channels[J]. Transaction of American Society of Civil Engineers, 1955, 2776: 1234-1260.

[68] YU M H, WEI H Y, WU S B. Experimental study on the bank erosion and interaction with near-bank bed evolution due to fluvial hydraulic force[J]. International Journal of Sediment Research, 2015, 30 (1)：81-89.

[69] 张瑞瑾. 河流泥沙动力学[M]. 2 版. 北京：中国水利水电出版社, 2009.

[70] 陈小秦, 黄才安. 动床沙粒阻力计算的研究[J]. 苏州大学学报 (工科版), 2007, 27 (6)：53-57.

[71] 唐金武. 长江中下游河道演变及航道整治方法[D]. 武汉：武汉大学, 2012.

[72] REGALLA C, KIRBY E, FISHER D, et al. Active forearc shortening in Tohoku, Japan: Constraints on fault geometry from erosion rates and fluvial longitudinal profiles[J]. Geomorphology, 2013, 195 (4)：84-98.

[73] 唐金武, 邓金运, 由星莹, 等. 长江中游航道的临界归槽河宽[J]. 武汉大学学报 (工学版), 2012, 45 (1)：16-20.

[74] 宗全利, 夏军强, 邓珊珊, 等. 荆江段二元结构河岸崩塌机理试验研究[J]. 应用基础与工程科学学报, 2016, 24 (5)：955-959.

[75] LANGENDOEN E J, MENDOZA A, ABAD J D, et al. Improved numerical modeling of morphodynamics of rivers with steep banks[J]. Advances in Water Resources, 2015, 93 (7)：4-14.

[76] WOHL E. Particle dynamics: the continuum of bedrock to alluvial river segments[J]. Geomorphology, 2015, 241: 192-208.

[77] 许炯心. 不同床沙组成的冲积河流中河型的分布特征[J]. 自然科学进展, 2002, 12 (8)：870-873.

第 4 章　横向河势调整传递及阻隔机理

从河势调整的阻隔现象及特征分析中不难发现，上游河势调整能够向下游传递的主要原因在于上、下游河道主流平面位置的变化存在对应性，即上游河段主流平面位置变化后，下游河段主流平面位置随之变化。分析阻隔性河段机理，关键是要弄清楚上、下游河段主流没有发生对应性摆动的成因。因此，本章首先基于实测资料分析阻隔性与非阻隔性河段的主流摆动模式差异，从主流摆动影响因素入手，建立主流摆动距离随流量的变化曲线，剖析两类河段不同的主流摆动时序特征及河势调整频率，以及导致这种现象的可能成因；然后基于理论推导获得水流动力轴线弯曲半径计算式，分析两类河段在水流动力轴线摆动力与边界条件约束力方面的异同，揭示阻隔性河段在河道边界约束力方面的优势；最后基于主流摆型波传播过程中河床动力响应模型，分析两类河段在上游河势调整后，产生的主流摆型波加速度的沿程振荡情况，从而剖析主流摆型波的传播及衰减效应，探寻阻隔性河段阻滞摆型波向下游传递的内在机制。

4.1　横向河势调整传递及阻隔成因

4.1.1　阻隔性与非阻隔性河段主流平面位置差异

第 2 章详细列举了长江中下游河势调整过程中典型的传递及阻隔现象。从历年深泓摆动图中不难发现，非阻隔性河段深泓平面位置变化较大，最大摆动幅度接近或超过河道宽度，说明这类河段的河势调整程度剧烈；而阻隔性河段深泓平面位置多居于凹岸深槽而摆幅较小，说明这类河段的河势相对稳定。事实上，上游河势调整前，受水流惯性力及河道形态阻力差异的影响，各流量级下主流平面位置通常是不同的；上游河势调整后，全部或部分流量级下的主流平面位置发生变化，可见，上游河势调整对下游的影响，也是通过改变各流量级下的主流平面位置实现的。因此，首先分析阻隔性河段与非阻隔性河段在不同流量级下的主流平面位置的差异性。

图 4.1 为陆溪口—龙口河段及监利—大马洲河段不同流量级下的主流平面位置，从图中可以看出，不同流量级下，同为分汊段的陆溪口河段和监利河段主流平面位置及流速分布明显不同。监利河段下游的大马洲河段不具有阻隔性，各级主流位置也明显不同，若监利河段河势调整，大马洲河段必然相应调整，河道发生趋势性冲淤；而陆溪口河段下游龙口河段具有阻隔性，各级主流位置相差不大，即便陆溪口河段河势调整，进入龙口河段的主流位置也基本保持稳定，不会对下游河道演变产生明显影响。从上述分析可以看出，河段具有阻隔性的根本成因在于本河段能归顺不同流量级的主流平面位置，无论上游河势如何调整，进入本河段后主流平面位置基本稳定，为下游河道提供了相对稳定的入流条件，从而阻止了上游河势调整向下游的传递。

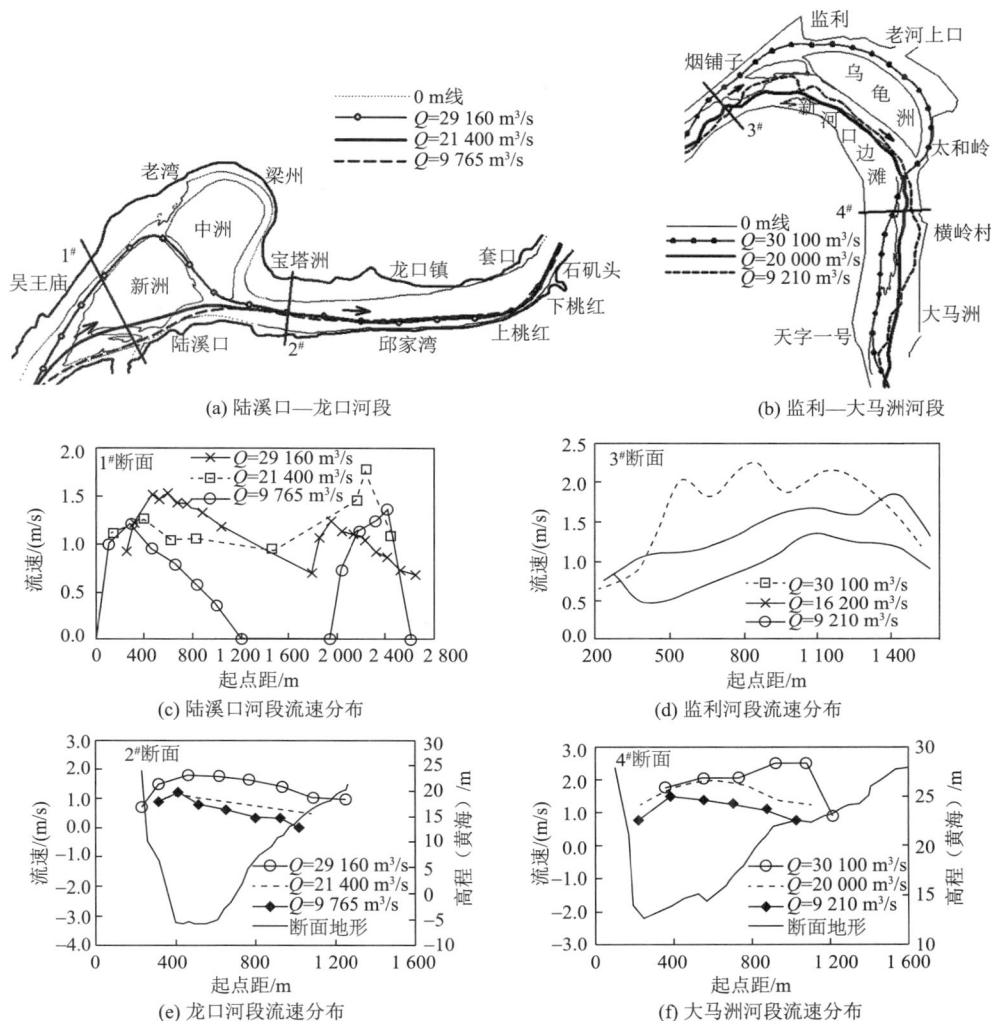

(a) 陆溪口—龙口河段

(b) 监利—大马洲河段

(c) 陆溪口河段流速分布

(d) 监利河段流速分布

(e) 龙口河段流速分布

(f) 大马洲河段流速分布

图 4.1　阻隔性河段及非阻隔性河段主流平面、断面位置差异

　　上述阻隔性河段与非阻隔性河段主流平面位置的差异在长江中下游河段广泛存在。新堤河段[1]和燕子窝河段[2]同为顺直分汊段，不同流量级下主流选槽选汊差异较大，前者下游石头关河段的主流平面位置随新堤河段的变化改变，而后者下游汊金关河段的主流平面位置却始终不变；类似现象在天兴洲河段[3]下游的阳逻河段和戴家洲河段下游的黄石河段的演变过程中[4-5]也存在。李义天等[6]在系统总结长江中下游河道演变特征基础上指出，不同流量级下主流平面位置往往不同，通过对主流摆动临界流量区间进行划分，相应滩槽部位的冲淤变形幅度与该区间内流量的持续时间密切相关。初步认为，河势调整向下游传递的本质是主流平面位置及其持续时间的调整向下游传递。

4.1.2　主流摆动影响因素分析

　　以往大量研究表明[6-7]，主流摆动的影响因素包括流量变化、河道形态及上游河势调整等方面。其中，河道形态的影响主要体现在河型、放宽率、弯曲率、分汊系数、断面宽深比、断面冲淤情况、比降等方面；上游河势调整的影响主要体现在上游河势变化、节点挑流作用等方面。

1. 流量变化的影响

试验表明，当来流过程恒定时，水流冲刷部位较为固定，水流归槽冲刷形成深泓，主槽稳定且平顺[8]；当流量存在一定变幅时，随着水位涨落，边滩、江心洲滩出露与否，对水动力条件影响较大[9]，主流线摆至部位发生冲刷，主流线摆离部位发生淤积，河床冲淤部位不断发生变化，不利于形成稳定主槽。许多学者针对流量变化对主流摆动的影响展开研究，例如：陈立等[10]将径流过程分为大水、中水、小水，建立了各种径流过程与武桥河段的演变关系；江凌等[11]剖析了沙市河段水沙输移特性与河道演变规律之间的关系，并预测了河床演变趋势。

唐金武[12]通过分析实测水文地形资料发现，滩槽冲刷特征流量持续时间超过某一临界天数，会引起边心滩切割、崩岸等现象，如主流贴岸持续时间较长，而河岸抗冲性又较差，往往会引起崩岸，主流在边滩或心滩上持续时间超过一定天数，也会引起边心滩的切割。如图 4.2 所示，当监利河段流量为 6 320 m³/s 时，主流位于右汊乌龟夹；当流量增加至 16 100 m³/s 时，主流漫上洲头低滩；当流量为 30 800 m³/s 时，主流摆至监利左汊。可见，主流摆动往往有规律可循，特定流量区间主流可能处于特定部位，边心滩、深槽、岸线的冲淤变形与主流所在部位及其持续时间密切相关。

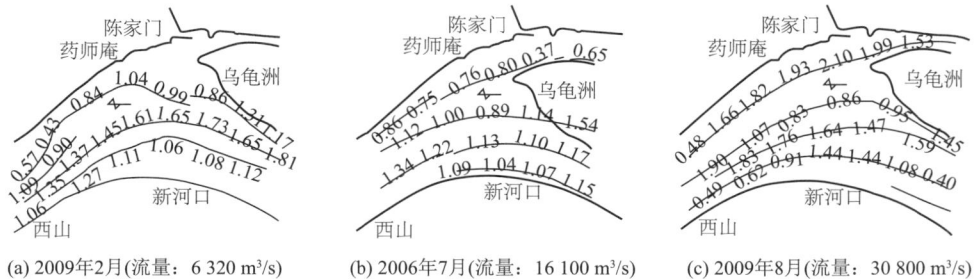

(a) 2009年2月(流量：6 320 m³/s)　(b) 2006年7月(流量：16 100 m³/s)　(c) 2009年8月(流量：30 800 m³/s)

图 4.2　监利河段不同流量级下进口流场图[13]

2. 河道形态的影响

3.2.4 节第 2 部分详细分析了糙率、水深、比降等对断面流速分布的影响，进而基于水动力学及河床演变学基本原理提出了断面流速分布近似计算式，如式（3.21）所示。

不考虑流量变化、河道地形冲淤、上游河势调整、节点挑流作用、来流与河岸夹角等方面的影响，仅从河道的平面、横断面、纵剖面等形态阻力的角度出发，对式（3.21）进行化简，从而得到河道形态对主流摆动的阻力 Ω 的表达式：

$$\Omega = \left(\frac{\log_{10}\overline{H/D}}{\log_{10} h/d}\right)\cdot\left(\frac{\overline{H}}{h}\right)^{1/6}\cdot\left[\frac{h}{h_{滩/槽}}\cdot\left(\frac{R_{**}}{R_*}\right)^{0.2}\cdot\frac{l_i}{\sum_{i=1}^{n} l_i/n}\right]^{0.5} \tag{4.1}$$

式中：$\overline{H}$、$\overline{D}$、$\sum\limits_{i=1}^{n} l_i / n$ 分别为断面平均水力半径、平均床沙中值粒径、各汊道总长度的平均值；h、d、l_i 分别为主流线所在处的水深、床沙粒径、汊道长度；$\overline{h_{滩/槽}}$ 为主流线所在的边滩或深槽处的平均水深。

3. 上游河势调整的影响

上游河势调整后，主流平面位置发生改变，河床地形随之冲淤变化；其主流摆动幅度与上游河段的边滩和深槽形态的调整幅度存在基本对应的关系。例如，上游河势调整后，下游河段进口水流动力轴线较理论动力轴线发生偏转，将产生一定的位移 x 及夹角 α，其取值与上游左、右岸边滩特征值密切相关：通常左岸边滩滩体相对宽度 $B_1 / B_{平滩}$ 越宽、相对高度 $Z_1 / Z_{平均}$ 越大，说明左岸边滩有淤长趋势，主流线顺时针摆动角度 α 越大；而右岸边滩滩体相对宽度 $B_2 / B_{平滩}$ 越窄、相对高度 $Z_2 / Z_{平均}$ 越小，说明右岸边滩有萎缩趋势，主流线较理论轴线的顺时针摆动位移 x 越大。其中 B_1、B_2 为左岸、右岸边滩航行基面线对应的滩体宽度，Z_1、Z_2 为左岸、右岸边滩的滩体平均高程，$Z_{平均}$ 为全断面平均高程。

通过统计整理典型河段典型年份的河床演变资料及实测地形数据，以及同期断面的实测流速分布资料，计算左岸、右岸边滩形态特征值，以及实测入流主流线较理论水流动力轴线的偏转角度，从而建立上游左侧边滩系数 $\gamma_1 = \left(B_1 / B_{平滩} \right) \times \left(Z_1 / Z_{平均} \right)$ 与实测入流水流动力轴线（简称实测入流轴线）较理论水流动力轴线（简称理论轴线）夹角的正切值 $\tan\alpha$ 的经验关系，以及上游右侧边滩系数 $\gamma_2 = \left(B_2 / B_{平滩} \right) \times \left(Z_2 / Z_{平均} \right)$ 与实测入流轴线较理论轴线的位移 x 的经验关系。如图 4.3 所示，上游左岸边滩系数与实测入流较理论轴线的夹角正切值呈开口向下的二次函数关系，上游右岸边滩系数与实测入流较理论轴线的间距则呈开口向上的二次函数关系。这说明，受长江中游汊道两岸地质特征差异影响，鹅头型或弯曲型汊道多向左岸坐弯，随着左侧边滩逐渐淤长，实测入流轴线较理论轴线的负向摆动角度逐渐增大至正数，但当左侧边滩过宽或过高时，受对岸边界条件制约而无法摆动后，主流将漫上左侧边滩，使正向摆角再度减小至负数；随着右岸边滩逐渐淤长，实测入流轴线较理论轴线的正向摆动位移逐渐减小直至负数，但当右岸边滩过度淤长时，受对岸边界条件制约，主流再度漫上右岸边滩并向反方向摆动，从而使摆动位移逐步增大至正数。

上面概化了上游河势调整引起的滩槽形态变化对进口主流摆动影响的物理模式，对大多数进口分布节点的河段而言，节点对上游河势调整向下游的传递过程也起到了重要作用。上述分析中节点冲刷坑相对深度 $h_{max} / \overline{H}$ 表示节点挑流能力的强弱。一方面上游河势调整后，节点挑流的动力作用促使主流线以一定角度远离凸岸，另一方面本河段河道形态的阻力作用反过来使口门处的主流线靠近凸岸，从而修正了节点出流角度，这两种作用综合决定了汊道口门处的主流平面位置。综合考虑两方面影响，河段进口主流摆动系数可表示为 $k = \dfrac{h_{max}}{\overline{H}} \Big/ \Omega$。根据部分典型河段的实测主流摆动资料，建立河段进口节点实测出流水流动力轴线（简称实测出流轴线）与理论轴线夹角正切值 $\tan\beta$ 与河段进口主流摆动系数 k 的经验关系，如图 4.4 所示，两者相关关系较好。

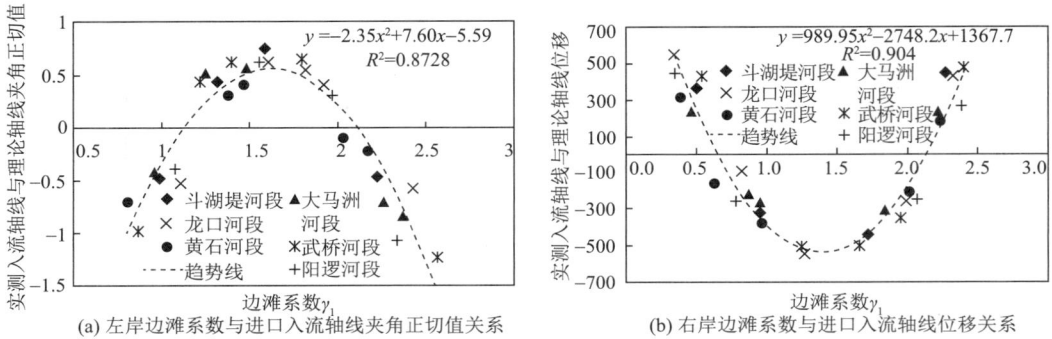

(a) 左岸边滩系数与进口入流轴线夹角正切值关系　　　(b) 右岸边滩系数与进口入流轴线位移关系

以实测入流轴线较理论轴线发生顺时针偏转的夹角及位移为正方向

图 4.3　典型河段上游边滩系数与进口入流轴线夹角、位移的关系

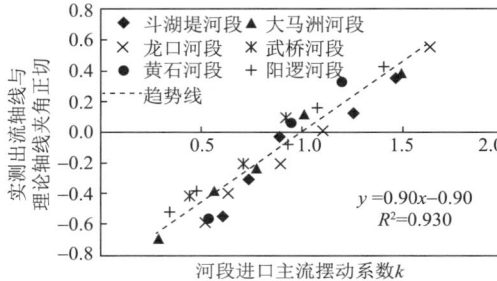

图 4.4　典型河段进口主流摆动系数与节点出流轴线夹角的关系

　　图 4.3 及图 4.4 表明，上游河势调整引起的实测入流轴线较理论轴线的摆动夹角、摆动位移与上游河段两岸边滩的变形情况存在二次函数关系，而上游来流的主流线经过节点挑流作用力及下游河道形态阻力的综合调节后，节点实测出流轴线较理论轴线的夹角与河段进口主流摆动系数也存在正比例关系。上述经验关系拟合曲线的相关系数较大，拟合效果较好，可初步应用于主流平面位置经验计算式的建立及主流摆动临界流量的确定中。

4.1.3　主流摆动模式分析及临界流量的确定

　　上数分析认为，阻隔性河段与非阻隔性河段在不同流量级下的主流平面位置规律存在差异，说明这两类河段在应对同种流量变化刺激时，采取了不同的主流摆动模式，从而使两类河段的主流摆动临界流量级的划分，以及影响滩槽变形的特征流量区间持续天数系列的时序特征具有本质不同，进而导致两类河段的河势调整频率及其对上游河势调整的响应规律明显不同。

　　本节在建立的主流平面位置公式基础上，绘制主流摆动距离随流量的变化曲线，来确定各级主流摆动临界流量，分析两类河段的主流摆动模式差异，进而剖析两类河段在响应上游河势调整时表现出不同变形规律的成因。

　　1. 主流摆动模式及主流摆动距离计算式的建立

　　长江中下游河段具有单一河道与分汊河道交错分布的特点，因此主流摆动模式也分为两种情况，一种是上游为分汊型、下游为单一型，另一种是上游为单一型、下游为分汊型。由于节点所在断面较上、下游断面狭窄，可以将其看成上游主流摆动向下游传递过程中的一个支点。在理论水流动力轴线的基础上，上游河势调整、节点挑流作用和河道形态阻力的综合影响，最终决定了下游河段口门处实际水流动力轴线的平面走向。根据这一物理过程，考虑到长江中下游河道受向右的科里奥利力的影响，并且岸线抗冲性条件具有左弱右强的特征，因此分汊河道平面上多向左岸凸起，单一河道则多向右岸凸起，从而绘制了上述两种情况下上、下游河段之间主流摆动传递过程的示意图，如图 4.5 所示。

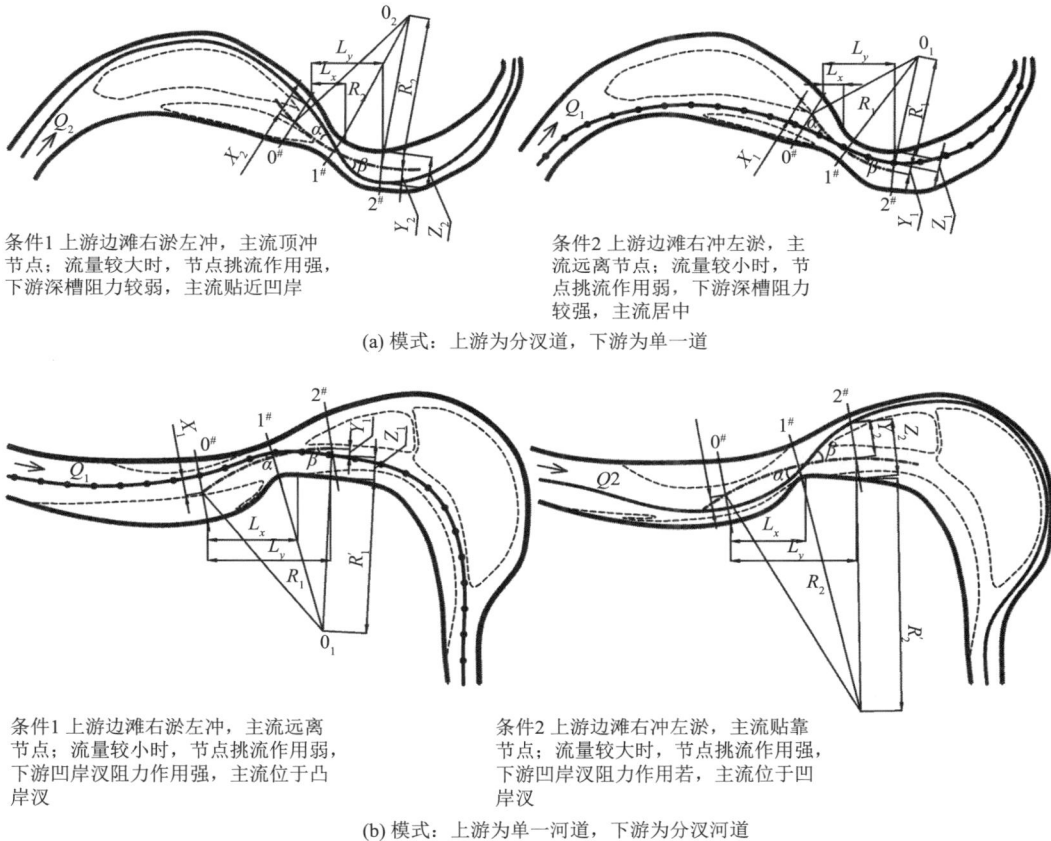

条件1 上游边滩右淤左冲，主流顶冲节点；流量较大时，节点挑流作用强，下游深槽阻力较弱，主流贴近凹岸

条件2 上游边滩右冲左淤，主流远离节点；流量较小时，节点挑流作用较强，主流居中

(a) 模式：上游为分汊道，下游为单一道

条件1 上游边滩右淤左冲，主流远离节点；流量较小时，节点挑流作用弱，下游凹岸汊阻力作用强，主流位于凸岸汊

条件2 上游边滩右冲左淤，主流贴靠节点；流量较大时，节点挑流作用强，下游凹岸汊阻力作用若，主流位于凹岸汊

(b) 模式：上游为单一河道，下游为分汊河道

图 4.5　两种情况下主流摆动模式示意图

如图 4.5 所示，点划线为下游河段进口的理论水流动力轴线；R_1，R_2 为理论轴线的弯曲半径；O 为 R_1，R_2 的圆心；$0^#$ 断面位于上游水流动力轴线最大摆动位移处，$1^#$ 断面位于节点处，$2^#$ 断面位于下游河段进口处；R_1'，R_2' 为圆心与 $2^#$ 断面右边界的距离；L_x 为实际和理论轴线交会点与 $0^#$ 断面的沿流程方向的距离；L_y 为 $0^#$ 断面与 $2^#$ 断面间距；X、Y 分别为 $0^#$、$2^#$ 断面处实际与理论轴线的位移矢量，Z 为 $2^#$ 断面实际轴线与断面右边界的距离（$0 \leqslant Z \leqslant B$）。各项之间的关系式可近似写为

$$Z = R - R' + \tan\beta \cdot (L_y - L_x)$$

$$= R - R' + \tan\beta \cdot (L_y - x \cdot \tan\alpha) \qquad (4.2)$$

$$= R - R' + f(k) \cdot \left[L_y - f(\gamma_2) \cdot f(\gamma_1) \right]$$

式（4.2）中，角度及位移以顺时针方向为正，图 4.5（a）模式的条件 1 下，上游河势使主流顶冲节点，流量较大，节点挑流作用强而下游凹岸槽阻力小，主流摆入凹岸深槽；图 4.5（b）模式的条件 1 下，上游河势使主流远离节点，加之流量较小，节点挑流强度偏弱，下游凹岸汊阻力较大，主流摆入凸岸汊，这两种情况下均有 X、α、β 为负。图 4.5（a）模式的条件 2 下，上游河势使主流远离节点，加之流量较小，节点挑流强度偏弱，下游凹岸槽阻力较大，主流居中下行；图 4.5（b）模式的条件 2 下，上游河势使主流贴近节点，流量较大，节点挑流作用强而凹岸汊阻力小，主流摆入凹岸汊，这两种情况下均有 X、α、β 为正。4.1.2 节根据多年实测资料建立了 $\tan\alpha$ 与 γ_1、X 与 γ_2、$\tan\beta$ 与 k 的经验关系，将图 4.3 和图 4.4 中的关系拟合式代入式（4.2）中，理论水流动力轴线弯曲半径可初步用张植堂[26]公式表示，从而推导出进口主流平面位置的计算式：

$$Z = \sqrt[3]{\frac{1}{\varphi J g}\left(\frac{R_* Q}{A}\right)^2} - R' + (0.9k - 0.9)$$

$$\cdot \left[L - \left(-2.35\gamma_1^2 + 7.60\gamma_1 - 5.59 \right) \cdot \left(990\gamma_2^2 - 2748.2\gamma_2 + 1367.7 \right) \right] \qquad (4.3)$$

根据相关参数的统计成果，$\gamma_1 \in (0.13, 1.85)$，$\gamma_2 \in (0.15, 3.80)$，在此条件下忽略较小项，式（4.3）可化简为

$$Z = \sqrt[3]{\frac{1}{\varphi J g}\left(\frac{R_* Q}{A}\right)^2} - R' + (0.9k - 0.9) \cdot \left(L - 6458.3\gamma_1^2\gamma_2 - 7524\gamma_1\gamma_2^2 + 20886.3\gamma_1\gamma_2 \right) \quad (4.4)$$

当然，也存在上游河势调整使主流贴靠节点，但流量较小，节点挑流偏弱，主流偏靠凸岸；或上游河势调整使主流远离节点，但流量较大，节点挑流较强，主流偏靠凹岸等情况。4.1.2 节经验关系中包含上述样本点，因此，计算式仍然适用。事实上，在河道外部边界不变的前提下，上游河势调整向下游传递的规律是始终存在的；某种上游河势、节点挑流、河道形态阻力条件下，各流量级时主流平面位置是基本确定的，从而可依据主流摆动距离随流量的变化曲线，找出拐点位置，确定主流摆动临界流量。

2. 主流摆动临界流量的确定

根据式（4.5），结合以往研究成果，对于单一型河道，洪期、枯期主流主要有边滩、深槽二级平面位置，因此主流摆动距离随流量的变化曲线也呈二线型，即曲线中仅存在一个明显拐点；对于分汊型河道，主流平面位置分为洪、中、枯三级[12]，此时主流摆动距离曲线呈三线型，曲线中往往存在两个明显拐点。

如图 4.5 所示，当上游河势调整后，上游左右岸犬牙交错的边滩（或江心洲滩及其对岸边滩）将随之发生大幅度冲淤调整，边滩（或江心洲滩）系数 γ_1、γ_2 也发生变化；

此时，只要下游河段存在挑流节点，或下游河段横向阻力分布不均匀，则河段进口主流摆动系数不为 1，式（4.4）中 $(0.9k-0.9)$ 不为 0，从而使后面的乘积项中边滩系数的变化具有实际意义，这就使上游河势调整引起了下游进口主流平面位置的变化。若下游河段进口不存在节点，且其河道形态对主流摆动的约束力较强，随着流量变化，河床始终维持原有滩槽格局，则不会引起下游河势调整。考虑沙市—城陵矶河段、城陵矶—汉口河段、汉口—湖口河段的流量过程差异相对明显，分区选取典型的阻隔性河段与非阻隔性河段，绘制实测主流摆动距离随流量的变化曲线，研究摆动临界流量的差异。

1）沙市—城陵矶河段

以监利—大马洲河段为例，根据 2.2 节分析，监利河段演变特征为[13]：受上游西山挑流影响，伴随着进口低矮边滩、洲头心滩的此冲彼淤，主流在各汊道之间交替易位或在汊内往复摆动。

如图 4.6 所示，当流量小于 15 500 m³/s 时，监利河段进口断面主流位于右汊乌龟夹，由于对深槽水体的约束力较强，主流在槽内摆动幅度较小，导致主流摆动距离曲线随着流量变化的坡度较缓，这与图 4.6（a）枯水期流量 7 903 m³/s 下的主流平面位置一致；当流量超过 15 500 m³/s 后，主流开始漫上乌龟洲洲头心滩，由于心滩滩体较为平缓，主流摆动距离随流量增加而迅速增大，曲线斜率变陡，这与图 4.6（a）中水期流量 16 050 m³/s、26 300 m³/s 下的主流平面位置基本相同；当流量超过 27 000 m³/s 后，随着主流摆入监利左汊，洲体左缘与左岸的较强约束力导致主流摆动速率放缓，主流摆动距离随流量增加而增大的斜率变缓，这与图 4.6（a）洪水期流量 30 100 m³/s 下的主流平面位置一致。

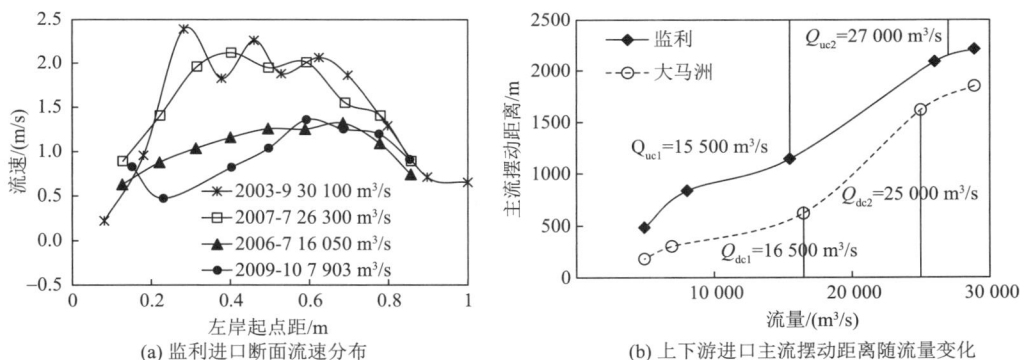

(a) 监利进口断面流速分布　(b) 上下游进口主流摆动距离随流量变化

Q_{uc1}、Q_{uc2} 分别为上游河段枯水→中水，中水→洪水的临界流量；
Q_{dc1}、Q_{dc2} 分别为下游河段枯水→中水，中水→洪水（或枯水—洪水）的临界流量

图 4.6　不同流量级下监利—大马洲河段进口主流摆动分析图

与前述分析一致，大马洲河段主流摆动直接受到上游监利河段主流摆动的影响，如图 4.6 所示，两河段的主流摆动距离曲线的变化规律基本一致，均呈三线型。虽然大马洲河段为单一型河道，本应分为边滩和深槽两级主流平面位置，但大马洲河段左岸进口太和矶缩窄段的挑流作用较强，有利于河势调整传递，加之顺直放宽的河道形态，为主流摆动预留了较大空间，同时丙寅洲边滩、大马洲边滩等滩体的河床组成较细，使漫滩主流可能以串沟、顶冲或倒套等模式切割边滩[7]，导致原滩体处冲刷形成新的斜槽，随

着主流摆入新深槽，主流摆动距离随流量增大而增加的斜率再次变缓，因而其主流摆动距离曲线呈三线型变化规律，故为非阻隔性河段。

2）城陵矶—汉口河段

以嘉鱼燕子窝—汉金关河段为例，如图 4.7 所示，当流量小于 22 500 m³/s 时，龙口出流紧贴右岸石矶头一侧，导致石矶头挑流作用强于左岸三矶头挑流作用，使嘉鱼河段进口主流贴近左岸，集中于汪家墩心滩的左槽，主流摆动距离随流量增加而增大的斜率较缓；当流量为 22 500～40 000 m³/s 时，石矶头挑流作用减弱而左岸三矶头挑流作用增强，主流摆至汪家墩边心滩头部，位于左汊正中间，此时主流摆动距离随流量的增加幅度骤然增大；当流量大于 40 000 m³/s 时，由于大水趋直，加之汪家墩三矶头挑流作用，主流继续右摆，但由于护县洲洲体较高，主流继续摆动的空间受到限制。这与嘉鱼河段进口不同流量级下的平面流速分布情况也基本吻合，可见，嘉鱼河段进口主流摆动呈三线型变化规律。

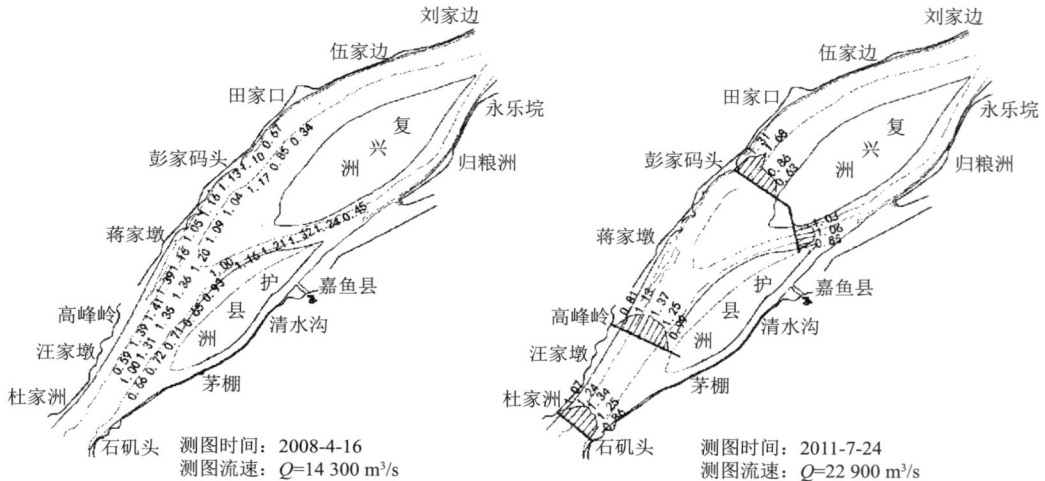

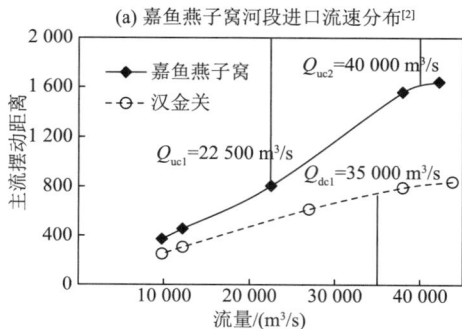

(a) 嘉鱼燕子窝河段进口流速分布[2]

(b) 上、下游进口主流摆动距离随流量变化

图 4.7　不同流量级下嘉鱼燕子窝—汉金关河段进口主流摆动分析图

研究认为[14]，下游燕子窝河段的临界流量与嘉鱼河段相关。当流量较小时，嘉鱼河段左汊出流贴靠左岸，主流平顺过渡至燕子窝河段右槽；当流量较大时，嘉鱼河段的中

槽、右槽出流受到复兴洲洲尾导流及嘉鱼中夹出流挤压[2,14]的影响，主流易过渡至燕子窝河段左槽。上游河段这种主流摆动的对应关系并没有传递至下游汉金关河段。多年来看，汉金关河段始终保持窄深、狭长、稳定的形态。从主流摆动距离曲线来看，当流量小于 35 000 m³/s 时，主流位于凹岸深槽内，主流摆动距离随流量增加而增大的斜率较缓；而当流量进一步增大，水流动力轴线弯曲半径增大而漫上凸岸边滩，但主流摆动距离仍然限制在较小范围内，为二线型曲线。

　　另外，对于嘉燕河段而言，22 500～40 000 m³/s 这一流量区间为影响嘉鱼左汊进口边心滩演变趋势的特征流量区间，决定了汪家墩边滩的冲淤消长及主泓的往复摆动，乃至易位周期的长短[2]。对于汉金关河段，Q>35 000 m³/s 时水流漫上左侧凸岸边滩，若持续时间过长，可能引发边滩萎缩或切滩，因此，其为主流摆动特征流量区间。

3）汉口—湖口河段

　　以天兴洲—阳逻河段为例，如图 4.8 所示，当流量小于 25 000 m³/s 时，上游白沙洲主流平面位置靠右，龟山、蛇山节点挑流作用使主流向左的趋向性较弱[3]，加之右岸武昌深槽及天兴洲右汊的强烈吸流作用，导致天兴洲主流进入右汊；当流量大于 40 000 m³/s 时，上游白沙洲主流平面位置居中，龟山、蛇山节点挑流作用使主流向左的趋向性较强[3]，而右岸武昌深槽及天兴洲右汊的吸流作用减弱，导致天兴洲主流进入左汊；当流量为 25 000～40 000 m³/s 时，随着主流左摆，漫上天兴洲洲头低滩，形成从左岸指向右岸的斜向漫滩水流，导致天兴洲洲头大幅冲刷后退，原型观测资料显示，洲头低滩带横比降在中水期达到最大[3]也证实这一点。上述成果与天兴洲进口各流量级下断面流速分布情况基本一致，因此，其主流摆动距离曲线呈三线型变化规律。

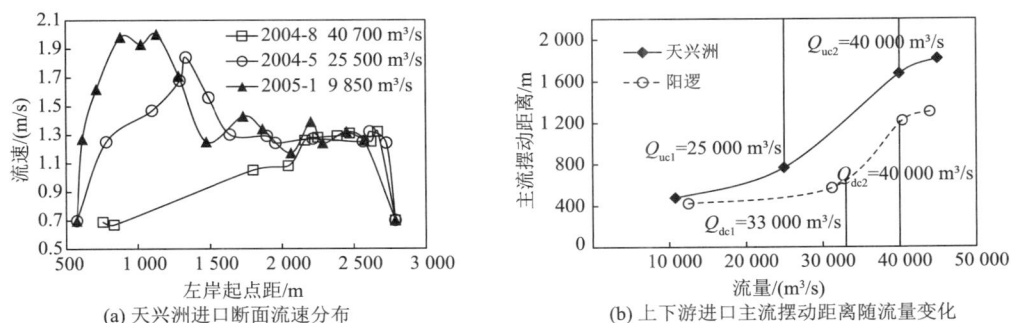

图 4.8　不同流量级下天兴洲—阳逻河段进口主流摆动分析图

　　如图 4.8 所示，下游阳逻河段的主流摆动距离曲线也呈三线型。主要原因在于，阳逻河段进口有阳逻矶头，当流量小于 33 000 m³/s 时，天兴洲出流靠右，左岸阳逻矶挑流作用较弱，从而沿左岸深槽平顺下行，主流在槽内摆动距离有限；由于阳逻河段右岸边滩高程大于天兴洲洲头低滩，当流量大于 33 000 m³/s 时，阳逻矶挑流作用加强，出流漫上右岸边滩，摆动空间迅速增大；当流量大于 40 000 m³/s 时，主流已摆至接近极限位置，主流摆动距离随流量增加而增大的斜率再度放缓。

　　再以戴家洲—黄石河段为例，戴家洲河段多年来主支汊交替易位规律，自 2003 年至今深泓稳定于左汊圆港。如图 4.9 所示，当流量小于 18 200 m³/s 时，上游右岸池湖港心滩淤积发展成为边滩[4-5]，对水流形成挤压作用，加之左汊阻力较小，主流进入圆港，但受左侧岸线及戴家洲洲体左缘制约，主流摆动空间较小，主流摆动距离随流量增大而增加的斜率较缓；当流量为 18 200~35 500 m³/s 时，右岸池湖港边滩萎缩成心滩[4-5]，巴河边滩有所淤长，主流顶冲戴家洲洲头心滩并使其冲刷后退，为巴河边滩的发育提供了充足空间，此时主流摆动空间显著增大，摆动曲线斜率较陡；当流量大于 35 500 m³/s 时，巴河边滩充分淤长而不利于圆港进流，加之大水趋直，主流进入直港，摆动曲线斜率再度变缓。上述成果与戴家洲进口各流量级下的流速场分布情况基本一致，因此其主流摆动距离曲线呈三线型变化规律。

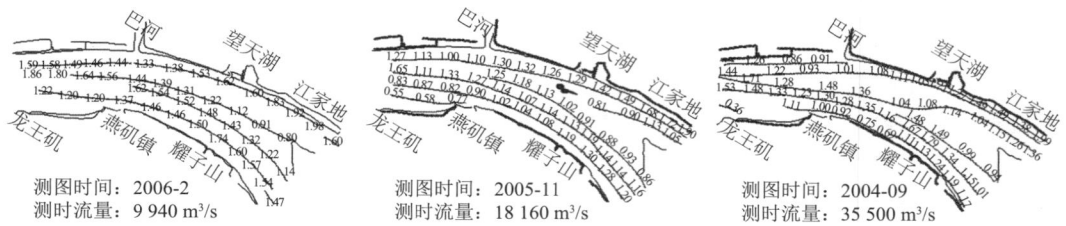

(a) 戴家洲进口不同流量下流速分布图[5]

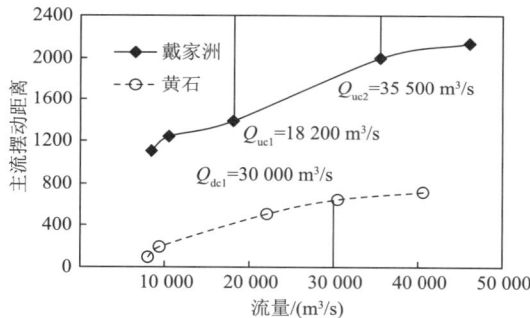

(b) 上、下游进口主流摆动距离随流量变化

图 4.9 不同流量级下戴家洲—黄石河段进口主流摆动分析图

然而从图 4.9 来看，下游黄石河段并未延续上游戴家洲河段主流的三线型变化规律，主流摆动距离曲线仅有一个拐点，且最大主流摆动距离也远远小于戴家洲河段。当流量小于 30 000 m³/s 时，主流在深槽内有所摆动；当流量大于 30 000 m³/s 时，水流动力轴线弯曲半径增大，发生主流漫滩，但其后主流摆动距离仍不大。分析认为，黄石河段两岸主要由抗冲性较强的山岩或阶地组成，同时受天然矶头与护岸工程控制，河岸稳定性强，河道断面形态窄深，极大程度地限制了主流摆动，加之黄石河段自身弯曲形态与水流动力轴线弯曲度较为适应，也减弱了漩涡水流对河岸的顶冲和淘刷，使河道平面形态及主流平面位置长期稳定。

综上所述，上游河道河势调整后，下游单一河道河势是否随之调整，主要取决于主流在边滩上冲刷出斜槽并发展成新深槽的可能性，其影响因素可分为以下三方面；一是床沙质组成较细时，河床抗冲性较小而可动性较大，容易生成串沟和倒套，有利于主流切滩改道,如大马洲河段;二是当河道宽度较大时,边界对水流约束力减弱,主流摆动幅度加大,易于顶冲切滩,而汉金关这类边界由阶地及护岸工程组成的河段,河道宽度狭窄,河势稳定程度高;三是当河段进口存在节点时,挑流作用发挥有利于主流顶冲切滩,使边滩可能出现斜槽,如阳逻河段。而黄石这类天然河岸抗冲性强、又有护岸工程守护、主流弯曲度与河湾相近的河段,滩槽高差通常较大,主流切滩可能性较小,即便上游河势调整,本河段依然能够保持自身河势稳定而阻止传递作用。

综上所述,各典型河段的主流摆动距离随流量变化曲线,均包含 4～5 个基于实测资料计算而来的点据,这些点据与不同流量级下的进口断面流速分布图或流场图所示的主流平面位置基本一致,且包含了洪、中、枯各流量级的代表点据,有的河段甚至包含了洪水→中水、中水→枯水过渡期的点据,这些点据放在拟合曲线上偏离较小,说明了本节建立的主流摆动距离随流量变化的二线型或三线型曲线基本符合实际。

4.1.4　主流摆动特征流量区间持续天数的时序特征分析

4.1.3 节初步分析了典型河段的主流摆动临界流量。研究认为[6],滩体的冲淤与切割,河道岸线及江心洲左右缘的崩坍,深槽的冲刷下切及浅滩的淤积等河势调整现象,均与主流在相应部位持续时间的长短密切相关。某河床部位发生强烈冲刷变形,说明主流在该部位作用时间过长,这就与摆入至摆离该河床部位的两级临界流量之间的流量过程有关,本书称为特征流量区间。唐金武[12]研究表明,当中水流量区间持续时长超过150 天时,监利河段乌龟洲洲头低滩将有串沟发育或发生切滩;而当洪水流量区间持续时长超过 20 天后,监利洪水汊凹岸全线发生大幅度崩退。可见,当主流在特定部位作用时长超过临界值后,相比之前的缓慢变形状态,其河势演变具有突发性。本节将主流摆动特征流量区间持续天数超过临界值而引发河床突然变形的性质,称为该持续天数系列的突变性。

以往大量研究还表明[6,8,12-14],长江中下游河道演变具有周期性。周期性指河床交替性地发生冲刷和淤积变化的复归性变形,如陆溪口、罗湖洲[14]等鹅头型分汊段均具有“洲头低滩切割→新中港生成并下移→新老中港合并→中港继续弯曲下移→洲头低滩再度切割”的周期性演变特征,再如周天、界牌等长顺直河段的主流过渡段平面位置具有“上过渡→中过渡→下过渡→上过渡”的周期性演变特征。如前分析,这种河床演变的周期性必然与主流摆动特征流量区间持续天数系列的周期性密切相关。

小波分析方法因其能够同时从时域和频域角度解释多时间尺度变化特性,将隐含在水文系列中各种随时间的周期振荡清楚显现出来,而被广泛应用于具有非平稳特性的水文系列变化特征研究中[15-16],可反映系列的变化趋势,并对未来演变趋势做出定性估计。因此,下面采用小波分析方法对特征流量区间持续天数系列的突变性及周期性进行提取及分析。

1. 特征流量区间时序特征的提取方法

本书采用 Morlet 小波函数,对于小波母函数 $\psi(t)$,时间序列 $f(k\Delta t)(k=1,2,\cdots,N)$,离散小波变换定义为

$$W_f(a,b) = \frac{1}{|a|^{1/2}} \Delta t \sum_{k=1}^{N} f(k\Delta t) \overline{\psi}\left(\frac{k\Delta t - b}{a}\right) \tag{4.5}$$

式中：a 为尺度因子，反映小波的周期长度；b 为时间因子，反映时间上的平移；Δt 为取样时间间隔；$\overline{\psi(t)}$ 为 $\psi(t)$ 的复共轭函数；$W_f(a,b)$ 为小波（变换）系数。

为了更直观地将系列主周期反映出来，对时间域上关于 a 的所有小波系数的平方进行积分，计算小波方差，式（4.5）为小波方差的离散形式。小波方差能够反映持续天数系列中所包含的各种尺度的波动及其能量强弱[17-18]，第一峰值的尺度下信号振荡最强，为该持续天数系列的第一主周期。

$$\mathrm{Var}(a) = \frac{1}{n} \sum_{b=1}^{n} |W_f(a,b)|^2 \tag{4.6}$$

小波系数实部等值线图可表示不同时间尺度下信号在各年份的分布和相位结构[17-18]，某特征流量持续天数系列的正相位能量振荡中心所在的年份，持续天数偏长，可能超过滩槽变形临界天数而发生突然性河势调整。小波变换的模的大小可表示不同时间尺度下信号的强弱，能量波动的极值对应的时间尺度为该特征流量持续天数系列主周期。周期越短，主流在该部位持续天数系列超过临界值的频率越高，河势调整越为剧烈，某种程度上，特征流量区间持续天数系列出现峰值的频率决定了河势发生剧烈调整的频率。

下面绘制了典型河段特征流量区间持续天数标准化系列的小波变换实部等值线图。小波系数实部为正时，表示持续天数偏多（图中亮色区域），为负时表示持续天数偏少（图中暗色区域），为零时表示正、负的突变点，能量中心集中的频域尺度内多、少交替的相位结构变化清晰。根据上面的分析，主流在特定部位持续冲刷天数过长将导致河床变形，因此，亮色区域中心对应的年份持续天数可能超过临界值，引发河床突然性形变。同时，下面也绘制了典型河段特征流量区间的持续天数系列的小波方差图，小波方差极值所在处周期性振荡最强，相应的时间尺度为该系列的主周期。

2. 非阻隔性河段的时序特征

1）监利—大马洲河段

图 4.10（a）为监利河段流量 $Q<15\,500\ \mathrm{m^3/s}$ 的持续天数系列的小波系数实部等值线图，正相位能量中心发生于 1972~1974 年、1992~1995 年、2008~2011 年等，上述年份枯水特征流量区间持续天数偏多，主流长期冲刷右汊乌龟夹。20 世纪 60 年代主流位于监利左汊，乌龟洲与右岸边滩相连，1972 年开始切滩，1974 年乌龟夹完全冲开；随后主汊再次易位左汊，至 90 年代初期再度冲开，2008 年后乌龟夹进口淤积明显好转[13]。

图 4.10（b）为监利河段流量 $Q>27\,000\ \mathrm{m^3/s}$ 的持续天数系列的正相位能量中心发生于 1965~1968 年、1981~1987 年、1999~2003 年等，上述年份洪水特征流量区间持续天数偏多，主流位于监利左汊时间偏长，导致 1965~1968 年监利左汊发展，随后乌龟夹成为主汊，经历 1975~1980 年两汊争流时期后，1981~1987 年左汊巩固主汊地位。90 年代初乌龟夹冲开，1999 年后因乌龟洲头剧烈崩退，口门大幅度淤积，再次出现两汊争流局面[13]。

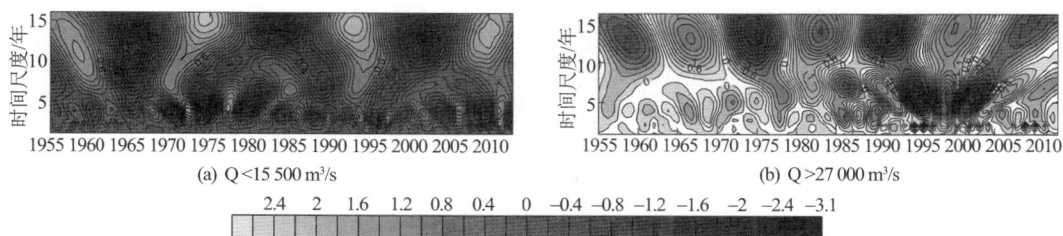

(a) Q<15 500 m³/s

(b) Q>27 000 m³/s

图 4.10　监利河段持续天数系列小波系数实部等值线图（图例下同）

如图 4.11 所示，监利河段流量 Q<15 500 m³/s、Q>27 000 m³/s 的持续天数系列的主周期分别为 11 年、15 年。前者与监利河段枯水汊乌龟夹冲开的周期相对应，如 1972 年、1988 年、2002 年起摆—漫滩流量持续天数偏长，致使上述年份乌龟夹 0 m 等深线贯通，乌龟夹冲刷发展；后者与乌龟洲洲头切割出心滩或洲头串沟发展的主周期相对应。

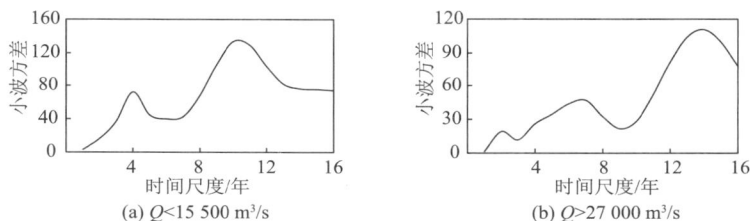

(a) Q<15 500 m³/s

(b) Q>27 000 m³/s

图 4.11　监利河段持续天数系列小波方差图

然而，大马洲河段主流摆动特征流量持续天数系列呈现与上游监利河段相对应的时序特征。根据 2.2.1 节分析，1972 年、1990 年、2010 年等年份监利河段主流贴靠乌龟夹右岸，导致太和岭挑流作用较弱，大马洲河段主流居中或贴靠左岸；1966 年、1980 年、1987 年、1999 年等年份监利河段主流居中或位于监利左汊，导致太和岭挑流作用较强，大马洲河段主流贴靠右岸丙寅洲边滩。可见，由于大马洲河段为非阻隔性河段，上游监利河段的主流摆动将直接引起下游大马洲河段的主流摆动，从而使两河段的特征流量区间持续天数系列的周期基本一致，相应部位滩槽变形的突变年份也较为接近。

2）天兴洲—阳逻河段

图 4.12（a）为天兴洲河段流量为 25 000～40 000 m³/s 的持续天数系列的小波系数实部等值线图，正相位能量中心发生于 1965～1970 年、1980～1985、1994～2002 年等，上述年份中水特征流量区间持续天数偏多，导致天兴洲洲头心滩大幅度冲刷后退。例如，20 世纪 60 年代中后期，洲头心滩尚未形成；80 年代初期天兴洲洲头被水流切割形成心滩，但滩体面积较小；80 年代末期心滩大幅度淤高长大；90 年代初期随着天兴洲洲头退缩速度加快，心滩范围进一步扩大，之后天兴洲洲头与心滩之间出现串沟，2002 年较 1990 年串沟下移近 2 700 m，洲头串沟的发展与中水流量长期冲刷有关[19]。

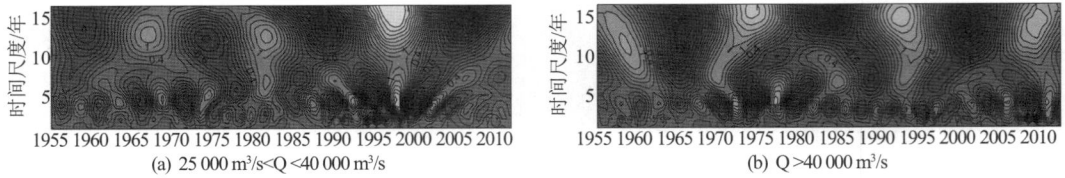

图 4.12　天兴洲河段持续天数系列小波系数实部等值线图

图 4.12（b）为天兴洲河段流量 $Q>40\,000\ \mathrm{m^3/s}$ 的持续天数系列的正相位能量中心发生于 1960～1965 年、1975～1980 年、1990～1995 年、2008～2011 年等，上述年份洪水特征流量区间持续天数偏多，主流位于左汊时间偏长，导致其左汊进口上游汉口边滩冲刷萎缩。例如，汉口边滩在 20 世纪 60 年代初期，边滩规模较小，滩面低平；70 年代汉口边滩仍然未显著发展，80 年代中期连续出现大水大沙年，汉口边滩迅速淤长与天兴洲相连；90 年代初期，汉口边滩淤长幅度放缓；90 年代中后期开始大幅度淤长、滩面抬高；至 2008 年，汉口边滩上存在的典型淤积体已经下移至边滩尾部的极限位置，随后大幅度上提[3]，使汉口边滩主体部分再度大幅萎缩。

如图 4.13 所示，天兴洲河段 $25\,000\ \mathrm{m^3/s}<Q<40\,000\ \mathrm{m^3/s}$、$Q>40\,000\ \mathrm{m^3/s}$ 流量区间持续天数系列的主周期分别为 16 年、14 年。前者与天兴洲洲头心滩大幅度萎缩及洲头串沟的生成和发育周期有关；后者与天兴洲左汊上游汉口边滩冲刷萎缩的周期有关。

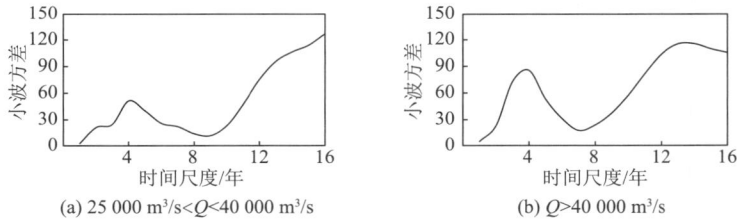

图 4.13　天兴洲河段持续天数系列小波方差图

而下游阳逻河段的主流摆动特征流量区间持续天数系列的时序特征与上游天兴洲河段密切相关。1972 年、1990 年、2010 年等年份主流顶冲天兴洲头部心滩，导致洲头心滩冲刷后退，使天兴洲出流居中或偏右，阳逻矶挑流作用较弱，下游主流居中；1966 年、1976 年、1993 年、2010 年等年份主流顶冲天兴洲左汊上游汉口边滩，导致汉口边滩冲刷萎缩，左汊分流比增大，天兴洲出流贴靠左岸阳逻，使阳逻矶挑流作用较强，下游主流靠右[14]。可见，由于阳逻河段为非阻隔性河段，上游天兴洲河段的主流摆动将直接引起下游阳逻河段的主流摆动，而使两河段的特征流量区间持续天数系列的周期基本一致，相应部位滩槽变形的突变年份也较为接近。

3. 阻隔性河段的时序特征

1）嘉鱼燕子窝—汉金关河段

图 4.14（a）、（c）为嘉鱼河段中水特征流量为 22 500～40 000 $\mathrm{m^3/s}$ 的持续天数系列的小波系数实部等值线图及小波方差图，正相位能量中心发生于 1963～1966 年、1974～

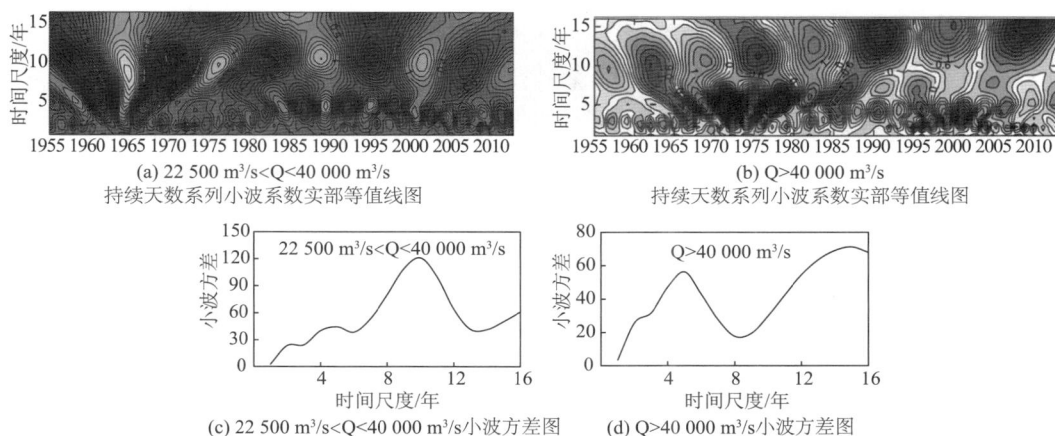

(a) 22 500 m³/s<Q<40 000 m³/s
持续天数系列小波系数实部等值线图

(b) Q>40 000 m³/s
持续天数系列小波系数实部等值线图

(c) 22 500 m³/s<Q<40 000 m³/s小波方差图

(d) Q>40 000 m³/s小波方差图

图 4.14　嘉鱼河段持续天数系列小波系数实部等值线图及小波方差图

1977 年、1987～1991 年、2001～2003 年等，上述年份主流长期位于左汊进口汪家墩边滩一侧，导致汪家墩边滩冲刷萎缩或滩尾倒套上溯。例如，1965 年滩尾倒套溯源发展，1975 年倒套上溯 1.4 km 并形成尾部小心滩，1990 年汪家墩边滩被切割成左汊内的低矮心滩，1998 年、1999 年大水过后心滩与复兴洲合并，2002 年再次出现滩尾倒套。流量 Q>40 000 m³/s 的持续天数系列正相位能量中心发生于 1967～1970 年、1980～1984 年、1998～2002 年，这与嘉鱼左汊萎缩、中夹发展的时间基本对应，例如，20 世纪 70～80 年代，随着汪家墩边滩大幅淤积，复兴洲洲头左缘持续冲刷后退，致使嘉鱼中夹进口段有所冲刷，80 年代中后期复兴洲洲头与护县洲连为一体，嘉鱼中夹枯水期因淤积而断流，90 年代中后期因复兴洲及左边滩冲刷后退，嘉鱼中夹进口再度冲开[2]。

　　如图 4.14 所示，嘉鱼河段流量为 22 500～40 000 m³/s 与 Q>40 000 m³/s 的持续天数系列的主周期分别为 10 年、15 年。前者与嘉鱼左汊汪家墩边滩的冲退萎缩、切割为心滩或倒套上溯的周期性一致；后者与嘉鱼左汊萎缩、嘉鱼中夹发展的周期一致。

　　然而，下游汉金关河段主流摆动特征流量持续天数的时序特征与上游嘉鱼河段明显不同。从图 4.15 可见，Q>35 000 m³/s 流量区间持续天数系列的时间尺度在 10 年以上的正相位能量中心主要位于 1963～1967 年、1999～2004 年，而位于 1979～1986 年的正相位中心的能量较弱。从小波方差图来看，与上游非阻隔性河段不同的是，作为阻隔性河段的汉金关河段的持续天数系列主周期较长，达 14 年以上；同时该系列振荡能量小于主周期的次周期并不显著，虽然在时间尺度为 4 年、7 年时小波方差存在并不显著的峰值，但是这些时间尺度下的信号振荡并不强烈，可予以忽略。而上游嘉鱼河段，Q>40 000 m³/s 持续天数系列在 5 年时小波方差也存在较大峰值，其信号振荡的强烈程度仅次于主周期，说明该系列存在次周期且信号振荡较强，该次周期也可能导致 Q>40 000 m³/s 流量持续天数系列发生主周期以外的主流大幅摆动及河势突然性调整，给河道演变趋势带来很大不确定性，因此，嘉鱼河段河势稳定性较低而不具有阻隔性。

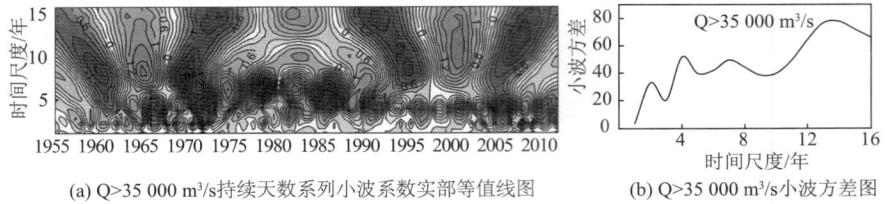

(a) Q>35 000 m³/s持续天数系列小波系数实部值线图　　　(b) Q>35 000 m³/s小波方差图

图 4.15　汉金关河段 Q>35 000 m³/s 持续天数系列的时序特征图

2) 戴家洲—黄石河段

图 4.16（a）、（c）为戴家洲河段流量为 18 200～35 500 m³/s 的持续天数系列的小波系数实部等值线图及小波方差图，正相位能量中心主要发生于 1964～1967 年、1981～1985 年、1989～1993 年、2001～2004 年等，上述年份中水特征流量区间持续天数偏长，使主流长期顶冲戴家洲洲头心滩，导致洲头低滩大幅度冲刷萎缩，0 m 线出现明显下延的现象。图 4.16（b）流量 Q>35 500 m³/s 的持续天数系列的小波系数实部等值线图，正相位能量中心发生于 1964～1970 年、1982～1985 年、1997～2001 年等，上述年份洪水特征流量区间持续天数偏长，由于中洪水期右汊直港分流比大于左汊圆港，主流作用于直港的时间偏长，上述年份戴家洲直港的凹岸边界——戴家洲洲体左缘发生严重崩岸的现象。

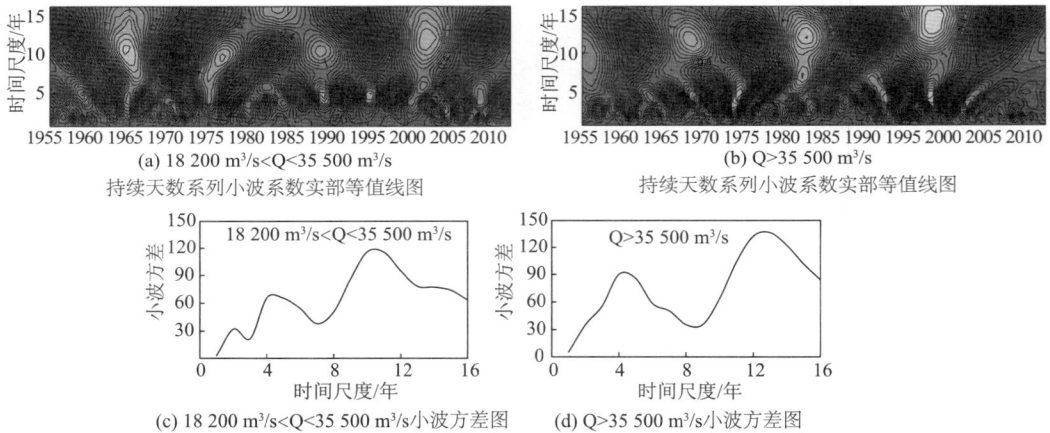

(a) 18 200 m³/s<Q<35 500 m³/s　　　　　　　　　(b) Q>35 500 m³/s
持续天数系列小波系数实部等值线图　　　　　　　　持续天数系列小波系数实部等值线图

(c) 18 200 m³/s<Q<35 500 m³/s小波方差图　　　　(d) Q>35 500 m³/s小波方差图

图 4.16　戴家洲河段持续天数系列小波系数实部等值线图及小波方差图

戴家洲河段流量为 18 200～35 500 m³/s 与 Q>35 500 m³/s 的持续天数系列的主周期分别为 10 年、13 年。前者与戴家洲洲头心滩冲刷萎缩的周期基本对应，而后者主要与右汊直港凹岸——戴家洲洲体左缘剧烈崩岸的周期基本对应。

然而，下游黄石河段主流摆动特征流量持续天数的时序特征与上游戴家洲河段明显不同。从图 4.17（a）中可见，Q>30 000 m³/s 的洪水特征流量区间持续天数系列的时间尺度在 10 年以上的正相位能量中心主要位于 1962～1965 年、1996～2003 年，位于 1976～1980 年的正相位中心的能量较弱。从小波方差图来看，作为阻隔性河段的黄石河段持续天数系列的主周期较长,达 12 年以上;同时该系列次周期并不显著,虽然在时间尺度为 4 年时小波方差也存在峰值,但这些时间尺度下的信号振荡并不强烈,可视为微小波动。而上游戴家洲河段,流量为 18 200～35 500 m³/s 的持续天数系列在 2 年、4 年时小波方差存在较大峰值,$Q>35\,500$ m³/s 持续天数系列在 4 年时小波方差也存在较大峰值,这些信号振荡强烈,说明该系列的次周期较多且信号振荡程度较强,这些次周期也可能导致主流大幅摆动及河势突然调整,给河道形态带来很大不确定性,因此,戴家洲河段河势稳定性较低而难以具有阻隔性。

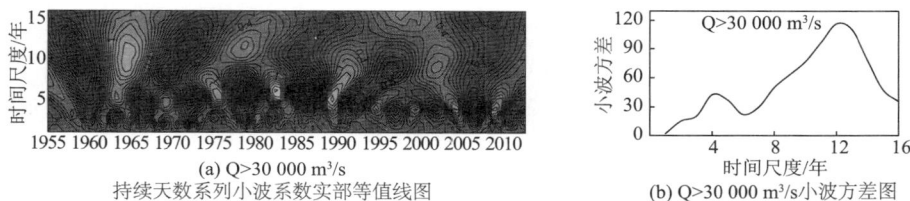

(a) $Q>30\,000$ m³/s
持续天数系列小波系数实部等值线图

(b) $Q>30\,000$ m³/s小波方差图

图 4.17　黄石河段 $Q>30\,000$ m³/s 持续天数系列的时序特征图

　　总体而言,洪水临界流量级越大,大于该流量级的平均持续天数越短,个别年份持续天数的微弱变异引起系列发生较大波动的频率越高,导致该持续天数系列的主周期越长;同理,洪、枯临界流量级的差异越小,洪枯流量区间平均持续天数越短,对个别年份持续天数发生变异的包容性越差,持续天数系列发生明显波动的频率越高,主周期越长。

4.1.5　小结

　　本节通过横向传递及阻隔成因分析,得到以下结论。

　　(1)上游河段的主流平面位置发生调整后,若下游河段为非阻隔性河段,则其主流平面位置也发生同步调整;若下游河段为阻隔性河段,则不会发生调整。上游河势调整通过改变下游河段进口各流量级下的主流平面位置,进而将河势调整传递至下游,其本质是主流平面位置及其持续时间的调整向下游的传递。

　　(2)通过建立进口主流平面位置经验计算式,绘制上、下游河段进口实际入流动力轴线较理论水流动力轴线的摆动距离随流量变化的曲线发现,非阻隔性河段与阻隔性河段的主流摆动模式差别在于,前者曲线呈三线型,后者呈二线型;造成这种差异的成因包括,非阻隔性河道存在河岸抗冲性差、河宽较大、床沙质抗冲性弱、存在节点挑流等方面特征缺陷,使其主流容易切割边滩形成新槽,滩槽格局难以长期保持稳定。

　　(3)当某特征流量区间持续天数超过临界值后,相应滩槽部位发生突然性变形,突变年份与该流量区间持续天数系列小波系数实部的峰值年份一致;由于特征流量区间持续天数系列具有周期性,相应部位的滩槽变形也具有周期性。小波变换方法可用于预测特征流量区间持续天数系列的时序特征,从而可用于分析当上游河势调整或流量变化后,两类河段在河势调整频率、突变年份等方面响应机制的差异。

　　(4)非阻隔性河段主流摆动特征流量区间持续天数系列的周期与上游河段周期基本一致,相应部位滩槽变形的突变年份也较为接近,主周期较短且有信号强烈的多个次周期，河势调整频率较高；阻隔性河段持续天数系列的周期与上游河段周期明显不同，主周期较长，次周期个数不显著且信号振荡并不强烈，河势调整频率较低。

（5）通过划分主流摆动临界流量并研究特征流量区间持续天数系列的时序特征差异，进一步深化了对两类河段的主流摆动模式差异的认识。阻隔性河段的根本成因仍在于河道自身属性有利于保持滩槽形态稳定，使主流摆动模式始终呈二线型。

4.2　横向河势调整的阻隔机理分析

本节利用数学方法，从 Navier-Stokes 方程出发，推导出河湾水流动力轴线弯曲半径的半经验半理论计算式，进一步分析阻隔性河段形成的各控制要素，延伸出主流摆动力与边界约束力的对比关系，验证上述控制要素对阻隔性河段的作用，结合实测水文地形地质资料，剖析阻隔性河段形成机理。

4.2.1　河湾水流动力轴线弯曲半径计算式推导

三维水流运动方程 Navier-Stokes 方程可表示为

$$\frac{\partial u_i}{\partial t} + u_j \frac{\partial u_i}{\partial x_j} = -\frac{1}{\rho}\frac{\partial p}{\partial x_j} + \frac{1}{\rho}\frac{\partial}{\partial x_j}\left(\mu_0 \frac{\partial u_i}{\partial x_j}\right) - \frac{\partial}{\partial x_j}\left(\overline{u_i' u_j'}\right) \tag{4.7}$$

式中：μ_0 为动力黏性系数（$N \cdot S/m^2$）。

忽略紊动扩散项及非恒定项，底部床面阻力项采用 $\frac{gn^2}{h^{1/3}}u\sqrt{u^2+v^2}$ 表示，沿水深积分后平均，可得用极坐标表示的河湾二维恒定流动量方程：

$$\frac{u}{R_0}\frac{\partial u}{\partial \varphi} + v\frac{\partial u}{\partial R_0} + \frac{uv}{R_0} = -\frac{1}{\rho R_0}\frac{\partial p}{\partial \varphi} + gJ_\varphi - \frac{gn^2}{h^{4/3}}u\sqrt{u^2+v^2} \tag{4.8}$$

式中：φ、R_0 分别为河湾的中心角（rad）和垂线所在位置的弯曲半径（m）；u、v 分别为 (φ_0, R_0) 处的垂线平均流速（m/s）；J_φ 为水面纵向比降；h 为垂线水深（m）；p 为动水压强（Pa）；g 为重力加速度（m/s²）；ρ 为水体的密度（m³/s）。

将曼宁公式和谢才系数 C 代入底部床面阻力项之中，得到：

$$\frac{gn^2}{h^{4/3}}u\sqrt{u^2+v^2} = \frac{gu^2}{hC^2} \tag{4.9}$$

考虑到横向流速远小于纵向流速，忽略带有 v 的项，同时动水压强是由岸壁切应力产生的，因此 p 可表示为岸壁切应力 τ（单位为 N/m³）沿水深方向的积分形式，$p = -\int_{z=0}^{z=h}\tau \mathrm{d}z = -\tau h$，式（4.8）可转化为

$$\frac{1}{2R_0 g}\frac{\partial u^2}{\partial \varphi} = \frac{1}{\rho g R_0}\frac{\partial(\tau h)}{\partial \varphi} + J_\varphi - \frac{u^2}{hC^2} \tag{4.10}$$

Yin[20]研究得出河床糙率与粗化层的下限粒径 $d_{下限}$ 的关系为 $n = d_{下限}^{1/6}/21 = 0.048 d_{下限}^{1/6}$，结合谢才系数 $C = h^{1/6}/n$，可得 $C = 21 \cdot (h/d)^{1/6}$。Xu[21]曾根据 I. S. Dunn 的 16 组试验资料建立了河床临界冲刷切应力 τ_c 与床面泥沙中的黏粒含量 M_0 的关系式，$\tau_c = 0.254 M_0^{0.99}$，两者基本成正比。Lane[22]发现，近岸水流切应力接近于河床切应力的 0.76 倍，因此岸壁水流切应力为 $\tau = 0.193 M^{0.99}$，M 为岸坡黏粒含量。将上述成果代入式（4.10），可得

$$\frac{1}{2R_0 g}\frac{\partial u^2}{\partial \varphi} = \frac{1}{\rho g R_0}\frac{\partial (0.193 M^{0.99} h)}{\partial \varphi} + J_\varphi - \frac{u^2 d^{1/3}}{441 h^{4/3}} \tag{4.11}$$

对式（4.12）按一阶常微分方程求解得到 u^2，同时假设弯道中一定流程内各水力要素沿程变化不大，弯道进口段垂线平均流速近似为 $u = Q/[Rh \cdot \ln(R_外/R_内)]$（$R_内$，$R_外$ 分别为弯道内、外岸线的弯曲半径）[23]，多数情况下河宽 B 小于 R_*，因此 $\ln\dfrac{R_外}{R_内} = \dfrac{B}{R_*}$，$u = \dfrac{R_* Q}{RBh}\bigg|_{\varphi=0}$，$R_*$ 为河湾曲率半径，u 可表示为

$$u = \sqrt{N \cdot S + \left[\left(\frac{R_* Q}{R_0 Bh}\right)^2 - N \cdot S\right]\mathrm{e}^{-\frac{2 g R_0 \varphi d^{1/3}}{441 h^{4/3}}}} \tag{4.12}$$

式中：$N = J + \dfrac{0.193 M^{0.99} h}{gR\rho}$，$S = \dfrac{441 h^{4/3}}{d^{1/3}}$，考虑在同一断面中，水流动力轴线所在处的流速、河道纵比降、水深最大，$\dfrac{\partial u}{\partial R}\bigg|_{R_0 = R_{**}} = 0$，$\dfrac{\partial J}{\partial R}\bigg|_{R_0 = R_{**}} = 0$，$\dfrac{\partial h}{\partial R}\bigg|_{R_0 = R_{**}} = 0$，并引入河相系数 $\varsigma = \sqrt{B}/h$，则 $B \cdot h = \varsigma^2 h^3$。将式（4.12）对 R 求导，从而得到直接描述水流动力轴线弯曲半径变化规律的数学表达式：

$$\left(\frac{R_* Q}{\varsigma^2 h_0^3}\right)^2 \frac{1}{R_{**}^3} + \left(\frac{R_* Q}{\varsigma^2 h_0^3}\right)^2 \frac{1}{R_{**}^2}\frac{g\varphi d^{1/3}}{441 h_0^{4/3}} - \frac{M' g\varphi d^{1/3}}{\rho h_0^{1/3}} - gJ_0\varphi = 0 \tag{4.13}$$

式中：$M' = 0.000\,9 M^{0.99}$。根据式（4.13）可求解出水流动力轴线弯曲半径 R_{**} 的表达式：

$$R_{**} = \left[\frac{R_*^2 Q^2 \rho}{\varphi g\varsigma^4 h_0^5 (\rho J h_0^{2/3} + M' d^{1/3})}\right]^{1/3} \tag{4.14}$$

长江中下游为大型冲积河道，沿程有洞庭四水、鄱阳五河、汉江等支流入汇，年内、年际流量变幅较大[24]，因此，在式（4.14）的基础上增设 $\dfrac{Q_{\max} - Q_{\min}}{Q_{\max}}$ 来表示流量变化幅度对水流动力轴线弯曲半径的影响。另外，挑流节点突出于岸线的相对长度越长、对河宽束窄程度越大，节点挑流能力越强，越能促进水流动力轴线摆动[8,12]，因此可用

$\lambda = \dfrac{B_{\text{bankfull}} - L_{\text{node}}}{B_{\text{bankfull}}}$ 来表示节点挑流作用强弱。对同一个节点而言，挑流作用随流量大小变化，不同流量下，节点挑流强度也不同[14]，λ 越小，节点对来流变化越为敏感，因此取 $1/\lambda$ 作为流量变幅的系数。结合长江中下游实际情况，考虑流量变幅及节点挑流作用的水流动力轴线弯曲半径公式可表示为

$$R_{**} = \left[\frac{R_*^2 \left(\dfrac{Q}{\lambda} \cdot \dfrac{Q_{\max} - Q_{\min}}{Q_{\max}} \right)^2 \rho}{\varphi g \varsigma^{4\lambda} h_0^5 \left(\rho J h_0^{2/3} + M' d^{1/3} \right)} \right]^{1/3} \tag{4.15}$$

式中：$Q_{\max}$、$Q_{\min}$ 分别为河段历年最大、最小流量；B_{bankfull} 为河段典型断面平滩河宽；L_{node} 为节点突出于平顺岸线的长度。

需要说明的是，尽管式（4.15）从 Navier-stokes 方程出发进行推导，但在推导过程中引用了经验公式，因此式（4.15）为半经验半理论公式。

已有众多学者[7,25-26]对河湾水流动力轴线弯曲半径公式进行了大量研究，并提出了诸多半经验半理论或者经验性公式，这些公式均认为水流动力轴线弯曲半径与流量大小正相关，这与河湾"大水趋直、小水坐弯"的一般规律性认识是一致的。从式（4.15）可以看出，本次推导的水流动力轴线弯曲半径公式也与流量大小呈正相关关系，与已有研究成果及认识一致。

同时，已有研究[7-8,12-14]逐渐认识到进口节点挑流在河床演变中的重要作用，式（4.15）也考虑了节点挑流作用，这是与已有研究成果的主要不同之处。为验证式（4.15）的合理性，采用式（4.15），计算牯牛沙河段不同流量不同断面的水流动力轴线弯曲半径，并与实测值进行比较，结果见图 4.18 和表 4.1。从中可以看出，式（4.15）与实测值更符合，表明式（4.15）更适用于牯牛沙这类进口存在挑流节点的河段水流动力轴线弯曲半径的计算。

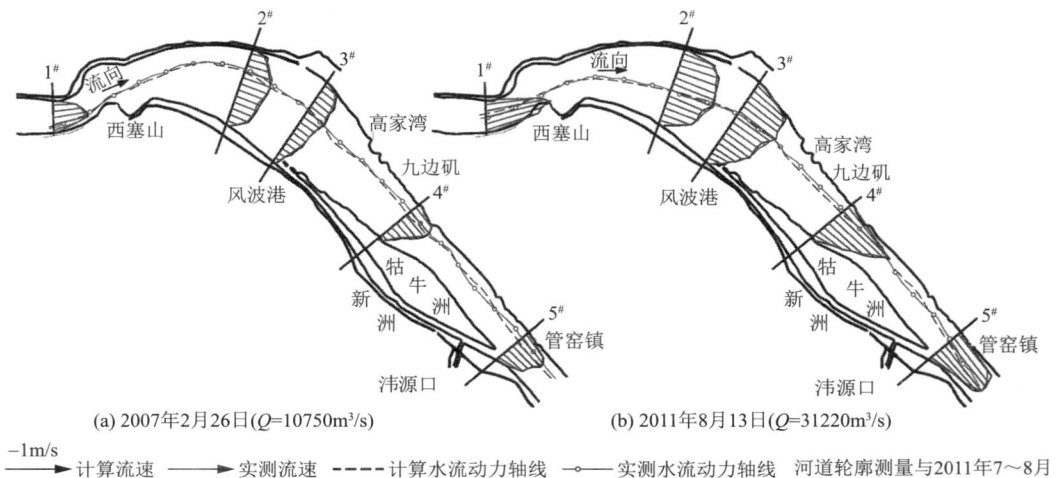

(a) 2007年2月26日(Q=10750m³/s)   (b) 2011年8月13日(Q=31220m³/s)

—1m/s   —→ 计算流速   ⟹ 实测流速   ---- 计算水流动力轴线   —o— 实测水流动力轴线   河道轮廓测量与2011年7～8月

图 4.18   长江中游牯牛沙河段水流动力轴线验证

表 4.1　牯牛沙河段公式计算结果与实测值对比表

计算公式	断面及流量/（m³/s） 弯曲半径/m	$1^{\#}$ $Q=10\,750$	$1^{\#}$ $Q=31\,220$	$2^{\#}$ $Q=10\,750$	$2^{\#}$ $Q=31\,220$	$2^{\#}$ $Q=10\,750$	$2^{\#}$ $Q=31\,220$
实测值		2 530	2 900	2 820	3 940	3 090	3 750
欧阳履泰[7]	$R_{**}=48.1\left(QJ^{1/2}\right)^{0.83}$	2 390	3 771	2 390	3 771	2 390	3 771
张笃敬等[25]	$R_{**}=0.26R_*^{0.73}\left(\sqrt{B}/h\right)^{0.73}\left(Qh^{2/3}J^{1/2}\right)^{0.23}$	851	890	1 549	1 919	1 814	2 246
张植堂等[26]	$R_{**}=\sqrt[3]{\dfrac{1}{\varphi Jg}\left(\dfrac{R_*Q}{A}\right)^2}$	2 204	3 597	2 056	3 531	2 163	3 446
本书	$R_{**}=\left[\dfrac{R_*^2\left(\dfrac{Q}{\lambda}\cdot\dfrac{Q_{\max}-Q_{\min}}{Q_{\max}}\right)^2\rho}{\varphi g\varsigma^{4\lambda}h_0^5\left(\rho Jh_0^{2/3}+M'd^{1/3}\right)}\right]^{1/3}$	2 498	2 976	2 782	3 997	3 133	3 771

4.2.2　各控制要素对阻隔性河段的作用机理

式（4.15）可以写成：

$$\frac{R_{**}}{R_*}=\frac{\left[\left(\dfrac{Q}{\sqrt{R_*}}\cdot\dfrac{Q_{\max}-Q_{\min}}{\lambda Q_{\max}}\right)^2\dfrac{\varsigma^{(5-4\lambda)}}{\varphi}\right]^{1/3}}{\left[gB^{5/2}\left(Jh_0^{2/3}+\dfrac{M'd^{1/3}}{\rho}\right)\right]^{1/3}}\approx\frac{F_{\text{migration}}}{F_{\text{constraint}}}=\frac{F_{\text{m}}}{F_{\text{c}}}\qquad（4.16）$$

式中：Fmigration（F_{m}）为水流动力轴线摆动力；Fconstraint（F_{c}）为河道边界条件约束力；R_{**}/R_* 为河湾曲率半径对水流动力轴线弯曲半径的约束作用，该值越小，表明河湾曲率半径对水流动力轴线弯曲半径的约束作用越大，主流相对摆幅越小，河段越可能具有阻隔性。

若流量过程恒定，水流动力轴线平面位置将不会发生时空变化，也就不会出现河势调整，流量过程变化是促进水流动力轴线摆动的动力因子。上面分析表明：河段中上部存在挑流节点将加剧不同流量下水流动力轴线的摆动幅度；河湾弯曲度过小的顺直河段，河湾曲率半径与水流动力轴线弯曲半径差别较大而削弱了河湾对水流动力轴线的归顺作用[7]；河相系数过大的宽浅断面，为水流动力轴线提供了较大摆动空间，滩槽高差较小也利于主流切滩。因此，流量过程、节点挑流、河湾弯曲度、河相系数均能促进水流动力轴线摆动，式（4.16）中右边分子项可看成是水流动力轴线的摆动力。

上面分析表明：河道纵比降大，单宽水流功率大[27]，有利于刷深深槽；河岸物质组成中黏粒含量较多时，抗冲性较强而有利于塑造窄深断面，减小动力轴线的横向摆动空间；床沙较粗时，河床对水流侵蚀的抵抗力较强，也一定程度上减小水流动力轴线的摆幅。因此，河道纵比降、河岸及河床抗冲性等能够约束动力轴线摆动，式（4.16）右边分母项可看成是河道边界约束力。

综上分析，式（4.16）等式右边近似反映了水流动力轴线摆动力与约束力之间的对比关系，宏观上则表现为水流动力轴线弯曲半径与河湾曲率半径的对比。虽然右边的分子项与分母项并不具有力的量纲，但其表达式中的各因子反映了力的主要影响因素，这些因子也体现了 4.1.2 节分析的河道形态特征对水流动力轴线摆动的促进或者约束作用是合理的。右边分子项与分母项的比值能够衡量河道边界对水流动力轴线的约束程度，因此，上述公式结构也基本合理的。

为进一步分析不同控制要素对水流动力轴线摆动的影响程度，整理各控制要素变化范围如下：流量为 4 000～80 000 m³/s，河湾曲率半径为 2 000～16 000 m，河相系数为 0.8～6.7，节点突出岸线的相对长度为 0.67～1.0，河段纵比降为 0.4‰～8.2‰，床沙中值粒径为 0.11～0.25 mm，凹岸岸坡黏粒含量为 6.9%～22.8%。令任一控制要素在上述范围内相对变化，其他控制要素保持在该范围的平均值不变，其余参数取各河段平均值，分析水流动力轴线摆动力与边界条件约束力的比值 F_m/F_c 对各控制要素变化的敏感度。

如图 4.19 所示，F_m/F_c 与 Q、R_* 的相对值成正比，与 ζ、λ、M、J 和 d 的相对值成反比，且相关关系曲线斜率的绝对值呈 "$Q > \zeta > R_* > \lambda > M > J > d$" 的变化规律。首先，流量变化是导致主流摆动的根本动因，平面形态单一微弯且中上部无挑流节点，才能形成与水流相互适应的河道断面，归顺主流摆动；其次，只有窄深型断面才具有较大的约束力来限制主流摆动，也只有河岸抗冲性较强的河段，才能长期维持窄深型断面；再次，河床纵比降和床沙中值粒径较大，有利于水流集中于深槽下泄，减少主流线横向侧移。因此，上述 6 个控制要素归根结底是形成与水流相互适应的窄深型断面以约束主流摆动，虽然重要性有区别，但均必不可少。可见，本节对各控制要素的分析成果与 3.3 节分析的各特征相互关系的成果是一致的。

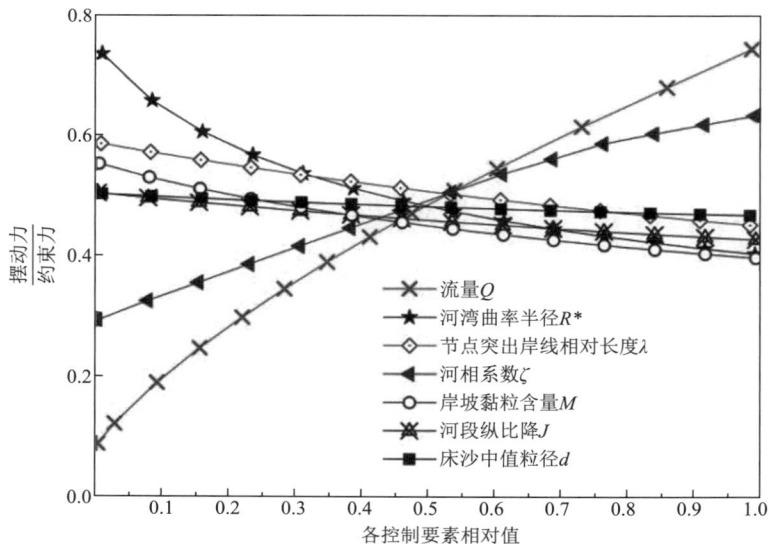

图 4.19　各控制要素对河段阻隔性影响的敏感度分析

对于 F_m/F_c 的成果取值，可根据敏感度分析成果，忽略 M、J、d 等较小项，将式（4.16）化简为式（4.17），其与张植堂等推导的水流动力轴线弯曲半径的理论公式[26]较为接近，仅增加了流量变幅系数及节点挑流系数。化简后的公式对计算结果影响不大，却能够使计算过程得到明显简化。

$$\frac{R_0}{R_*} = \frac{\left[\left(\frac{Q}{\sqrt{R_*}} \cdot \frac{Q_{max} - Q_{min}}{\lambda Q_{max}}\right)^2\right]^{1/3}}{\varphi g^{1/3} h^{5/3} \zeta^{4\lambda/3}} \approx \frac{F_{migration}}{F_{constraint}} = \frac{F_m}{F_c} \tag{4.17}$$

4.2.3　主流摆动力与边界约束力的对比关系

根据式（4.17），计算 34 个单一河段 F_m/F_c 与流量变化之间的关系，如图 4.20 所示。从图 4.20 中可以看出，各河段水流动力轴线摆动力（简称主流摆动力）与河道边界约束力的比值均随着流量的增加而增大。结合表 3.2 可以看出：具有阻隔性的斗湖堤河段、调关河段、塔市驿河段、砖桥河段、反咀河段、龙口河段、汉金关河段、黄石河段、搁排矶河段、上下三号洲—马垱河段、马垱—东流河段、安庆—太子矶河段 12 个河段的主要摆动力与边界约束力的比值始终小于 1，说明在不同流量下，其河道约束力均大于主流摆动力，从而能够有效约束主流摆动，因此，具有阻隔性；非阻隔性河段，流量超过一定数值后，河道约束力开始小于主流摆动力，无法有效约束主流，主流能够发生较大幅度的摆动，因此不具有阻隔性。

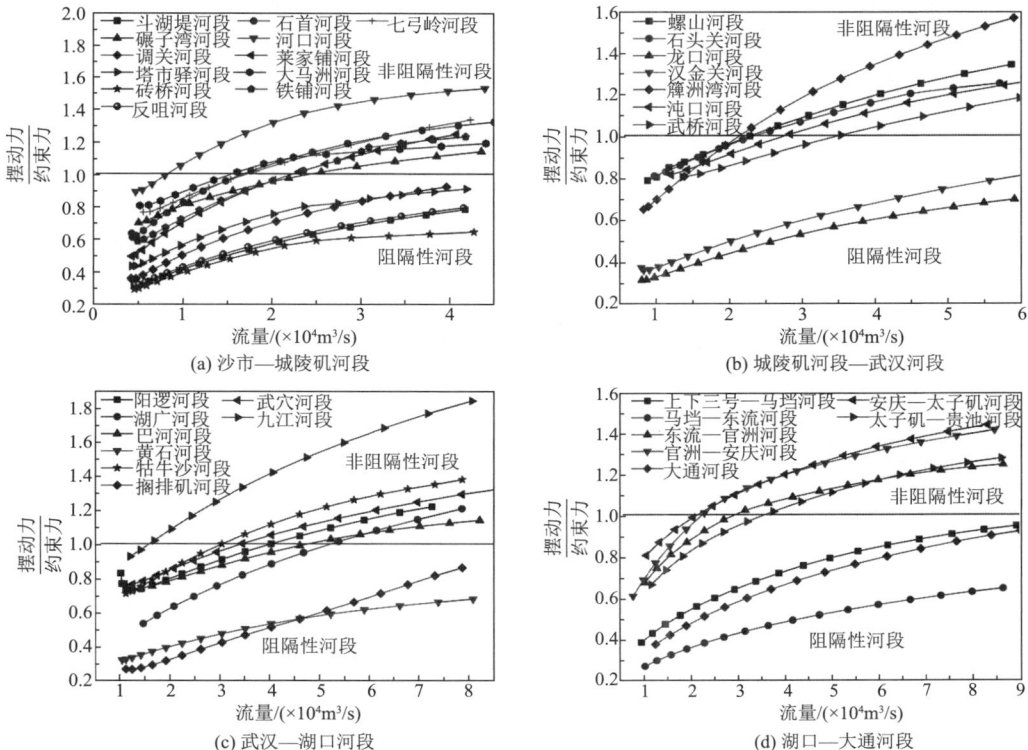

(a) 沙市—城陵矶河段

(b) 城陵矶河段—武汉河段

(c) 武汉—湖口河段

(d) 湖口—大通河段

图 4.20　长江中下游单一河段水流动力轴线摆动力与河道边界约束力的比值

综上分析，阻隔性河段作用机理在于：在不同流量级下，河道约束力始终大于主流摆动力，即便上游河势发生明显调整，入流方向发生较大幅度变化，本河段的河道边界也始终能够约束动力轴线的平面位置，从而削弱上游河势变化后主流摆动幅度，归顺上游不同河势条件下的主流平面位置，为下游河道提供了相对稳定的入流条件。3.2 节分析的阻隔性河段在平面、横断面、纵剖面、河岸及河床抗冲性方面的要素，正是河道约束力大于主流摆动力的必要条件。不满足上述一个或多个条件的河道，随着入流方向或流量变化，河道约束力未能始终大于主流摆动力，主流平面位置将发生较大变化，河势随之调整，也就不具有阻隔性。

4.2.4　小结

本节通过对横向河势调整的阻隔机理分析，得出如下结论。

（1）以长江中下游 34 个单一河段作为研究对象，推导了水流动力轴线弯曲半径的半经验半理论计算式，同时考虑了河岸及河床抗冲性、流量变化幅度、进口节点挑流作用等影响，成果能够较好地适用于牯牛沙这类进口分布节点的河段的计算。

（2）对比分析了各控制要素对阻隔性河段形成的作用，平面形态单一微弯且中上部无挑流节点，才能与水流相互适应，归顺主流摆动；窄深型断面能有效约束主流摆动，只有河岸抗冲性较强，才能长期维持断面窄深；河床纵比降和床沙中值粒径较大，有利于减弱主流横向侧移，归根结底 6 个阻隔性特征均必不可少。

（3）阻隔性河段的作用机理在于，不同流量级下，河道边界约束力始终大于水流动力轴线摆动力，即便上游河势发生调整，本河段的河道边界也始终能约束主流的摆动幅度，从而归顺上游不同河势条件下的主流平面位置，为下游河道提供了相对稳定的入流条件。

（4）第 3 章总结了阻隔性河段与非阻隔性河段不同的特征指标取值，本节在此基础上通过理论推导、模式概化形成阻隔性判别式，并将上述指标代入式中进行验证。从判别式的形式及计算成果来看，与第 3 章剖析的两类河段的不同指标取值是基本一致的。

4.3　横向河势调整的传递机理分析

4.3.1　横向河势调整传递要素及特征

第 2 章在深入分析河势调整传递现象的基础上，总结出河势调整的传递要素主要包括：①以主流摆动与滩槽冲淤变形互动为主导的河床变形式；②以节点挑流引起的上、下游河段主流对应性摆动为主导的节点挑流式；③因河岸或江心洲滩抗冲性较差，大幅度崩岸或撇弯切滩引发主流摆动为主导的河岸崩塌式；④上述要素存在一种或多种的混合式。这些要素的存在均会导致上游河势调整向下游的传递。

根据第 3 章分析成果，能够传递河势调整的河段应该具有如下一个或多个特征：平面形态顺直、河段中上部存在挑流节点、河相系数大于 4、纵比降小于 1.2‰、岸坡黏粒含量低于 9.5%、床沙中值粒径小于 0.158 mm 等。

4.3.2 横向河势调整的传递成因

根据 4.1.1 节分析,上游河势调整能够向下游传递的主要成因在于,其改变了下游河段进口各流量级下特定的主流平面位置,加之本河段河床地貌形态不稳定,进口主流摆动后,本河段主流随之左右往复摆动或大幅度地上提下移,使本河段的滩、槽形态发生冲淤调整,进而丧失了能够约束主流摆动的边界条件,致使本河段尾部即下游河段进口的主流平面位置也发生变化,从而将上游河势调整传递至下游。

第 4.1.3 节绘制上、下游河段进口实际入流动力轴线较理论水流动力轴线的摆动距离随流量变化曲线发现,同为单一河段,主流具有滩、槽两级平面位置,对于能够约束主流摆动的单一河段而言,主流摆动模式呈二线型,对于能够传递上游河势调整的单一河段而言,其主流摆动模式呈三线型。分析认为,后者在河床形态特征及物质组成等方面,存在河岸抗冲性差、河宽较大、床沙质抗冲性弱、存在挑流节点等缺陷,使其主流容易切割边滩形成新槽,因而滩、槽格局难以长期保持稳定。

小波变换分析表明,能够传递上游河势调整的河段,其主流摆动各级临界流量的划分与上游河段基本一致,主流摆动特征流量区间的持续天数系列的周期与上游河段周期基本一致,相应部位滩槽变形的突变年份也较为接近,主周期较短且有信号强烈的多个次周期,河势调整频率较高。

4.3.3 横向河势调整的传递机理

4.1.2 节通过推导水流动力轴线弯曲半径的半经验半理论公式表明,河段能够传递上游河势调整的作用机理在于:随着流量级的变化,河道约束力未能始终大于主流摆动力;上游河势一旦发生明显调整,入流方向发生较大幅度变化时,本河段的河道边界难以有效约束水流动力轴线的平面位置,使主流摆动幅度无法被完全归顺,甚至可能被进一步放大,进而无法为下游河道提供稳定的入流条件,从而将上游河势调整向下游传递。

4.4 主流摆型波的传播及衰减机制初探

4.4.1 主流摆型波传播过程河床动力响应理论模型

Kurlenya 等[28]发现岩体在爆炸作用下产生信号交错变化的现象,由此推测岩体中的动力传播可能存在一种新的非线性弹性波,称为摆型波。他从实测波形中分离出摆型波曲线,依靠块体介质冲积响应试验及波谱分析证明了摆型波的存在及其非协调、非线性低频低速特性,进而证明其可能引发深部岩体冲击地压动力灾害。深部岩体的结构特点、变形特点、高应力状态等,使其表现为非均匀、非连续及自平衡应力状态,由此引发的一些力学现象用传统的连续介质力学不能给出很好的解释,在此背景下,Sadovsky[29]提出深部岩体等级块系构造理论,认为深部岩体是由从晶体到岩体不同等级的具有软弱力学特征的裂隙所分割的块体结构。Aleksandrova[30]给出了块体间具有黏弹性介质的一维动力模型，块系介质近似为弹性体，块体间软弱夹层介质为非线性变形的弹性作用和黏性阻尼作用的组合体，进而分析夹层力学性质对动力传播的影响。

从上述研究背景不难发现，摆型波在深部岩体块系构造中的传播过程与主流摆动在上、下游河道之间的传播过程类似。考虑到河床与水沙的相互作用中，水沙条件发生变化后，下游不同河床通过冲淤变化达到与水沙条件相适应的状态所需时间不同，使局部河段的主流摆动可能出现短暂停滞现象，且实测资料显示，也存在主流跳跃性迁移或大幅度上提下移的现象，可见，摆型波向下游河段的传递并不完全连续；同时上游河势条件及节点挑流作用对下游主流摆动的影响并不均匀，且在向下游传播过程中，不同河段对来流摆动能量的吸收及耗散程度也不一致，使摆型波向下游河段的传递并不均匀。因此，初步认为，非连续、非均匀的深部岩体等级块系构造理论也适用于研究主流摆型波在不同河床介质间的传递过程。此时块系岩体对冲击地压的动力响应过程则相当于河床介质对上游主流摆动的动力响应过程。

为对比分析阻隔性河段与非阻隔河段对上游主流摆型波在向下游传递过程中的传播或衰减作用，将岩石块系结构对应于研究河段内部的各个断面；将块体间的软弱夹层介质对应于研究断面之间的河床介质；夹层介质的弹性和黏性阻尼特征则对应于流量惯性特征和河床形态阻尼特征，取值为上下两断面的平均值。下面基于非连续块系岩体摆型波传播动力模型，来研究阻隔性河段与非阻隔性河段不同性质的河床介质对主流摆型波的传播或衰减影响。

1. 摆型波传播过程块系岩体动力响应理论模型

基于岩体动力传播的摆型波理论可用于研究非连续自应力块系岩体的动力响应与冲击地压的关系，Aleksandrova 等[31]根据 Sadovsky[29]提出的深部岩体等级块系构造理论给出摆型波传播的动力模型，如图 4.21 所示。

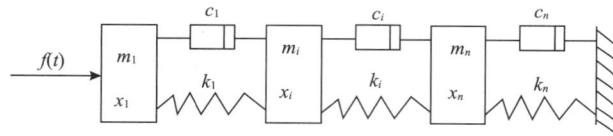

图 4.21　摆型波传播动力模型[31-32]

摆型波传播动力模型由一组非连续自应力块系岩体组成[32]。基于此模型建立了冲击扰动在块系岩体中诱发摆型波传播时的块体动力响应公式。其中，x_i（$i=1$，n）为非连续岩体，岩块间具有软弱连接，且岩块相比于块体间的软弱连接可抽象为刚体，其质量为 m_i，岩块间的软弱连接简化为凯尔文黏弹性体，其中，弹性系数为 k_i，阻尼系数为 c_i，整体块系岩体由 n 个岩块组成，外界冲击扰动为 $f(t)$。

假设外界冲击扰动 $f(t)$ 满足块系岩体中摆型波传播条件，摆型波传播过程中块系岩体动力响应微分方程的矩阵形式为[32]：

$$M\ddot{x}(t) + C\dot{x}(t) + Kx(t) = F(t) \qquad (4.18)$$

式中：C 为阻尼系数（N/cm/s）；　$M = \begin{bmatrix} m_1 & & & \\ & m_2 & & \\ & & \ddots & \\ & & & m_n \end{bmatrix}$；

$$C = \begin{bmatrix} c_1 & -c_1 & & & & & \\ -c_1 & (c_1+c_2) & -c_2 & & & & \\ & \ddots & \ddots & \ddots & & & \\ & & -c_{i-1} & (c_{i-1}+c_i) & -c_i & & \\ & & & \ddots & \ddots & \ddots & \\ & & & & -c_{n-2} & (c_{n-2}+c_{n-1}) & -c_{n-1} \\ & & & & & -c_{n-1} & (c_{n-1}+c_n) \end{bmatrix}$$；

$$K = \begin{bmatrix} k_1 & -k_1 & & & & & \\ -k_1 & (k_1+k_2) & -k_2 & & & & \\ & \ddots & \ddots & \ddots & & & \\ & & -k_{i-1} & (k_{i-1}+k_i) & -k_i & & \\ & & & \ddots & \ddots & \ddots & \\ & & & & -k_{n-2} & (k_{n-2}+k_{n-1}) & -k_{n-1} \\ & & & & & -k_{n-1} & (k_{n-1}+k_n) \end{bmatrix}$$；　$x = [x_1,\cdots,x_n]^T$

为块系岩体位移向量；　$F(t) = \left[f(t),0,\cdots,0 \right]^T$ 为外界扰动。

为进一步分析块系岩体的动力响应，引入恒等式：

$$M\dot{x}(t) - M\dot{x}(t) = 0 \tag{4.19}$$

将式（4.19）与式（4.20）合并得到：

$$\begin{bmatrix} C & M \\ M & 0 \end{bmatrix}\begin{bmatrix} \dot{x} \\ \ddot{x} \end{bmatrix} + \begin{bmatrix} K & 0 \\ 0 & -M \end{bmatrix}\begin{bmatrix} x \\ \dot{x} \end{bmatrix} = \begin{bmatrix} F(t) \\ 0 \end{bmatrix} \tag{4.20}$$

令 $y(t) = \left[x(t) \quad \dot{x}(t) \right]^T$，于是式（4.21）可写为

$$A\dot{y}(t) + By(t) = \tilde{f}(t) \tag{4.21}$$

式中：$A = \begin{bmatrix} C & M \\ M & 0 \end{bmatrix}$；　$B = \begin{bmatrix} K & 0 \\ 0 & -M \end{bmatrix}$；　$\tilde{f}(t) = \begin{bmatrix} F(t) \\ 0 \end{bmatrix}$。

在初始脉冲扰动下式（4.22）的解为

$$y(t) = \left[x_1(t),\cdots,x_n(t),\dot{x}_1(t),\cdots,\dot{x}_n(t) \right]^T = \Phi dq_0 \tag{4.22}$$

在式（4.23）中，矩阵 $\Phi = [\phi_1,\cdots,\phi_{2n}]$ 由状态空间中 $2n$ 阶非对称实矩阵 $B^{-1}A$ 的广义

特征向量 ϕ_i 所组成，即 $B^{-1}A\phi_i = \phi_i/\lambda$。$d = \text{diag}\left(e^{\lambda_1 t}, e^{\lambda_2 t}, \cdots, e^{\lambda_{2n} t}\right)$，$\lambda_i$ 为对应于广义特征向量 ϕ_i 的特征值。$q_0 = a^{-1}\boldsymbol{\Phi}^{\text{T}}A\boldsymbol{y}(0)$，$a = \boldsymbol{\Phi}^{\text{T}}A\boldsymbol{\Phi} = \text{diag}\left(a_1, a_2, \cdots, a_{2n}\right)$，$\boldsymbol{y}(0)$ 为初始条件，其中，$x_i(0) = 0$，$i = 1, \cdots, n$，$\dot{x}_i(0) = 0$，$i = 2, \cdots, n$。此时，向量 $\boldsymbol{y}(t)$ 的前 n 行是各岩块的位移响应，后 n 行是各岩块的速度响应；向量 $\dot{\boldsymbol{y}}(t)$ 的前 n 行是各岩块的速度响应，后 n 行是各岩块的加速度响应。

摆型波的传播及衰减与岩块尺度有着密切联系，根据等级块系岩体构造理论，获得不同等级尺度下的岩块尺寸并计算其质量；结合岩体间软弱连接介质的弹性系数 k、阻尼系数 c 及初始脉冲扰动 $f_0(t)$，可计算块系岩体中各个岩块各个瞬时的位移、速度、加速度，从而获得某个岩块加速度的时域和频域变化曲线，以及某个瞬时沿程各个岩块的加速度值域变化曲线[32,34-35]。

2. 主流摆型波河床动力响应模型及因子提取方法

根据上述分析，将上述模型应用于主流摆型波在河床介质的传播过程中。将块系岩体中各个岩块抽象为研究河段内部的各个断面，外界扰动相当于上游河势调整后下游河段进口的主流摆动强度；阻尼系数相当于各断面之间的河床介质对主流摆动施加的约束力；弹性系数原指块体间的软弱连接受到外界扰动后，恢复原长时固有的劲度系数，当外界扰动施加于块系岩体时，夹层介质将岩块动能以弹性势能形式贮藏起来，待停止扰动后再转为动能，这与流量级变化导致水流动力轴线弯曲半径变化，进而促使水体惯性能与动能之间相互转化的过程类似。

以 500 m 为间距提取断面，考虑到长江中下游单一河段长度为 8～15 km，平均每个研究河段选取 20 个典型断面进行研究。进口主流摆动距离 ΔL 为考虑上游河势调整及节点挑流作用影响下的两个水文测次之间的实测深泓线间距。取主流区域内单宽水体为研究对象，根据长期积累的河道演变及实测水文地形资料，计算各断面的形态阻尼系数 Ω_i，以及流量级变化引起水流动力轴线摆动的惯性系数 κ_i，将式（4.18）等号两边同时除以单位水体质量 m，得到主流摆型波传播过程中的河床动力响应模型，如式（4.23）所示。

$$\ddot{\boldsymbol{x}}(t) + \boldsymbol{\Omega}\dot{\boldsymbol{x}}(t) + \boldsymbol{\kappa}\boldsymbol{x}(t) = \boldsymbol{F}(t)/m \qquad （4.23）$$

式中：$\boldsymbol{\Omega} = \boldsymbol{C}/m$；$\boldsymbol{\kappa} = \boldsymbol{K}/m$。

采用 Matlab 软件进行矩阵计算，从而获得研究河段中在某种进口主流摆动强度下，沿程各断面加速度的瞬时值域曲线。第 3.2.4 节第 2 部分讨论了影响断面流速分布的糙率条件、水深条件、比降条件，第 4.1.2 节又将上述影响因素分为平面、横断面、纵剖面三大类，通过阻力公式来反映河道形态对主流摆动的影响（见式 4.1）。

本节研究河段为可能具有阻隔性的单一河道，因此，不考虑分汊系数的影响。为使河道形态阻尼系数量纲与 $\boldsymbol{C}/m$ 的量纲保持一致，在式（4.1）基础上加入断面流速、断面宽度。同流量下过水面积、过水宽度越大，说明河道越为宽浅，断面形态对主流摆动的约束力越小；断面平均流速越小，主流区水体初始摆动动量越小，流量变化后主流区水体受摆动惯性力的影响越为显著，而形态阻尼系数的影响越为不明显。因此，河道形态阻尼系数可化简为

$$\Omega_i = \frac{10^4 \cdot v_i}{B_i} \left(\frac{\log_{10} \overline{H_i / D_i}}{\log_{10} h_i / d_i} \right) \cdot \left(\frac{\overline{H_i}}{h_i} \right)^{\frac{1}{6}} \cdot \left[\frac{h_i}{\overline{h_{\text{滩/槽}}}} \cdot \left(\frac{R_{**}}{R_*} \right)^{0.2} \right]^{0.5} \quad （4.24）$$

式中：Ω_i 为阻尼系数 (1/s)；v_i、B_i、$\overline{H_i}$、$\overline{D_i}$ 分别为第 i 个断面的断面平均流速、断面过水宽度、断面平均水深、床沙中值粒径；h_{Ri}、d_{Ri} 分别为该断面水流动力轴线处的水力半径、床沙中值粒径；$\overline{h_{\text{滩/槽}}}$ 为该断面的边滩或深槽的平均水深；R_* 为河湾曲率半径；R_{**} 为水流动力轴线弯曲半径。

Ω_i 的单位为 1/s，式（4.18）中阻尼系数 C 的单位为 N/(m/s)，Ω_i 与 C/m 的单位保持一致，使式（4.23）保持量纲和谐。

流量级变化将改变水流动力轴线弯曲半径的大小，进而影响主流摆动，这与块系岩体间夹层介质的弹性变形类似。对于上游河势而言，流量变幅较大的汛前汛后时期，主流位于边滩侧；流量变幅较小的中枯水时期，主流位于深槽侧。上游河势调整的影响较水沙条件的影响具有一定滞后性。对于前者而言，上游河势促使下游进口主流维持在边滩侧，主流由枯水河槽漫向河漫滩，摆动幅度较大，此时若处于汛前涨水期，流量级增加导致水流动力轴线弯曲半径增大，流量惯性力与主流摆动方向相同，惯性势能转为水体动能而加速主流摆动；若处于汛后落水期，流量级减小导致水流动力轴线弯曲半径减小，流量惯性力与主流摆动方向相反，使主流区水体产生摆回深槽的趋势，摆动速度减缓而转化为惯性势能贮藏。对于后者而言，上游河势调整有利于下游主流由河漫滩摆向枯水河槽，通常摆动幅度较小，若处于中水向枯水的过渡时期，流量级减小导致水流动力轴线弯曲半径减小，流量惯性力与主流摆动方向相同，将促进主流归槽，惯性势能释放为主流区水体动能；若处于枯水向中水的过渡时期，流量级增大导致水流动力轴线弯曲半径增大，流量惯性力与主流摆动方向相反，使主流区水体产生摆离深槽的趋势，水体动能再度转化为惯性势能贮藏。

根据上述分析，在流量惯性力方向与主流摆动方向相同的汛前涨水期、中水→枯水过渡期，主流区水体惯性势能转化为动能，增大了主流摆型波加速度的振荡幅度，但相应的主流摆动幅度分别为较大、较小；在流量惯性力方向与主流摆动方向相反的汛后落水期、枯水→中水过渡期，主流区水体动能转化为惯性势能，减小了主流摆型波加速度的振荡幅度，但相应的主流摆动幅度分别为较大、较小。可见，汛前涨水期及汛后落水期的流量变幅绝对值明显大于枯水→中水过渡期和中水→枯水过渡期，相应地，前两者主流摆动幅度也大于后两者，因此主流摆动幅度与流量变幅的绝对值呈正比关系，但同一流量变幅条件下，主流摆型波加速度的振荡幅度可能增加也可能减小。

此外，流量惯性系数还与过水断面面积成反比，过水面积越大、水深越大，相同流量变化幅度下水位升降幅度越小，主流摆动范围缩减，主流摆动对流量变化的敏感性降低。式（4.18）中的弹性系数 k_i 可转换为主流摆型波传递过程中的流量惯性系数 κ_i：

$$\kappa_i = 10^3 \cdot \frac{\Delta Q^2}{\left(A_i h_i \right)^2} \quad （4.25）$$

式中：ΔQ 为河段进口主流在摆动时段始、末时间点的流量的差值，忽略上、下游断面流量变化的传播时间，认为下游断面的流量变化与进口同步；A_i、h_i 分别为第 i 个断面的过水面积及平均水深。κ_i 的单位为 $1/s^2$，代入式（4.25）可保持量纲和谐。再者，在式（4.18）中，$f(t)$ 表示岩石块系受到的外界冲击扰动强度，在式（4.23）中可概化为河段进口主流摆动强度。为使式（4.26）量纲和谐，该强度可表示为

$$f_t = \frac{f(t)}{m} = 10^6 \cdot \frac{\Delta L V_0^2}{B_0^2} \tag{4.26}$$

式中：ΔL 为进口主流在摆动时段始、末时间点的位移相对于平滩河宽的比值；B_0 为进口断面平滩河宽；V_0 为主流摆动的初始速度；f_t 为进口主流摆型波初始扰动强度。

进口主流摆动位移相对于平滩河宽越大，扰动强度越大；进口主流初始摆动速度越快，摆动功率越大，进口主流摆动向下游传递的时间越短，频率越高。$f(t)/m$ 的单位为 m/s^2，代入式（4.26）可保持量纲和谐，此时 $F(t)/m = [f(t)/m, 0, \cdots, 0]^T = [f_t, 0, \cdots, 0]^T$。

值得指出的是，本节侧重于研究进口主流摆动发生后，下游沿程各断面对进口主流摆型波的传播或衰减效应，而并非侧重于研究某个断面在该进口扰动条件下主流摆动特征值的时域或频域变化曲线。同时，考虑到主流摆型波的加速度能够反映主流摆动力的大小及摆动能量的强弱，进而决定了摆型波继续向下游传递的可能性及影响范围，因而选取摆型波加速度作为考量对象。综上，下面重点研究典型河段的实际深泓摆动测次中，沿程上、下游各个断面的主流摆型波加速度的瞬时值域变化曲线。

4.4.2　主流摆型波在横向非阻隔性河段中的传播效应

本节选取沙市—湖口河段 6 个非阻隔性河段展开研究，每个河段取 4 个典型的实际深泓摆动测次，统计分析各测次之间的实测摆动距离，以及河道形态阻尼系数 Ω（简称阻尼系数）、流量惯性系数（简称惯性系数，用 ΔQ 近似衡量）、初始摆动速度，计算并绘制主流摆型波加速度的沿程振荡曲线。

1. 沙市—城陵矶河段

图 4.22 为石首河段主流摆型波加速度的沿程变化情况。通常一个水文年内汛前、汛后的涨水期、落水期的流量变化幅度最大，主流摆动时段始末时间点的流量差值绝对值 $\Delta Q = 8\ 700\ m^3/s$ 时进口主流摆动幅度、流量惯性系数最大，河床形态变化最为剧烈，受河道剧烈冲淤影响，河道形态阻尼系数也较大。如图所示，在进口主流摆型波初始冲击扰动下，下游沿程断面主流摆型波的加速度均发生振荡，且振荡幅度呈由上游至下游逐渐增大的趋势，说明进口主流摆动较强烈地影响河段中下部，使下游断面的主流摆型波产生较大的加速度及摆动力，从而引发下游断面主流剧烈摆动。在流量变化幅度减弱的中水期、枯水期，进口主流摆动幅度、惯性系数、阻尼系数均进一步减小，主流摆型波向下游传递的过程中，同一断面摆型波加速度的振荡幅度继续减小，且振荡减弱的断面位置逐渐提前，如图所示，当 $\Delta Q = 4\ 600\ m^3/s$ 时，加速度的最大振荡强度为 $3.66\ m/s^2$；当 $\Delta Q = 3\ 400\ m^3/s$ 时，加速度的最大振荡强度为 $2.69\ m/s^2$，且 5#～15#断面的振荡幅度已大幅度减弱。

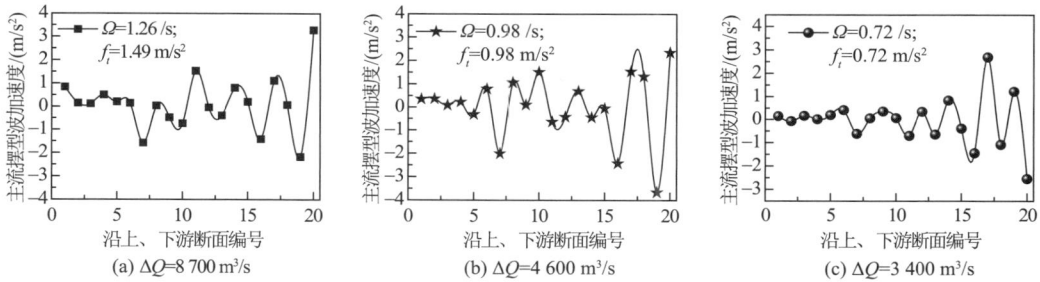

图 4.22　石首河段主流摆型波加速度沿程变化图

图 4.23 为大马洲河段主流摆型波加速度的沿程变化情况。整体来看，进口初始冲击扰动强度随着流量变化幅度的增加而增大，进口以下主流摆型波加速度的振荡幅度呈从上游至下游沿程增大的趋势。当 $\Delta Q=12\ 800\ \mathrm{m^3/s}$ 时，进口主流初始扰动强度、流量惯性系数、河道形态阻尼系数均较大，下游断面的主流摆型波加速度的最大振荡强度达 $6.23\ \mathrm{m/s^2}$；随着流量变幅减小，进口主流初始扰动强度、流量惯性系数、河道形态阻尼系数均进一步减小，主流摆型波加速度的振荡幅度也相应减小，当 $\Delta Q=8\ 060\ \mathrm{m^3/s}$ 时，加速度的最大振荡强度为 $5.62\ \mathrm{m/s^2}$；当 $\Delta Q=3\ 860\ \mathrm{m^3/s}$ 时，加速度的最大振荡强度为 $3.38\ \mathrm{m/s^2}$。

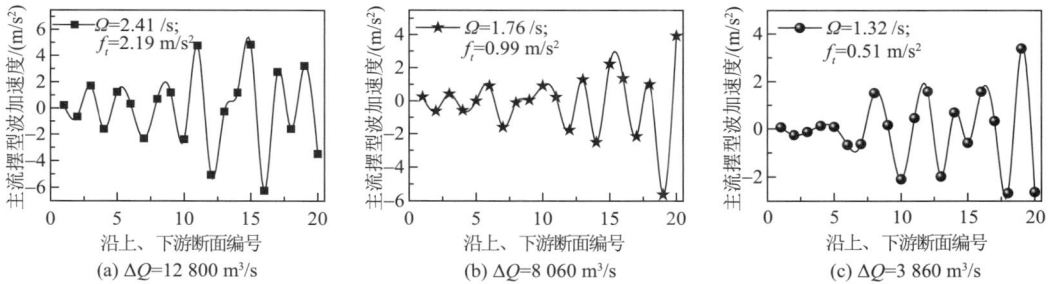

图 4.23　大马洲河段主流摆型波加速度沿程变化图

2. 城陵矶—汉口河段

图 4.24 为簰洲湾河段主流摆型波加速度的沿程变化情况。整体来看，进口主流扰动强度随着流量变化幅度的增加而增大。当 $\Delta Q=164\ 00\ \mathrm{m^3/s}$ 时，沿程各断面主流摆型波均发生振荡，最大振荡强度为 $7.27\ \mathrm{m/s^2}$。当 $\Delta Q=7\ 300\ \mathrm{m^3/s}$ 时，主流摆型波加速度的振荡程度有所减弱，仅在 6#、15# 断面有显著振荡，最大振荡强度为 $3.58\ \mathrm{m/s^2}$。当 $\Delta Q=3\ 320\ \mathrm{m^3/s}$ 时，处于枯水→中水过渡期，此时主流尚未摆离深槽，但流量增大产生了使主流摆离深槽的惯性力，惯性力方向与主流摆动方向相反；加之主流归槽后，连续弯曲河槽的形态阻尼作用明显增大，导致摆型波加速度振荡幅度显著减小，最大振荡强度近似为 $2.03\ \mathrm{m/s^2}$，且位于河段进口附近，说明该河段在主流归槽后具有一定的约束主流摆动的能力，针对性地采取整治措施后有望由非阻隔性河段转变为阻隔性河段。

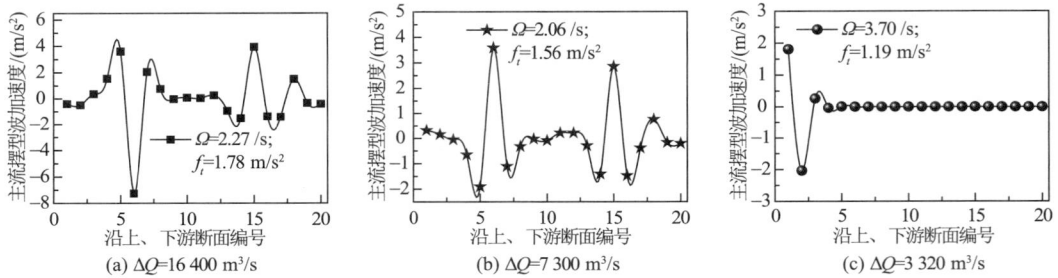

图 4.24　簰洲湾河段主流摆型波加速度沿程变化图

图 4.25 为武桥河段主流摆型波加速度的沿程变化情况。整体来看，进口以下主流摆型波加速度的振荡幅度从上游至下游呈沿程增大的趋势。当 ΔQ=34 400 m³/s 时，沿程各断面主流摆型波的振荡幅度均较大，最大振荡强度为 11.06 m/s²。ΔQ=18 000 m³/s 处于汛后落水阶段，主流位于深槽与潜洲、汉阳边滩等低滩带的交接处，河道形态阻尼系数高达 5.79 /s；流量减小使主流产生摆回深槽的惯性力，由于阻力作用主流尚且维持在边滩，惯性力方向与实际摆动方向相反，形态阻力大于惯性力，进口摆动强度也较弱，此时主流摆型波加速度的最大振荡强度仅为 6.04 m/s²；随着流量变幅及阻力作用进一步减小，当 ΔQ=9 326 m³/s 时，加速度的最大振荡强度仅为 3.57 m/s²。

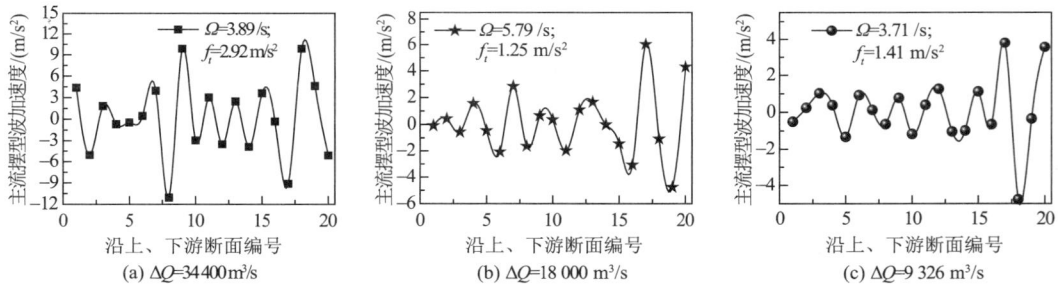

图 4.25　武桥河段主流摆型波加速度沿程变化图

3. 汉口—湖口河段

图 4.26 为阳逻河段主流摆型波加速度的沿程变化情况。整体来看，进口冲击扰动强度随流量的增加而增大。当 ΔQ=39 000 m³/s 时，在河段中下部主流摆型波加速度的振荡幅度较大，最大振荡强度为 12.37 m/s²。随着流量变幅及进口扰动减小，当 ΔQ=20 500 m³/s 时，处于主流漫滩阶段，流量增加产生的惯性力方向与实际摆动方向相同，且主流漫滩后摆动空间骤然增大，河道形态阻力相应减小，使惯性力明显大于形态阻力，最大振荡强度为 3.68 m/s²；当 ΔQ=8 690 m³/s 时，主流逐渐从高滩回落至窄深河槽，受较强边界约束力的制约，主流摆型波加速度的振荡强度也相应减小，最大振荡强度仅为 3.52 m/s²，且仅发生于河段进口附近，下游主流几乎不发生摆动，说明该河段在主流归槽后，边界条件约束主流摆动的能力更强，针对性地采取整治措施后可由非阻隔性河段转变为阻隔性河段。

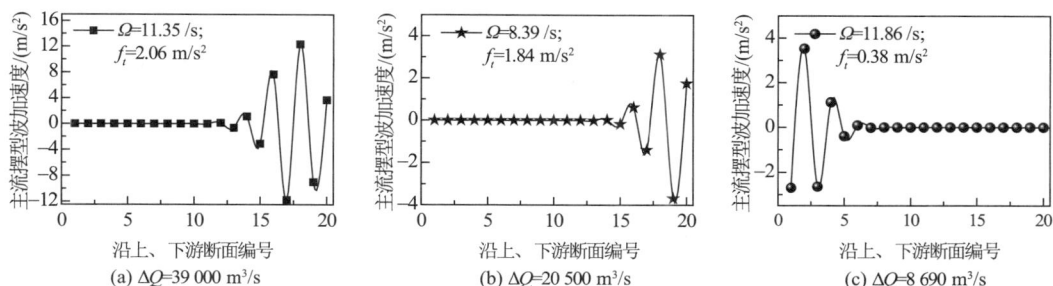

图 4.26　阳逻河段主流摆型波加速度沿程变化图

图 4.27 为武穴河段主流摆型波加速度的沿程变化情况，主流摆型波加速度的振荡幅度均呈由上游至下游逐渐增大的趋势。当 ΔQ=20 900 m^3/s 时，由于武穴河段为宽浅的"U"形断面，洪水条件下滩槽高差较小，床沙粒径分布相对均匀，主流漫滩所受的形态阻尼系数较小，沿程主流摆型波加速度的振荡幅度均较大，最大振荡强度为 17.95 m/s^2。随着流量变幅减小，水位逐渐回落，导致滩槽高差相对于水深逐渐增大，河床阻力逐渐增加，摆型波加速度的振荡幅度相应减小，当 ΔQ=12 100 m^3/s 时，最大振荡强度为 17.60 m/s^2；当 ΔQ=3 900 m^3/s 时，最大振荡强度为 2.11 m/s^2，且多发生于河段出口与下游龙坪河段相衔接的放宽段。

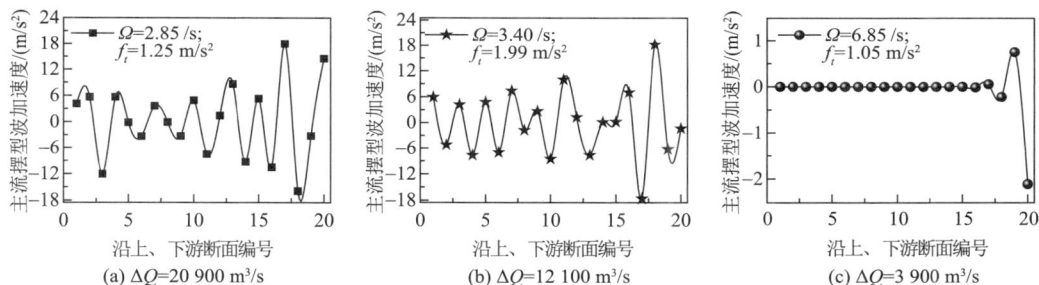

图 4.27　武穴河段主流摆型波加速度沿程变化图

4.4.3　主流摆型波在横向阻隔性河段中的衰减效应

本节选取沙市—湖口河段 4 个非阻隔性河段展开研究，每个河段各取 4 个典型的实际主流摆动测次，分析统计其形态阻尼系数、流量惯性系数、实测摆动距离及初始摆动速度，计算其主流摆型波加速度的沿程变化曲线的衰减趋势。

1. 沙市—城陵矶河段

图 4.28 为斗湖堤河段主流摆型波加速度的沿程变化情况。如图所示，无论进口主流摆型波初始扰动强度如何，下游断面主流摆型波加速度的振荡幅度呈从上游至下游逐渐衰减的趋势，且一定初始条件下主流摆型波在传播过程中将发生停滞，根据初始扰动强度不同，下游摆型波加速度停止振荡的断面位置存在差异。这说明进口主流摆型波的扰动小于一定幅度时，可能无法影响至河段的中下部，导致下游断面的主流摆型波加速度

逐渐趋于 0，从而阻滞了上游主流摆动向下游的传播效应。当 ΔQ=7 890 m³/s 时，进口扰动及形态阻尼系数均较大，加速度的最大振荡强度仅为 2.89 m/s²，在 18#断面附近基本停滞振荡。随着流量变幅逐渐减小，进口扰动减轻，加速度的最大振荡强度也减小为 2.32 m/s²和 2.26 m/s²，且在 6#断面就基本停滞振荡，这说明随着进口扰动减轻，下游断面主流摆型波的加速度的振荡强度将明显降低，且这种振荡现象在摆型波向下游传播的过程中将更快地衰减至消亡。

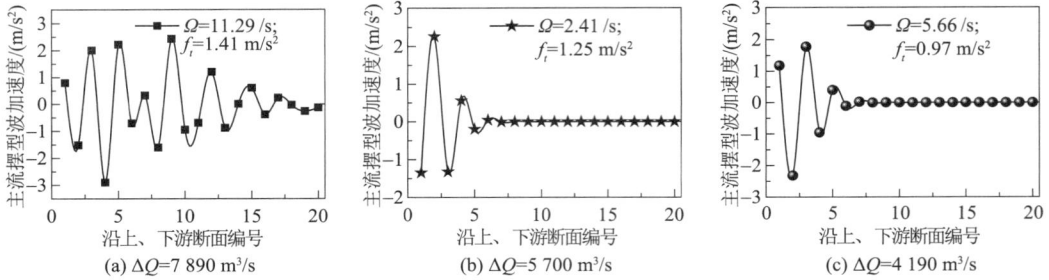

图 4.28　斗湖堤河段主流摆型波加速度沿程变化图

　　图 4.29 为调关河段主流摆型波加速度的沿程变化情况。如图所示，无论进口主流摆型波初始扰动强度如何，下游沿程断面主流摆型波加速度的振荡幅度呈从上游至下游逐渐衰减的趋势，且一定初始条件下主流摆型波在向下游传播过程中发生停滞，从而不继续向下游传递。当 ΔQ=5 700 m³/s 时，进口扰动强度、流量惯性系数较大，主流摆型波加速度的最大振荡强度为 3.11 m/s²。随着流量变幅减小，进口扰动减轻，加速度的振荡强度逐渐减小。当 ΔQ=2 874 m³/s 时，由于主流处于滩槽交接部位，水深变幅较大，形态阻尼系数也较大，最大振荡强度减小为 2.36 m/s²；当 ΔQ=1 466 m³/s 时，最大振荡强度仅为 2.24 m/s²，且在 5#断面就基本停滞振荡，这说明水流归槽后河道形态阻力进一步增大，进口较小的初始扰动将无法影响至阻隔性河段的中下部，主流摆型波加速度逐渐趋于 0，从而阻滞了上游主流摆动向下游的传播效应。

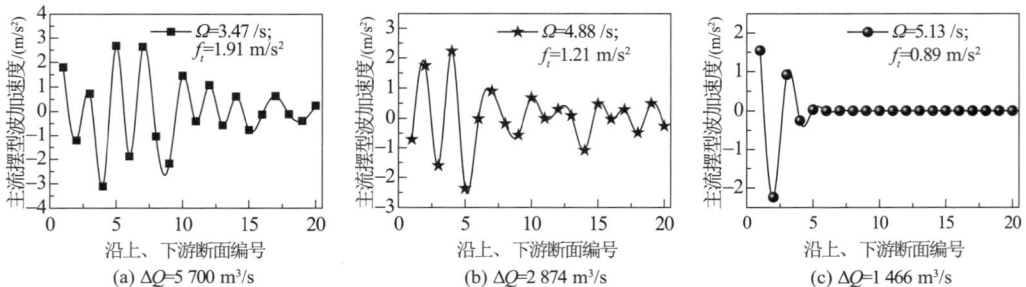

图 4.29　调关河段主流摆型波加速度沿程变化图

2. 城陵矶—汉口河段

图 4.30 为龙口河段主流摆型波加速度的沿程变化情况。如图所示，进口以下沿程断

面主流摆型波加速度的振荡幅度呈从上游至下游逐渐衰减的趋势，且主流摆型波在传播过程中均发生停滞。当 ΔQ=5 200 m³/s 时，进口扰动强度、流量惯性系数及形态阻尼系数均较大，主流摆型波加速度的最大振荡强度为 9.53 m/s²，在 10# 断面附近加速度停止振荡；随着流量变幅减小，进口扰动减轻，加速度的最大振荡强度逐渐减小，当 ΔQ=3 700 m³/s 时，河段中上部摆型波加速度的最大振荡强度仅为 3.44 m/s²，在 7# 断面附近加速度停止振荡；当 ΔQ=3 200 m³/s 时，上游陆溪口进口赤壁山弱挑流作用[16]导致下游龙口河段进口的主流扰动强度增大，但由于水流归槽后边界约束力较强，摆型波加速度的最大振荡强度进一步减小，仅为 2.93 m/s²，且在 6# 断面就基本停滞振荡，这说明进口初始扰动无法影响至阻隔性河段的中下部，下游河道的主流摆动加速度逐渐趋于 0，从而阻滞了上游主流摆动向下游的传播效应。

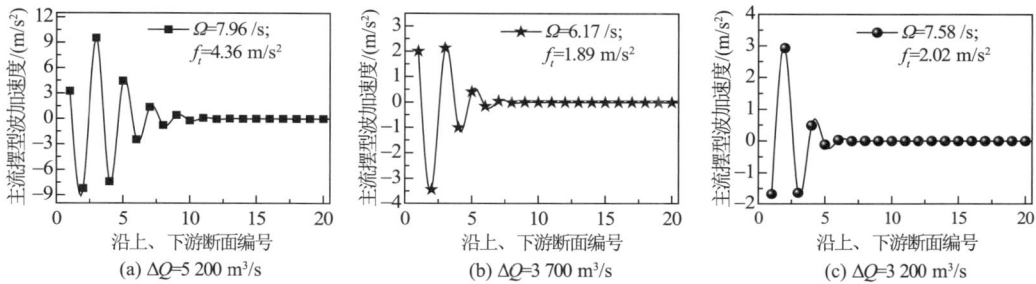

(a) ΔQ=5 200 m³/s   (b) ΔQ=3 700 m³/s   (c) ΔQ=3 200 m³/s

图 4.30   龙口河段主流摆型波加速度沿程变化图

3. 汉口—湖口河段

图 4.31 为黄石河段主流摆型波加速度的沿程变化情况。如图所示，进口以下沿程断面主流摆型波加速度的振荡幅度呈从上游至下游逐渐衰减的趋势，且主流摆型波在传播过程中均发生停滞现象。当 ΔQ=19 780 m³/s 时，虽然进口扰动强度、流量惯性系数均较大，但形态阻尼系数更大，从而限制了主流漫滩后的大幅度摆动，使 5# 断面处主流摆型波加速度的振荡强度削减为 0；随着流量变幅减小，进口扰动减轻，加速度的最大振荡强度也逐渐减小，当 ΔQ=13 270 m³/s 时，中上部摆型波加速度的最大振荡强度仅为 5.25 m/s²；当 ΔQ=4 900 m³/s 时，加速度的最大振荡强度仅为 4.71 m/s²，且在 5# 断面就基本停滞振荡，这说明进口初始扰动不会影响至阻隔性河段的中下部，下游断面的摆型波加速度逐渐趋于 0 而不会发生剧烈振荡，从而阻滞了上游主流摆动向下游的传播效应。

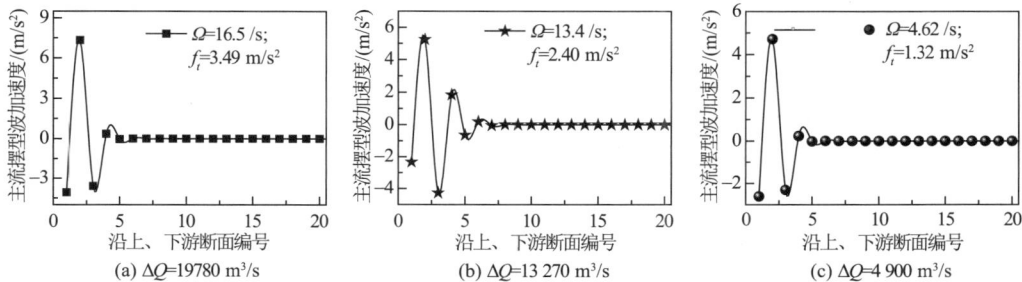

(a) ΔQ=19780 m³/s   (b) ΔQ=13 270 m³/s   (c) ΔQ=4 900 m³/s

图 4.31   黄石河段主流摆型波加速度沿程变化图

4.4.4　主流摆型波传播及衰减规律小结

　　如前所述，主流线在进口扰动条件下产生的横向摆动向下游河段的传播过程，类似于块系岩体在初始冲击状态下产生的非线性弹性波向岩体深部的传播过程，同样具有非均匀动力学特征及非线性低频低速性。本节依据 Aleksandrova[34] 提出的深部岩体摆型波传播的一维波动方程，研究了进口主流初始摆动强度（初始冲击地压）、河道形态对主流摆动的阻尼作用（岩块间软弱夹层介质的黏性阻尼系数）、流量变幅对水流动力轴线弯曲半径变化的惯性作用（岩块间夹层介质的弹簧刚度系数）等因素对主流摆型波传播特性的影响。

　　对主流摆型波向下游传播过程中的加速度振荡起明显作用的要素主要包括进口主流摆动距离、主流摆动初始速度、河道形态阻尼系数、流量惯性系数等。以调关河段的水文地形数据为研究基础，统计分析长江中下游 27 个单一河段的历次主流摆动现象中的实测摆动距离、摆动初始速度、形态阻尼系数、流量惯性系数等要素取值，取其上限、下限为本次敏感度分析的取值范围。令其他要素不变，保持某一要素在取值范围内均匀变化，分析主流摆型波加速度振幅对各要素变化的敏感度。

　　如图 4.32（a）、（b）所示，随着进口主流摆动距离的增加，下游断面主流摆型波加速度的振荡幅度变化不大，仅进口附近断面的振荡幅度略有增大，说明下游摆型波加速度的振幅对进口主流摆动距离的敏感度有限；随着进口主流摆动初始速度的增加，同一断面主流摆型波加速度的振荡幅度明显增强，主流摆型波加速度剧烈振荡的区域范围明显扩大，这说明摆型波加速度的振幅与进口初始摆动速度呈正比关系。

　　如图 4.32（c）所示，随着河道形态阻尼系数的增加，下游断面主流摆型波的加速度振幅总体呈减小趋势，但局部有所反复。当河道形态阻尼系数为 0.69 /s 时，加速度振幅整体最大，在 17# 断面处仍保持较大振幅；当河道形态阻尼系数为 10.40 /s 时，加速度振幅整体最小，在 3# 断面以下未发生明显振荡。但河道形态阻尼系数为 2.08 /s 时较阻尼系数为 3.47 /s 时的加速度振幅小，分析原因认为后者主流刚刚漫上边滩，水深的骤然变化使主流摆动的形态阻力较大，但由于滩上主流摆动空间明显增大，摆型波加速度的振幅较大；河道形态阻尼系数为 5.20 /s 时较河道形态阻尼系数为 6.93 /s 时的加速度振幅小，原因在于后者主流处于深槽边缘，尚未完全回落于深槽，由于滩槽高差较大，河道形态阻尼系数较大，但相对于槽内主流的微弱摆动，此时摆型波加速度的振幅仍然较大。

　　如图 4.32（d）所示，随着流量变幅及流量惯性系数的增加，下游断面主流摆型波的加速度振幅总体呈增大趋势，但局部也有反复。当流量惯性系数为 8.9 /s² 时，加速度振幅最小，此时处于中水→枯水过渡期，流量惯性力及进口扰动均有利于主流归槽；当流量惯性系数为 223.5 /s² 时，加速度振幅最大，在 18# 断面处仍保持较大振幅，此时处于汛前涨水期，惯性力及进口扰动均有利于主流上滩。但流量惯性系数为 22.3 /s² 较流量惯性系数为 44.7 /s² 的加速度振幅大，此时处于枯水→中水过渡期，但进口扰动摆向枯水河槽，流量惯性力与进口扰动方向相反，而不利于主流归槽，导致其惯性系数虽然较小，但摆型波加速度振荡程度却较大；流量惯性系数为 89.4 /s² 较流量惯性系数为 134.1 /s² 的加速度振幅大，此时处于汛后落水期，但进口扰动摆向河漫滩侧，流量惯性力与进口扰动方向相反，而有利于主流归槽，导致流量惯性系数虽然较小，但摆型波加速度振荡程度却较大。

(a) 进口主流摆动距离的影响

(b) 进口主流摆动初始速度V_0(m/s)的影响

(c) 河道形态阻尼系数的影响

(d) 流量惯性系数的影响

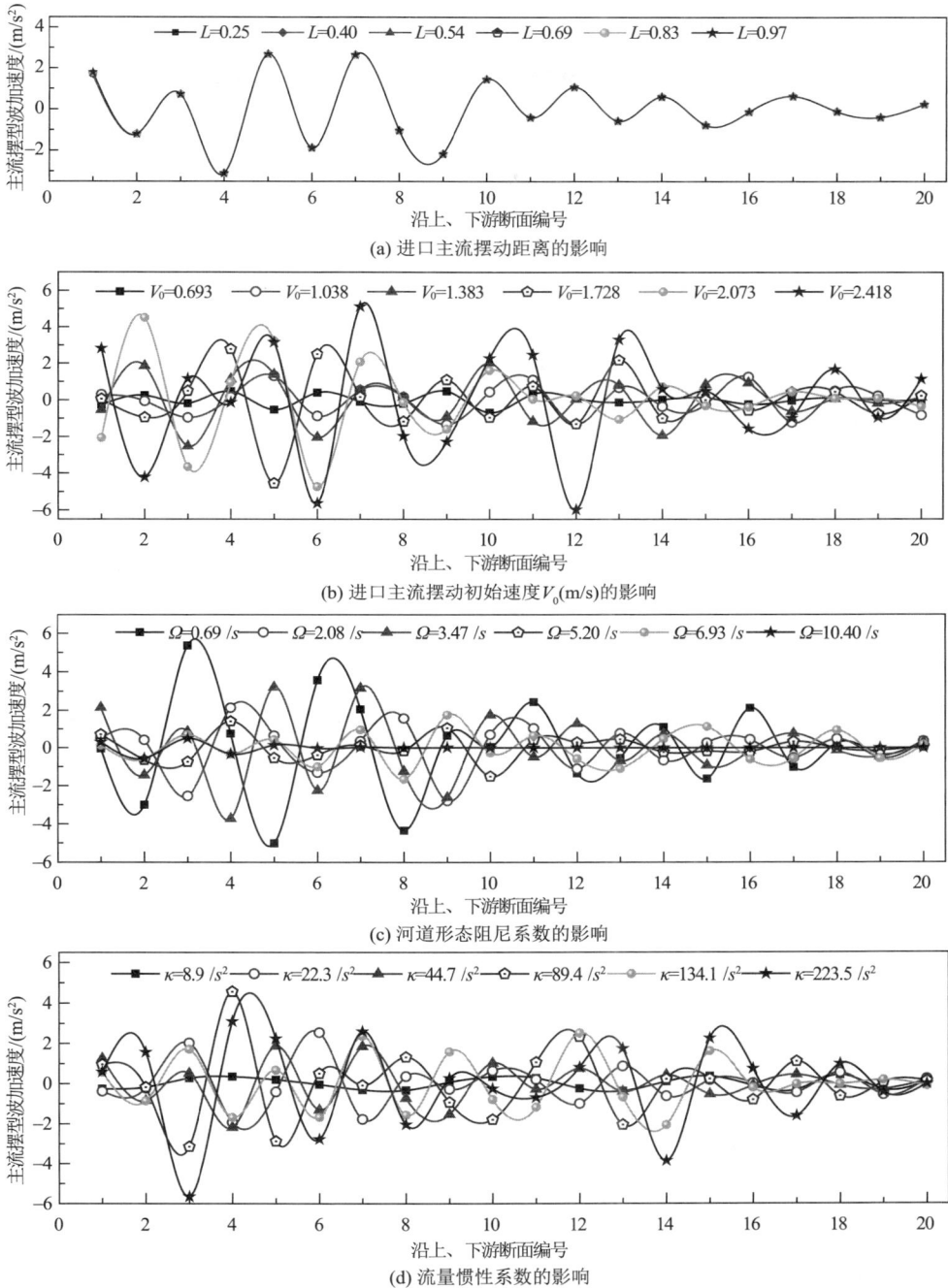

图 4.32　主流摆型波加速度振荡幅度对各影响因素的敏感度

　　为进一步细化河床形态中各水力特征变化对主流摆型波传播特征的影响,以调关河段的水文地形数据为基础,选取河道宽度、断面平均水深、床沙中值粒径、断面平均流速、河湾曲率半径为研究对象,令上述特征在取值范围内均匀变化,其他因子保持不变,从而说明各水力特征的传播效应。

从图 4.33 可见，当河宽过大时，河宽为主流摆动提供了充足空间，使主流摆型波振幅较大；但当河宽过小时，难以与来流量级完全适应，导致水流功率过大，河床冲淤变形幅度明显，主流难以稳定，因此，当河宽为 1 000～1 200 m 时主流摆型波振幅最小，振荡效应最微弱。这也说明，过大或过小的河宽特征均易向下游传播，而中等河宽特征更易于起到阻隔作用。水深越小，河道越为宽浅，对主流约束作用越弱，主流摆型波振幅越大，这说明，较浅的水深特征易于向下游传播，而深潭则易于归顺不同方向的来流。床沙粒径越细，滩面抗侵蚀能力越差，导致河床可动性较大，主流容易摆动而摆型波振幅较大，这说明，过细的床沙中值粒径特征易于向下游传播，而较粗的床沙特征则更易于维持。

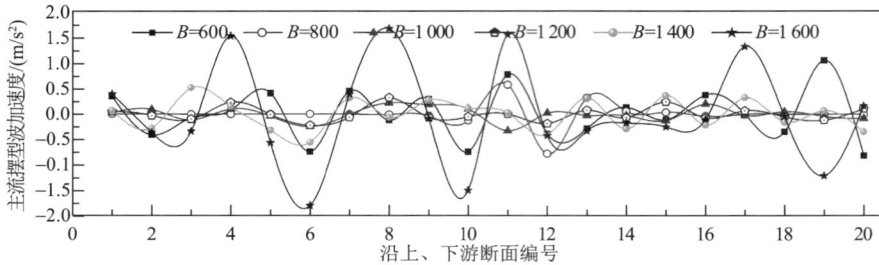

(a) 河道宽度B(m)的影响

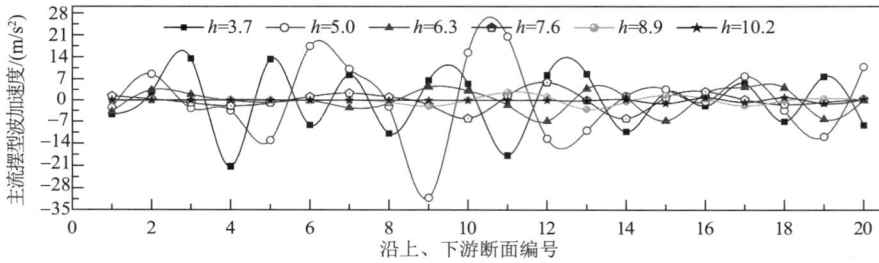

(b) 断面平均水深h(m)的影响

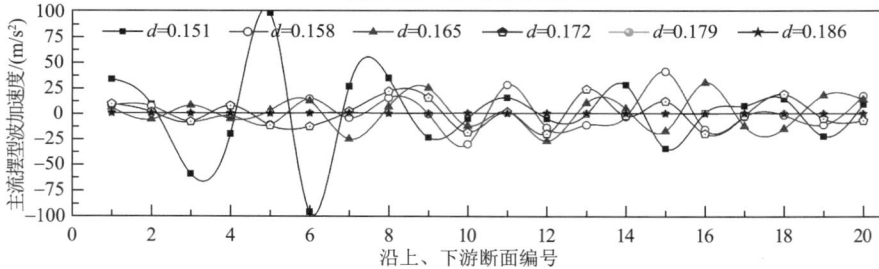

(c) 床沙中值粒径d(mm)的影响

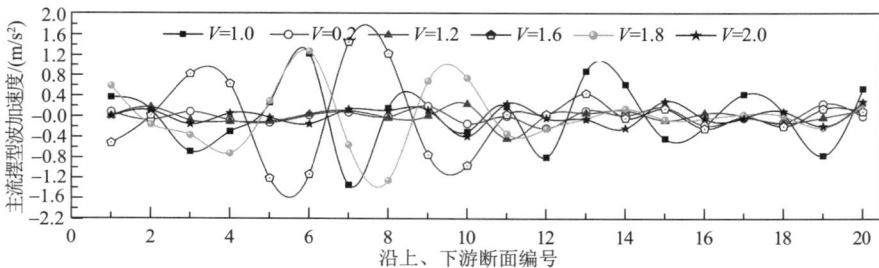

(d) 断面平均流速V(m/s)的影响

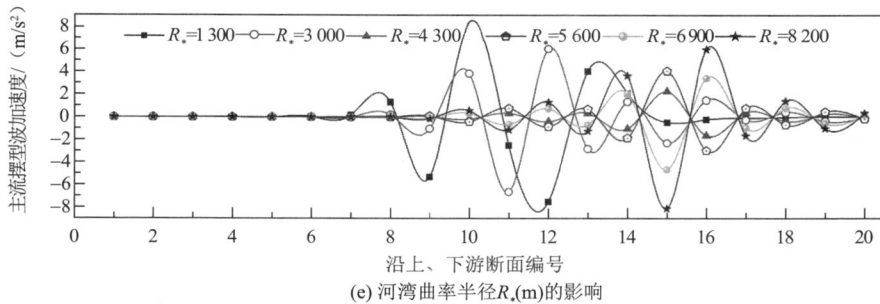

(e) 河湾曲率半径 R_s(m)的影响

图 4.33　各水力特征变化对主流摆型波加速度振幅的影响

　　从图 4.33 中还可以看出，断面平均流速过小时，水流冲刷动力不足，导致泥沙容易落淤堵塞原槽，形成新槽，使主流摆型波振幅较大；断面平均流速增大至 1.2～1.4 m/s 时，能够形成与来流条件相适应的输沙通道，主流摆型波振幅较小；随着流速进一步增大，淤积型河道向冲刷型河道转变，由于河床冲淤作用增强，振幅增加；当流速进一步增大至形成深切型河道后，主流摆型波振幅再度减小。这也说明，过大或过小的流速特征易于通过主流摆型波向下游传播，而适中的流速特征可能具有阻隔作用。河湾曲率半径特征过小时，容易引起撇弯切滩甚至裁弯，主流摆型波振幅较大；河湾曲率半径较大时，又难以形成与水流动力轴线相互适应的水沙通道，对来流的归顺作用较弱；只有曲率半径适中的河湾，摆型波振幅最小，这也说明，过大或过小的曲率半径特征可能通过主流摆型波向下游传播，而适中的曲率半径特征可能起到阻隔作用。

　　对于非阻隔性河段而言，进口以下沿程断面主流摆型波的加速度均发生明显振荡，振荡幅度呈从上游至下游逐渐增大的趋势，且最大振荡强度通常发生于河段尾部，此时，进口的初始扰动可导致河段中下部的主流摆型波产生较大的加速度及摆动力，引起下游河段主流发生剧烈摆动。对于汛前、汛后流量变化幅度较大的时段，进口主流摆动幅度通常较大，但由于流量惯性力与实际主流摆动方向分别呈相同、相反的趋势，其惯性力与河道形态阻力的对比关系时大时小，通常而言，下游主流摆型波加速度的振荡幅度较强；中水→枯水过渡期、枯水→中水过渡期，进口主流摆动幅度减小，流量惯性力与实际主流摆动方向分别呈相同、相反的趋势，使其惯性力与河道形态阻力的对比关系不一，通常下游主流摆型波加速度的振荡幅度较弱。部分河段在进口扰动较弱的条件下，由于主流归槽后受到边界条件的强烈约束，河段中下部加速度的振荡幅度逐渐减弱甚至消弭，从而削弱下游主流摆动幅度，这类河段通过采取针对性整治措施，有望由非阻隔性河段转变为阻隔性河段。

　　对于阻隔性河段而言，无论进口主流摆型波的初始冲击扰动强度如何，下游断面主流摆型波加速度的振荡幅度均呈从上游至下游逐渐衰减的趋势，且在进口扰动较小或窄深型河道约束能力较强的情况下，主流摆型波在向下游传播过程中将发生停滞，停滞点以下摆型波加速度为 0，即以下河道主流不具有摆动加速度及摆动力，从而阻滞了上游主流摆动向下游的传播效应。根据初始扰动强度及边界约束力的不同，摆型波加速度停止振荡的断面位置存在差异。通常而言，当流量变幅较大时，进口扰动较强，形态阻尼系数相对不大，河段进口主流摆型波加速度的振荡幅度较大，且下游断面加速度停止振荡的断面位置相对靠近出口；当流量变幅较小时，进口扰动较弱，形态阻尼系数增大，河段进口主流摆型波加速度的振荡幅度明显较小，且下游断面加速度停止振荡的断面位置相对靠近进口，即振荡现象将更快衰减或消亡。

值得指出的是，本节选取的典型断面为长江中下游河道监测固定断面，间距在 500米左右，密集程度相对较高，可靠性有所保证。若加密断面可能会改变主流摆型波加速度的振荡波形，或者使波峰或波谷频率增加，振荡波更为密集，但不会改变非阻隔性河段传播、阻隔性河段衰减上游河势调整的总体趋势。

4.5　本　章　小　结

本章通过对横向河势调整传递及阻隔机理的研究，得出如下结论。

（1）河势调整向下游传递的本质是主流平面位置及其持续时间的调整向下游传递。通过建立进口主流平面位置经验计算式发现，非阻隔性河段和阻隔性河段的实测主流摆动距离随流量变化曲线分别呈三线型和二线型。阻隔性河段成因在于，河道在周界物质组成，以及河道宽度、节点挑流等形态组成方面具有优势，上游河势调整后，主流难以切割边滩形成新槽，当前滩槽格局难以改变，各级主流平面位置及其持续时间基本维持不变，从而使主流摆动模式始终呈二线型。

（2）小波变换法分析特征流量区间持续天数系列的时序特征表明：当主流在某特征流量区间持续天数超过临界值时，相应滩槽部位发生突然形变，突变年份与该流量区间持续天数系列小波系数实部的峰值年份一致；特征流量区间持续天数系列的周期与相应部位滩槽变形的周期也基本吻合。非阻隔性河段的河势调整周期及突变年份与上游河道基本一致，而阻隔性河段则显著不同。非阻隔性河段系列主周期较短且有信号强烈的多个次周期，河势调整频率较高；阻隔性河段系列主周期较长，次周期信号振荡并不强烈，河势调整频率较低。

（3）通过推导水流动力轴线弯曲半径的半经验半理论计算式，发现阻隔性河段的作用机理在于，不同流量级下，河道边界约束力始终大于水流动力轴线摆动力，即便上游河势发生调整，本河段的河道边界也始终能约束主流的摆动幅度，从而归顺上游不同河势条件下的主流平面位置，为下游河道提供了相对稳定的入流条件。

（4）建立主流摆型波传播过程中河床动力响应模型表明：上游河势调整后，非阻隔性河段进口以下沿程主流摆型波加速度均发生明显振荡，振荡幅度呈由上至下逐渐增大的趋势；阻隔性河段进口以下主流摆型波加速度的振荡幅度呈由上至下逐渐衰减的趋势，且摆型波可能在传播过程中发生停滞，停滞点以下摆型波加速度衰减为 0，进而阻隔上游主流摆动向下游的传播效应。

参 考 文 献

[1] 杨锦华. 长江中游界牌河段新堤夹河床演变及航道尺度的初步研究[J]. 人民长江, 1989(1): 16-22, 56.
[2] 交通部天津水运工程科学研究所. 长江中游嘉鱼～燕子窝河段航道整治工程可行性研究报告[R]. 2004.

[3] 孙昭华, 冯秋芬, 韩剑桥, 等. 顺直河型与分汊河型交界段洲滩演变及其对航道条件影响: 以长江天兴洲河段为例[J]. 应用基础与工程科学学报, 2013, 21(4): 647-656.

[4] 刘万利, 伍文俊, 余新明. 长江中游典型分汊河段河床演变[J]. 武汉大学学报(工学版), 2011, 44(5): 613-617.

[5] 长江航道规划设计研究院. 长江中游戴家洲河段航道整治工程可行性研究报告[R]. 2007.

[6] 李义天, 唐金武, 朱玲玲, 等. 长江中下游河道演变与航道整治[M]. 北京: 中国水利水电出版社, 2012.

[7] 钱宁, 张仁, 周志德. 河床演变学[M]. 北京: 科学出版社, 1987.

[8] 中国科学院地理研究所, 长江水利水电科学研究院, 长江航道局规划设计研究所. 长江中下游河道特性及其演变[M]. 北京: 科学出版社, 1985.

[9] 韩剑桥, 孙昭华, 冯秋芬. 江心洲头部冲淤动力临界特性[J]. 水科学进展, 2013, 24(4): 842-848.

[10] 陈立, 冯源, 吴娱, 等. 武桥水道水动力特性与汉阳边滩演变[J]. 武汉大学学报(工学版), 2008, 41(5): 1-4.

[11] 江凌, 李义天, 葛华, 等. 荆江微弯分汊浅滩的水沙输移及河床演变[J]. 武汉大学学报(工学版), 2008, 41(4): 10-19.

[12] 唐金武. 长江中下游河道演变及航道整治方法[D]. 武汉: 武汉大学, 2012.

[13] 长江航道规划设计研究院. 长江中游窑监河段航道整治一期工程可行性研究报告[R]. 2008.

[14] 武汉大学. 长江中游城陵矶～湖口河段航道整治工程技术后评估[R]. 2010.

[15] 王文圣, 丁晶, 向红莲. 小波分析在水文学中的应用研究及展望[J]. 水科学进展, 2002, 13(4): 515-520.

[16] 张艳艳, 钟德钰, 吴保生. 黄河平滩流量的多时间尺度现象[J]. 水科学进展, 2012, 23(3): 302-309.

[17] 邴龙飞, 邵全琴, 刘纪远, 等. 基于小波分析的长江和黄河源区汛期、枯水期径流特征[J]. 地理科学, 2011, 31(2): 232-238.

[18] 刘笑彤 蔡运龙. 基于小波分析的径流特性和影响因素多尺度分析: 以通天河为例[J]. 北京大学学报(自然科学版), 2014, 50(3): 549-556.

[19] 长江航道规划设计研究院. 武汉天兴洲洲头守护工程可行性研究报告[R]. 2003.

[20] YIN X L. A preliminary study on the formation cause of the bend river and the experiment of making riverbed[J]. Journal of Geographical Sciences, 1965, 31(4): 287-303.

[21] XU J X. Study of sedimentation zones in a large sand-bed braided river: An example from the Hanjiang River of China[J]. Geomorphology, 1997, 21(2): 153-165.

[22] LANE E W. Design of stable channels[J]. Transactions of the American Society of Civil Engineers, 1955.

[23] Розовский. и. л. движение воды на повороте открытого русла. 1957.

[24] XIA J, DENG S, LU J, et al. Dynamic channel adjustments in the Jingjiang Reach of the Middle Yangtze River[J]. Scientific Reports, 2016, 6: 22802.

[25] 张笃敬, 孙汉珍. 弯道水力条件的变化对形成上下荆江河型影响的探讨[J]. 泥沙研究, 1983, 3(1): 14-24.

[26] 张植堂, 林万泉, 沈勇健. 天然河湾水流动力轴线的研究[J]. 长江科学院院报, 1984(1): 47-56.

[27] BAWA N, JAINA V, SHEKHAR S, et al. Controls on morphological variability and role of stream power distribution pattern, Yamuna River, western India[J]. Geomorphology, 2014, 227: 60-72.

[28] KURLENYA M V, OPARIN V N, VOSTRIKOV V I. On formation of elastic wave packages under impulse excitation of block media[J]. Doklady Akademii Nauk SSSR, 1993, 333(4): 1-7.

[29] SADOVSKY M A. Natural lumpiness of rock[J]. Doklady Akademii Nauk SSSR, l979, 247(4): 21-29.

[30] ALEKSANDROVA N I. Elastic wave propagation in block medium under impulse loading[J]. Journal of Mining Science, 2003, 39(6): 556-564.

[31] ALEKSANDROVA N I, SHER E N, CHEMIKOV A G. Effect of viscosity of partings in block-hierarchical media on propagation of low-frequency pendulum waves[J]. Journal of Mining Science, 2008, 44(3): 225-234.

[32] 王凯兴. 岩体动力传播的摆型波理论及应用研究[D]. 阜新: 辽宁工程技术大学, 2013.

[33] ALEKSANDROVA N I, CHEMIKOV A G, SHER E N. Experimental investigation into the one-dimensional calculated model of wave propagation in block medium[J]. Journal of Mining Science, 2005, 41(3): 232-239.

[34] 王凯兴, 潘一山, 曾祥华, 等. 块系岩体间黏弹性性质对摆型波传播的影响[J]. 岩土力学, 2013, 34(s2): 174-179.

[35] 贾宝新, 陈扬, 潘一山, 等. 冲击载荷下块系岩体摆型波传播特性的试验研究[J]. 岩土力学, 2015, 36(11): 3071-3176.

第 5 章 纵向河势调整传递及阻隔机理

所谓平衡纵剖面，是指流域水沙来量与河道水沙输移能力处于动态平衡状态的河道纵剖面。进入河槽的水沙来量与河道水沙输移能力是矛盾的对立统一体，河槽纵剖面形态不可能时时处处恰好与来水来沙和上、下游河势条件相适应。横向上，主流的摆动和河湾的发展要引起河槽展宽，河岸的抗冲能力起到抑制作用；纵向上，水流的纵向侵蚀能力使河槽下切，此时调平河床纵剖面是调整水流挟沙能力最有效的途径，也可能通过床沙粗化、比降调平的双重作用来阻止或减缓河道下切。本章结合长江中下游纵向河势调整实例，建立下游河长缩短比例与上游河床纵比降增加值的相关关系，分析纵向河势调整阻隔成因；通过建立下游河势调整后，本河段水位降落值与河床下切值的对比关系，揭示下游纵向河势调整的传递与阻隔机理；通过理论方法计算河段尾部卡口壅水高度及形成抗冲覆盖层的最小粒径，分析河段考虑床沙粗化、卡口壅水作用后的纵比降，将其与理论平衡纵比降进行对比，分析河段纵向阻隔性。

5.1 纵向河势调整传递及阻隔成因

Mackin[1]认为"平衡河流"概念为，当控制因素发生变化而使河流失去平衡后，河流自动调整作用使这些变化带来的影响受到遏制，从而使整个系统逐步回到平衡。河床冲刷调整的总方向是降低河槽挟沙能力，以使其与上、下游河势相适应。当纵向河势调整发生后，河床通常发生床沙粗化、比降调平来形成新的平衡纵剖面。一方面，粗化后的河床能够抑制冲刷，虽然细砂河床不能形成抗冲覆盖层，但随着床面补给的减少和水流阻力的增大，水流挟沙力大为降低，冲刷速率和冲刷深度也将大为减小；另一方面，河床冲刷过程中，若遇到局部侵蚀基面，如海平面、湖泊和水库、干流的顶托、支流在干流的堆积物、河床局部地形隆起等，冲刷就要受到遏制[2]。

5.1.1 河床纵剖面调整的一般路径

国内外研究中，关于形成局部侵蚀基准面，进而遏制冲刷的例子屡见不鲜。例如，德克萨斯州科罗拉多河冲刷止于海平面；俄克拉荷马州北加拿大河有支流入汇，支流带来的泥沙在河口形成淤积，对干流上游河段起到局部侵蚀基准面的作用；雷德河的砾石滩对河段冲刷起到控制作用[3]。相反，河流发生溯源堆积往往也是由出口侵蚀基准面上升造成的，这类淤积通常从下游产生，然后逐渐向上游发展，淤积厚度下游大于上游，新的河道比降将小于原河道比降。例如，美国西北部的圣海伦斯火山爆发，导致河道进入大量泥沙，河道沿程淤积使纵比降增加近 17%，且上游堆积厚度大于下游[4]。美国西部间歇性河流资料表明，从纵剖面上可以明显看出，洪水中形成的堆积物不断向上游延伸的过程[3]。

也有部分学者认为[3]，侵蚀基面变化后，纵比降调平并非是河床纵剖面调整的最主要路径。以水库下游河道冲刷为例，坝下河床纵比降调平并不明显，在坝下卵石和沙质河床交接段甚至出现纵比降较陡的情况，此时挟沙能力减小主要通过床沙粗化、增大河床阻力、减小流速、降低水流挟沙力等实现。分析其原因，一方面，冲刷很快发展到相当大的距离，比降不容易发生大幅度调平；另一方面，挟沙能力降低可以通过河床物质粗化作用完成[5]。实测资料还显示[2-3,6]：若河床物质组成可粗化到直接形成抗冲覆盖层，则比降调平并不明显，甚至还有加陡；若河床虽然有粗化现象，但不足以形成抗冲覆盖层，则伴随着河床物质粗化，比降也将进一步调平，一直到双重阻力作用使河道挟沙能力与上游来沙量相适应为止。

纵向河势调整的传递路径也不外乎上述两种。当下游纵向河势调整后，并未继续向上游传递的主要原因可能包括：河床物质组成本身较粗，使本河段不必继续粗化也可抵制尾部河床下切带来的"溯源冲刷"趋势；或河段尾部存在控制性节点，受其壅水影响，水面纵比降下降较慢，使本河段不必发生纵剖面调平也可与下游河势调整相互适应，进而抵抗河床显著冲刷下切。

5.1.2　纵向河势调整传递及阻隔控制要素

深入分析第 2 章中纵向河势调整的传递及阻隔现象可以发现，下游河势调整主要通过显著缩短主泓线或主流线长度，或者在上、下游衔接段冲刷出明显冲刷坑，使上游河段末端水位明显降落；或衔接段不同流路纵比降及流量横向分配发生调整，进而引起本河纵向段河势调整及传递效应。若本河段具有纵向阻隔性作用，或其自身河床物质组成较粗可以防止下切，或其尾部卡口壅水可以抑制水位降落，使本河段纵剖面不显著下切，那么河段自身能够阻止或减缓纵向河势调整趋势，进而起到阻隔性作用。

引起下游流路显著缩短的最主要的演变途径就是裁弯取直、主汊与鹅头汊易位、撇弯切滩等，河段尾部冲刷坑深度加大也可能引发上游河势明显改变。下面分别从上述几种现象出发，点绘下游河势纵向调整后实测河长缩短比例与上游河床纵比降增加值的相关关系，来初步分析纵向河势调整传递与阻隔成因。

1. 裁弯取直

根据 1909 年尺八口裁弯（图 5.1（a）），1912 年双窑弯道裁弯，1949 年碾子湾裁弯（图 5.1（b）），20 世纪 70 年代中洲子、上车湾、沙滩子裁弯实测及记载的相关资料，来建立各河段裁弯后河长占原河长的比例，与其上游簰洲湾河段、大马洲河段、碾子湾河段等单一河道实测的深泓纵剖面的比降增加值的相关关系，如图 5.2 所示。

从图 5.2 中可以看出，裁弯后河长占原河长的比例与上游河床深泓纵剖面的比降增加值，两者相关关系较好，大致呈线性关系。图 5.2 中，各数据点均分布在直线两侧，无较为明显的偏离数据，说明上游深泓纵剖面比降增加幅度主要与下游河道裁弯程度密切相关，裁弯影响上游河势调整的主要路径是缩短下游河长、引起上游纵剖面比降显著增加，这也证实上文分析的纵向河势调整的传递要素较为合理。

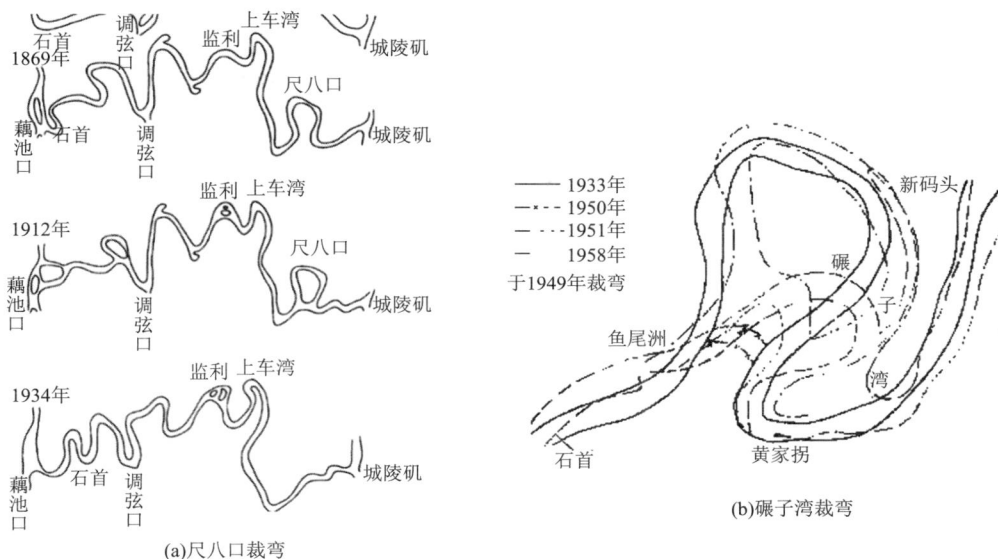

图 5.1　典型弯道裁弯示意图

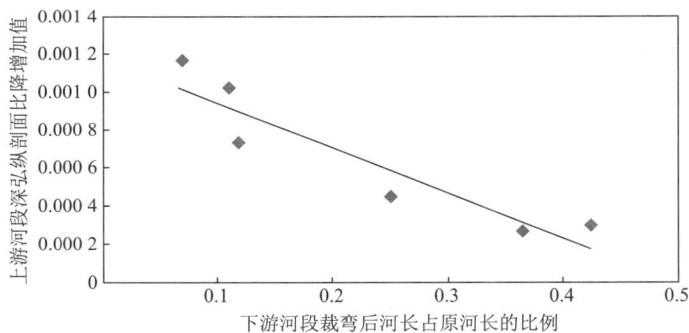

图 5.2　裁弯后新河长比例与上游深泓纵剖面比降增加值的关系

2. 鹅头汊与主汊易位

图 5.3 和图 5.4 分别给出了陆溪口河段和罗湖洲河段鹅头汊易位于主汊（直汊）的演

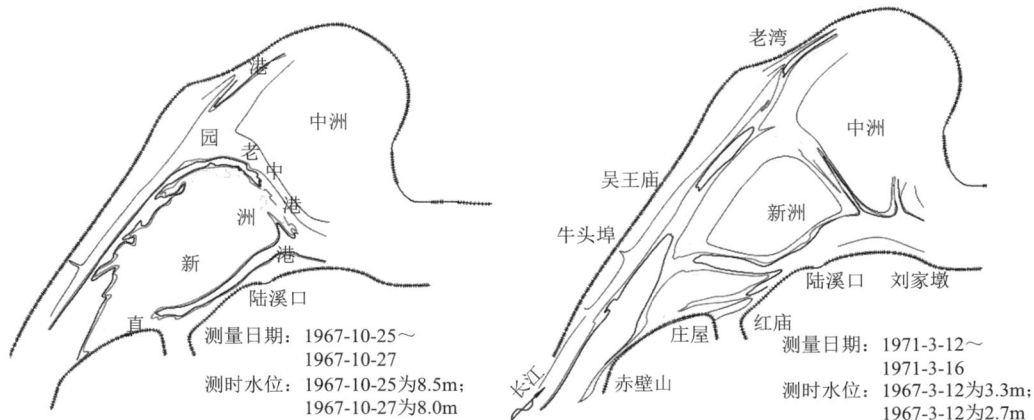

图 5.3　陆溪口河段 1967～1971 年鹅头汊易位于直汊示意图[8]

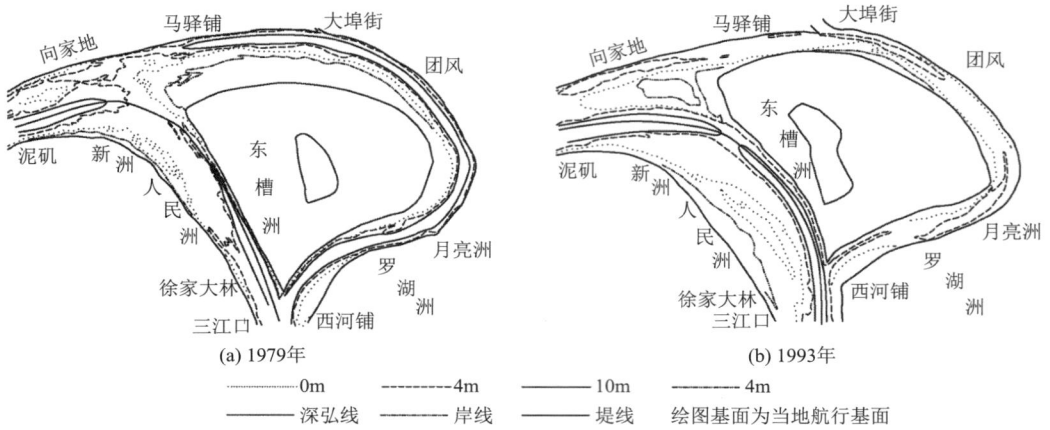

图 5.4　罗湖洲河段 1979～1993 年鹅头汊易位于直汊示意图[9]

变图，可以量取出易位后直港河长较原弯曲河长的缩短比例。以此类推，统计陆溪口、罗湖洲、戴家洲、龙坪、张家洲等弯曲或鹅头分汊型河段，发生鹅头汊易位于主汊（直汊）后，主流流路长度或深泓河长的实测缩短比例，与上游石头关、湖广、巴河、武穴、九江等河段实测深泓纵剖面比降的增加值，建立两者的相关关系，如图 5.5 所示。

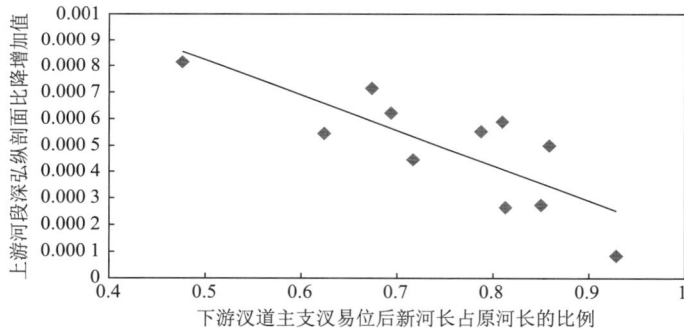

图 5.5　鹅头汊与主汊易位后新河长比例与上游深泓纵剖面比降增加值的关系

从图 5.5 中可以看出，主支汊易位后新河长占原河长的比例与上游河床深泓纵剖面的比降增加值，两者相关关系较好，大致呈线性关系，随着易位后新河长比例的增加，上游深泓纵剖面比降增加值减小。图 5.5 中，各数据点均分布在直线两侧，无较为明显的偏离数据，说明下游河道主支汊易位是导致上游深泓纵剖面比降显著增加的主要原因。

3. 撇弯切滩

图 5.6 给出了莱家铺弯道的撇弯切滩演变图。通过分析石首、反咀、观音洲、牧鹅洲等河段撇弯切滩后，上游周天、铁铺、七弓岭、阳逻等河段深泓纵剖面的比降变化情况，建立撇弯切滩后实测的主槽或深泓长度缩短比例，与上游河段实测纵剖面比降增加值的相关关系。如图 5.7 所示，两者相关关系良好，基本呈线性关系，说明正是下游河段发生撇弯切滩，导致上游主流流程缩短，上游河道水面纵比降显著增大，进而导致下游纵向河势调整向上游的传递。

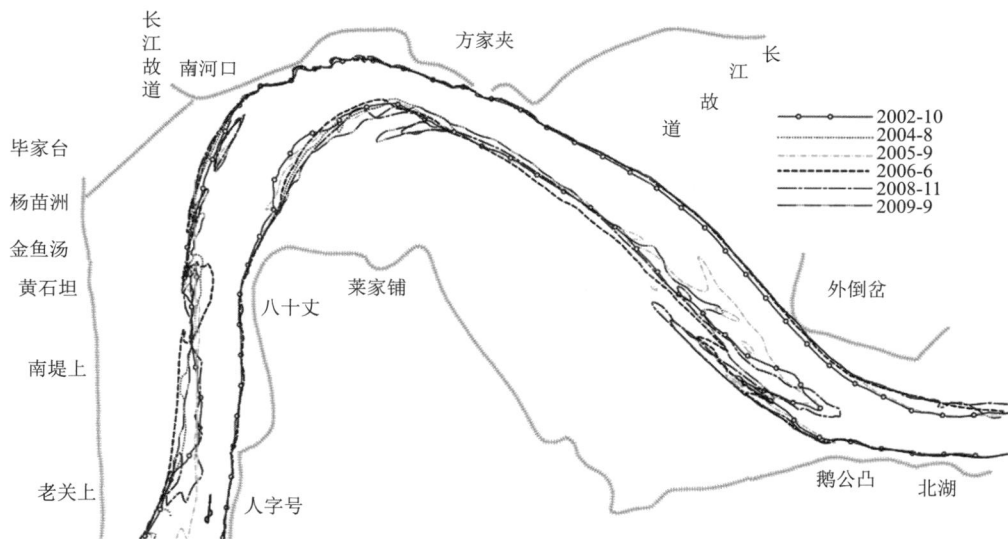

图 5.6　莱家铺弯道撇弯切滩演变图[10]

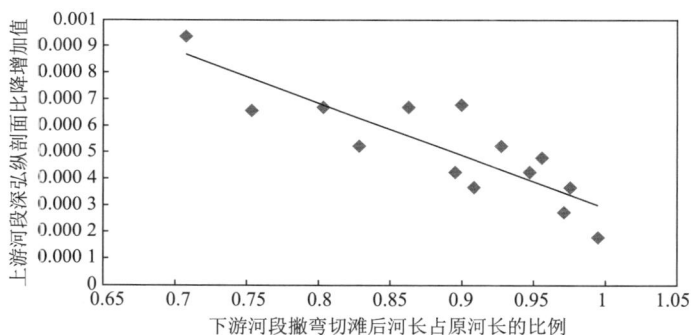

图 5.7　撇弯切滩后新河长比例与上游深泓纵剖面比降增加值的关系

4. 河段尾部出现明显深坑

部分河段由于出现了明显冲刷坑，也影响上游河势变化。通常，突出于河岸的矶头、山岩等节点的存在，导致河道平面形态显著缩窄，遇到大水年份容易冲出明显冲刷坑，进而影响上游河势调整。以巴河—戴家洲河段的河势调整现象为例，如图 5.8 和图 5.9 所示，1961～1964 年，由于来水量较大，戴家洲河段沿程燕矶、龙王矶、寡妇矶、迴凤矶处河床均发生显著冲刷，同期巴河河段河床纵比降显著增大，1958 年尚存的巴河心

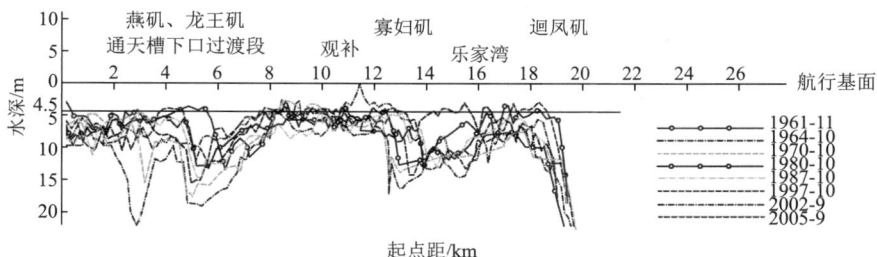

图 5.8　戴家洲河段直港纵剖面历年变化图[11]

滩也冲刷殆尽，左岸巴河边滩航行基面对应的"0 m"线范围也显著缩小；至 1968 年河心处巴河通天槽由于水面比降较大、水流挟沙能力较强而逐渐冲深；泥沙仅能集中在池湖港至龙王矶前的放宽段落淤，形成池湖港心滩。

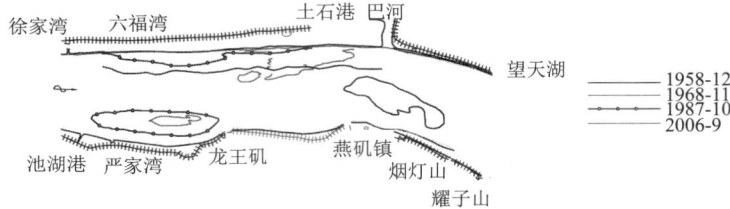

图 5.9　巴河河段"0 m"线历年演变图[11]

　　综上所述，纵向河势调整发生传递现象的主要原因在于，当下游河道发生裁弯、鹅头型汊易位于主汊、撤弯切滩、尾部冲刷坑等调整现象后，本河段由于下游主流流路显著缩短或者冲刷坑显著冲深而发生溯源冲刷，进而将纵向河势调整现象向上游传递。

　　由上述分析可知，纵向河势调整受到阻隔的主要原因在于，当下游河道发生上述纵向河势调整后，虽然河段尾部侵蚀基面大幅降低，导致本河段具有较明显的"溯源冲刷"趋势，但由于本河段具有抗冲性较强的河床物质，依然能够抑制河床显著下切；虽然下游河势改变导致不同流路的纵比降大小发生调整，各流路流量的横向分配情况也明显改变，但由于本河段尾部具有壅水作用较强的抗冲性节点，可保证出口断面水位不会大幅度下跌或产生横向附加比降，进而使下游纵向河势调整失去了向上游传递的通道。

　　例如，三峡水库蓄水初期，昌门溪以下沙质河床冲刷较明显，水位下跌较多，但芦家河毛家花屋—姚港河段由于床沙质抗冲性较强，而并未发生显著冲刷下切。再如，天兴洲河段进口汉口边滩于 1996～1998 年在长江二桥附近的成型淤积体发生冲刷下移，至 2006 年该淤积体基本冲刷殆尽[12]，如图 5.10 中，长江大桥至长江二桥以下的深泓纵剖

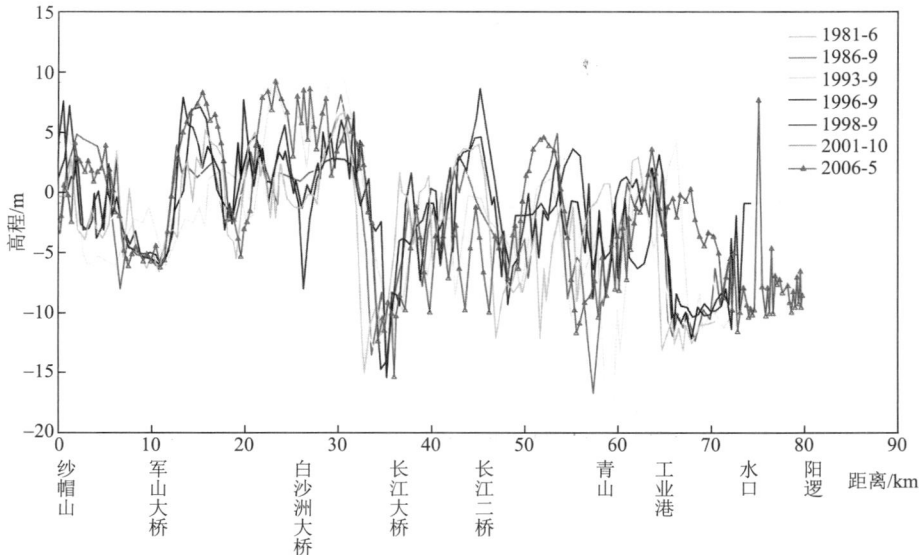

图 5.10　武桥河段深泓纵剖面变化图[13]

面显著冲刷下切，导致天兴洲洲头低滩带大幅冲刷后退；然而，下游剧烈河势调整并未影响上游武桥河段（白沙洲大桥以上至长江大桥），在 1996～2006 年武桥河段深泓纵剖面基本稳定，甚至略有淤积，显然并未受到长江大桥以下侵蚀基面下降的影响。

5.2　纵向河势调整控制要素

5.2.1　水位降落与纵向河势调整的关系

从上述分析可以看出，某一河段在纵向上能够阻隔下游河势调整向上游传递的途径主要有两种：一是河床具有较粗的粒径和较强的抗冲能力（纵向卡口控制作用）；二是河段出口具有单侧或双侧节点，限制水面纵比降变陡（平面卡口控制作用）。无论何种纵向上的阻隔作用，下游河段对上游河段的影响始终是通过本河段河床冲淤、同流量水位调整引起的，集中表现在水位降落值与河床冲深值的对比关系上，可以据此判别本河段是否为纵向阻隔性河段。根据刘万利[14]的研究成果，水位降落与河床调整的关系可概化为如下形式。

由均匀流公式可写出：

$$B_0 h_0 u_0 = Bhu \tag{5.1}$$

$$h = \left[\frac{B_0}{B} \left(\frac{i_0}{i} \right)^{0.5} \frac{n}{n_0} \right]^{0.6} h_0 \tag{5.2}$$

式中：B 为河宽（m）；h 为平均水深（m）；i 为河床比降；n 为曼宁系数；脚标"0"为下游河势调整之前，无脚标为下游河势调整之后。

同流量水位下降值 Δh 为

$$\Delta h = h_0 + Z_0 - (h + Z) = h_0 - h + \Delta Z = h_0 \left\{ 1 - \left[\frac{B_0}{B} \left(\frac{i_0}{i} \right)^{0.5} \frac{n}{n_0} \right]^{0.6} \right\} + \Delta Z \tag{5.3}$$

式中：ΔZ 为河段出口处河床高程的下降值，即出口断面平均冲刷深度（不包括侧向展宽）（m）。

引起水位降落的主要因素有：河床下切及其引起的河宽、纵剖面和阻力等因素的调整。下游纵向河势调整之后，本河段出口处河床地形高程下切，本河段水位是否随着发生明显下降，进而引起河段内部流速增大、河床冲刷下切、同流量下水位降低，主要取决于 $\left[\frac{B_0}{B} \left(\frac{i_0}{i} \right)^{0.5} \frac{n}{n_0} \right]^{0.6}$ 与 1 的对比关系。通常，当河势调整途径为床沙粗化或比降变缓时，$\Delta h < \Delta Z$；当河势调整途径为河床展宽时，$\Delta h > \Delta Z$[14]。

由于历史糙率难以准确量化，采用爱因斯坦的动床阻力计算方法，通过分割水力半径来推求动床阻力的方法，根据对数流速分布公式，求得粗糙床面阻力表达式：

$$\frac{U}{U_*} = 5.75 \log_{10} \frac{R}{k_s} + 6.25 \tag{5.4}$$

式中：U 为垂线平均流速（m/s）；U_* 为摩阻流速（m/s）；R 为水力半径（m）；k_s 为床面粗糙度，用床沙中值粒径 d_{50} 表示。

可见，动床阻力与水力半径 R 和床面粗糙度 k_s 的比值的对数形式 $\log_{10}(R/k_s)$ 呈反比关系。

式（5.3）中，调整后的河床纵比降，可以根据 5.1 节统计的不同类型下游河势纵向调整后的上游河床纵比降增加值来确定；调整后的河宽及水力半径，可以根据实际调整发生年份相应的河宽及水力半径的变化情况来确定。

当本河段河床床沙较粗、抗冲性较强时，纵使河段出口地形高程显著降低，由于床沙质本身较粗、抗冲刷作用能力较强，本河段河床纵剖面也没有随之显著变陡，河床粗化作用不明显，"溯源冲刷"作用效果不明显；河岸仍具有一定抗冲性，河道展宽幅度也受到限制，此时 $\left[\dfrac{B_0}{B}\left(\dfrac{i_0}{i}\right)^{0.5}\dfrac{n}{n_0}\right]^{0.6}$ 大于 1 或仍接近 1，Δh 小于 ΔZ 或者 Δh 与 ΔZ 接近。即便下游河势纵向调整幅度较大，本河段仍未发生明显河势调整，可认为本河段阻止了下游河势纵向调整向上游的传递，本河段也可称为纵向阻隔性河段。

当出口处单侧或两岸存在平面对峙节点时，即使下游河势调整，本河段宽度没有显著增加，节点壅水作用限制了出口水位的下降，本河段水面纵比降也不会明显增加，流速及挟沙力也不会显著增大，不会引起本河段纵剖面明显冲刷，上游比降调平作用不明显，"溯源冲刷"作用效果不明显，此时 $\left[\dfrac{B_0}{B}\left(\dfrac{i_0}{i}\right)^{0.5}\dfrac{n}{n_0}\right]^{0.6}$ 大于 1 或仍接近 1，Δh 小于 ΔZ 或者 Δh 与 ΔZ 接近。本河段纵向河势调整幅度很小甚至没有，此时可认为本河段阻止了下游河势纵向调整向上游的传递，本河段可称为纵向阻隔性河段。

根据上述分析，通过判断河段是否具有纵向阻隔性，可将长江中游 27 个单一河段分成两类：纵向阻隔性河段、纵向非阻隔性河段。如图 5.11 所示，斗湖堤河段、调关河段等 13 个河段具有纵向阻隔性，占河段总个数的 48.15%；碾子湾河段、河口河段等 14 个河段不具有纵向阻隔性，占河段总个数的 51.85%。显然，斗湖堤河段、调关河段等阻隔性河段必然同时具有纵向及横向阻隔性特征，而并非所有的纵向阻隔性河段也能够从横向上阻隔河势调整的传递作用，因此有一部分纵向阻隔性河段并非同时具有横向阻隔性。

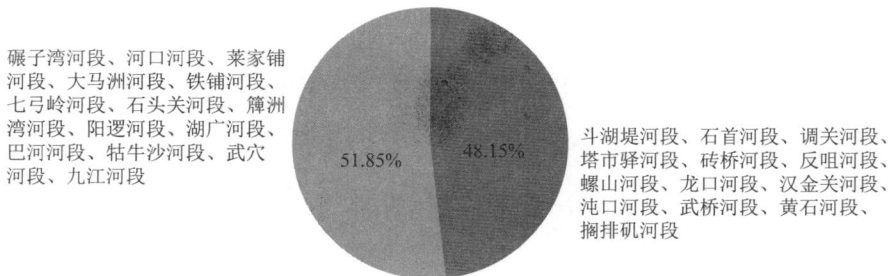

碾子湾河段、河口河段、莱家铺河段、大马洲河段、铁铺河段、七弓岭河段、石头关河段、簰洲湾河段、阳逻河段、湖广河段、巴河河段、牯牛沙河段、武穴河段、九江河段

51.85%　　48.15%

斗湖堤河段、石首河段、调关河段、塔市驿河段、砖桥河段、反咀河段、螺山河段、龙口河段、汉金关河段、沌口河段、武桥河段、黄石河段、搁排矶河段

图 5.11　纵向阻隔性河段分类及所占比例

进一步分析认为，如图 5.12 所示，石首河段、螺山河段、沌口河段、武桥河段等 4 个河段，由于不同原因横向阻隔性受到破坏，而不具有横向阻隔性。其中，石首河段进口具有挑流节点，不同流量级下主流平面位置难以位置稳定；螺山河段、沌口河段、武桥河段不仅天然河岸抗冲能力较弱、河道宽度较大，不利于约束主流线的平面摆动，而且均在河段进口或中部存在挑流节点，因此上述河段横向上不满足阻隔性特征，即便河床抗冲能力相对不弱，或者在河段尾部有双侧节点壅水，但也并非是最终的阻隔性河段。

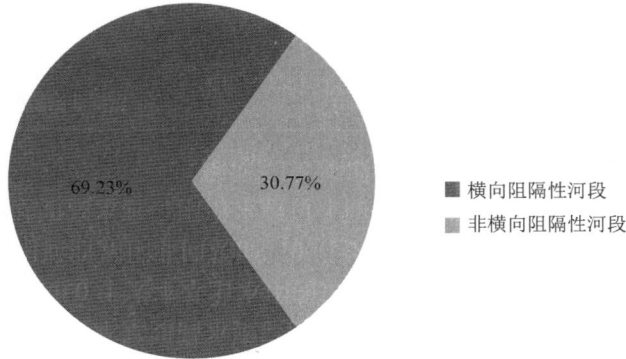

图 5.12　纵向阻隔性河段中横向及非横向阻隔性河段的所占比例

更进一步，对纵向阻隔性河段的成因进行剖析，可将纵向阻隔性河段分为以下 5 类，如图 5.13 所示：①仅在尾部具有双侧节点壅水的河段，占全部纵向阻隔性河段的 7.69%，如搁排矶河段属于这种类型；②床沙质平均中值粒径大于 0.18 mm 的河段，占全部河段的 15.38%，砖桥及汉金关等河段属于这种类型；③同时具有河段尾部双侧节点壅水和床沙质平均中值粒径大于 0.18 mm 两个特征的河段，占全部河段的 30.77%，塔市驿、螺山、沌口及武桥等河段属于这种类型；④尾部具有单侧节点壅水且床沙质平均中值粒径大于 0.18 mm 的河段，占全部河段的 38.46%，斗湖堤、石首、调关、反咀及黄石等河段属于这种类型；⑤仅在河段尾部具有单侧节点壅水的河段，占全部河段的 7.69%，龙口河段属于这种类型。

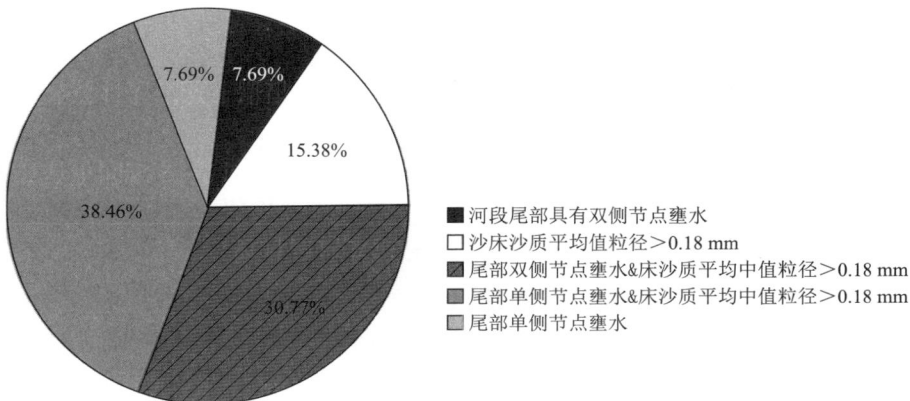

图 5.13　纵向阻隔性河段的成因类型及其所占比例

　　通过剖析纵向非阻隔性河段形成的原因，也可将纵向非阻隔性河段分为三类，如图 5.14 所示：①床沙质平均中值粒径大于 0.18 mm 的河段，占全部河段的 21.43%，碾子湾、莱家铺及铁铺等河段属于这种类型，上述河段主要成因在于，河段进出口没有明显控制性节点，天然河岸抗冲能力一般，河宽较大，主流摆动后，河床滩槽冲淤相对明显；②尾部具有单侧节点的河段，占全部河段的 50.00%，七号岭、石头关、阳逻、湖广、巴河、牯牛沙及武穴等河段属于这种类型，上述河段主要成因在于，尾部单侧节点不足以显著增强对河床下切、水位下降的控制能力，加之床沙质较细，一旦下游河势纵向调整，就会发生溯源冲刷，河段内冲淤调整相对剧烈，主流摆动及洲滩变迁可能随之发生；③完全不具备纵向阻隔条件的河段，占全部河段的 28.57%，河口、大马洲、簰洲湾及九江等河段属于这种类型，由于上述河段纵向阻隔条件完全缺失，因此下游一旦发生纵向河势调整，上述河段就会向上游传递这种作用。

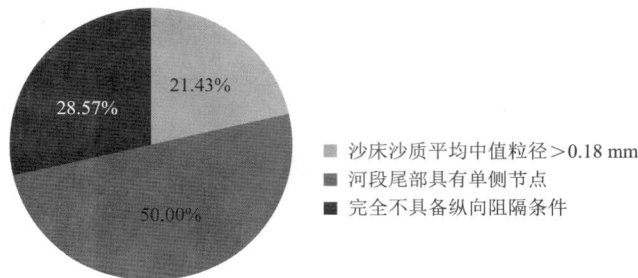

图 5.14　纵向非阻隔性河段的成因类型及其所占比例

　　综上所述，所谓纵向阻隔性河段，即河段自身属性，代替了"床沙粗化、比降调平"的效果：床沙质颗粒粒径本身较粗，抵抗了粗化作用，使粒径并未显著增大；河段末尾有卡口控制，节点壅水作用限制了水位下降，水面纵比降没有显著变陡，避免发生"调平"作用；本河段冲淤调整不强烈，不会引起主流显著摆动及河宽显著增加，最终导致 $\left[\dfrac{B_0}{B}\left(\dfrac{i_0}{i}\right)^{0.5}\dfrac{n}{n_0}\right]^{0.6}$ 大于 1 或仍接近 1。

　　刘万利[14]研究认为，水库下游水位下降与河床下切的关系主要有两种：一种类型的河床多由卵石夹沙组成，建库后河势依然稳定，水流集中主槽，主槽河床以下切为主，侧向侵蚀较小，在同流量下水位下降、河宽减小，但过水面积增大、平均水深增大，故水位下降值小于河床冲深值（$\Delta h < \Delta Z$）；另一种类型的河床，河床河岸均由松散的细砂组成，河床及河岸抗冲性均较差，主流摆动不定，而边滩及河岸则因主流摆动而冲蚀，河床展宽，断面以展宽为主，水深减小，这类河段受下游水位降落的影响较为明显，通常水位下降值大于河床冲深值（$\Delta h > \Delta Z$）。可见，刘万利研究成果与本书研究成果较为接近，均认为河床粒径较粗、抗冲性较强；河岸抗冲性较强或有节点控制而限制展宽的河道，才能够保证水位下降值小于河床冲深值（$\Delta h < \Delta Z$），这种类型的河段才可能具有稳定河势的阻隔性。

5.2.2　平面卡口对水位降落的抑制作用

在纵向阻隔性河段中，塔市驿、螺山、沌口、武桥、搁排矶等河段末端具有双侧节点，斗湖堤、石首、调关、反咀、黄石等河段末端具有单侧节点，上述节点形成了平面卡口，限制河段末端水位降落，进而避免发生显著冲刷而引起上游河势剧烈调整。本节借鉴桥墩壅水高度计算方法，来研究平面卡口对水位降落的抑制作用。

如图 5.15 所示，在坡降较小的缓流情况下，桥墩（卡口）壅水高度 ΔZ 计算可采用 D'Aubuisson 公式[15-16]：

$$\Delta Z = \left[\frac{1}{\mu^2 \left(b - \Delta B \right) h_3^2} - \frac{1}{b^2 \left(h_3 + \Delta Z \right)} \right] \frac{Q^2}{2g} \tag{5.5}$$

式中：μ 为与墩头形式有关的水流侧收缩系数。

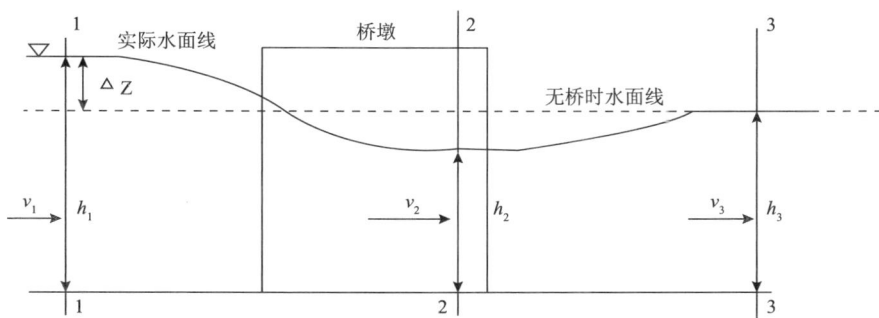

h_1、h_2、h_3 分别为卡口上游断面、卡口下游断面、卡口所在断面的水深；
V_1、V_2、V_3 分别为卡口上游、断面、卡口下游断面、卡口所在断面的流速

图 5.15　桥墩壅水示意图[15]

式（5.5）亦常写成：

$$\Delta Z = \left[\frac{1}{\mu^2 \left(A_3 - h_3 \Delta B \right)^2} - \frac{1}{A_1} \right] \frac{Q^2}{2g} \tag{5.6}$$

或者

$$\Delta Z = \left[\frac{8}{27 K_D^2} \times \frac{\left(1 + 0.5 Fr_{3c}^2 \right)^3}{Fr_{3c}^2} - \left(\frac{1}{1 + \Delta Z / h_3} \right)^2 \right] \frac{v_3^2}{2g} \tag{5.7}$$

式中：K_D 为桥墩形状系数，考虑到天然矶头节点更接近于半圆形墩头及墩尾，因此桥墩形状系数取 $K_{DA} = 1.079$；Fr_{3c} 为发生卡克水流（即桥下出现临界水深）时下游 Froude 数，与阻水比 α（节点阻水面积与河道过水面积之比）有关：

$$\alpha = 1 - \left[\frac{3 - K_L}{2 + \left(1 - K_L \right) Fr_{3c}^2} \right]^{3/2} Fr_{3c} \tag{5.8}$$

式中：K_L 为墩后水流扩散损失系数。

D'Aubuisson 公式忽略了摩阻损失，并假定断面 1—1、断面 2—2 之间不存在局部水头损失。

统计长江中游 27 个单一河段尾部卡口的阻水比 α，根据上述方法计算各河段的壅水高度，并建立两者相关关系，如图 5.16 所示。

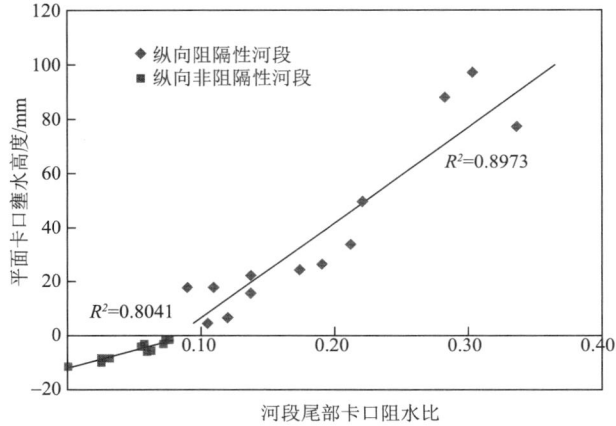

图 5.16　各单一河段尾部卡口阻水比与壅水高度的相关关系

从图 5.16 可见，单一河段尾部卡口阻水比与壅水高度基本呈正相关关系，且相关程度比较好。其中，纵向阻隔性河段尾部卡口的阻水比基本大于 0.08，形成的平面卡口将产生较明显的壅水影响，壅水高度全部大于 0；而纵向非阻隔性河段尾部卡口的阻水比基本小于等于 0.07，难以形成有效的平面卡口壅水作用，壅水高度基本小于 0。进一步分析各河段的阻水比及壅水高度数值，如图 5.17 所示。

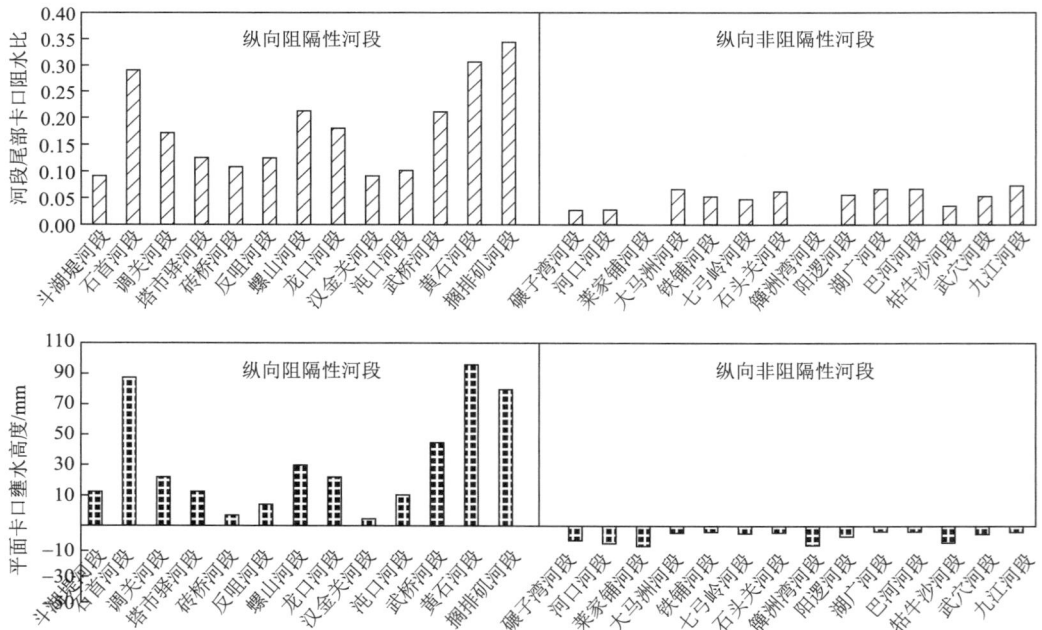

图 5.17　纵向阻隔性河段及纵向非阻隔河段的阻水比及壅水高度

如图 5.17 所示，纵向阻隔性河段中，塔市驿河段尾部有东山、西山对峙节点，螺山河段尾部有螺山、鸭拦矶等对峙节点，沌口尾部有小军山、石咀等对峙节点，武桥河段尾部有龟山、蛇山对峙节点，搁排矶河段尾部有冯家山、半壁山等对峙节点，这些尾部存在对峙节点的河段，卡口处阻水比普遍较大，壅水作用也相对明显些。另外，也有一些尾部仅有单一节点的河段，当该矶头突出江中程度较大时，如黄石河段尾部的西塞山、石首河段尾部的东岳山、调关河段尾部的人工矶头、龙口河段尾部的石矶头等，上述单一矶头几乎占用半个江面，形成卡口显著缩窄了上、下游河道宽度，这类尾部单一矶头河段的壅水作用也很明显。再如砖桥、汉金关等河段，尾部卡口壅水作用相对偏弱，但河床抗冲性较好，也具有纵向阻隔性。纵向非阻隔性河段中，尾部卡口阻水比较小或没有阻水作用，则普遍没有显著壅水，因此不具有纵向阻隔性。

5.2.3 纵向卡口对水位降落的抑制作用

上述研究表明，当河道纵向平衡被打破后，如水库清水下泄或下游侵蚀基面下降等，河道往往通过自我调整以与新的挟沙力相互适应，主要调整途径为调平比降和河床粗化。5.2.2 节主要针对一些河段尾部进行讨论，天然节点形成的平面卡口可以壅高水位，代替比降调平，从而抑制上游河床大幅度冲刷；本节主要针对一些河段的天然床沙组成进行讨论，天然床沙组成较粗，形成纵向卡口，抑制河床下切及水位降落，从而阻止纵向河势调整的传递作用。

由于河床物质组成不同，抗冲刷能力强弱不同，清水冲刷河床过程也有差异。床沙粗化有几种类型：一是抗冲粗化层，亦称抗冲覆盖层，主要发生于卵石夹沙河床，相当于某种水力条件下不冲粒径中的某代表粒径；抗冲粗化层中也可以夹杂着可冲粒径，由于受到不冲粒径的庇护基本不再运动。二是可动粗化层，主要发生在沙质河床，其最大颗粒也是可动的，该层是在沙波运动中形成的，床沙可悬粒径被冲走，剩下较粗的颗粒以推移质运动形式构成沙波运动，由床沙粗化到形成稳定沙波后，床沙颗粒变粗，河床阻力增加、水深增加，流速降低，输沙率减小，河床冲刷减缓。无论是哪一种粗化过程，关键是要明确形成抗冲覆盖层而无法继续冲走的代表粒径。

Harrison 曾在水槽试验中研究过卵石夹沙河床在清水冲刷情况下的粗化过程[17]。按照爱因斯坦的泥沙运动理论体系，河床表层各种大小不同泥沙颗粒的运动强度决定于水流参数[18]：

$$\psi_* = c\frac{\gamma_s - \gamma}{\gamma}\frac{d}{R_b' J} \tag{5.9}$$

式中：c 为反映大小颗粒间相互作用的参数；γ_s、γ 分别为泥沙和水的容重；d 为泥沙粒径；R_b' 为与沙粒阻力有关的水力半径。

当 ψ_* 大于 27 时，相应的泥沙颗粒基本上已不再运动。因此，能够形成抗冲覆盖层的最小颗粒 d_{min} 可以由式（5.10）决定：

$$d_{\min} = \frac{27}{c} \frac{\gamma}{\gamma_s - \gamma} R_b' J \qquad (5.10)$$

式中：$R_b'J$ 为可能出现特大洪水时的沙粒阻力水力半径与坡降的乘积。较粒径 $d_{\min}$ 大的泥沙称难以冲刷起动。也有研究者利用挟沙力公式并取输沙率为零，求得粗化颗粒的粒径[3]。

　　按照上述方法计算，得到各单一河段能够形成抗冲覆盖层的最小颗粒 $d_{\min}$，用现状各河段床沙中值粒径，减去能形成抗冲覆盖层的最小粒径，得到两者差值。如图 5.18 所示，当差值大于 0 时，说明现状床沙中值粒径大于形成覆盖层的最小粒径，现状河床抗冲能力较强，基本能够抵抗该河段平滩流量下水流冲刷作用，如斗湖堤、调关、塔市驿等河段；当差值小于 0 时，说明现状床沙中值粒径小于形成覆盖层的最小粒径，河床抗冲能力不强，单纯的河床抗冲刷作用无法抑制纵向河势调整的传递作用，如湖广、巴河、簰洲湾、大马洲等河段。

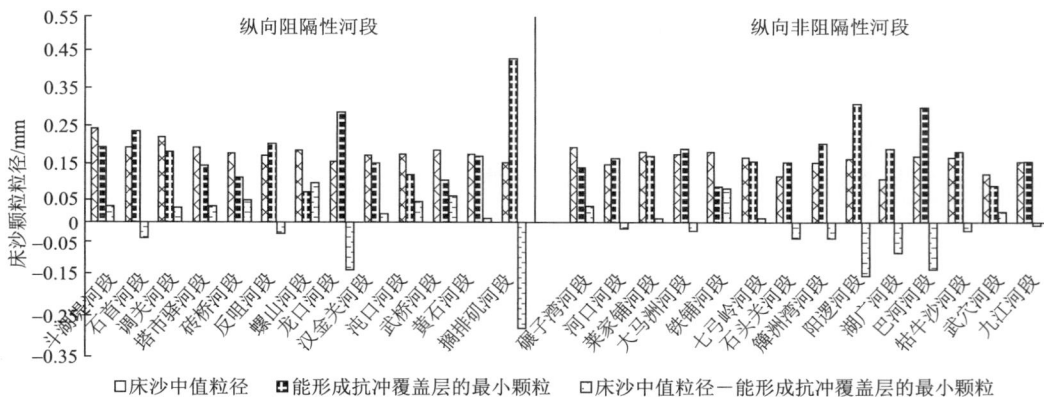

图 5.18　各单一河段床沙中值粒径与能够形成抗冲覆盖层的最小粒径的关系

　　如图 5.18 所示，对大多数纵向阻隔性河段而言，现状床沙中值粒径大于形成覆盖层的最小粒径，这也证明较强河床抗冲能力的河段形成纵向卡口，是形成纵向阻隔性河段的重要原因；但也有河段如石首、龙口、搁排矶等河段，两者差值为负，其形成纵向阻隔性河段的主要成因在于段尾节点的控制作用。大多数纵向非阻隔性河段的床沙中值粒径小于形成覆盖层的最小粒径，河床质抗冲性较弱是其丧失纵向阻隔性的主要原因；碛子湾、铁铺、七弓岭等河段的河床质抗冲性相对其他河段略强，但由于其河段尾部没有明显卡口壅水，纵向阻隔性仍然偏弱。

　　一些学者研究表明[19]，当床沙组成中包含足够的粗化颗粒时，河床下切就将中止于抗冲覆盖层的形成。事实上，在河床表层聚集一定百分比的不冲颗粒以后，已能够起到抗冲作用，并不要求普遍盖满不冲颗粒。抗冲覆盖层中夹杂一半可以带动的颗粒，河床冲刷已基本停止[17,19]。当下游河道的床沙组成只有极少量或者不存在粗化颗粒时，河床的下切将中止于冲刷平衡比降[17,20]。例如，对于发生床沙可悬百分数较大的沙质河床，难以形成沙波，不存在稳定粗化层。此时，床沙变粗虽然对糙率加大和输沙率降低都有一定影响，但还不足以很快遏制冲刷，还需要比降调平的配合才可能有效遏制冲刷[3]。因此 5.2.4 节将重点研究床沙粗化和比降调平后形成的实际纵比降与理论计算的河道平衡纵剖面的关系，从而进一步判别单一河段的纵向阻隔性。

5.2.4　计算理论平衡纵比降进行成果检验

5.2.1 节主要根据长江中游各单一河段实际的河势调整传递及阻隔现象，归纳总结出下游河势调整后，上游河床纵比降增加值，以及河宽、水力半径的变化情况，从而根据本河段的水位降落与河床下切值的对应关系，判别本河段是否为纵向阻隔性河段。5.2.2 节和 5.2.3 节分别从平面卡口和纵向卡口的角度，分析了本河段尾部卡口阻水比与壅水高度的相关关系，本河段床沙中值粒径与能够形成抗冲覆盖层的最小颗粒粒径的相关关系，进而剖析纵向阻隔性河段作用机理，并对长江中游各单一河段的纵向阻隔类型进行初步区分。每一个纵向阻隔性河段，或者在河段末端（简称段尾）具有节点形成卡口，以壅高水位、调平比降，或者具有较粗的床沙颗粒，或者兼而有之。本节基于 5.2.2 节和 5.2.3 节计算成果，重点检验在平面、纵向卡口作用下，形成的河床纵剖面，与理论计算的平衡纵比降进行对比，评价其综合作用效果，并论证计算方法及成果的合理性。

在 5.2.2 节中建立了河段末端平面卡口阻水比与卡口壅水高度的相关关系，阻水比越大，壅水作用越明显，壅水高度越大，调平后的河段纵比降越缓；一旦下游河势发生纵向调整，在向上游传递过程中，本河段的纵比降调整值就越小。为验证 5.2.1 节纵向阻隔性河段分类成果的合理性，首先应分析下游纵向河势调整之后，本河段实测河床下切值，即河床纵比降调整值取值的正确性。如图 5.19 所示，对于纵向阻隔性河段而言，5.2.2 节理论方法计算的河段末端卡口壅水高度与 5.2.1 节本河段实测纵比降调整值呈较为良好的负相关关系，印证了两节成果的合理性及统一性；对于非阻隔性河段而言，由于段尾平面卡口的壅水作用不明显，并未对本河段纵比降产生明显的调平作用，因此

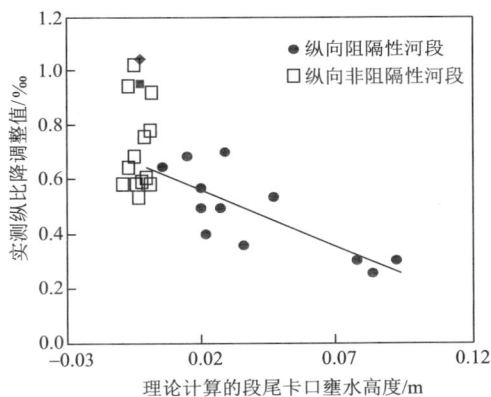

图 5.19　理论计算的段尾卡口壅水高度与实测纵比降调整值的关系

当下游纵向河势调整后，上述河段的纵比降调整值普遍较大，最小值尚大于 0.56，也说明非阻隔性河段的纵剖面受下游纵向河势调整的影响较为显著。

在 5.2.3 节中计算了各单一河段能够形成抗冲覆盖层的最小颗粒粒径，对于纵向阻隔性河段而言，其现状床沙中值粒径多数大于形成抗冲覆盖层的最小临界粒径，有助于形成纵向上的卡口，阻止下游纵向河势调整后本河段河床发生下切；对于非阻隔性河段而言，其现状床沙中值粒径多数小于形成抗冲覆盖层的最小粒径，难以有效阻止本河段河床下切，具有阻隔纵向河势调整传递的作用。为验证 5.2.1 节纵向阻隔性河段分类成果的

合理性，还应从本河段实测床沙中值粒径能否形成抗冲覆盖层的角度展开分析。

　　如图 5.20 所示，在 5.2.1 节中划分的纵向非阻隔性河段多集中在图中分界线的右下方——实测床沙中值粒径小于理论计算的抗冲覆盖层最小粒径的区域；在 5.2.1 节中划分的纵向阻隔性河段多集中在图中分界线的左上方——实测床沙中值粒径大于理论计算的抗冲覆盖层最小粒径的区域，说明了具有较粗的床沙质，有利于形成纵向卡口，成为纵向非阻隔性河段，也印证了 5.2.1 节分类成果基本合理。另外，右下角区域，石首河段、反咀河段、龙口河段、搁排矶河段等纵向阻隔性河段的散点落在了非阻隔区域内，这类河段的河宽较窄，水深较大，水面比降也较大，河床表面形成抗冲覆盖层需要较粗粒径，而现状床沙质尚未完全达到与水流挟沙力相匹配的抗冲覆盖层粒径要求，其具有纵向阻隔性主要在于平面卡口的壅水作用；反之，碾子湾河段、莱家铺河段、铁铺河段、七弓岭河段、武穴河段等纵向非阻隔性河段的散点落在了阻隔区域内，说明这类河段床沙质较粗，但段尾卡口壅水作用不强。总体而言，纵向阻隔性河段是纵向、横向卡口综合作用形成的效果。

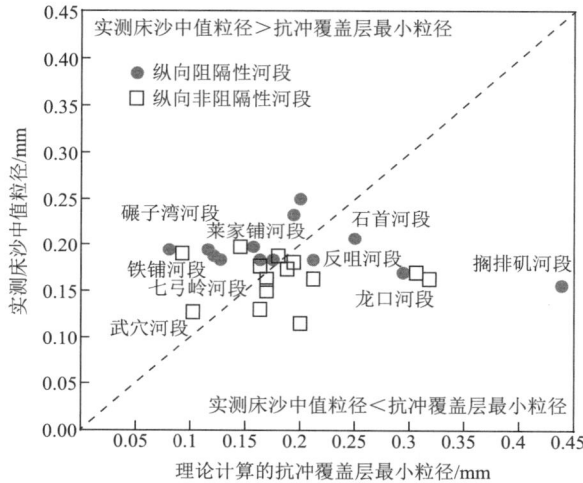

图 5.20　理论计算的抗冲覆盖层最小粒径与实测床沙中值粒径的关系

　　更进一步，为量化验证纵向、横向卡口的综合作用效果，计算某一河段理论平衡总剖面，并将其与通过河床粗化、比降调平等作用修正后的河床纵比降进行对比。在河床质能够形成抗冲覆盖层的条件下，可用能够形成抗冲覆盖层的最小粒径，来表征纵剖面的平衡状态；一些河段河床质不足以形成抗冲层，但因冲刷过程中，水流带走的细颗粒多于粗颗粒，床沙组成同样存在粗化倾向，需要同时配合比降调平作用予以调整；在不能形成抗冲覆盖层的条件下，上游河道纵比降将发生明显改变，新的平衡比降可利用挟沙力接近于零的条件求得。有学者[21]采用 Meyer-Peter 推移质公式，计算冲刷终止于平衡状态的纵比降；本书借鉴邓金运等[22]的方法，基于张瑞瑾水流挟沙力公式[7]，推导出纵向冲淤基本达到平衡状态的河道平衡纵比降公式为

$$J = \left(\frac{S^{1/m}}{k^{1/m}}\right)^{7/10} \frac{g^{7/10}\omega^{7/10}\zeta^{1/5}}{C^2 Q^{1/10} d^{1/10}} \tag{5.11}$$

式中：Q 为造床流量；S 为与该造床流量相应的含沙量；d 为考虑床沙粗化后的粒径；ω 为泥沙沉速，用张瑞瑾公式计算；ζ 为河相系数，按节点缩窄河道宽度后的断面形态计算；C 为谢才系数；k 为水流挟沙力计算的无量纲系数。

　　根据武汉水利电力学院研究成果，城陵矶以下的长江中游干流参数取值为 $k=0.036$，$m=1.54$。从式（5.11）初步来看，河道平衡纵比降主要与河相系数、床沙平均粒径等有关。河相系数越小，河道越为窄深，床沙粒径越粗，平衡纵比降越小。

　　如图 5.21 所示，对于阻隔性河段而言，采用理论方法计算的平衡纵比降均大于考虑河床粗化、平面卡口壅水后形成的河床纵比降，说明了当下游纵向河势调整发生后，阻隔性河段具有的较粗床沙粒径及尾部卡口壅水作用，能够代替床沙粗化、比降调平效果，形成的纵比降小于理论平衡纵比降，本河段不会因下游河床下切而继续发生显著冲刷，进而阻隔河势调整的纵向传递。其中，部分河段现状河床纵比降已经小于理论计算的平衡纵比降，如砖桥、反咀、螺山、沌口、武桥、搁排矶等河段，这类河段本身床沙质抗冲性及断面形态塑造的抵抗纵向冲淤的能力较强，发生大幅度纵向冲淤调整的可能性较弱。

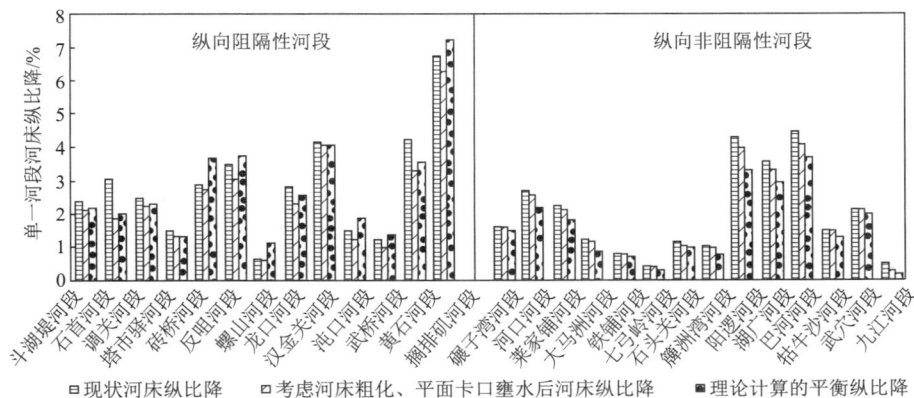

图 5.21　平面、纵向卡口综合作用下河床纵比降与理论计算的平衡纵比降

　　对于纵向非阻隔性河段而言，采用理论方法计算的平衡纵比降均小于考虑河床粗化、平面卡口壅水后形成的河床纵比降，也小于现状河道纵比降，说明纵向非阻隔性河段的床沙粗化、平面卡口壅水作用较弱，难以有效抑制河床纵剖面的调平，一旦下游纵向河势调整发生后，本河段就难以抵抗纵向河势的剧烈调整，进而易于将下游纵向河势调整向上游传递。

　　综上所述，本节分析表明，对于纵向阻隔性河段而言，河段尾部实测卡口阻水比与计算壅水高度呈较好的正相关关系；实测床沙中值粒径大多数情况下大于能够形成抗冲覆盖层的最小颗粒粒径；本河段考虑床沙质发生一定幅度粗化、段尾平面卡口产生壅水作用后，形成的河床纵比降小于计算的理论平衡纵比降，进而能够防止本河段发生大幅度冲刷，上述结论均符合 5.2.1 节中对阻隔性河段与非阻隔性河段的划分成果。

　　这说明 5.1 节中提出的划分纵向阻隔性河段的方法及成果基本是合理的，即纵向阻隔性河段由于其自身具有较粗的河床质，能够抵抗溯源冲刷，或尾部平面卡口能有效壅高水位，$\left[\dfrac{B_0}{B}\left(\dfrac{i_0}{i}\right)^{0.5}\dfrac{n}{n_0}\right]^{0.6}$大于 1 或仍接近 1，当下游纵向河势调整后，本河段的同流量下水位下降值小于河床下切值，本河段不会发生明显河势调整，可认为本河段阻止了下游河势纵向调整向上游的传递。纵向非阻隔性河段的河床质粒径较细，尾部卡口壅水作用不明显，$\left[\dfrac{B_0}{B}\left(\dfrac{i_0}{i}\right)^{0.5}\dfrac{n}{n_0}\right]^{0.6}$小于 1，当下游纵向河势调整后，同流量下水位下降值大于河床下切值，即本河段可能发生大幅度冲刷下切，引发明显河势调整，继而将下游纵向河势调整向上游传递。

5.3　纵向河势调整的传递机理分析

5.3.1　纵向河势调整传递要素

2.2.1 节中纵向河势调整的传递现象表明，当下游纵向河势发生调整，河床下切水位相应降落后，本河段河势随之调整。例如，昌门溪—沙市河段河床冲刷将引起昌门溪水位下降，陈二口水位下降，又将导致宜昌水位下降。在不同河段之间，以湖广—罗湖洲河段为例，罗湖洲主流流路缩短，将导致湖广河段水面比降加大，流速加大，主泓冲刷效果明显，10 m 等深线几近贯通；以界牌—陆溪口河段为例，陆溪口新洲洲头切滩，新生汊较原中汊主泓缩短长度达 2 km，造成上游石头关河段水面比降增大，河床冲刷加剧，并通过上游石头关河段传递至新堤乃至界牌河段，引起新堤右汊冲刷发展为主汊；以和畅洲—世业洲汊道为例，和畅洲左汊切滩后，致使新河比降骤然增大，左汊口门处水位降低，通过镇扬河段的传递，加大了世业洲汊道的比降，促使左汊冲刷发展。在同一河段内部，罗湖洲碛矶港深泓纵剖面的冲刷降低将导致进口处东槽洲心滩窜沟的发展。

纵观上述纵向河势调整的传递现象不难发现，河势调整向上游传递的主要传递要素包括抗冲性较弱的河床质，以及尾部缺少能够壅高水位的平面卡口。对于纵向阻隔性河段而言，其阻隔要素可以如汉金关河段仅有河床质较粗，或如龙口、搁排矶河段仅有段尾节点壅水作用较强这一方面；也可以兼顾两方面要素，如螺山、武桥等不仅段尾具有对峙节点，床沙质也较粗，或调关、黄石等段尾单侧节点的壅水作用明显，同时床沙质也较粗。对于纵向非阻隔性河段，传递要素可以是具有单侧节点，或尾部无节点而壅水作用不强，或者是床沙质抗冲性不足以抵抗水流溯源冲刷，进而使本河段难以避免地在下游河势纵向调整后，发生的床沙粗化、比降调平作用，本河段将继续纵向调整并进一步向上游河段传递该效应。

5.3.2　纵向河势调整的传递成因

根据上述分析成果，对上游产生影响的下游河势调整现象主要包含两类：第一类，当下游河道发生裁弯、鹅头汊易位于主汊、撇弯切滩等调整现象后，主流流路大幅度缩短，引发上游河道相应流路的水面比降骤增，进而导致流速显著增加，水流挟沙力增强而发生冲刷调整。第二类，由于矶头挑流强度变化或其他人为原因，本河段尾部出现明显冲刷坑或原有冲坑显著加深，也会导致上、下游之间的衔接河段水位显著下降，上游河段水面比降显著增大，进而引起上游河段发生溯源冲刷。上述冲刷很可能打破原有河道的横向冲淤平衡，导致不同流路流量的横向分配情况发生变化，不同汊道纵比降发生调整不同河床部位的水力特征随之变化，进而引发主流平面摆动以及洲滩、深槽平面形态的变迁，从而带来更大规模的横向河势调整。

下游纵向河势调整向上游传递的主要原因在于，当纵向输沙平衡被打破后，河道自身具有恢复输沙平衡的倾向，进而引起河道纵剖面调整来恢复河道纵向输沙平衡，主要是通过床沙粗化、比降调平完成的。纵向阻隔性河段由于床沙组成较粗，抑制了河床下切，或在尾部存在单侧或成对节点，避免了水位显著下跌，本河段深泓纵比降没有显著增大，可阻止河势调整进一步向上游传递。对于纵向非阻隔性河段，当下游侵蚀基面下降导致水流挟沙力增强，或者下游主流流路缩短导致上、下游衔接段不同流路的纵比降发生明显改变后，由于本河段尾部单侧节点壅水作用不够强，或者床沙粒径不足以形成抗冲覆盖层来抵抗水流侵蚀，河段尾部可能产生横向附加比降，或者河道纵剖面发生明显冲刷下切，从而本河段发生河势调整并进一步向上游传递。

5.3.3 纵向河势调整的传递机理

根据 5.2 节分析成果，对于纵向非阻隔性河段而言，河段尾部卡口阻水比较小，计算壅水高度也较小，调平水面比降的作用相对微弱；能够形成抗冲覆盖层的最小颗粒粒径相对于实测床沙中值粒径较大，现状床沙质条件难以有效阻止水流冲刷；考虑本河段床沙质一定幅度粗化、段尾平面卡口壅水作用后，形成的河床纵比降仍然大于计算的理论平衡纵比降，说明本河段自身条件难以防止河势大幅度纵向调整。当下游河势纵向调整后，本河段为形成与之适应的平衡纵剖面，势必发生大幅度冲淤调整。

纵向河势调整的传递机理在于：由于自身缺少较粗的河床质以抵抗溯源冲刷，河段尾部也缺乏可明显壅高水位的平面卡口以使 $\left[\frac{B_0}{B}\left(\frac{i_0}{i}\right)^{0.5}\frac{n}{n_0}\right]^{0.6}$ 小于 1，当下游纵向河势调整后，本河段同流量下水位下降值大于河床下切值，即本河段可能发生大幅度冲刷下切，势必重新通过粗化河床或调平比降以形成与下游新的河势相互适应的纵剖面，同时也会将下游纵向河势调整向上游传递。

5.4 本 章 小 结

本章通过对纵向河势调整传递及阻隔机理的研究，得到以下结论。

（1）长江中下游纵向河势调整的传递路径主要包括：下游河道发生裁弯、鹅头汊易位于主汊、撇弯切滩等调整现象后，主流流路大幅度缩短，导致上游相应流路水面比降骤增，或上、下游衔接段不同流路的纵比降发生调整；或者下游河道出现明显冲刷坑，导致侵蚀基面下降，进而引发上游水面纵比降加大，水流挟沙力增加，发生明显溯源冲刷。此时，若本河段自身床沙质较细，尾部卡口壅水作用较小，则难以阻止下游河势调整后本河段深泓纵剖面的调平作用，本河段势必发生河床粗化、比降调平等剧烈河势调整现象，以再度形成与下游河势相适应的纵剖面，进而传递河势调整。

（2）通过分析下游河势调整后，本河段水位降落值与河床下切值的对比关系发现：当 $\left[\dfrac{B_0}{B}\left(\dfrac{i_0}{i}\right)^{0.5}\dfrac{n}{n_0}\right]^{0.6}$ 大于 1 或接近 1 时，下游纵向河势调整后，由于床沙质抗冲性较强或尾部卡口壅水作用明显，本河段同流量下水位下降值小于河床下切值，不会发生明显河势调整，也就不会传递河势调整；当 $\left[\dfrac{B_0}{B}\left(\dfrac{i_0}{i}\right)^{0.5}\dfrac{n}{n_0}\right]^{0.6}$ 小于 1 时，下游纵向河势调整后，由于床沙质及卡口均不足以抵抗平衡纵剖面的趋向性作用，本河段同流量下水位下降值大于河床下切值，可能发生显著河势调整，进而向上游传递。

（3）采用 D'Aubuisson 公式计算各单一河段的尾部卡口壅水高度发现，平面卡口阻水比与壅水高度基本呈正比例关系。其中，纵向阻隔性河段尾部节点的阻水比较大，壅水高度全部大于 0，壅水明显；纵向非阻隔性河段尾部节点的阻水比较小，壅水高度基本小于 0，壅水不明显。螺山、沌口、武桥、搁排矶等河段尾部有对峙节点，壅水作用明显；黄石、石首、调关、龙口等河段尾部仅有单一节点，但由于矶头突出江中程度较大，壅水较为明显，也起到纵向阻隔的作用。

（4）基于 Harrison 的形成抗冲覆盖层最小颗粒粒径的计算公式，分析各单一河段能够形成抗冲覆盖层的最小颗粒与现状床沙中值粒径的对比关系发现，大多数纵向阻隔性河段的现状床沙中值粒径大于形成覆盖层的临界粒径，而大多数纵向非阻隔性河段的床沙中值粒径小于形成覆盖层的临界粒径，说明具有抗冲性较强的纵向卡口是形成纵向阻隔性河段的主要原因。当单纯的纵向卡口不足以抵抗河床纵剖面调整时，则需要平面卡口的配合作用。

（5）通过建立平面卡口壅水高度与实测纵比降调整值的相关关系，以及形成抗冲覆盖层的最小颗粒粒径与实测床沙中值粒径的相关关系发现：纵向阻隔性河段卡口壅水高度越小，调平作用越弱，纵比降增加值越明显；纵向阻隔性河段多数床沙中值粒径大于覆盖层临界粒径，这侧面证实根据水位降落值与河床下切值的对比关系划分河段纵向阻隔性的方法及成果的合理性。

（6）通过推导张瑞瑾公式，得到纵向冲淤基本平衡时的河道平衡纵比降公式，计算各单一河段的平衡纵比降发现：对于阻隔性河段而言，理论计算的平衡纵比降均大于考虑河床粗化、卡口壅水后形成的河床纵比降，说明该类河段自身特征能够代替床沙粗化、比降调平作用，进而避免纵剖面的大幅冲淤调整及可能引发的传递效应；对于非阻隔性河段而言，理论计算的平衡纵比降均小于考虑河床粗化、卡口壅水后形成的河床纵比降，说明该类河段难以抑制"溯源冲刷""纵剖面调平"等作用，当下游河势纵向调整后，势必将下游河势调整传递至上游。

参 考 文 献

[1] MACKIN J H. Concept of Graded River[J]. Geological Society of America Bulletin, 1948, 59: 463-512.

[2] 程小兵. 枢纽下游河床冲刷变形规律研究[D]. 长沙: 长沙理工大学, 2008.

[3] 钱宁, 张仁, 周志德. 河床演变学[M]. 北京: 科学出版社, 1987.

[4] 郑珊, 吴保生. 圣海伦斯火山爆发对图特河北汊河床演变的影响[J]. 水力发电学报, 2013, 32(4): 101-108.

[5] 陆中臣. 黄河下游清水冲刷阶段河床的调整及其对基准面变化的反应[J]. 地理研究, 1984, 3(2): 35-44.

[6] 李华国. 枢纽下游水位降落问题探讨[J]. 水道港口, 2006, 27(4): 217-222.

[7] 李义天, 唐金武, 朱玲玲, 等. 长江中下游河道演变与航道整治[M]. 北京: 中国水利水电出版社, 2012.

[8] 长江重庆航运工程勘察设计院. 长江中游陆溪口水道航道整治工程可行性研究报告[R]. 2003.

[9] 长江航道规划设计研究院. 长江中游湖广—罗湖洲河段航道整治工程可行性研究报告[R]. 2011.

[10] 长江航道规划设计研究院. 长江中游莱家铺水道航道整治工程可行性研究报告[R]. 2009.

[11] 长江航道规划设计研究院. 长江中游戴家洲河段航道整治工程可行性研究报告[R]. 2007.

[12] 孙昭华, 冯秋芬, 韩剑桥, 等. 顺直河型与分汊河型交界段洲滩演变及其对航道条件影响: 以长江天兴洲河段为例[J]. 应用基础与工程科学学报, 2013, 21(4): 647-656.

[13] 长江重庆航运工程勘察设计院. 长江中游武桥水道航道整治工程工可报告[R]. 2006.

[14] 刘万利. 枢纽坝下冲刷深度及水位降落研究[D]. 武汉: 武汉大学, 2009.

[15] 张念. 桥墩壅水的数值模拟[D]. 北京: 北京交通大学, 2008.

[16] 王开, 傅旭东, 王光谦. 桥墩壅水的计算方法比较[J]. 南水北调与水利科技, 2006, 4(6): 53-55.

[17] 尹学良. 清水冲刷河床粗化研究[J]. 水利学报, 1963(1): 17-27.

[18] 杨美卿, 陈亦平. 卵石夹沙河床长期清水冲刷的数学模型[J]. 泥沙研究, 1988(1): 47-56.

[19] 王兆印, 宋振琪. 非均匀非恒定流中泥沙运动规律初探[J]. 水利学报, 1997(6): 1-9.

[20] 程小兵, 李一兵. 枢纽下游河床清水冲刷粗化研究综述[J]. 水道港口, 2008, 29(2): 106-112.

[21] 黄才安, 李德荣. 推移质对水流阻力影响的定量研究[J]. 河海大学学报(自然科学版), 2002, 30(2): 113-115.

[22] 邓金运, 李义天. 平衡纵剖面数值试验及其对防洪的影响研究[J]. 水动力学研究与进展, 2002, 17(3): 304-310.

第 6 章　阻隔性河段分类方法及应用

本章以横向阻隔性河段为例，阐述阻隔性河段的简易判别、分类方法，及其在长江中下游河道治理中的应用。限于篇幅，纵向阻隔性河段的分类方法及应用实例不在本书中讨论。第 4 章阻隔性河段机理分析中提出，可根据水流动力轴线摆动力与约束力的比值是否始终小于 1 来判别阻隔性河段与非阻隔性河段。但是，一方面，上述计算式具有半经验半理论性质，推导过程较为复杂，在实际应用过程中涉及影响因素众多，使判别过程存在难度，且计算结果为摆动力与约束力的相对关系，并不具有力的量纲及实际意义；另一方面，在阻隔性与非阻隔性河段的相互转化过程，并非一蹴而就地完成，而是循序渐进地过渡，可见转化过程中应存在中间环节，仅仅分阻隔性河段与非阻隔性河段两类展开研究，不利于深入研究河段阻隔性程度的渐变规律及作用机理，也限制了对阻隔性与非阻隔性之间的过渡性河段河势调控方法的理论研究及实践应用。

由于实际流速测次较少，本章系统地总结了各河段近期实测深泓摆动资料，借鉴钱宁[1]提出的游荡指标模式，通过计算深泓摆动指标及阻隔性指标，对河段的阻隔性程度进行简易分类，使成果简明扼要、实用性强，细化分类后便于直接应用于不同阻隔性程度的河段的河势控导及整治实践。

6.1　阻隔性河段分类方法

主流作为一种水流形式，长期冲刷部位必将形成深泓或主槽等地貌形态；随着流量增加，主流脱离原深泓，漫上河漫滩并逐渐冲刷形成新的槽口或流路。年内流量变化将促使主流完成一次往复摆动过程，经历若干个水文年周而复始的累积效应后，旧深泓淤废而新深泓刷深，最终发生深泓易位，可以说河势调整过程就是主流摆动引起的河床冲刷部位逐渐加深，并最终引发深泓易位的过程[2]，河势调整传递与否可以通过深泓摆动传递与否体现出来。统计上游河势调整引起的进口深泓摆动幅度并分析河段限制其向下游传递的能力，是识别并量化河段阻隔性程度的关键。因此，可从分析深泓摆动指标及限制指标的角度展开研究。

方宗岱[2]、谢鉴衡[3]等均提出过河道的摆动指标及稳定性的判别模式。钱宁等[3]在提出洪峰上涨的相对速度、汛期流量相对变幅、河床物质的相对可动性、河漫滩宽度及河槽宽深比等河道游荡指标的基础上，建立了一次洪峰过程中深泓累计摆动距离与游荡指标的相关关系。本书采用钱宁等[1]的模式，通过建立实测深泓摆动距离与相应深泓摆动限制指标的关系，来识别河段阻隔性程度。

6.1.1　深泓摆动累计距离计算式的建立

首先，流量反映了水流惯性力的作用[3]，流量变化是深泓摆动的主要动因。深泓摆动有渐变和突变两种形式[3-4]，前者主要与洪峰期间洪水引起的撇弯取直等流路变化有关，后者主要与落水时局部流路的淤塞有关[4]。分析认为，漫滩临界流量以上的平均流量 $Q_{<漫滩}$ 越大，水流漫滩后冲刷动力越强，有利于新槽的逐渐冲开；漫滩临界流量以下的平均流量 $Q_{<漫滩}$ 越小，水流归槽后冲刷动力越弱，有利于旧槽淤塞及新槽的突然冲开，因此采用两个实际深泓测次之间的 $Q_{<漫滩}/Q_{>漫滩}$ 表征流量过程的影响。另外，流量持续时间长短也影响着深泓摆动，在两个实际深泓测次之间，漫滩临界流量以上的累计天数越长，越有利于发生深泓渐变移位；反之，漫滩临界水位以下的累计天数越短，越可能发生深泓突变易位，因此采用 $T_{<漫滩}/T_{>漫滩}$ 表征流量持续时长的影响。

其次，上游河势调整给本河段进口带来的深泓位移是本河段深泓摆动的直接动因，河段内部的深泓摆动距离应与进口深泓位移成正比，利用 $\delta = \dfrac{B_{平滩} - \delta_{进口摆动}}{B_{平滩}}$ 表征上游河势调整对进口的扰动。对于进口存在节点的河段，利用 4.2.1 节研究成果，将 $\lambda = \dfrac{B_{\text{bankfull}} - L_{\text{node}}}{B_{\text{bankfull}}}$ 作为流量项的指数，来表征节点挑流作用对下游深泓摆动的影响。

再次，河道断面地形对垂线平均流速沿河宽方向的分布情况影响很大[3,5]。滩槽高差可表征水流漫滩的难度，滩槽高差越小，冲刷同样宽度的河岸带走的土方量越小，所需时间也越短[2]，河岸抗冲能力越弱，越有利于深泓摆动，因此，采用平滩水位下的宽深比的倒数 h/B 来表征断面地形对深泓摆动的约束作用。另外，河漫滩宽度越大，主流漫滩后摆动空间越为宽广，流路可能越多，因此用平滩水位下河宽与历史最高水位下河宽的比值 $B/B_{\max}$ 来表征滩地宽度对深泓摆动的约束作用。

最后，河床可动性越大，主流越容易横向侧移，采用希尔兹数 hJ/d_{50} 表征河床可动性，从而建立深泓摆动限制指标为

$$\Theta = \left\{ \left[\delta \cdot \left(\frac{Q_{<漫滩}}{Q_{>漫滩}} \right)^{0.3} \cdot \left(\frac{T_{<漫滩}}{T_{>漫滩}} \right)^{0.05} \right]^{\lambda} \right\}^{a} \cdot \left[\left(\frac{B}{B_{\max}} \right)^{0.6} \cdot \left(\frac{h}{B} \right)^{0.05} \cdot \left(\frac{d_{50}}{hJ} \right)^{0.1} \right]^{b} \qquad (6.1)$$

如式（6.1）所示，Θ 的影响因素可以被分为两部分：①表征流量变化及上游河势调整引起深泓摆动的强度，以 a 为指数，又称深泓摆动指标；②表征河道边界抑制深泓摆动的能力，以 b 为指数。钱宁等[3]认为，一次洪峰过程中深泓摆动累计距离与游荡指标呈正比例关系，本书通过整理实测深泓摆动资料，统计两个测次之间，各河段进口及内部典型断面的深泓摆动相对距离，与式（6.1）计算的深泓摆动限制指标建立负相关关系，从而率定深泓摆动项及边界约束项的指数 a 和 b。考虑到河段阻隔性主要通过河道自身限制主流摆动的能力体现出来，因此，可将深泓摆动限制指标进行化简，得到阻隔性指标（边界约束条件）表示为

$$\Theta = \left[\left(\frac{B}{B_{\max}} \right)^{0.6} \cdot \left(\frac{h}{B} \right)^{0.05} \cdot \left(\frac{d_{50}}{hJ} \right)^{0.1} \right]^{b} \qquad (6.2)$$

根据上述思路，本节横向阻隔性河段分类方法研究框架图如图 6.1 所示。

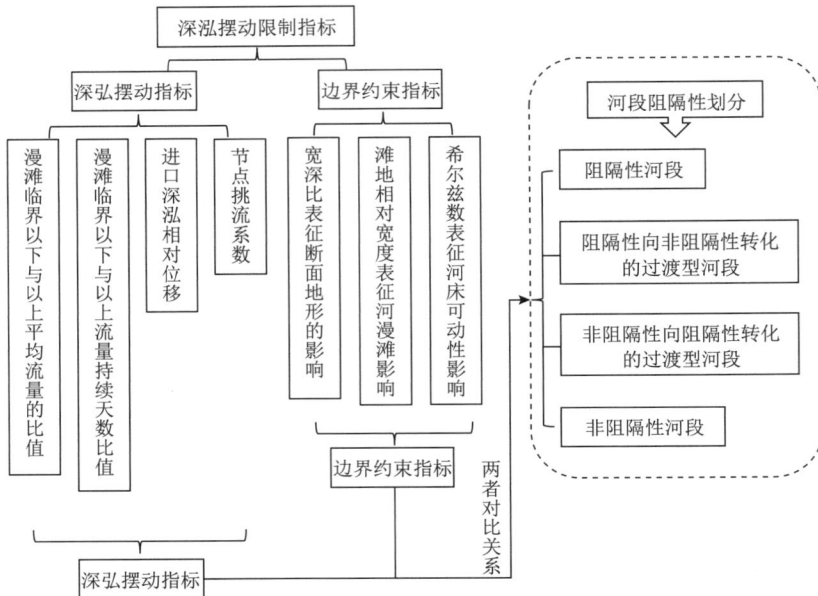

深泓摆动限制指标

深弘摆动指标　　　边界约束指标

漫滩临界以下与以上平均流量的比值｜漫滩临界以下与以上流量持续天数比值｜进口深泓相对位移｜节点挑流系数｜宽深比表征断面地形的影响｜滩地相对宽度表征河漫滩影响｜希尔兹数表征河床可动性影响

河段阻隔性划分

阻隔性河段

阻隔性向非阻隔性转化的过渡型河段

非阻隔性向阻隔性转化的过渡型河段

非阻隔性河段

边界约束指标　　两者对比关系

深弘摆动指标

图 6.1　河段阻隔性识别方法框架图

6.1.2　阻隔性河段分类指标的提取方法

1. 来水来沙条件

根据监利站、螺山站、汉口站等 1958～2013 年日均流量、含沙量过程（部分资料不全），统计计算两个相邻的实际深泓测次之间时段内漫滩临界流量以上和以下的平均流量值及持续天数，以及该时段内平均流量与含沙量。

2. 上游河势及节点挑流指标

两个测次之间的河段进口深泓摆动相对距离 δ，可在历年深泓摆动套汇图中直接量取。考虑到研究时段内山矶、胶泥咀等节点突出于岸线的程度可认为基本不变，因此根据 2011 年实测 1∶10 000 河道地形图量取各节点突出于岸线的实际长度，与平滩河宽相比，计算节点挑流系数 λ。

3. 宽深比条件

河道宽度是影响河道演变的关键因素，河宽的略微增加即可能引起主流摆动[3-4,6]；尤其当主流、深泓靠岸时，近岸水流内部产生不同尺度的漩涡，它们采用直接攫取或紊动上扬[7]的方式引发近岸土体的崩塌及河道的继续展宽[8]，从而为主流摆动提供了更大的空间。AN 等[9]通过试验研究表明，滩槽高程的差异导致流速分布不均匀化，进而决定了主流摆动的实际有效范围。

对于任意两个深泓摆动测次而言，由于难以获得 1958～2013 年历年的实测河道地形资料，但具有实际深泓测次的年份也通常具有该年份的河势图，其中包含航行基面对应的等深线（"0 m"线），从而可以量取各河段各典型断面在实际深泓测次年份中"0 m"线宽度。如图 6.2 所示，只要河型及河道边界条件不变，考虑到主槽两岸坡比通常比较均匀，在不发生大幅度河岸崩塌情况下，可认为平滩水位河宽与"0 m"线对应宽度存在正比关系[10]，因此根据 1996 年、1998 年、2001 年实测断面地形资料，建立平滩河宽与"0 m"线河宽的相关关系，如图 6.3（a）、（c）、（e）所示，进而可根据 1996 年、1998 年、2001 年平滩河宽与"0 m"线河宽的相关关系的拟合计算式，计算各实际深泓测次年份的平滩河宽。

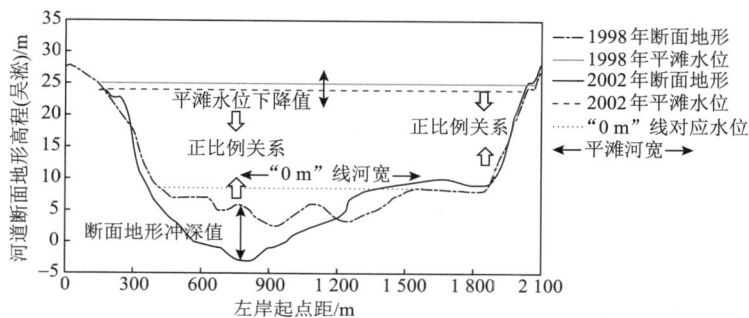

(a) cz74-1-1断面冲刷后水深及河宽变化关系

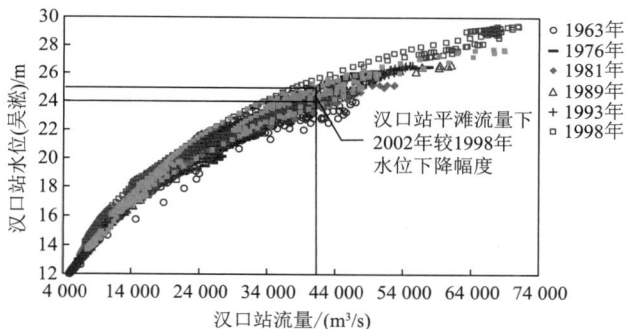

(b) 汉口站典型年份水位流量关系

图 6.2　河道断面冲刷条件下水位、河宽的变化关系

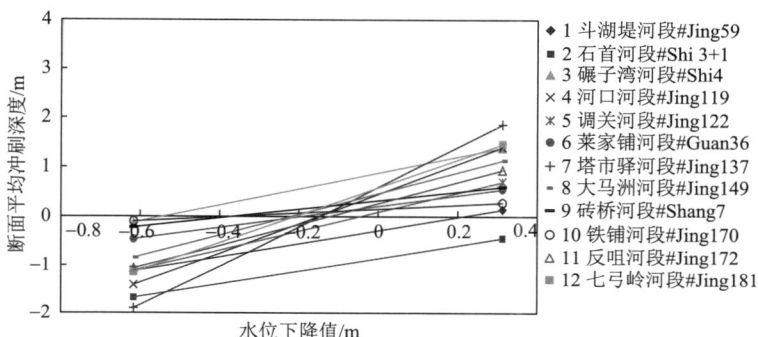

(a) 监利站水位下降值与各河段平滩水位下断面平均冲深的关系

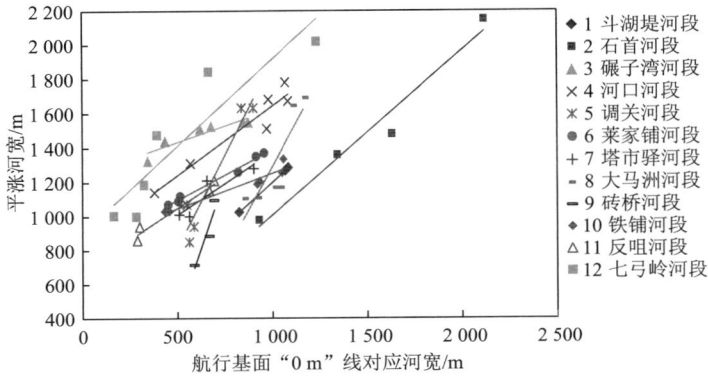

(b) 河床—城陵矶平滩河宽与"0 m"线对应河宽的关系

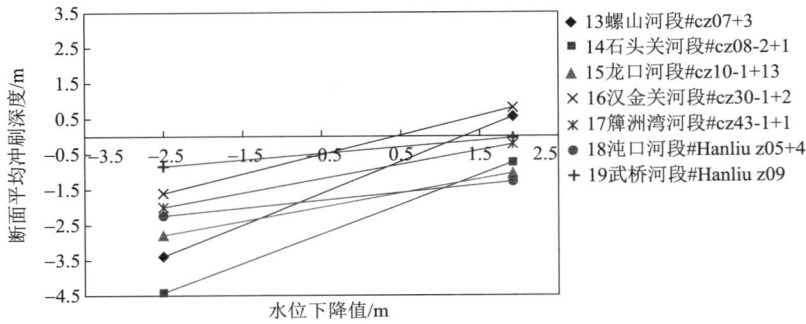

(c) 螺山站平滩水位下降值与各河段平滩水位下断面平均冲深的关系

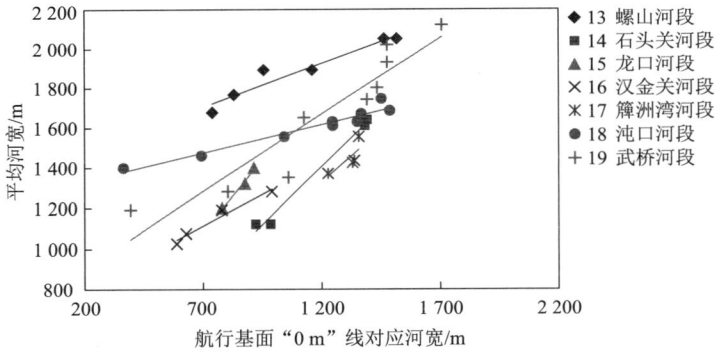

(d) 城陵矶—武汉平滩河宽与"0 m"线对应河宽的关系

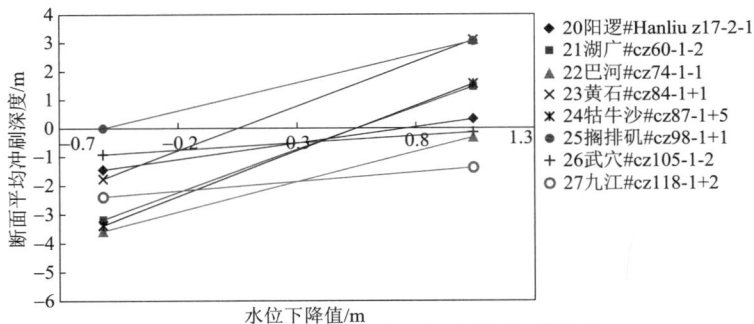

(e) 汉口站平滩水位下降值与各河段平滩水位下断面平均冲深的关系

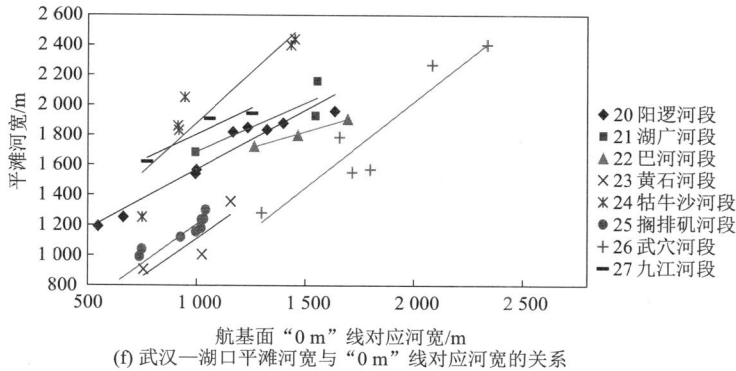

(f) 武汉—湖口平滩河宽与"0 m"线对应河宽的关系

图 6.3 各河段平摊水位下断面平均冲深与水位下降值、平滩河宽与"0 m"线宽的关系

如图 6.2 所示，任意两个年份之间平滩水位下降值与河道断面地形的平均冲深值存在正比关系[10]，而平滩水位下降值可通过历年水位流量关系变化曲线获得。可根据 1996 年、1998 年、2001 年实测断面地形资料，计算 1998 较 1996 年，以及 2001 年较 1998 年平滩河床冲刷深度，进而建立相应年份平滩流量下的水位下降幅度与各河段平滩水位下的河床断面平均冲刷深度的相关关系，如图 6.3（b）、（d）、（f）所示。再根据 1958～2013 年历年水位流量关系式，计算各深泓测次年份较 2002 年平滩流量下的水位下降值，从而依据上述水位流量关系式求得各实测年份较 2002 年的平滩冲刷深度，再根据 2002 年实测平滩河床高程反推出各年平滩高程，进而计算实测年份平滩水位下的宽深比。

4. 河漫滩相对宽度条件

大洪水能够在河宽较大、岸线不受限制的河段重塑出宽广的河漫滩[11]。研究认为[12]，滩槽间水流条件差异、掺混区紊动扩散及流线弯曲时离心惯性力引起的横向水沙交换都促使滩地迅速淤高，从而构成主流摆动的边界约束条件。例如，加拿大梅德韦河（Medway）河[13]河漫滩基本不受限制，致使主槽常常发生迁移，而新西兰汤加里罗河（Tongariro）[11]被两岸梯田限制后，形成窄深型河道。长江中下游洪水期河宽受两岸堤防限制，可将堤防间距作为最大河宽，平滩河宽参照宽深比条件选取。

5. 希尔兹数条件

床沙粒径对深泓的横向迁移有重要影响[14]。床沙中值粒径越粗，希尔兹数的倒数越大，泥沙抵抗运动的摩阻力大于水流作用于泥沙的拖曳力[15]，导致泥沙运动强度减弱，河床因水流变化产生的变形越小，深泓摆动的侧移阻力增大，有利于塑造出稳定、收缩的河道形态[16]；反之，床沙粒径越细，希尔兹数的倒数越小，深泓摆动的侧移阻力减小[17]，河道将趋于宽浅，河床因水流变化产生的变形越大，而难以形成阻隔性河段。

考虑到汛期流量较大、含沙量较大，而所挟悬移质颗粒也较细。由于近底水流中的悬移质与床面床沙质处于不断交换状态[18]，汛期床沙质粒径也较细。根据部分实测年份监利站、螺山站、汉口站三站的悬移质含沙量与各典型河段的床沙中值粒径资料，建立相关关系如图 6.4 所示，利用上述经验关系，可根据实测深泓年份的平均含沙量可近似获

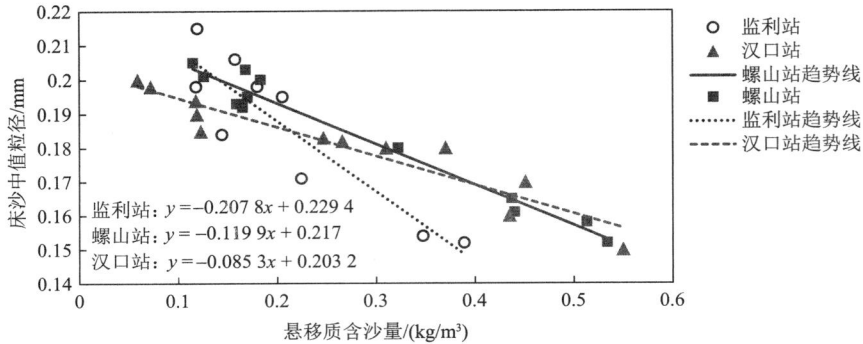

图 6.4　各水文站悬移质含沙量与床沙中值粒径的关系

得对应年份的床沙中值粒径。研究认为河道纵比降与流量成反比,与含沙量及床沙中值粒径成正比[2-3],考虑各家公式形式差异较大且适用河流不同,本书采用李保如等[19]根据长江资料建立的经验关系,计算实测深泓年份的各河段纵比降:

$$J = 0.004\,55 \cdot \left[(S/J)^{1/2} \cdot d_{50} \right]^{0.59} \tag{6.3}$$

式中:J 为河段纵比降(‰);S 为平滩流量时的悬移质含沙量(kg/m³);d_{50} 为床沙质中值粒径(mm)。

6.2　阻隔性河段分类成果

　　以长江中游 27 个单一河段为例,每个河段取 2～3 个典型断面作为研究对象,根据 1958 年以来实测深泓平面摆动情况套汇图,量取相邻两个测次的深泓摆动距离,建立其与深泓摆动限制指标的负相关关系,从而确定式(6.1)的指数 a、b,结论如下。

　　如图 6.5(a)所示,对于荆江河段,铁铺河段、大马洲河段、碾子湾河段的深泓摆动相对距离最大,其深泓摆动指标高达 0.96,而边界约束指标仅为 0.60,说明主流摆动效应占主导地位,河道自身边界条件难以有效约束主流摆动,为非阻隔性河段;河口河段、七弓岭河段、石首河段、莱家铺河段的深泓摆动相对距离次之,深泓摆动指标平均为 0.88,边界约束指标平均为 0.77,说明主流摆动效应仍然占主导地位,但边界约束条件有所增强,当上游河势或来流条件发生有利变化,使摆动条件减弱时,在一定程度上可能维持主流平面位置稳定,因而为非阻隔性向阻隔性转化的过渡型河段;斗湖堤河段、调关河段、砖桥河段、反咀河段的深泓摆动指标平均为 0.82,边界约束指标平均为 0.92,边界条件对主流摆动的约束效应进一步增强,但当上游河势或来流条件发生不利变化,使摆动条件增强时,边界条件可能无法维持主流位置稳定,因而为阻隔性向非阻隔转化的过渡型河段;塔市驿河段的深泓摆动指标为 0.75,边界约束指标为 0.99,河道边界约束效应已占主导地位,即便摆动条件增强,河道自身边界条件依然能够维持主流稳定,因而为阻隔性河段。

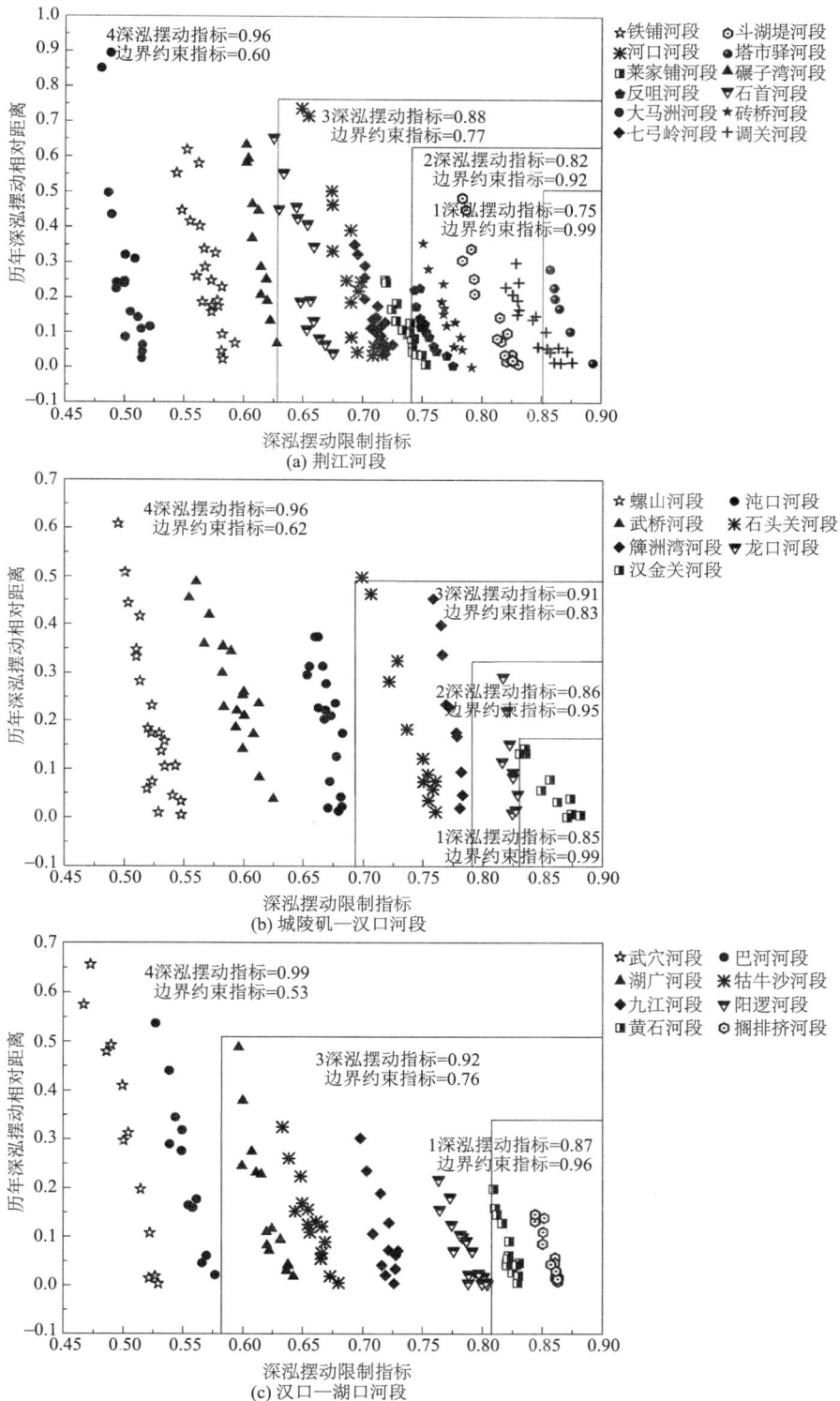

图 6.5　深泓摆动限制指标与历年深泓摆动相对距离的关系

　　如图 6.5（b）所示，对于城陵矶—汉口河段，螺山河段、沌口河段、武桥河段的平均深泓摆动指标高达 0.96，而边界约束指标仅为 0.62，为非阻隔性河段；石头关河段、簸洲湾河段的深泓摆动指标平均为 0.91，而边界约束指标平均为 0.83，为非阻隔性向阻隔性转化的过渡型河段；龙口河段的深泓摆动指标为 0.86，边界约束指标为 0.95，可能为阻隔性向非阻隔性转化的过渡型河段；汉金关河段的深泓摆动指标为 0.85，边界约束指标为 0.99，为阻隔性河段。如图 6.5（c）所示，对于汉口—湖口河段，武穴河段、巴河河段的深泓摆动指标高达 0.99，而边界约束指标仅为 0.53，为非阻隔性河段；湖广河段、牯牛沙河段、九江河段、阳逻河段的深泓摆动指标平均为 0.92，而边界约束指标平均为 0.76，为非阻隔性向阻隔性转化的过渡型河段；黄石河段、搁排矶河段的深泓摆动指标平均为 0.87，边界约束指标平均为 0.96，为阻隔性河段。

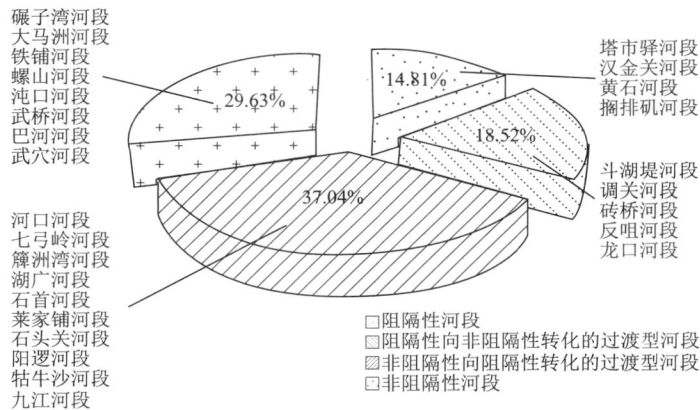

图 6.6　长江中游 27 个单一河段阻隔性程度划分图

　　综上所述，如图 6.6 所示，将长江中游 27 个单一型河段按照其阻隔性程度划分为塔市驿河段、汉金关河段、黄石河段、搁排矶河段等 4 个阻隔性河段；斗湖堤河段、调关河段、砖桥河段、反咀河段、龙口河段等 5 个阻隔性向非阻隔性转化的过渡型河段；石首河段、河口河段、莱家铺河段、七弓岭河段、石头关河段、簸洲湾河段、阳逻河段、湖广河段、牯牛沙河段、九江河段等 10 个非阻隔性向阻隔性转化的过渡型河段；碾子湾河段、大马洲河段、铁铺河段、螺山河段、沌口河段、武桥河段、巴河河段、武穴河段等 8 个非阻隔性河段。在河道治理过程中，一方面应维护河道已有的阻隔性，发挥天然河道阻隔性在稳定河势、维持输沙平衡过程中的作用，防止不利因素破坏河道阻隔性；另一方面，应因势利导地促使非阻隔性河段向阻隔性河段转化，塑造更多阻隔性效果，从而有利于维持长河段河势稳定。

6.3　阻隔性河段应用

　　河势调整对世界范围内的河流均产生深远影响。采取何种措施阻止上游横向河势调整对下游河道演变带来的不利影响，维持河势稳定，一直是困扰河流及地貌学者的难题。

由于不同河段的主流摆动特征及河势调整规律不同，针对性地采取治理措施，有利于整治工程取得事半功倍的效果，阻隔性程度的划分为河道治理提供了新的思路。

6.3.1　非阻隔性河段整治方法

对于上、下游河势存在"对应"关系的非阻隔性河段，河道治理宜从上至下进行系统规划整治，其主要目的是保证上、下游河势平顺衔接，避免因上、下游河势不顺导致工程达不到预期效果，这对航道整治的选槽选汊尤为重要。例如，石头关河段不具有阻隔性作用，当上游左汊新堤夹为主汊时，水流顶冲石头关右岸，引起赤壁山挑流作用增强，导致下游陆溪口河段中港冲刷和直港淤积；反之，将促进直港的冲刷发展。对该河段的治理宜先选择上游新堤河段的主槽，再选陆溪口河段的主槽。若新堤河段选择右汊作为主槽，陆溪口河段应选择直港作为主槽[20]。

界牌一期整治工程分为 4 个部分：①右岸自鸭栏以下建 14 座丁坝，以堵塞上边滩与右岸之间的串沟、倒套，稳定上边滩，集中水流靠近左岸。②在新淤洲头部修建鱼嘴，增大新堤夹分流比，控制过渡段下移。③在新淤洲与南门洲之间的横槽进口建锁坝一座，稳定该河段两侧分流格局，减少新堤夹上段水流向右汊横向漫入，适当增加新堤夹下段流量，减缓淤积。④新堤夹下浅区进港航道疏浚工程，改善了新堤夹水深条件。

上游新堤夹为主汊，相应地，下游陆溪口河段宜选择中港为主汊[21]，整治工程包括：①修建鱼嘴以增大中港分流比；②在洲头心滩与新洲洲体之间修建锁坝，防止中港水流横向漫入直港，保持中港下段水量充沛，同时防止新洲洲头切割及新中港的产生；③中港凹岸守护工程。以上措施顺应了上、下游河道形势的对应规律，有利于保持水流下泄形势的畅通，又避免了下游整治工程因与上游河势条件不适应而发生水毁。

如图 6.7 所示，界牌二期整治工程包括[22]：①过渡段低滩守护工程，在新淤洲前沿过渡段低滩上采取鱼嘴和鱼刺护滩形式进行守护，保留左侧沿岸槽口；②对右岸上簸洲附近 3 000 m 长的已有护岸进行加固，对左岸下复粮洲一带 1 000 m 长的岸线进行守护；③疏浚工程，在将来心滩右槽向左槽转换过程中，右槽淤浅后左槽出口航槽较窄，需对左槽出口过渡槽局部碍航浅区辅以疏浚。

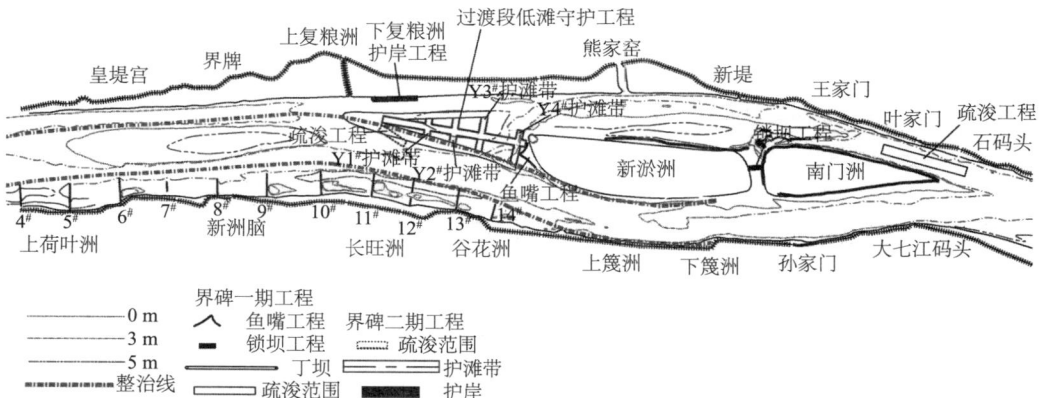

图 6.7　界牌河段新堤河段整治方案布置示意图[22]

显而易见，二期整治工程倾向于发展新堤右汊为主汊，此时下游陆溪口河段宜选择直港作为主汊，如图 6.8 所示，整治工程包括[21]：①直港进口挖槽，改善直港进口水流条件；②通过修建鱼嘴和洲头顺坝，鱼嘴的头部及洲头顺坝沿新洲脊线方向向上游适当延伸，从而稳定新洲，防止新中港的产生，同时拦截直港进口横流，使水流平顺进入直港；③采用固滩护岸措施，稳定新洲，防止中港岸线过分弯曲。以上整治措施有利于引导上游新堤右汊出流进入陆溪口直港，以保证上、下游河势平顺衔接。

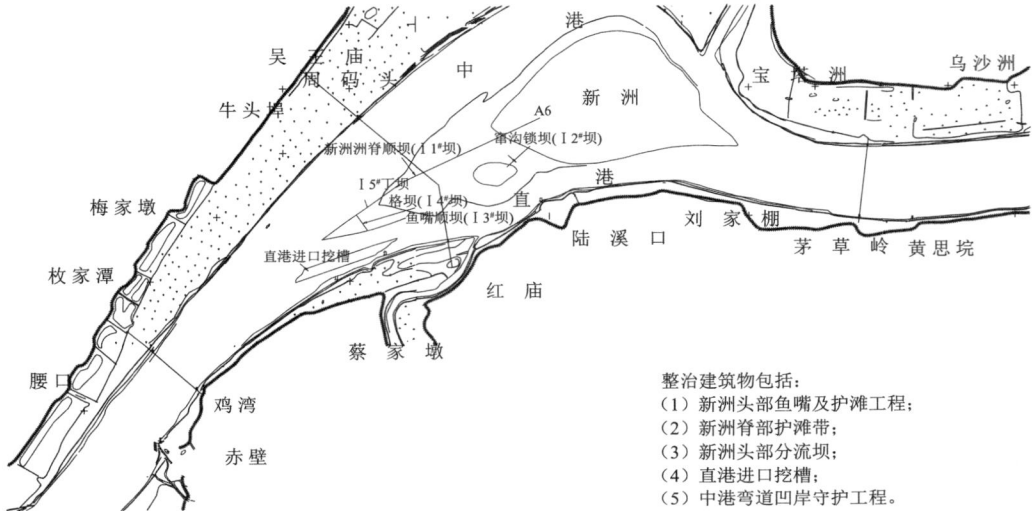

整治建筑物包括：
（1）新洲头部鱼嘴及护滩工程；
（2）新洲脊部护滩带；
（3）新洲头部分流坝；
（4）直港进口挖槽；
（5）中港弯道凹岸守护工程。

图 6.8　陆溪口河段整治方案布置示意图[21]

再以武桥—天兴洲河段为例。根据前述分析，由于两个河段之间不存在阻隔性河段，上游河势调整将传递至下游河段，进而影响下游河道演变，因此，下游天兴洲河段主汊的选择应与上游武桥河段规划的主流平面位置相互适应。如图 6.9 所示，上游武桥河段规划主槽沿荒五里边滩右缘下行，经潜洲左汊，进入长江一桥 4# 或 6# 桥孔。推荐整治思路为：采用长顺坝结合鱼骨坝、护滩带低水整治方案，其主要目的是固定原有潜洲，控制枯水流向，遏制汉阳边滩的过度发展，改善长江一桥桥区水深条件[23]。

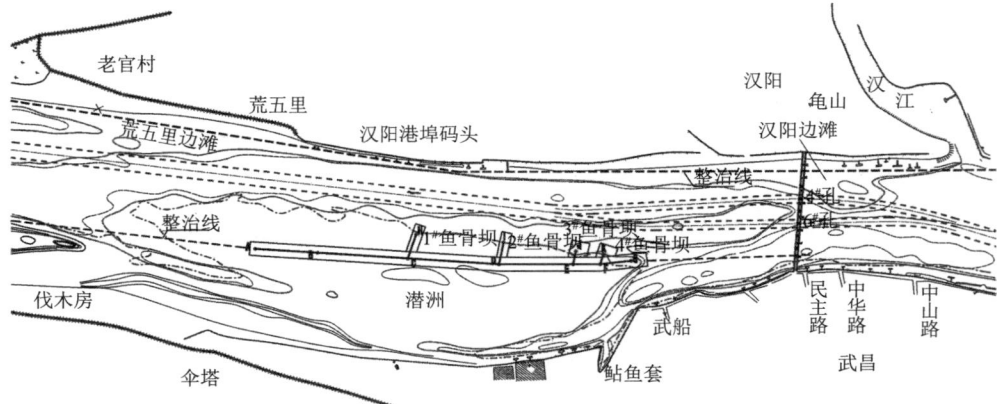

图 6.9　武桥河段整治方案布置示意图[23]

整治工程措施包括：沿潜洲脊线到鲇鱼套口门处布置一道长顺坝，总长度 3 600 m，长顺坝的尾部为左挑型折线，加大长顺坝向左导流作用，遏制汉阳边滩枯水期向江心的发展。为了保持潜州高大完整，确保长顺坝稳定，在顺坝左侧中下段布置四道鱼骨坝。

根据上述分析，武桥河段深泓偏左时，天兴洲河段深泓通常位于右汊。河道整治工程的布置也满足与上、下游河道的河势对应性。考虑到天兴洲洲头低滩的后退易引起主流、滩槽不稳，而合适的过渡段位置有利于右汊进口入流条件的改善与稳定。因此，天兴洲河段的整治思路包括[24]：通过工程措施，稳定洲头低滩位置，从而对右汊进口航槽也产生一定的控制作用，防止过渡段低滩下移引起航道条件恶化。如图 6.10 所示，整治工程措施为：对天兴洲头部低滩进行守护，在天兴洲洲头前沿低滩布置鱼刺型护滩带，主要包括 Y1[#]（纵向）、Y2[#]、Y3[#]、Y4[#] 和 Y5[#]五条护滩带，在天兴洲洲头右缘侧低滩设置 T1[#]、T2[#]两条条形护滩带。

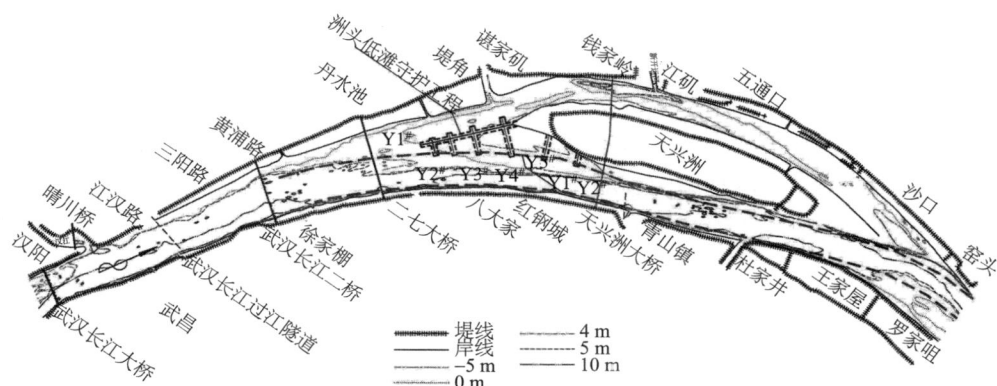

图 6.10　天兴洲河段整治方案布置示意图[24]

再以巴河—戴家洲河段为例，由于两河段之间没有阻隔性河段作用，上游巴河河段河势与下游戴家洲河段河势具有一一对应的关系，当上游池湖港心滩通过锁坝与右岸连为整体后，将促进左岸巴河边滩的淤积壮大，与戴家洲洲头心滩连为一体，进而减少圆港进流，增大直港分流比。借此时机，戴家洲实施了相应的整治工程，来巩固这一有利河势。例如，戴家洲一期整治工程的治理目标为[25]稳定直港枯水期分流条件，改善直港进口段弯道形态，近期枯水期利用圆港通航，中水期、洪水期利用直港通航。如图 6.11所示，具体整治措施为：①鱼骨坝工程，脊坝 S1～S8，1[#]～7[#]刺坝，对新洲头滩地进行守护，通过刺坝坝田逐渐淤积，形成高大完整新洲头滩地，稳定两汊的分流比，逐渐使直港内形成较为稳定的滩槽形态；②新洲滩头护滩带工程及新洲滩头右缘护岸工程，用于保护新洲滩头不受横向水流的冲刷，与鱼骨坝结合在一起，保持滩地稳定。

戴家洲二期整治工程进一步稳固了直港为主槽的地位，治理目标为[26]以直港为枯水期通航主汊，将中高水航线和枯水航线归于直港。具体整治措施为：①潜丁坝工程，在直港凸岸中上段布置三条潜丁坝，采用 D 型排护底，坝身为全抛石结构；②护岸工程，护岸工程位于戴家洲右缘上段和中段，与右缘下段护岸工程平顺衔接，维持洲体的稳定。

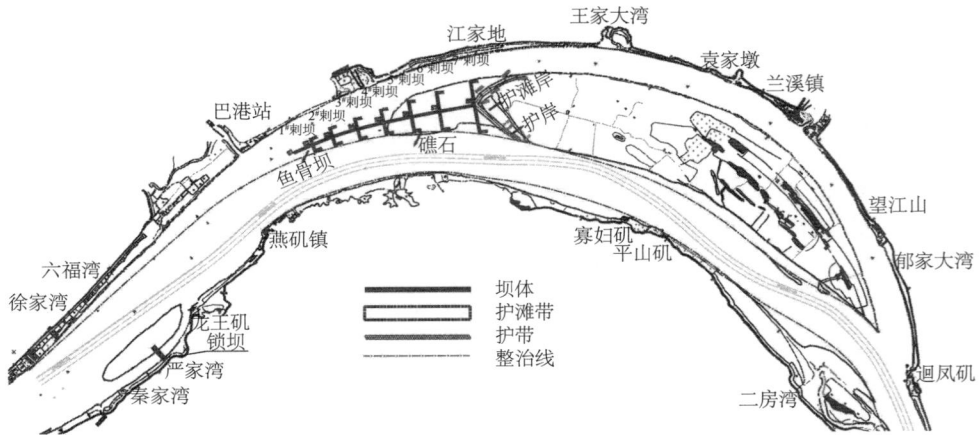

图 6.11　巴河—戴家洲河段整治方案布置示意图[25]

6.3.2　非阻隔性向阻隔性转化的过渡型河段整治方法

对于上、下游河势"基本对应"的非阻隔性河段，在一定条件下，有可能向阻隔性河段转化，因此，针对破坏阻隔性的原因，采取恰当整治措施予以消除，可能塑造出阻隔性河段的效果。例如，对崩岸剧烈的凹岸岸线及时守护，对河段中上部存在的挑流节点采取削咀等措施，束窄河宽以限制宽广河漫滩的发展，对弯颈过于狭窄的河段实施人工裁弯，对床沙质粒径过细的河段进行河底加糙等，从而形成单一微弯、岸线平顺的窄深河道，限制水流动力轴线摆动。

挑流节点的存在促使上游河势调整向下游传递，导致河段阻隔性丧失。若考虑采取合理的工程措施消除节点的挑流作用，则上述河段也可能会具有阻隔性，从而有利于下游河段的长期河势稳定。

例如，猴子矶位于牧鹅洲河段右侧弯顶，突出河床底面约 6 m。当地观音山水位 5.0 m 以下时该礁石开始碍航，需设标进行维护，以将该礁石规避在航槽外，年平均设标时间达 8 个月左右。随着水位的降低，流态变坏，同时航道宽度和弯曲半径也减小，碍航程度也变得严重。河势控制工程应力求通过削咀等措施形成平顺河湾。如图 6.12（a）所示，在湖广河段整治工程中[27]，规划采取猴子矶炸礁工程，即将牧鹅洲河段弯顶处猴子矶凸伸江中的暗礁全部清除，从而彻底改变湖广河段进口节点束窄段恶劣的漩涡水流条件对河势稳定及通航安全的不利影响。

消除节点以改善局部水流条件，削弱上、下游河势调整的传递作用，从而稳定河势以促使阻隔性河段的形成，这种削咀整治措施在其他河段整治过程中也有广泛应用。如图 6.12（b）所示，在监利乌龟夹出口处，由于主流出夹后直接顶冲太和岭矶头，矶头崩塌切割，原护坡石崩塌后堆于主流区，形成水下碍航物，在中水期、洪水期被淹于水中，流态紊乱。监利河段整治目标就包括[28]适当清除乌龟夹出口太和岭附近江中的碍航乱石堆。具体整治措施为：分为五个清障区清除水下碍航乱石堆，五个清障区均位于太和岭以下的江中，离岸距离为 60～180 m，平均清障厚度为 2.8 m；弃渣区均选择在清障区临近岸边，沿太和岭一带岸线弃渣抛石，以利于该段岸线稳定。

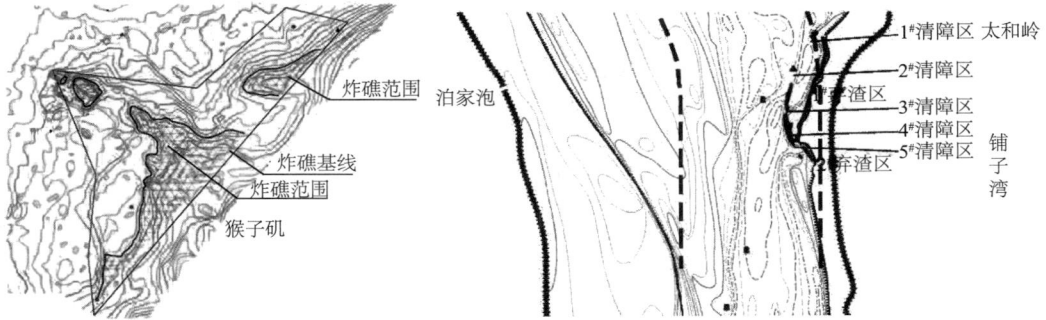

（a）湖广河段猴子矶炸礁[27]　　　　　　　　（b）监利河段太和岭清障[28]

图 6.12　典型河段削嘴工程布置图

除削嘴外，束窄河宽、稳定岸线也是促使非阻隔性河段向阻隔性河段转化的主要措施。如图 6.13 所示，湖广河段在采取进口削咀措施后，河段中部赵家矶边滩冲刷、过河槽淤积，使主槽趋于不稳定，改变了湖广河段入流条件，将导致东槽洲右缘、碛矶港出口左岸西河铺一带崩岸。因此，湖广—罗湖洲河段整治思路为[27]实施赵家矶边滩守护工程，抑制边滩冲刷，稳定主流，改善航道条件，同时对关键高滩、岸线进行加固、守护，巩固完善已有工程效果。具体整治措施包括：①赵家矶边滩守护工程，修建六条护滩带；②东槽洲洲头串沟锁坝工程，在东槽洲洲头已建锁坝下游增建一道锁坝，坝体长 168 m；③护岸加固工程，对左岸汪家铺—挖沟一带及东槽洲右缘 3 935 km 的高滩岸线进行加固，对碛矶港下段左岸西河铺一带 1 922 km 长的岸线进行守护。

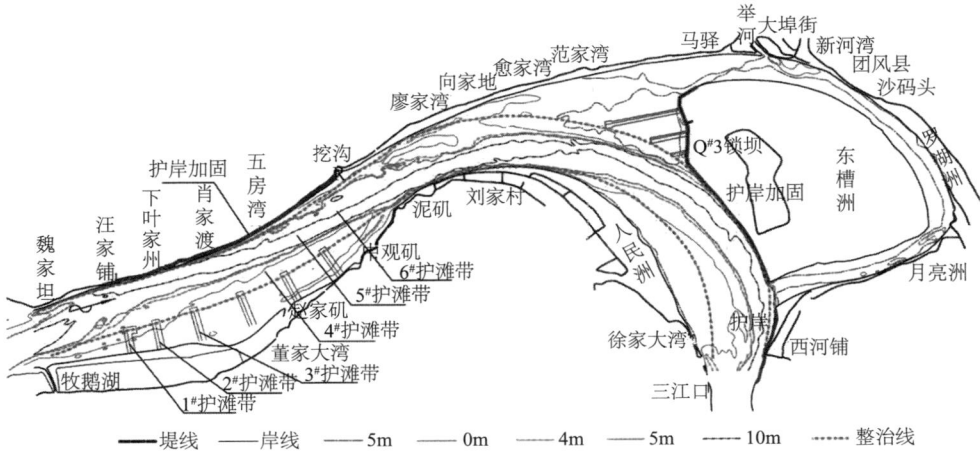

图 6.13　湖广河段护滩带束窄河宽示意图[27]

护滩带束窄河宽的方法在长江中下游放宽型河段有广泛应用。例如，莱家铺河段河岸稳定性很差，河床横向摆动剧烈，三峡水库蓄水后，莱家铺弯道段呈现凸岸上游侧岸滩冲刷、凹岸侧滩体淤展的特点，左岸中洲子高滩的剧烈崩退，致使河道不断展宽，汛末放宽段已出现江心滩的不利滩槽形态，且边滩尾部倒套上延，过渡段水流更加分散。针对上述演变特点，采取一定工程措施来保持岸线稳定，防止河道进一步展宽，有可能将莱家铺河段塑造成具有阻隔性的窄深型河道。因此，莱家铺河段的整治思路为[29]整治建筑物，守护岸滩，防止河道边界及水深条件向不利方向发展。如图6.14所示，具体整治措施包括：①桃花洲岸滩守护工程，在莱家铺弯道凸岸侧上段桃花洲边滩修建四道护滩带，采用平顺式护岸对桃花洲一带岸线进行守护；②莱家铺边滩控制工程，莱家铺边滩中下段修建六道护滩带，以防止莱家铺边滩中下段及鹅公凸倒套冲刷发展；③中洲子高滩护岸工程，对左岸下段中洲子高滩采用平顺式护岸进行守护，防止进一步崩岸使河道宽浅；④南河口下护岸加固工程，南河口下一带护岸进行水下抛石加固，增强莱家铺弯道凹岸侧稳定性。

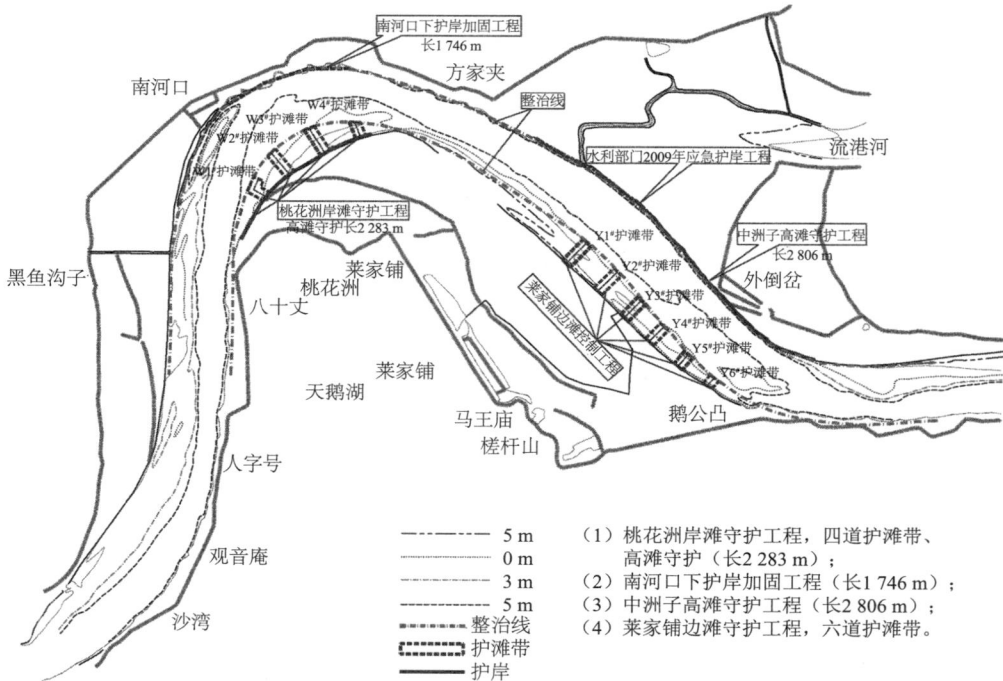

图 6.14　莱家铺河段护滩带束窄河宽示意图[29]

再如牯牛沙河段，如图6.15所示，近年来牯牛沙边滩受冲后退，滩宽逐渐变窄，枯水期河道逐渐放宽，主流右摆，上、下深槽逐步交错，通航条件恶化。若要稳定牯牛沙河段河势，引导牯牛沙河段由非阻隔性向阻隔性河段转化，至关重要的是，通过修建整治建筑物，抑制牯牛沙边滩后退，适当集中水流冲刷过渡段浅埂。因此，牯牛沙河段一期工程整治目标为[30]固滩促淤，抑制牯牛沙边滩受冲后退和过渡段水流的进一步分散。具体整治措施包括：①牯牛沙边滩丁坝工程由三道勾头丁坝和一道丁坝组成；在1#~3#丁坝位置上，建1#~3#三道护滩带；②岸滩护脚加固工程。

二期整治工程目标为[31]，适当加高整治建筑物的高程，固滩促淤，约束水流，增强过渡段浅区冲槽能力，适当抑制下深槽槽头的吸流作用，缩短过渡段长度。具体整治措施包括：①牯牛沙浅区右岸沿整治线布置等4道丁坝，前三道为一期工程护滩带位置加

高，集中水流冲刷浅埂；②在下深槽倒套内布置两道高程为航行基面下 7m 的潜坝，减
小下深槽吸流作用，增加浅区枯水期冲刷动力。

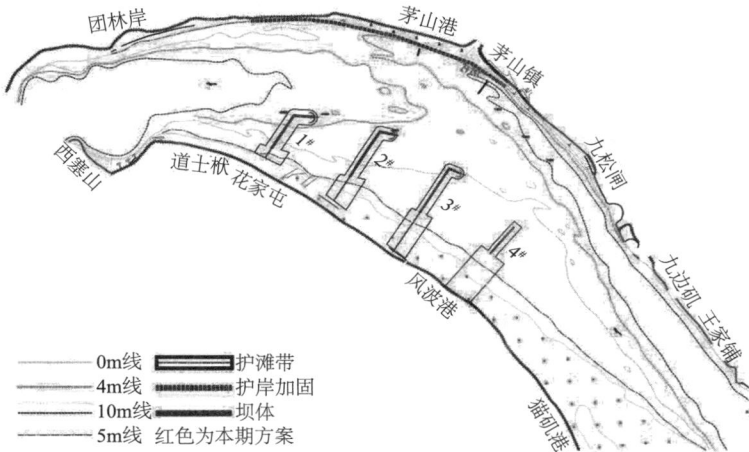

图 6.15　牯牛沙河段护滩带束窄河宽示意图[30]

6.3.3　阻隔性向非阻隔性转化的过渡型河段整治方法

对于上、下游河势"基本不对应"的阻隔性河段，应注意维护原有的阻隔性河段特
征，防止不利变化导致阻隔性丧失。当上游梯级水库修建等引起水沙条件突变时，可能
引起凹岸大幅崩退、凸岸滩体大幅度萎缩等，这使河道变得宽浅，原有的阻隔性逐渐丧
失，应对这种变化需及时采取预防性措施。例如，三峡水库蓄水后，长江中下游含沙量
锐减，受此影响，斗湖堤河段、调关河段、龙口河段、反咀河段等凸岸边滩明显蚀退，
河道展宽，可能向微弯分汊型发展，长期来看，这种变化不利于该河段阻隔性的保持，
凸岸边滩及时守护显得尤为重要。

如图 6.16 所示，龙口河段能够阻止上游陆溪口河段的河势调整传递至下游嘉鱼—燕
子窝河段，使嘉鱼—燕子窝河段的治理目标及整治工程布置相对简单，对维持局部河势稳
定发挥着举足轻重的作用。为防止龙口河段滩槽形势发生不利转化，已有及在建的护岸工
程已对龙口河段凹岸进行了全面守护，下一步应对凸岸侧边滩采取护滩带，必要时采用顺
坝等措施加强守护，从而防止发生撒弯切滩，避免阻隔性河段转变为非阻隔性河段。

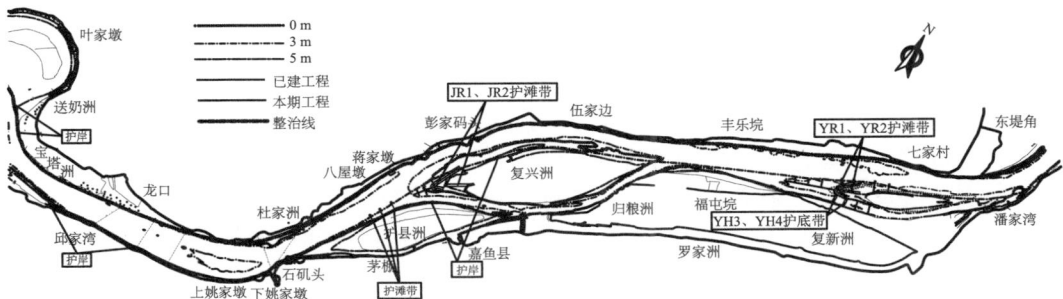

图 6.16　龙口—燕子窝河段整治工程平面布置图[32]

　　阻隔性河段的下游河段通常遵循自身演变趋势，不会受上游河势调整的影响。此时下游的嘉鱼—燕子窝河段可针对自身河势演变趋势提出恰当的治理措施即可。例如，上游嘉鱼左汊深泓居中时，下游燕子窝深泓位于左槽。嘉鱼河段的具体整治措施包括[32]：①护滩带，在复兴洲洲头滩脊线布置一道 JR1 护滩带，起到控制滩脊，稳定洲头的作用。R2 护滩带外边缘加了 D 型排护底，防止水流对护滩带边缘的破坏。②护岸，对复兴洲高滩部分的岸线进行守护，有利于高滩岸坡的稳定。③封堵串沟，对复兴洲左边滩与高滩之间的残留串沟头部进行封堵，以防止串沟继续向上游发展。

　　燕子窝河段的整治措施包括：①燕子窝心滩守护工程，沿着燕子窝心滩头部前端及边缘布置一道弧形 YR1 护滩带，加强燕子窝心滩的头部及左边缘的守护。在心滩头部滩脊线上布置一道护滩带 YR2，阻止滩面上的冲刷，保持该心滩较高大。②右槽守护工程，在燕子窝右槽进口布置两道平行的 YH3、YH4 护底带，其头部与 YR1 护滩带右侧相连，根部与右岸相连，共同起到限制右槽进口冲刷从而限制整个右槽发展的作用。

　　再如反咀河段，三峡水库蓄水后，原本弯顶（荆 173）典型偏"V"形断面，向"W"形断面转化，凸岸边滩滩高逐渐刷低，凹岸深槽生成低矮心滩，有向弯曲分汊河型转化的趋势。如图 6.17 所示，在近期采取的下荆江河道整治工程中[33]，对反咀凹岸下游侧采取护滩带控制，有利于控制下游边滩稳定。下阶段建议对反咀河段凸岸边滩采取护滩带等形式进行守护，必要时在滩首布置整治建筑物进行导流，确保滩体形态完整，防止河道进一步展宽，引导河道断面恢复单一窄深型，以维持河道阻隔性。

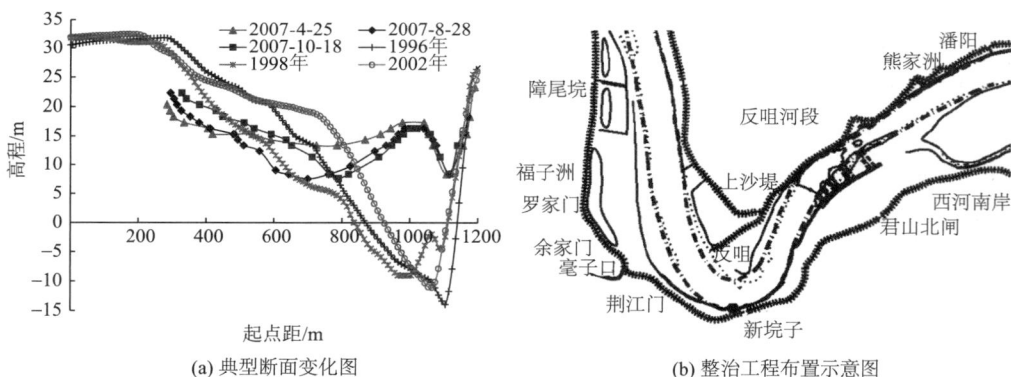

(a) 典型断面变化图　　　　　(b) 整治工程布置示意图

图 6.17　反咀河段典型断面变化及整治工程布置示意图[33]

6.3.4　阻隔性河段整治方法

　　对于上、下游河势调整完全不对应的阻隔性河段而言，维持好阻隔性河段自身特征，将有利于保持长河段河势稳定。塑造单一、微弯、窄深的平断面形态，又不形成人工节点以大幅度改变主流方向，最为可行的方法为平顺护岸。护岸对控制河势稳定一直具有重要意义，这点在长江中下游诸多河段治理过程中均有体现。对单一弯曲河段的凹岸进行及时守护，有望塑造出阻隔性河段效果，形成窄深型河道以约束水流。如图 6.18 所示，20 世纪 80 年代下荆江的调关河段、塔市驿河段凹岸及时进行平顺护岸，从而形成单一微弯平面形态，断面相对窄深，河相系数较小，河段也就具有了阻隔性。

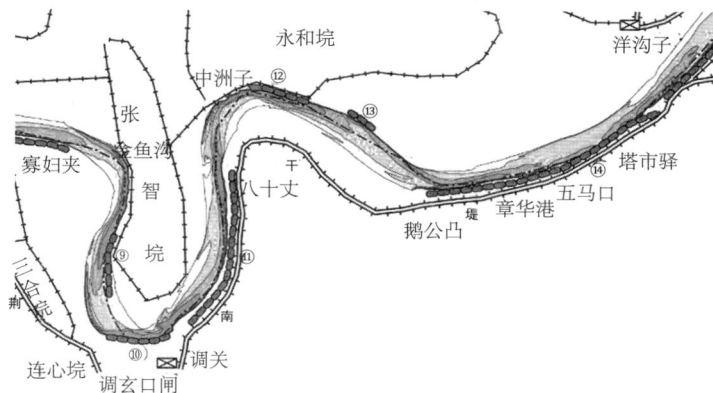

⑨金鱼沟下游新护 1.6 km，加固 0.4 km；⑩连心垸加固 2.5 km；⑪调关—八十丈加固 7.5 km；⑫中洲子弯道加固 3.0 km；
⑬中洲子下游新护 1.0 km；⑭鹅公凸—塔市驿加固 9.5 km。

图 6.18　调关、塔市驿河段护岸工程布置图[34]

如图 6.19 所示，黄石河段与搁排矶河段两岸沿程分布有大量山岩，虽然突出山矶具有一定的挑流作用，但由于其对岸也为山岩阶地，在山体与山体之间抗冲性相对薄弱的岸段实施了大量护岸工程，从而有利于保持河道岸线的稳定，有利于河道保持河道单一、窄深的断面形态。无论上游河势如何调整，水沙条件如何变化，这类河段均能够维持自身输沙平衡，河道宽度不会大幅拓展，不会发育出宽广低矮的河漫滩，也就不会引发滩槽格局的剧烈调整，进而能够长期约束主流平面位置。塑造具有这类特征的阻隔性河段，将对长江中下游河道整治工程产生事半功倍的效果。

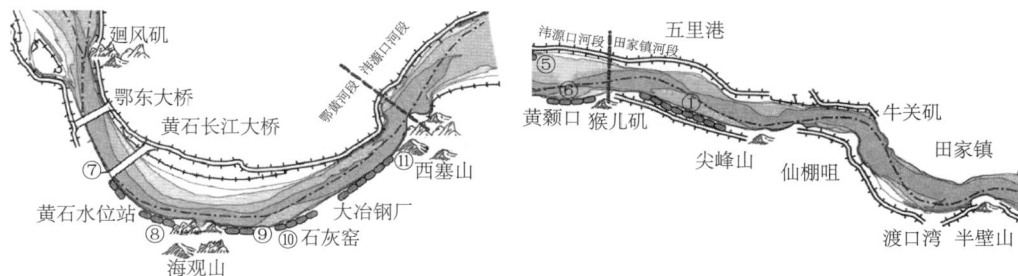

①猴儿矶-尖峰山新护 1.68 km，加固 1.17 km；⑤新港闸加固 2.0 km；⑥黄颡口港区新护 1.8 km；⑦黄石大桥加固 0.22 km；
⑧黄石水位站加固 0.7 km；⑨海观山加固 0.11 km；⑩石灰窑加固 0.86 km；⑪大冶钢厂加固 1.7 km

图 6.19　黄石河段、搁排矶河段护岸工程布置图[34]

6.4　本章小结

本章在全面总结实测深泓摆动资料基础上，借鉴钱宁的游荡指标模式建立深泓摆动距离与深泓摆动限制指标的负相关关系，计算河段的阻隔性指标，来对河段阻隔性程度进行分类，并将其应用于长江中下游河道整治实践之中，主要结论如下。

（1）深泓摆动的影响因素包括：漫滩临界流量以下较以上的平均流量比及持续时长

比、河段进口深泓摆动位移、节点挑流强度、河道宽深比、河漫滩相对宽度、希尔兹数等。通过建立实测深泓摆动距离与同期深泓摆动限制指标的负相关关系，将长江中游27个单一河段的阻隔性程度划分为 4 个阻隔性河段、5 个阻隔性向非阻隔性转化的过渡型河段、10 个非阻隔性向阻隔性转化的过渡型河段、8 个非阻隔性河段。上述分类成果与3.1 节中依据上、下游河势调整的对应关系而初步划分的阻隔性程度的分类成果是基本一致的，这也相互印证了两种方法的正确性。

（2）长江中下游各个单一河段均可根据阻隔性程度的不同进行分类，进而可针对不同阻隔性程度的自身特性，因地制宜、有的放矢地布置整治工程。值得指出的是，阻隔效应也是传递过程中的一种特殊现象，河势调整向下游的传递过程中，根据下游河道响应程度"强→弱"的变化，实现"放大→不变→衰减→阻隔"的转化，理论上上述过程是渐变的。本书划分出四类阻隔性程度不同的河段，是在实测资料及现有观测现象的基础上提炼出来的，若有更多实测资料作为支撑，划分结果可能更为细致，更为符合实际。

（2）对于两个非阻隔性河段之间的长河段，河道治理宜从上至下进行系统规划整治，其主要目的是保证上、下游河势平顺衔接，避免因上、下游河势的不顺导致工程达不到预期效果，这对河道整治的选槽选汊尤为重要。

（3）对于非阻隔性向阻隔性转化的过渡型河段，针对破坏阻隔性的原因，采取恰当整治措施予以消除，可能塑造出阻隔性河段效果。例如，对突出于岸线的挑流节点进行削咀、对阻隔性河段凹岸进行平顺守护、对河宽过大的断面进行人工束窄、对弯颈过于狭窄的河段实施人工裁弯等，促进形成单一微弯、岸线平顺的窄深河道，限制主流摆动。

（4）对于阻隔性向非阻隔性转化的过渡型河段，应注意维护原有的阻隔性河段特征，防止不利变化导致阻隔性丧失。当上游来水来沙条件或河势条件变化后，应注意关键凸岸边滩的守护，及时采取预防性措施防止边滩蚀退等不利变化。

（5）对于阻隔性河段可采用平顺护岸加强守护，防止建桥、采砂、码头、取排水设施、输电线塔等人为工程的建设改变河道天然动力属性，使阻隔性特征遭受破坏。由于阻隔性河段自身的特殊属性有利于维持河势稳定，从一定程度上避免了采取人为河势控制工程对河道天然水流地貌动力条件，以及河道水生态平衡的破坏，这对维持长河段河势稳定，落实新时代"生态优先、绿色发展"战略具有重要借鉴意义。

参 考 文 献

[1] 钱宁, 张仁, 周志德. 河床演变学[M]. 北京: 科学出版社, 1987.
[2] 方宗岱. 河型分析及其在河道整治上的应用[J]. 水利学报, 1964(1): 1-12.
[3] 谢鉴衡. 河床演变及整治[M]. 2 版. 北京: 中国水利水电出版社, 1997.
[4] 中国科学院地理研究所, 长江水利水电科学研究院, 长江航道局规划设计研究所. 长江中下游河道特性及其演变[M]. 北京: 科学出版社, 1985.
[5] 陈森林, 肖舸. 河道断面流速分布函数研究[J]. 水利学报, 1999(4): 70-74.
[6] CHANG H H. Minimum stream power and river channel patterns[J]. Journal of Hydrology, 1979, 41: 303-327.

[7] 余文畴, 岳红艳. 长江中下游崩岸机理中的水流泥沙运动条件[J]. 人民长江, 2008, 39(3): 64-66.

[8] 夏军强, 宗全利, 许全喜, 等. 下荆江二元结构河岸土体特性及崩岸机理[J]. 水科学进展, 2013, 24(6): 810-820.

[9] AN H P, CHEN S C, CHAN H C, et al. Dimension and frequency of bar formation in a braided river[J]. International Journal of Sediment Research, 2013, 28(3): 358-367.

[10] 唐金武. 长江中下游河道演变及航道整治方法[D]. 武汉: 武汉大学, 2012.

[11] THAYER J B, ASHMORE P. Floodplain morphology, sedimentology, and development processes of a partially alluvial channel[J]. Geomorphology, 2016, 269: 160-174.

[12] 孙东坡. 黄河下游荡性河段高含沙洪水期的河势演变[J]. 人民黄河, 1996(10): 34-36.

[13] REID H E, BRIERLEY G J. Assessing geomorphic sensitivity in relation to river capacity for adjustment[J]. Geomorphology, 2015, 251: 108-121.

[14] WOHL E. Particle dynamics: The continuum of bedrock to alluvial river segments[J]. Geomorphology, 2015, 241: 192-208.

[15] KIDOVÁ A, LEHOTSKÝ M, RUSNÁK M. Geomorphic diversity in the braided-wandering Belá River, Slovak Carpathians, as a response to flood variability and environmental changes[J]. Geomorphology, 2016, 272: 137-149.

[16] FRINGS R M, DÖRING R, BECKHAUSEN C, et al. Fluvial sediment budget of a modern, restrained river: The lower reach of the Rhine in Germany[J]. Catena, 2014, 122(12): 91-102.

[17] SUN J, LIN B, YANG H. Development and application of a braided river model with non-uniform sediment transport[J]. Advances in Water Resources, 2015, 81(45): 62-74.

[18] 钟德钰, 王光谦, 丁赟. 沙质河床冲刷过程中床沙级配的模拟[J]. 水科学进展, 2007, 18(2): 223-229.

[19] 李保如, 姚于丽. 河流纵比降及纵剖面的计算方法[J]. 人民黄河, 1965(4): 32-36.

[20] 武汉大学. 长江中游城陵矶-湖口河段航道整治工程技术后评估[R]. 2010.

[21] 长江重庆航运工程勘察设计院. 长江中游陆溪口水道航道整治工程可行性研究报告[R]. 2003.

[22] 长江航道规划设计研究院. 长江中游界牌河段航道整治二期工程可行性研究报告[R]. 2010.

[23] 长江重庆航运工程勘察设计院. 长江中游武桥水道航道整治工程工可报告[R]. 2006.

[24] 长江航道规划设计研究院. 长江中游天兴洲河段航道整治工程可行性研究报告[R]. 2011.

[25] 长江航道规划设计研究院. 长江中游戴家洲河段航道整治工程可行性研究报告[R]. 2007.

[26] 交通运输部天津水运工程科学研究所工程泥沙交通行业重点实验室. 长江中游戴家洲河段航道整治二期工程可行性研究报告[R]. 2011.

[27] 长江航道规划设计研究院. 长江中游湖广—罗湖洲河段航道整治工程可行性研究报告[R]. 2011.

[28] 长江航道规划设计研究院. 长江中游窑监河段航道整治一期工程可行性研究报告[R]. 2008.

[29] 长江航道规划设计研究院. 长江中游莱家铺水道航道整治工程可行性研究报告[R]. 2009.

[30] 长江航道规划设计研究院. 长江中游牯牛沙水道航道整治一期工程可行性研究报告[R]. 2008.

[31] 长江航道规划设计研究院. 长江中游牯牛沙水道航道整治二期工程可行性研究报告[R]. 2011.

[32] 长江航道规划设计研究院. 长江中游赤壁-潘家湾河段航道治理前期研究项目工作大纲[R]. 2011.

[33] 长江航道规划设计研究院, 武汉大学. 长江中游荆江河段航道整治工程可行性研究塔市驿—城陵矶河段平面二维水沙数学模型[R]. 2011.

[34] 长江水利委员会. 长江中下游干流河道治理规划(2016 年修订)[R]. 武汉, 2016.